Biobauern heute

Waxmann Verlag GmbH
Steinfurter Straße 555, 48159 Münster
info@waxmann.com

Sabine Dietzig-Schicht

Biobauern heute

Landwirtschaft im Schwarzwald zwischen Tradition und Moderne

Waxmann 2016
Münster • New York

Bibliografische Informationen der Deutschen Nationalbibliothek
Die Deutsche Nationalbibliothek verzeichnet diese Publikation in der Deutschen Nationalbibliografie; detaillierte bibliografische Daten sind im Internet über http://dnb.dnb.de abrufbar.

Internationale Hochschulschriften, Bd. 632
Die Reihe für Habilitationen und sehr gute und ausgezeichnete Dissertationen

ISSN 0932-4763
Print-ISBN 978-3-8309-3440-0
E-Book-ISBN 978-3-8309-8440-5

www.waxmann.com
info@waxmann.com

Umschlaggestaltung: Inna Ponomareva, Jena
Umschlagabbildung: © Bill Ernest – Fotolia.com
Satz: Stoddart Satz & Layout, Münster

Gedruckt auf alterungsbeständigem Papier, säurefrei gemäß ISO 9706

Printed in Germany

Vorwort

Hinter mir liegen fünf intensive Jahre des Forschens, denn die methodische Umsetzung einer Kulturanalyse bedeutet:

> „[...], dieses Thema, diesen Gegenstand auf Zeit ‚leben'. [...], im totalen Sinne eines Forschers, der alle seine Sinne öffnet, sieht, hört, riecht, schmeckt, fühlt, der sich ständig auf der Fährte befindet und Quellen aufspürt, [an] nichts anderes denkt als [...] an seinen Gegenstand, um ihn ‚begreifen' zu können. Er muss sich heranpirschen an seinen Gegenstand, ihn umkreisen, ihn durchdringen, ihm auf verquere Weise begegnen, ihm zuweilen auch die kalte Schulter zeigen, um aus seinem Gegenteil, dem Antipoden, neue Anregungen zu gewinnen. Er wird dem Gegenstand, wenn er sich diesem in totaler Weise überlässt, an den unmöglichsten Stellen begegnen [...]"[1]

Ich habe das Thema „Biobauern im Naturpark Südschwarzwald" mit allen Sinnen gelebt, es an allen erdenklichen Ecken und den unmöglichsten Stellen angetroffen: beim Lesen von Zeitungen und Zeitschriften, beim „bewussten Einkauf" im Bioladen, aber auch beim „schnellen Einkauf" im Discounter und nicht zuletzt bei einer Weiterbildung zur „Gästeführerin im Naturpark Südschwarzwald" – Letzteres ist exakt das Forschungsgebiet der vorliegenden Arbeit. Genauso verlor ich das Thema aufgrund von zwei Schwangerschaften und Geburten in diesem Zeitraum jeweils für mehrere Monate aus den Augen, um dann wieder mit frischem Forscherdrang neue Quellen aufzuspüren.

Doch ohne die Unterstützung von verschiedenen Menschen würde diese Arbeit heute nicht vor uns liegen. Herzlich bedanken möchte ich mich bei Professor Dr. Werner Mezger, der das Forschungsvorhaben nicht nur betreut, sondern es mit großem Interesse begleitet sowie mich mit wertvollen Hinweisen und Anregungen unterstützt hat. Herrn Professor Dr. Michael Prosser-Schell gebührt Dank für die Bereitschaft zur Übernahme des Zweitgutachtens.

Ein großer Dank geht an die befragten „Biobauern im Naturpark Südschwarzwald", die trotz zeitintensivem Arbeitsalltag zu einem Interview bereit waren und mir als „Fremde" Einblicke in ihr Leben und Denken als „Biobauer" gewährten.

Meinem Mann, Dr. Jochen Schicht, danke ich ganz herzlich für die Unterstützung über die gesamte Laufzeit des Projekts, besonders aber für das Korrekturlesen in den letzten Wochen vor der Abgabe.

1 Lindner, Rolf: Vom Wesen der Kulturanalyse. In: Zeitschrift für Volkskunde 99 (2003), S. 177-188, 186.

Nicht vergessen möchte ich, all den Menschen zu danken, die mir in den letzten Jahren die Kinder abgenommen haben, damit ich am Schreibtisch sitzen konnte.

Ein besonderes Dankeschön geht an meine Eltern Irmtraud und Paul-Heinz Dietzig sowie meine beiden Brüder Roman und Benjamin für ihre durchgängige Anteilnahme und ihr Interesse an meinem Forschungsvorhaben.

Zuletzt bedanke ich mich von ganzem Herzen bei meinen vier Kindern, Hanna, Linus, Ferdinand und Max für die stets erfrischende und heitere Abwechslung zum wissenschaftlichen Arbeiten.

Euch und Ihnen allen: vielen Dank!

Sabine Dietzig-Schicht

Inhalt

1 Einleitung

Die vorliegende kulturwissenschaftliche Dissertation befasst sich mit der Lebenswirklichkeit von Biobauern. Es geht um deren Geschichte, Selbstverständnis und Motivation zur Berufsausübung.

Die wissenschaftliche Disziplin Europäische Ethnologie/Volkskunde versteht sich als „historisch argumentierende gegenwartsbezogene Kulturwissenschaft, deren Gegenstandsbereich die Alltagskultur, das selbstverständliche Handeln, Erleben und Deuten von Subjekten in ihrer Lebenswirklichkeit ist.“[1] Die durch qualitative Methoden sichergestellte Nähe zum Forschungsgegenstand ist eindeutig eine Stärke des Faches. Ein wichtiges Erkenntnisziel der Europäischen Ethnologie/Volkskunde „ist der Mensch als kulturbedingtes und kulturschaffendes Lebewesen.“[2] Biolandwirte verdienen mit ihrer Tätigkeit nicht nur ihren Lebensunterhalt. Durch ihr Arbeiten mit der Natur und ihr Eingreifen in die „unberührte“ Natur schaffen, pflegen und erhalten sie eine „Kulturlandschaft“ für die Gesellschaft.[3]

Forschungsgebiet dieser Studie ist der „Naturpark Südschwarzwald“. Dieser erstreckt sich über Teile der fünf Landkreise Breisgau-Hochschwarzwald, Emmendingen, Lörrach, Schwarzwald-Baar sowie Waldshut-Tiengen. Der Naturpark reicht von Lörrach im Süden bis Elzach im Norden, Müllheim im Westen sowie Donaueschingen im Osten (Kap. 3.1 und Abb. 1). Interviewt wurden 17 Biobauern im Naturpark Südschwarzwald (Kap. 3.2 und Abb. 2 und 3).

Die ökologische Landwirtschaft existiert nicht nur in Deutschland, sondern ist eine weltweite Erscheinung. Die vorliegende Mikrostudie untersucht lediglich eine kleine Facette dieses großen Themas.

„Landwirtschaft“ ist ein klassisches Thema der Europäischen Ethnologie/Volkskunde vornehmlich des 20. Jahrhunderts. Sie spielt eine wichtige Rolle in den Forschungsbereichen „Geräteforschung“, „Gemeinde- und Stadtforschung“ und „Hausforschung“.

„Geräteforschung“, die sogenannte „Ergologie“, befasst sich vornehmlich mit Form und Anwendung von Arbeitsgeräten. Ein bedeutender Vertre-

1 Schmidt-Lauber, Brigitta: Das qualitative Interview oder: Die Kunst des Reden-Lassens. In: Göttsch, Silke/Lehmann, Albrecht: Methoden der Volkskunde. Positionen, Quellen, Arbeitsweisen der Europäischen Ethnologie. (2. Aufl.) Berlin 2007, S. 169-188, 169.

2 Gerndt, Helge: Studienskript Volkskunde. Eine Handreichung für Studierende. München 1997, S. 77. „Kultur“ meint hier sozial vermittelnde Verhaltens- und Denkmuster einer bestimmten Menschengruppe.

3 Zur Thematik „Kultur und Natur“ vgl. Kapitel 1.5.2 und 1.5.3.

ter dieser Fachrichtung, die sich der materiellen Volkskultur oder Sachkultur widmet, ist Hinrich Siuts mit seinem Standardwerk „Bäuerliche und handwerkliche Arbeitsgeräte in Westfalen.“[4] Neben Handwerksgeräten liegt der Schwerpunkt der Ergologie auf landwirtschaftlichen Geräten.

Die volkskundliche „Gemeinde- und Stadtforschung“ zielt auf eine ganzheitliche Betrachtung des sozialen und kulturellen Lebens in überschaubaren Wohnsiedlungen. Lange Zeit nur von Fachvertretern beachtet, erlangten Ortsmonografien erst in den 1980er Jahren, einer Zeit der Rückbesinnung auf traditionelle Werte, größeren Zuspruch.[5]

Die kulturwissenschaftliche „Hausforschung“ setzt sich mit Häusern und deren Inventar auseinander. Das „Bauernhaus“ war lange Zeit aufgrund der bis ins späte 19. Jahrhundert agrarisch geprägten Gesellschaft hauptsächlicher Forschungsgegenstand. Die „Hausforschung“ hat sich im Laufe der Jahrzehnte zu einer „Bau- und Sozialforschung“ ausgeweitet.[6]

---

4 Siuts, Hinrich: Bäuerliche und handwerkliche Arbeitsgeräte in Westfalen. (2. Aufl.) Münster 1982. Weiterführende Literatur zum Thema: Gebhard, Torsten/Sperber, Helmut: Alte bäuerliche Geräte aus Süddeutschland. München/Bern/Wien 1978; Assion, Peter: Nord-Süd-Unterschiede in der ländlichen Arbeits- und Gerätekultur. In: Wiegelmann, Günther (Hg.): Nord-Süd-Unterschiede in der städtischen und ländlichen Kultur Mitteleuropas. Münster 1985, S. 251-263; Kuntz, Andreas: Tendenzen volkskundlicher Handwerks- und Geräteforschung. In: Hessisch Blätter für Volks- und Kulturforschung 14/15 (1982/83), S. 150-165.

5 Vgl. Hugger, Paul: Volkskundliche Gemeinde- und Stadtforschung. In: Brednich, Rolf W. (Hg.): Grundriß der Volkskunde. Einführung in die Forschungsfelder der Europäischen Ethnologie. Berlin 2001, S. 291-309, 291. Weiterführende Literatur zum Thema, speziell in Bezug auf „Gemeindeforschung“, zu welcher der Lebensraum der Landwirte – das Dorf – zählt: Brüggemann, Beate/Riehle, Rainer: Das Dorf. Über die Modernisierung einer Idylle. Frankfurt a. M./New York 1986; Ilien, Albert/Jeggle, Utz: Leben auf dem Dorf. Zur Sozialgeschichte des Dorfes und zur Sozialpsychologie seiner Bewohner. Opladen 1978; Ilien, Albert: Dorfforschung als Interaktion. Zur Methodologie dörflicher Sozialforschung. In: Hauptmeyer, Carl-Hans u.a. (Hg.): Annäherung an das Dorf. Geschichte, Veränderung und Zukunft. Hannover 1983, S. 59-112; Jeggle, Utz: Kiebingen. Eine Heimatgeschichte. Zum Prozeß der Zivilisation in einem schwäbischen Dorf. Tübingen 1977; König, René: Grundformen der Gesellschaft. Die Gemeinde. Hamburg 1958; Planck, Ulrich: Dorfforschung im Deutschen Reich und in der Bundesrepublik Deutschland. In: Zeitschrift für Agrargeschichte und Agrarsoziologie 22 (1974), S. 146-178; Wunder, Heide: Die bäuerliche Gemeinde in Deutschland. Göttingen 1986. Wurzbacher, Gerhard: Das Dorf im Spannungsfeld industrieller Entwicklung. Untersuchungen an den 45 Dörfern und Weilern einer westdeutschen ländlichen Gemeinde. Stuttgart 1954.

6 Vgl. hierzu: Baumhauer, Joachim F.: Hausforschung. In: Brednich 2001, S. 101-131, 120. Weiterführende Literatur zum Thema: Assion, Peter/Brednich, Rolf W.: Bauen und Wohnen im deutschen Südwesten. Dörfliche Kultur vom 15. bis zum 19. Jahrhundert. Stuttgart 1984; Baumgarten, Karl: Das deutsche Bauernhaus. Eine Einführung in die Geschichte vom 9. bis zum 19. Jahrhundert. (2. Aufl.) Neumünster 1985; Bedal, Konrad: Historische Hausforschung. Eine Einführung in Arbeitsweise, Begriffe und Literatur (Beiträge zur Volkskultur in Nordwestdeutschland 8). (2. Aufl.) Münster 1978; Ellen-

Das Thema „Biolandwirte“ lässt sich keinem der obigen Themen zuordnen. Es widmet sich vielmehr einem kulturellen Phänomen im Bereich der sogenannten „Biobewegung“: der Ausübung des Berufs „Biobauer“. Dieser widmet seine Zeit einer für die Gesellschaft lebensnotwendigen Tätigkeit: der Herstellung von Nahrungsmitteln. Er ist an der sogenannten „Urproduktion“ von Lebensmitteln für sich und seine Mitmenschen beteiligt.

„Nahrungsforschung“ ist ein weiterer Bereich der Europäischen Ethnologie/Volkskunde.[7] „Nahrung“ dient einerseits zur Stillung des Hungers, einem menschlichen Grundbedürfnis. Andererseits darf sie als „Kulturgut“ bezeichnet werden. Die „Ernährung“ des Menschen in Form von Essensaufnahme ist kulturelles und soziales Handeln. Bei dieser kurzen Beschreibung wird deutlich, dass der Fokus der „Nahrungsforschung“ lange Zeit auf der „Mahlzeit“, ihrer Zubereitung und Konsumierung lag.[8] Nahrungsmittel dienen jedoch auch zum Ausdruck von Werten innerhalb einer sozialen Gruppe.[9] Aufgrund der sich verändernden Lebensstile haben sich in der Nahrungsforschung neue Forschungsfelder aufgetan wie beispielsweise die „Ästhetisierung des Essens“ und eine „gesundheitsbewusste Ernährung“.[10]

Diese Themen, gekoppelt mit einem gesteigerten Verbraucherbewusstsein, zunehmender Umweltverschmutzung durch chemisch-synthetische Düngemittel und Pestizide sowie diverse durch Massentierhaltung verbreitete Tierseuchen wie der „Rinderwahn BSE“ oder die „Vogelgrippe“, sorgten immer wieder für einen Aufschwung der ökologischen Landwirtschaft. Biobauern sind somit durch ihr ökologisches Wirtschaften ein wesentlicher Teil der sogenannten „Biobewegung“.

Eine erste Welle der „Biobewegung“ ging mit der Lebensreformbewegung um 1900 einher. Deren Träger setzten sich in unterschiedlichen Gruppierungen, in Bezug auf die Landbewirtschaftung waren es vornehmlich die „Landreformer“ seit den 1920er Jahren, gegen Industrialisierung und für ein natur-

---

berg, Heinz: Bauernhaus und Landschaft in ökologische rund historischer Sicht. Stuttgart 1990; Schilli, Hermann: Das Schwarzwaldhaus. (4. Aufl.) Stuttgart 1982.

7 Vgl.: Tolksdorf, Ulrich: Nahrungsforschung. In: Brednich 2001, S. 239-254.

8 Den Begriff „Mahlzeit“ nannte Günther Wiegelmann als erster im deutschsprachigen Raum als „Grundeinheit“. Vgl. Teuteberg, Hans-Jürgen/Wiegelmann, Günther: Unsere tägliche Kost. Geschichte und regionale Prägung. Münster 1986, S. 29.

9 Teuteberg teilt Nahrungsmittel in fünf Klassifikationsgruppen: Prestigeprodukte, Statusprodukte, Fetisch- und Sicherheitsprodukte, hedonistische Produkte und Nur-funktionelle Produkte. Vgl. hierzu: Teuteberg/Wiegelmann 1986, S. 6f.

10 Weiterführende Informationen zu den Forschungsfeldern vgl.: Karmasin, Helene: Die geheime Botschaft unserer Speisen. Was Essen über uns aussagt. München 1999 und Tschofen, Bernhard: Herkunft als Ereignis: local food and global knowledge. Notizen zu den Möglichkeiten einer Nahrungsforschung im Zeitalter des Internet. In: Österreichische Zeitschrift für Volkskunde 103 (2000), S. 309-324.

nahes Leben ein. Ebenfalls in den 1920er Jahren bildeten sich erste Strukturen des Demeter-Verbands. Als weitere Meilensteine der „Biobewegung" können genannt werden: die Entstehung der organisch-biologischen Landwirtschaft in der Schweiz seit den 1930er Jahren sowie die daraus folgende Verbandstätigkeit von „Bioland" in Deutschland ab den 1970er Jahren, außerdem die seit den 1960er Jahren aufkommenden gesellschaftlichen Bewegungen, insbesondere mit dem Schwerpunkt „Umweltschutz", die Umweltpolitik der „Grünen" beginnend in den 1980er Jahren, schließlich die Gründung des Naturland-Verbands 1982 und die Einführung der „EU-Biokriterien" in den 1990er Jahren.[11]

Einen weiteren Aufschwung erhält die „Biobewegung" seit Beginn des 21. Jahrhunderts durch gesellschaftliche relevante Themen wie „Ökologisierung und Industrialisierung der Landwirtschaft", „Vegetarismus" und „Veganismus" sowie „Bioernährung als Ausdruck des eigenen Lebensstils".[12] All diese gesellschaftlichen Erscheinungen und Bestrebungen wären durch die landwirtschaftliche und ökologische Tätigkeit der „Biobauern" in dieser Form nicht möglich.

Die Europäische Ethnologie/Volkskunde untersucht gesellschaftlichen Wandel. Die ökologische Landwirtschaft ist seit über 100 Jahren und bis heute ein aktuelles gesellschaftliches Thema, dessen wissenschaftliche Analyse wertvolle Hinweise einerseits über das Leben der „Biobauern", andererseits über deren Einstellung zu und Einfluss auf aktuelle Themen wie „Welternährung", „Globalisierung", „Klimaveränderung" und „Umweltverschmutzung" sowie eine tendenziell steigende industrielle und technisierte Landwirtschaft gibt.

---

11 Der Agrarsoziologe Ulrich Planck bringt die alternativ wirtschaftenden Landwirte in Zusammenhang mit den sich nach dem Zweiten Weltkrieg entwickelnden gesellschaftlichen Strömungen. Die damalige Ökobewegung beschreibt er als „Sammelbecken für eine Reihe von Sonderbewegungen". Vgl. Planck Ulrich: Die Stellung alternativ wirtschaftender Landwirte in ihrer sozialen Umwelt. In: Bach, Hans (Hg.): Pro und Contra alternative Landwirtschaft. Schriftenreihe für Agrarpolitik und Agrarsoziologie, Bd. 35. Graz 1984, S. 9-41, 9. Die vorliegende Studie wird diesen Aspekt untersuchen.

12 Die genannten Aspekte werden in dieser Arbeit in unterschiedlicher Gewichtung je nach Relevanz für das Thema „Biobauer als Beruf" behandelt. So erscheint es schlüssig, dass „Ökologisierung" und „Industrialisierung" der Landwirtschaft zentrale Forschungsfelder dieser Dissertation sind. An dieser Stelle sei angemerkt, dass Themen wie „Vegetarismus" und „Veganismus" sowie die gesellschaftlichen Erscheinungen des „lohas – lifestyle of health and sustainability", zu deutsch: gesunder und nachhaltiger Lebensstil, sowie des „lovos – lifestyle of voluntary simplicity", zu deutsch: freiwilliger einfacher Lebensstil, eine eigene kulturwissenschaftliche Studie wert wären.

1.1 Forschungsstand

Der Forschungsstand zum Thema „ökologische Landwirtschaft“ bietet ein eindeutiges Bild: Bis heute setzen sich nahezu ausschließlich Agrarwissenschaftler mit dem Thema „Biolandwirtschaft“ auseinander. In diesem Fach finden sich einige Dissertationen und Diplomarbeiten, die sich hauptsächlich mit agrarwissenschaftlichen Themen unter Zuhilfenahme naturwissenschaftlicher Methoden auseinandersetzen.[13] Beachtung gebührt der agrarwissenschaftlichen Dissertation „Entstehung und Entwicklung der ökologischen Landbausysteme im deutschsprachigen Raum“[14] von Gunther Vogt aus dem Jahr 2000, der damit eine erste umfassende agrarhistorische Aufarbeitung der Entwicklung der ökologischen Landwirtschaft von der Lebensreformbewegung um die Jahrhundertwende vom 19. zum 20. Jahrhundert bis zu den Bestrebungen in den 1980er und 1990er Jahren leistet, wobei er fünf verschiedene Landbausysteme ausmacht.[15] Er hebt erstmals den lebensreformerischen Landbau als eigenständiges Landbausystem hervor, um einerseits zu verdeutlichen, dass der Ursprung des ökologischen Landbaus nicht alleine im seit 1924 bestehenden und auf Rudolf Steiners anthroposophischer Sichtweise basierenden biologisch-dynamischen Landbau liegt und andererseits, um die Bedeutung dieser Landbewirtschaftung bis heute aufzuzeigen. Desweiteren stellt Vogt detailliert die einzelnen Konzeptentwicklungen über die Jahrzehnte zusammen und ar-

---

13 Am Lehrstuhl für ökologische Landwirtschaft der Universität Kassel-Witzenhausen entstanden im Jahr 2014 19 Dissertationen zu diversen landwirtschaftlichen Themen. Exemplarisch seien zwei genannt: Kofahl, Daniel: Die Komplexität der Ernährung in der Gegenwartsgesellschaft – Soziologische Analyse von Kultur- und Natürlichkeitssemantiken in der Ernährungskommunikation. Kassel 2014 und Wentzel, Stefanie: Der Einfluss langjähriger Applikation von Biogasgüllen auf die Bodenfruchtbarkeit. Kassel 2014. Ein Überblick über alle Studien findet sich auf der Homepage des Fachbereichs. Vgl.: http://www.uni-kassel.de/fb11agrar/forschung/promotion/promotionen.html (Stand 31.07.2015). Eine agrarsoziologische Studie der Universität Gießen befasst sich mit der Umstellungsberatung von konventionellen Landwirten auf ökologische Landwirtschaft. Vgl.: Rieken, Henrike: Konventionell oder ökologisch? Beratung von (Jung-) Landwirten bei Umstellungsentscheidungen. Gießen 2011.

14 Vogt, Gunther: Entstehung und Entwicklung des ökologischen Landbaus im deutschsprachigen Raum. Bad Dürkheim 2000.

15 Vogt unterteilt die Landbausysteme in den „natürlichen Landbau“ der Landreform in den 1920er und 1930er Jahren, die biologisch-dynamische Landwirtschaft seit 1924, die organisch-biologische Wirtschaftsweise der 1950er und 1960er Jahre, den biologischen Landbau der 1950er und 1960er Jahre sowie die ökologische Landwirtschaft der organisch-biologischen Anbauverbände der 1980er und 1990er Jahre. Im Vergleich dazu beinhaltet der von mir für diese Arbeit gewählte Begriff der „organisierten ökologischen Landwirtschaft“ die drei in meinem Forschungsgebiet dominierenden Anbauverbände „Demeter“, „Bioland“ und „Naturland“ sowie das Wirtschaften nach den EU-Biorichtlinien. Der Landbau der Landreform hat sich in keiner organisierten Form durchgesetzt.

beitet gemeinsame sowie unterschiedliche landwirtschaftliche Kriterien der verschiedenen Richtungen aus.

An dieser Stelle zu nennen ist auch die 1982 erschienene Dissertation des schweizerischen Agrarhistorikers und Agrarsoziologen Rätus Fischer mit dem Titel „Der andere Landbau“[16]. Fischer interviewte 100 Biolandwirte in der gesamten Schweiz mithilfe strukturierter Fragen, die darauf abzielten, stark gegliederte Angaben zu erhalten. Die Befragten hatten wenig Möglichkeit, eigene Gedanken in die Interviews einzubringen. Fischer beschäftigt sich als Agrarwissenschaftler ausführlich mit den Umstellungsumständen der Höfe sowie deren Wirtschaftsweise. In der vorliegenden Untersuchung hingegen stehen kulturhistorische und biographische Aspekte im Fokus.

Kulturwissenschaftliche Studien zum Thema „Biolandwirte“ sucht man bis auf wenige Ausnahmen vergeblich. Lediglich die Mainzer Volkskundlerin Vera Deissner setzte sich 1991 in ihrer Magisterarbeit „Menschen im biologischen Landbau – Erhebungen auf Bio-Höfen in der Pfalz“[17] mit dem Thema „Biolandwirte“ auseinander. Deissner wählte jedoch mit der Pfalz einen anderen regionalen Schwerpunkt und beschränkte sich bei der Auswahl ihrer Interviewpartner auf Mitglieder der beiden Anbauverbände „Demeter“ und „Bioland“, da es in der Pfalz andere Anbauverbände noch nicht gab. Eine kulturhistorische Verortung des Themas erfolgte jedoch nicht. Die Interviews fokussierten vorrangig die Neuausrichtung der jeweiligen Höfe und waren somit bei weitem nicht so breit anlegt wie die Befragungen der vorliegenden Studie.[18] Zudem verzichtete die Autorin auf vergleichende Betrachtungen der beiden Anbauverbände. Alle 1991 befragten Landwirte wirtschafteten auf Erbhöfen. Bauern auf Pachtbetrieben oder gekauften Betrieben fanden – im Gegensatz zur vorliegenden Studie – keine Berücksichtigung. Deissners Erkenntnisinteresse zielte denn auch weniger auf die Entwicklung und Einordnung des Berufsbilds „Biobauer“ in einen größeren gesellschaftlichen Kontext als vielmehr auf die Umstellungsprozesse hin zu einer „biologischen“ Wirtschaftsweise.

In Österreich finden sich zwei Diplomarbeiten zum Thema: Ethnologe Tino Pölzer beschäftigt sich in seiner volkskundlichen Abschlussarbeit „Die biologische Landwirtschaft als alternative Anbauform. Eine Untersuchung der

16 Fischer, Rätus: Der andere Landbau. Zürich 1982.

17 Deissner, Vera: Menschen im biologischen Landbau – Erhebungen auf Bio-Höfen in der Pfalz. Mainzer kleine Schriften zur Volkskultur. Jg. 1991, Bd. 2. Mainz 1991 (die Auflage ist bereits vergriffen).

18 Wobei anzumerken ist, dass sich einzelne Themengebiete durchaus mit Fragen der vorliegenden Studie überschneiden wie beispielsweise das Verhältnis zur Elterngeneration und den Einheimischen. Ihre Ergebnisse finden selbstverständlich ihren Niederschlag im Auswertungsteil dieser Arbeit an der jeweiligen entsprechenden Stelle (Kap. 4.2.1, 4.2.3, 4.2.4).

Entwicklung landwirtschaftlicher Betriebe in der Oststeiermark und die Erarbeitung erforderlicher Voraussetzungen für einen wirtschaftlichen Erfolg der alternativen Anbaumethoden" aus dem Jahr 2001 mit der landwirtschaftlichen und betriebswirtschaftlichen Seite ökologisch wirtschaftender Bauernhöfe.[19] Aus dem Jahr 1993 stammt die Diplomarbeit von Marianne Pachinger mit dem Titel „Chancen für ein neues Rollenbild und Selbstverständnis der Biobäuerinnen und neuere Entwicklungen in der Landwirtschaft. Fallbeispiel aus dem Mühlviertel."[20] Dieser Überblick verdeutlicht eindrucksvoll das bestehende Forschungsdesiderat.

Auch die Recherche nach Arbeiten zum Berufsbild konventioneller Landwirte bringt keine Studien hervor. Das Thema „Landwirtschaft" findet zwar in zahlreichen Magisterarbeiten und Diplomarbeiten im deutschsprachigen Raum Beachtung, die sich jedoch allesamt mit allgemeinen Aspekten derselben befassen.[21]

Die Entwicklung der Berufs „Landwirt" oder gar „Biolandwirt" steht nirgends im Fokus.

Die vorliegende Dissertation leistet somit einen ersten kulturwissenschaftlichen Beitrag zur Lebenswirklichkeit heutiger Biolandwirte und damit zur Biobewegung im Allgemeinen. Zum ersten Mal erfolgt desweiteren eine kulturhistorische Aufarbeitung des ökologischen Landbaus vor dem Hintergrund gesellschaftlicher und politischer Aspekte wie der 1968er-Bewegung und ihren Nachfolgebewegungen sowie der Politik der Grünen.

Einen weiteren Aspekt umfasst das Verhältnis „Kultur – Natur".[22] Versteht sich der ökologisch wirtschaftende Bauer als „Naturmensch" oder als „Kulturmensch"? Was bedeutet die Landschaft, in der er arbeitet, für ihn: Ist es

---

19 Pölzer, Tino: Die biologische Landwirtschaft als alternative Anbauform. Eine Untersuchung der Entwicklung landwirtschaftlicher Betriebe in der Oststeiermark und die Erarbeitung erforderlicher Voraussetzungen für einen wirtschaftlichen Erfolg der alternativen Anbaumethoden (unveröffentlichte Diplomarbeit). Graz 2001.

20 Pachinger, Marianne: „Chancen für ein neues Rollenbild und Selbstverständnis der Biobäuerinnen und neuere Entwicklungen in der Landwirtschaft. Fallbeispiele aus dem Mühlviertel (unveröffentlichte Diplomarbeit). Wien 1993.

21 Einen Überblick bietet die jährlich aktualisierte DGV-Datenbank mit Abschlussarbeiten. Vgl.: http://www.d-g-v.org.de (Stand 15.05.2015). Auffallend, aber für diese Arbeit nicht relevant ist die Tatsache, dass sich neben oben genannter Diplomarbeit zwei weitere Arbeiten mit dem Leben von Bäuerinnen befassen. Vgl. Scheucher-Fastl, Maria-Agnes: „Man muaß wirklich olls kennan". Frauen in der Landwirtschaft: 1945 bis heute (unveröffentlichte Diplomarbeit). Graz 1997 sowie die Videoarbeit von Rahel Gunder: Frau stellt ihren Mann. Frauen in der Landwirtschaft – Bäuerinnen? (Lizenziatsarbeit in Form eines Videofilms mit Begleitheft). Zürich 2006.

22 Die Bedeutung des Themas verdeutlicht der Volkskundekongress 1999, welcher sich diesen Begrifflichkeiten widmete. Vgl. hierzu: Brednich, Rolf W./Schneider, Annette/Werner, Ute (Hg.): Natur – Kultur. Volkskundliche Perspektiven auf Mensch und

eher eine Kultur- oder eine Naturlandschaft? Die Europäische Ethnologie/Volkskunde beschäftigt sich nicht mit individuellen Leistungen bedeutender Persönlichkeiten, sondern lässt sogenannte „kleine Leute“ zu Wort kommen. Deren Meinungen erlauben, eingebettet in einen wissenschaftlichen Kontext, Rückschlüsse zu historischen und gesellschaftlichen Entwicklungen. In dieser Arbeit bezieht sich dies auf die befragten Biolandwirte im „Naturpark Südschwarzwald“, deren Aussagen Aufschluss über die Situation der ökologischen Landwirtschaft geben sollen.

„Ökolandwirtschaft“ ist seit ihrem Ursprung ein politisch relevantes Thema. Agrarpolitik greift mit ihren Entscheidungen unweigerlich in die Entwicklung der Landwirtschaft ein. In Bezug auf die ökologische Landwirtschaft bestimmt die Europäische Union mit ihren allgemein gültigen Regelungen für die beteiligten Länder in einem hohen Grad die laufenden Prozesse. Fachvertreter des Volkskundekongresses im Jahr 1999 zum Thema „Kultur – Natur“ forderten die Kulturwissenschaften auf, sich vermehrt mit dem Thema „Landschaft und Europäische Union“ zu befassen.[23] Die vorliegende Studie stellt den Versuch dar, eine Forschungslücke im Bereich der Landwirtschaft zu schließen.

Zukünftig wird sich die Gesellschaft verstärkt dem Umweltschutz widmen müssen, um die weltweiten Klimaziele zu erreichen. Hinzu kommt das gravierende Problem der Welternährungslage. Der Anstieg der Weltbevölkerung wird von heute rund 7,3 Milliarden Menschen bis zum Jahr 2050 auf rund 9,7 Milliarden Menschen prognostiziert.[24]

Neben diesen existenziellen Fragen wird es in den kommenden Jahren darum gehen, wie sich die ökologische Landwirtschaft zwischen Themen wie „Vegetarismus“, „Veganismus“ „Wachsen oder Weichen“, „Indoor-Gardening“ und „Urban-Gardening“ – gemeint sind hier aufstrebende Alternativen zur herkömmlichen Landwirtschaft speziell in Städten[25] – platzieren und behaupten kann. Dies vor allem vor dem Hintergrund, dass bis 2050 die Bevölkerung

---

Umwelt. (32. Kongress der Deutschen Gesellschaft für Volkskunde in Halle vom 27.09. bis 1.10.1999) Münster 2001.

23 Vgl. hierzu: Johler, Reinhard: „Wir müssen Landschaft produzieren“. Die Europäische Union und ihre „Politics of Landscape and Nature“. In: Brednich/Schneider/Werner 2001, S.77-90, 90.

24 Vgl. hierzu: http://www.weltbevoelkerung.de/aktuelles/details/show/details/news/weltbevoelkerung-waechst-bis-2050-staerker-als-angenommen.html (Stand 29.07.2015)

25 „Inhouse-Gardening“ meint Pflanzenanbau in innerstädtischen Gebäuden wie beispielsweise ungenutzten Gewerbehallen. Um den Platz zu nutzen, werden die Pflanzen in an Wänden installierten Vorrichtungen gezüchtet. Beim „Urban-Gardening“ handelt es sich um Bestrebungen der Stadtbevölkerung, auf möglichen Flächen in der Stadt Obst und Gemüse anzubauen. Diese reichen von der Bepflanzung innerstädtischer Grünflächen bis hin zum mobilen Dachgarten auf Hochhausdächern in Form von Hochbeeten.

in den Städten von derzeit 52 Prozent der Weltbevölkerung auf 67 Prozent ansteigen soll und die aufgezeigten alternativen Tendenzen zur ökologischen und konventionellen Landwirtschaft ausgebaut werden.[26]

Es ist an der Zeit, das stark politisierte Thema „Landwirtschaft“ wieder auf die in dieser Branche tätigen Menschen zu beziehen, um die Entfremdung zwischen Stadt- und Landbevölkerung abzubauen. Zudem erscheint es erforderlich, den Menschen an der Basis das Wort zu erteilen, um die Probleme, aber auch die Chancen der ökologischen Landwirtschaft zu Beginn des 21. Jahrhunderts aufzuzeigen. Hierzu soll die vorliegende kulturwissenschaftliche Studie einen Beitrag leisten.

1.2 Fragestellung

Die vorliegende Arbeit untersucht die Entwicklung des Berufsstands „Biobauer“ und verortet diesen innerhalb der Landwirtschaft. Folgende Fragen dienen als Orientierung: Was für ein Naturverständnis und ökologisches Bewusstsein liegt der landwirtschaftlichen Tätigkeit dieser Landwirte zugrunde? Wie lässt sich der Beruf des Biobauern in die über 100-jährige Geschichte des ökologischen Landbaus einordnen? Welcher Zusammenhang besteht zwischen Biolandwirten und Lebensreformbewegung um 1900? Gibt es Anknüpfungspunkte zur 1968er-Bewegung und/oder den Bürgerrechtsbewegungen der 1970er Jahre wie beispielsweise der Anti-Atomkraft-Bewegung? Welche Rolle spielt die politische Partei „Die Grünen“ in den Biografien der Biolandwirte? Welches Verhältnis besteht zur konventionellen Landwirtschaft? Gibt oder gab es in der Vergangenheit Verständigungsprobleme mit der einheimischen Bevölkerung? Wie sehen die Landwirte ihre Verbindung zur jeweiligen Elterngeneration? Existieren Generationenkonflikte, womöglich aufgrund der Hofumstellung auf ökologische Landwirtschaft? Welche Aufgaben übernehmen der jeweilige Verband sowie die EU-Biokontrolle im Arbeitsalltag der Biobauern und wie gestaltet sich die Zusammenarbeit mit diesen Stellen? Mit was für Problemen bei der Hofumstellung auf ökologische Landwirtschaft und sich anschließenden positiven und negativen Vorkommnissen sahen sich die Biolandwirte konfrontiert? Beziehen sie Gedanken zu einer bestimmten Lebensform der Gesellschaft in ihre ökologischen Bestrebungen mit ein? Was motiviert sie zur Ausübung ihres Berufs, der strengeren Auflagen unterliegt als die konventionelle Landwirtschaft?

26 Vgl. hierzu: http://www.weltbevoelkerung.de/suche.html?tx_solr[q]=stadtbev%C3%B6lkerung (Stand 29.07.2015) und Fußnote 25.

1.3 Gliederung

Die Studie beginnt mit den theoretischen Grundlagen. Zunächst beschäftigt sich die Arbeit mit einer Darstellung des Wirtschaftszweigs „Landwirtschaft". Danach werden die zentralen Termini „Kultur" und „Natur" in thematischem Zusammenhang vorgestellt.

In einem zweiten Schritt erfolgt die kulturhistorische Abhandlung der ökologischen Landwirtschaft und ihres gesellschaftlichen Umfelds, beginnend mit der „Geschichte der Landwirtschaft" vom ausgehenden 19. Jahrhundert bis heute mit Fokus auf den Schwarzwald. Es folgt die Darstellung der ökologischen Landwirtschaft. Das nächste Kapitel beschäftigt sich mit den Anfängen des ökologischen Landbaus: der „Lebensreformbewegung" an der Wende vom 19. zum 20. Jahrhundert, der Geschichte des Verbands „Demeter" seit den 1920er Jahren sowie der Geschichte des Verbands „Bioland" seit den 1930er Jahren. Für die Zeit nach dem Zweiten Weltkrieg stehen zunächst zentrale gesellschaftliche und politische Ereignisse im Fokus: die sogenannte „1968er-Bewegung", die Umweltbewegungen der 1970er Jahre, hier im speziellen die Anti-Atomkraft-Bewegung sowie die Politik der Partei „Die Grünen". Chronologisch schließt der kulturhistorische Teil mit den Entwicklungen der ökologischen Landwirtschaft seit den 1980er Jahren, dem 1982 gegründeten Verband „Naturland" und den 1991 eingeführten „Biorichtlinien der Europäischen Union".

Das nächste Kapitel konzentriert sich zunächst auf das Forschungsgebiet „Naturpark Südschwarzwald". Eine Vorstellung der 17 Interviewpartner und deren Höfe unterfüttert mit Eindrücken der teilnehmenden Beobachtung schließt sich an, bevor schließlich Auswertung und Interpretation der Interviews vor dem Hintergrund theoretischer und kulturhistorischer Thesen erfolgen. Hier stehen zunächst die Einstellungen der Biobauern zu „Natur und Umweltschutz" im Fokus, gefolgt von einem Blick auf die jeweilige Hofumstellung und das persönliche Umfeld der Landwirte. Anschließend geht es um die Bedeutung der Verbandszugehörigkeit, den Einfluss der Lebensreformbewegung auf die heutigen Biobauern sowie die gesellschaftlichen und politischen Ereignisse in der zweiten Hälfte des 20. Jahrhunderts. Die Auswertung und Interpretation der Interviews schließt mit einem Blick auf die aktuelle Situation der Biobauern im Naturpark Südschwarzwald.

Abschließend werden die Erkenntnisse der Studie resümiert und ein Blick in die Zukunft der Biolandwirte skizziert.

1.4 Methodisches Vorgehen

Volkskundliche Untersuchungen zeichnen sich durch qualitative Studien aus, die räumlich, kontextuell und zeitlich verortet sowie multiperspektivisch dargestellt sind.[27] Diese Mikrostudie beschränkt sich auf den Naturpark Südschwarzwald und fokussiert das Umfeld der Biolandwirte unter Berücksichtigung der rund 100-jährigen Geschichte des ökologischen Landbaus. Die Bearbeitung des Themas erfolgt aus verschiedenen Blickwinkeln, vorgegeben durch die kulturhistorische Annäherung und die sich daraus ergebenden Fragestellungen. Die Gewinnung der wissenschaftlichen Erkenntnisse dieser Studie basiert auf einem Methodenmix. Zentrales Element ist das leitfadenorientierte Interview. Beobachtungen, stichwortartige Protokolle und Fotografien, Gedächtnisprotokolle, die im Anschluss an die Interviews angefertigt wurden sowie ein Forschertagebuch, in dem ich meine Eindrücke festgehalten habe und quantitatives Datenmaterial ergeben mit den Interviews eine „dichte Beschreibung"[28]. Gemeint ist „eine möglichst detaillierte und zugleich komplexe Darstellung einer Situation, deren Abläufe und Beteiligte aus möglichst unterschiedlichen Blickwinkeln und Quellen dargestellt werden."[29] Repräsentativität ist bei einer qualitativ angelegten Studie weder durch die Zahl der Interviewpartner noch die ausgewählten Forschungsobjekte zu erreichen. Die 17 befragten Biolandwirte im Naturpark Südschwarzwald können weder stellvertretend für die europäischen noch für die deutschen Ökolandwirte herangezogen werden. Zu verschieden sind Entstehungsumstände und Entwicklungen der einzelnen Biohöfe. Diese Studie vermag lediglich Tendenzen aufzuzeigen. Im Gegensatz zu einer groß angelegten und somit repräsentativen Fragebogenaktion besteht durch eine volkskundliche Mikrostudie die Möglichkeit, aussagekräftige Zwischenbereiche zu erschließen. Aus den Erkenntnissen der vorliegenden Arbeit könnten wiederum quantitative Befragungen abgeleitet werden.

Ueli Gyr vertritt generell die Meinung, „dass sich volkskundliche Feldforschungen vorzugsweise auf Kleinräumigkeit richten sollten, auf ‚überschau-

---

27 Vgl. Schmidt-Lauber 2007, S. 169.

28 Geertz, Clifford: Dichte Beschreibung. Beiträge zum Verstehen kultureller Systeme. Frankfurt a. M. 1990, S. 288.

29 Kaschuba, Wolfgang: Einführung in die Europäische Ethnologie. (2. Aufl.) München 2003, S. 219.

bare Lebenswelten'."[30] Ziel dieser Arbeit ist, ein lebendiges Bild der Biobauern im Naturpark Südschwarzwald zu zeichnen und durch Experteninterviews Chancen und Probleme der Biolandwirtschaft im Naturpark Südschwarzwald zu Beginn des 21. Jahrhunderts aufzudecken und gegebenenfalls thesengenerierend zu wirken. Zunächst wurde im Januar 2010 ein „Pretest" in Form eines Leitfaden-Interviews bei einem Milchbauern im Kleinen Wiesental durchgeführt. Das Gespräch und dessen Auswertung und Interpretation machten deutlich, dass es notwendig ist, Biolandwirte thematisch offener zu interviewen, um eine Vielfältigkeit zu gewährleisten und nicht ausschließlich die Problematik der Milchbauern in einer kleinen und strukturell sehr benachteiligten Region wie dem Kleinen Wiesental darzustellen. Ein weiteres „Testinterview" mit einem auf Ziegenhaltung spezialisierten Biobauern im Kleinen Wiesental bestätigte die Absicht, die Studie nicht auf einen Landkreis zu beschränken. Da der befragte zweite Biolandwirt zusätzlich als Kontrolleur für den Bioland-Verband tätig ist, erhielt ich wertvolle Hintergrundinformationen zu den Vorgängen einer „Biozertifizierung". Nach diesen beiden Testinterviews wurde der Leitfaden für die Interviews überarbeitet und ergänzt (Abb. 4). Zudem reifte der Entschluss, den „Naturpark Südschwarzwald" als Forschungsgebiet auszuwählen. Die Auswahl der befragten Biolandwirte und besuchten Biobauernhöfe erfolgte nach dem Zufallsprinzip anhand von öffentlich zugänglichem Adressmaterial, um eine Diversität zu gewährleisten. Die bewusste Einteilung in jeweils vier Höfe der Anbauverbände „Demeter", „Bioland" und „Naturland" sowie nach EU-Biokriterien soll Vergleiche ermöglichen und Gemeinsamkeiten aufzeigen. Neben dieser Rasterung wurden gezielt Höfe aus den fünf am Naturpark beteiligten Landkreisen Breisgau-Hochschwarzwald, Emmendingen, Lörrach, Schwarzwald-Baar-Kreis und Waldshut ausgewählt, um eine flächendeckende Abfrage zu gewährleisten.

Das Auffinden von interviewbereiten Biolandwirten gestaltete sich schwierig. Dies lag einerseits an zugänglichem Adressmaterial, andererseits an der Zeitnot der Landwirte. Zunächst erhoffte ich mir Datenmaterial von der Geschäftsstelle des Naturparks Südschwarzwald. Diese jedoch verfügt nach eigenen Angaben weder über Auflistungen von landwirtschaftlichen Betrieben im Allgemeinen noch über Biobetriebe im Speziellen in meinem Forschungsgebiet und verwies auf die Landwirtschaftsämter der fünf am Naturpark Südschwarzwald beteiligten Landkreise. Dort wiederum erhielt ich das Statistische

30 Gyr, Ueli: Kulturale Alltäglichkeit in gesellschaftlichen Mikrobereichen. Standpunkte und Elemente zur Konsensdebatte. In: Burckhardt-Seebass, Christine (Hg.): Zwischen den Stühlen fest im Sattel? Eine Diskussion um Zentrum, Perspektiven und Verbindungen des Faches Volkskunde. Göttingen 1997, S. 13-19, 16.

Landesamt Baden-Württemberg als Anlaufstelle für Zahlenmaterial. Informationen in Form von Adressen dürfen sie aus datenschutzrechtlichen Gründen nicht an Fremde weiterreichen. Die Verbände lieferten auf Nachfrage teilweise zwar Adressmaterial, jedoch mit dem Verweis, dass diese nicht vollständig seien, da die Landwirte in den meist werbetechnischen Listen nicht zu einer Nennung verpflichtet seien.[31] Zudem ist den einzelnen Verbänden aus Datenschutzgründen das Weiterreichen von internen Adresslisten untersagt. Auf der Internetpräsenz finden sich nur einzelne Höfe, die freiwillig diese Werbeform nutzen.[32] Zur Ermittlung potenzieller Interviewpartner standen somit lediglich eine Broschüre des Naturparks Südschwarzwald unter dem Titel „Einkaufen beim Bauern", die auf der Naturpark-Homepage verzeichneten Direktvermarkter sowie diverse öffentlich zugängliche Adressen auf den Verbandshomepages zur Verfügung.[33] Bei den Naturland-Landwirten musste ich aufgrund der wenigen mir zur Verfügung stehenden Adressen auf einen Hof zugehen, der mir von einem interviewten Verbandskollegen genannt wurde.

Waren Biobauern gefunden, gestaltete es sich meist schwierig, diese für ein Interview zu gewinnen. Ihr erfüllter Arbeitsalltag lässt nur wenig Zeit für weitere Verpflichtungen. Die meisten Interviews fanden deshalb in der für Landwirte ruhigsten Zeit nach der Ernte im Oktober und November 2010 statt. Dennoch war auch für diesen Zeitpunkt nicht selten ein mehrmaliges Nachfragen meinerseits notwendig. Eine erste Kontaktaufnahme erfolgte stets per E-Mail. Daraufhin meldeten sich vier der zunächst fünfzehn kontaktierten Bauernhöfe mit einer Zusage und der Bitte um telefonische Terminvereinbarung. Die anderen elf schrieb ich erneut an, woraufhin sich fünf meldeten und ich einen Termin per E-Mail oder fernmündlich vereinbaren konnte. Die verbleibenden sechs Höfe kontaktierte ich ein weiteres Mal über das Internet oder telefonisch und erreichte vier weitere Interviewtermine. Ein angefragter Demeter-Landwirt meldete sich erst Wochen später, als die Interviews schon geführt worden waren, ein Landwirt des Bioland-Verbands wollte aus Zeitgründen nicht teilnehmen. Für beide fand sich im Zeitrahmen der Interviewdurchführung ein Ersatz.

31 Der Demeter-Verband verwies mich auf Nachfrage zu Datenmaterial und Angaben zur Verbandsgeschichte auf die Verbandshomepage, wohingegen mir der Bioland-Verband und der Naturland-Verband Informationen in Form von Broschüren zukommen ließen.

32 Vgl. hierzu die Angaben auf der Internetpräsenz der Verbände: http://www.bioland.de/infos-fuer-verbraucher/bioland-adressen.html, http://www.demeter.de/verbraucher/landwirtschaft/unsere-hoefe sowie http://www.naturland.de/de/verbraucher/einkauf-auf-dem-hof.html (jeweils Stand 31.07.2015).

33 Vgl. Naturpark Südschwarzwald e. V. (Hg.): Einkaufen beim Bauern. Feldberg 2009 sowie die folgende Homepage des Naturparks: http://www.naturpark-suedschwarzwald.de/essen-trinken/direktvermarkter (Stand 31.07.2015).

Die Interviews fanden stets auf dem Hofareal der Biolandwirte statt, um nicht noch weiter die Zeit der Landwirte zu strapazieren. Die Auswahl des exakten Interviewortes überließ ich den Befragten, da der Ort für die Gesprächspartner möglichst vertraut sein sollte und ihr Wohlbefinden in der Interviewsituation für eine entspannte Gesprächsatmosphäre sorgt.[34] Schließlich gewährleistete der Interviewort als gleichzeitiger Arbeitsort der Landwirte weitere Einblicke in die Lebenswelt der Biolandwirte durch teilnehmende Beobachtung.[35]

Eine Feldforschung über einen Zeitraum von mehreren Wochen und Monaten wie in der Ethnologie üblich hätte nicht zum Erkenntnisziel dieser Studie beigetragen. So handelt es sich nicht um eine geschlossene kulturelle Gruppe an einem einheitlichen Aufenthaltsort, sondern um Personen mit unterschiedlichen Wohn- und Arbeitsorten im weitläufigen Naturpark Südschwarzwald. Darüber hinaus soll die Arbeit Aufschluss geben über Selbstverständnis und Motivation von „Biobauern". Es geht um innere und äußere Beweggründe, die sich durch eine qualitative Befragungsform gewissenhaft erörtern lassen und nicht um das Handeln und Verhalten von Menschen in Alltagssituationen.[36]

Um jedoch das Gesagte zu untermauern, fungiert die teilnehmende Beobachtung als ergänzendes Element zu den qualitativen Interviews. Jedem Interview ging eine Hofbesichtigung voraus oder schloss sich diesem an. Darüber hinaus ergaben sich auf jedem Hof verschiedene Möglichkeiten, am Lebensalltag der Biobauern zu partizipieren. Dazu zählte das Begleiten von landwirtschaftlichen Arbeitsprozessen, die Teilnahme an Mahlzeiten und Gespräche mit Mitarbeitern.

1.4.1 Leitfaden-Interview

Die Interviewformen in der qualitativen (Sozial-)Forschung, ob „biographisch", „leitfadenorientiert", „thematisch", „problemzentriert" oder als „Experteninterview" angelegt – um nur einige Arten zu nennen – haben stets ein

34 Vgl. Schmidt-Lauber 2007, S. 178.

35 Die einzelnen Eindrücke finden sich im jeweiligen Profil der Landwirte und ihrer Bauernhöfe, vgl. Kapitel 3.2.

36 Für Letzteres wie beispielsweise die Untersuchung kultureller Phänomene wie Feste und Bräuche wiederum bietet die langfristige teilnehmende Beobachtung ein geeignetes Instrument. Vgl. hierzu: Lüders, Christian: Beobachtungen im Feld und Ethnographie. In: Flick, Uwe/von Kardoff, Ernst/Steinke, Ines (Hg.): Qualitative Forschung. Ein Handbuch. (8. Aufl.) Reinbek bei Hamburg 2010, S. 284-401, 384.

gemeinsames Merkmal: die „Offenheit der Kommunikation“[37]. Im Gegensatz zu hypothesenüberprüfenden und statistisch angelegten standardisierten Interviews gibt es bei den thesengenerierenden qualitativen Interviews keine Vorgaben zur Beantwortung der Fragen. Strukturierung erfährt das qualitative Interview durch die Interaktion zwischen Forschenden und Erforschten.[38]

Beim leitfadengestützten oder leitfadenorientierten Interview werden nacheinander mehrere vorgegebene Themen abgehandelt. Dies garantiert das Bearbeiten bestimmter Forschungsinteressen und dient einer späteren „Vergleichbarkeit“[39] der Interviews – wichtige Voraussetzungen für diese Studie. Vor dem Hintergrund der theoretischen Grundlagen sollen Unterschiede und Gemeinsamkeiten unter den befragten Landwirten herausgearbeitet werden. Der Aufbau des Leitfadens erlaubt Rückschlüsse auf die kulturhistorischen Thesen zum Phänomen der „Biobauern“. Ein rein biographisches Interview, in dem der Befragte seine Lebensgeschichte erzählt und in dem erst gegen Ende Nachfragen zu angesprochenen Themen sowie die Einführung neuer Themen erfolgen, hätte das eben genannte Forschungsvorhaben nicht optimal unterstützt. Bei leitfadenorientierten Interviews kommt es immer auch zu längeren Erzählphasen. Der Leitfaden gilt auch nicht als Standardisierung, sondern eher als „Gedächtnisstütze für den Interviewer“[40]. Der Befragte kann zwar nicht wie beim biographischen Interview das Thema frei wählen, er schildert jedoch alles, was ihm zum vorgegebenen Thema einfällt, bevor ein nächstes angeschnitten wird. Diese persönlichen Erzählungen sind neben der Meinungsäußerung des Befragten von großer Bedeutung. Das leitfadenorientierte Interview ist „narrativ fundiert“[41].

Gebräuchlich sind Leitfäden auch bei sogenannten „Experteninterviews“.[42] Die befragten Landwirte darf man durchaus als „Experten“ bezeichnen, da sie

---

37 Nohl, Arnd-Michael: Interview und dokumentarische Methode. Anleitung für die Forschungspraxis. Wiesbaden 2006, S. 19.

38 Vgl. ders. 2006, S. 19.

39 Meuser, Michael/Nagel, Ulrike: Vom Nutzen der Expertise. In: Bogner, Alexander/Littig, Beate/Menz, Wolfgang (Hg.): Das Experteninterview. Opladen 2002, S. 257-272, 269.

40 Witzel, Andreas: Verfahren der qualitativen Sozialforschung – Überblick und Alternativen. Frankfurt a. M./New York 1982, S. 90.

41 Nohl 2006, S. 20.

42 Bei Experteninterviews bildet normalerweise nicht „die Gesamtperson den Gegenstand der Analyse, d.h. die Person mit ihren Orientierungen und Einstellungen im Kontext des individuellen oder kollektiven Lebenszusammenhangs [...]“ Vgl. Meuser, Michael/Nagel, Ulrike: ExpertInneninterviews – vielfach erprobt, wenig bedacht. Ein Beitrag zur qualitativen Methodendiskussion. In: Bogner/Littig/Menz 2002, S. 71-83, 72. Die Interviewpartner werden vielmehr als RepräsentantInnen ihres Fachgebiets angesehen. In der vorliegenden Studie fungieren die Landwirte einerseits als Experten für ihr Berufsbild, andererseits geht es auch um die Menschen an sich.

durch ihre Ausbildung und tägliche Arbeit über einen großen spezifischen Wissensfundus verfügen. Es handelt sich hierbei nicht um angeeignetes Kontextwissen, sondern das Wissen über ihr eigenes Handlungsfeld.[43] Die Soziologen Michael Meuser und Ulrike Nagel sehen in offenen Leitfäden für Experteninterviews eine technisch saubere Lösung, da sie „dem thematisch begrenzten Interesse des Forschers an dem Experten wie auch dem Expertenstatus des Gegenübers“[44] gerecht wird. Thematische Begrenzung erfährt diese Studie durch das Interesse, den Berufsstand des Biobauern im Kontext einer kulturhistorischen Einordnung zu erörtern und sich nicht in persönlichen Schicksalsschlägen der Gesprächspartner zu verlieren.

Durch das Erarbeiten eines Leitfadens eignet sich der Forscher zudem Kompetenzen im Fachbereich des Gesprächspartners an. Dies ist bei der vorliegenden Studie von außerordentlicher Bedeutung, da die Verfasserin dieser Zeilen weder eine landwirtschaftliche Ausbildung noch ein agrarwissenschaftliches Studium absolviert hat. Neben kulturwissenschaftlicher, soziologischer, psychologischer und philosophischer Literatur dienten auch agrar- und naturwissenschaftliche Publikationen zur Vorbereitung des Leitfadens.[45]

Die Interviews dauerten jeweils zwischen 60 und 90 Minuten. Diese Zeit reichte zur Beantwortung aller Fragen aus und wird auch von dem Soziologen Jürgen Friedrichs als angemessen zur Durchführung wissenschaftlicher, qualitativer Interviews angesehen.[46]

1.4.2 Quellenforschung

Die 16 Interviews mit Biobauern aus dem Naturpark Südschwarzwald bilden für diese Studie selbstgenerierte Quellen. Ich bin mir darüber bewusst, dass es sich hierbei um „dynamische Quellen“ handelt. Neben den genannten Gründen für ein themenzentriertes Interview ließ die Ausrichtung dieser Arbeit die Erstellung eines Leitfadens sinnvoll erscheinen. Das Einhalten des Leitfadens garantiert eine Vergleichbarkeit unter den Befragten und erleichtert die Fokussierung des Befragten auf relevante Themenbereiche. Selbstverständlich ist eine große Empathie während des Interviews genauso unabdingbar wie eine

43 Vgl. Nohl 2006, S. 20.

44 Meuser/Nagel 2002, S. 72.

45 Vgl. hierzu das Literaturverzeichnis dieser Arbeit.

46 Jürgen Friedrichs hält „ein Interview von 60 Minuten [für] möglich; [...] Wenn man einen Befragten jedoch erst einmal zur Mitarbeit gewinnt, dann ist es zumeist nicht schwierig, ihn auch bis zu 90 Minuten zu befragen [...]“ Friedrichs, Jürgen: Methoden empirischer Sozialforschung. Opladen 1990, S. 214.

sich anschließende sorgfältige Reflexion des Gesagten. Hierfür bedarf es während der Interviewauswertung einer exakten Quellenkritik der selbstgenerierten Quellen, welche „zahlreiche Formen selektiven Behaltens und Vergessens, bewusste oder unbewusste Legitimationen und von ‚offiziellen' Beurteilungen beeinflusste Wertungen [...]"[47] enthalten. Diese Quellenkritik erwies sich aufgrund des Leitfadens und der Auswertung nach thematischen Blöcken, ergänzenden qualitativen Elementen der teilnehmenden Beobachtung sowie quantitativem Datenmaterial und der Hinzuziehung wissenschaftlicher Studien zu den einzelnen Themen als durchaus machbar. Für diese kulturwissenschaftliche Mikrostudie erweist sich das qualitative, leitfadenorientierte und somit themenzentrierte Interview meines Erachtens als überaus geeignetes Instrument.

1.4.3 Interview-Auswertung

Nach Durchführung der Interviews erfolgte deren Verschriftlichung anhand der Tonbandaufnahmen.[48] Ein Interview ergab zwischen 25 und 45 Seiten Transkript. Dieses ist notwendig, „um das flüchtige Gesprächsverhalten für wissenschaftliche Analysen auf dem Papier dauerhaft verfügbar zu machen".[49] Dabei geht es einerseits um die Fixierung des Gesagten, vielmals aber auch um die lautliche Gestaltung desselben und um nichtsprachliches Verhalten während des Interviews. Beides wurde in den Transkripten mit aufgezeichnet, um die Besonderheiten einer jeden einzelnen Interviewsituation und der Befragten selbst darzustellen. Die in dieser Studie wiedergegebenen Aussagen der Biobauern wurden wörtlich und ohne Korrektur der Umgangssprache übernommen. Denkpausen sind mit drei Punkten markiert. Dialektale Aussprache wurde dem Hochdeutschen angeglichen, um Missverständnissen vorzubeugen. Bei der Durchführung der Interviews war es von großem Vorteil, dass die Verfasserin dieser Zeilen mit „Alemannisch" als muttersprachlichem Dialekt aufgewachsen ist. Somit kamen keinerlei Verständnisschwierigkeiten mit den einheimischen Landwirten auf.

---

47 Lehmann, Albrecht: Autobiographische Methoden. Verfahren und Möglichkeiten. In: Ethnologia Europaea 11 (1979/1980), S. 36-54, 37. Weiterführende Literatur zum Thema: Lehmann, Albrecht: Erzählstruktur und Lebenslauf. Autobiographische Untersuchungen. Frankfurt a. M. 1983.

48 Die schriftlichen Quellen werden von der Verfasserin zur Dokumentation aufbewahrt.

49 Kowal, Sabine/O'Connell, Daniel C.: Zur Transkription von Gesprächen. In: Flick/von Kardoff/Steinke 2010, S. 437-447, 438. Dieser Text gibt zudem detailliertere Hintergrundinformationen zur Transkription.

Bei der Interviewauswertung arbeite ich gemäß Mayrings Inhaltsanalyse.[50] Mayring nennt hierfür vier mögliche Vorgehensweisen: Bei der zusammenfassenden Inhaltsanalyse wird der Inhalt des Auswertungsmaterials auf einen das Wesentliche umfassenden Kurztext reduziert, die induktive Kategorienbildung geht einen Schritt weiter und bildet schrittweise Kategorien aus. Die explizierende Inhaltsanalyse arbeitet entgegengesetzt zur zusammenfassenden und sucht nach zusätzlichem Material zu unklaren Textstellen. Für diese Arbeit erwies sich die strukturierende Inhaltsanalyse als am besten geeignet. Sie „will bestimmte Aspekte aus dem Material herausfiltern, will unter vorher festgelegten Ordnungskriterien einen Querschnitt durch das Material legen oder das Material unter bestimmten Kriterien einschätzen."[51] Die Interviewthemenblöcke des Leitfadens bilden ein erstes Kategoriensystem für die Auswertung, wobei der offene Auswertungsprozess ein flexibles Angleichen an neue Erkenntnisse erfordert. Beispielsweise hat sich in dieser kulturwissenschaftlichen Arbeit der Themenkomplex über agrarwissenschaftliche Fragestellungen als zu „naturwissenschaftlich" herausgestellt, woraufhin ich mich gegen eine Aufnahme in diese Arbeit entschieden habe. Dies war der gravierendste Einschnitt im Auswertungsprozess. Zudem wurden im Verlauf des Auswertungsprozesses immer wieder Fragen, Themenblöcke sowie Textpassagen umgestellt und inhaltlich zugeordnet.

Der Auswertungsprozess als solcher lässt sich in folgende Schritte unterteilen: Zunächst erfolgt eine grobe Einteilung des Gesagten nach den Themenblöcken, wobei sich Textpassagen durchaus auch zwei oder mehreren Themenkomplexen zuordnen lassen. In einem zweiten Schritt kodiere ich die wesentlichen thematischen Aussagen der Befragten, um dann je nach Thema gleiche Aussagen zusammen zu fassen oder für jeden Biolandwirt ein Profil anzufertigen. Abschließend erfolgte die thematische Auswertung mit vergleichenden und zusammenfassenden Aussagen. So erhielt ich für jeden Themenkomplex aufschlussreiche Erkenntnisse zur Entwicklung und dem heutigen Stand des Berufs „Biobauer".

---

50 Vgl. Mayring, Philipp: Qualitative Inhaltsanalyse. In: Flick/von Kardoff/Steinke 2010, S. 468-475.

51 Ders. 2000, S. 473.

1.5 Theoretische Grundlagen

1.5.1 Grundbegriff „Landwirtschaft"

Der Begriff „Landwirtschaft" ist zentral für diese Arbeit und soll im Folgenden kurz dargestellt werden. „Landwirtschaft" ist einer der ältesten Wirtschaftszweige der Menschheit.[52] Sie umfasst den wirtschaftlichen Teil der Urproduktion. Unter Urproduktion versteht man die Erzeugung pflanzlicher und tierischer Lebensmittel auf einer dafür zur Verfügung stehenden Fläche. Heute wird rund ein Drittel der Landfläche der Erde landwirtschaftlich bearbeitet. Die Landwirtschaft lässt sich in die Hauptzweige „Pflanzenbau" und „Tierhaltung" einteilen. Diese wiederum weisen Spezialgebiete auf wie Ackerbau, Gartenbau, Obstanbau, Weinbau, Bioenergie oder je nach Tierart Geflügelproduktion, Fischzucht, Rinderproduktion, Schafproduktion oder Schweineproduktion. Welcher landwirtschaftlichen Richtung ein Betrieb folgt, hängt unweigerlich von der Standortbestimmung ab. So erweist sich ein „schwerer", nähstoffreicher Boden wirtschaftlich ertragsreicher als ein „leichter", sandiger Boden, auf dem sich die Viehhaltung anbietet.

Eine weitere Einteilung in „intensive" und „extensive" Landbewirtschaftung lässt sich von der Art und Weise der landwirtschaftlichen Tätigkeit ableiten.

„Intensive Landwirtschaft" setzt auf einen möglichst hohen Ertrag pro Anbaufläche. Hierfür bedarf es deutlicher Eingriffe in die natürlichen Gegebenheiten durch eine verstärkte Gabe von Dünger- und Pflanzenschutzmitteln oder Bewässerungsmaßnahmen, Trockenlegung bis hin zu Rodungen. Auch in der ökologischen Landwirtschaft gibt es mittlerweile intensive Bestrebungen, die aufgrund der verbotenen Hilfsmittel auf einen höheren Personalschlüssel und entsprechende Maschinen angewiesen sind.

Bei der „extensiven Landwirtschaft" bestimmt das „Land" – der Boden – seine Beanspruchung. Die meisten traditionellen Landwirtschaftsformen weisen extensive Systeme auf wie beispielsweise eine bodenschonende Fruchtfolge. Im Vergleich zur intensiven Landwirtschaft fallen die Erträge auf derselben Fläche deutlich geringer aus.

Neben den beschriebenen Vergleichsmöglichkeiten der Landwirtschaft, lässt sich ein landwirtschaftlicher Betrieb nach seinem Produktionsschwerpunkt klassifizieren. Produktionszweige sind beispielsweise: Viehhaltung, Futterbau, Marktfruchtanbau. Die Ausübung einzelner Produktionszweige, von

52 Weiterführende Informationen zur Geschichte der Landwirtschaft vgl. Kapitel 2.1.

denen keiner über 50 Prozent des Betriebseinkommens ausmacht, ergibt einen sogenannten „Gemischtbetrieb".

Gemeinsamer Nenner der für diese Studie befragten Landwirte ist das Vorhandensein von Tierhaltung in Verbindung mit Ackerbau, Grünlandwirtschaft oder Waldwirtschaft, um ein möglichst breites Spektrum an vergleichbaren Erfahrungswerten zu erhalten.[53]

Eine weitere Unterscheidungsmöglichkeit von landwirtschaftlichen Betrieben bietet die betriebswirtschaftliche Sicht. Handelt es sich um einen „Haupterwerbshof", wird der Betrieb hauptberuflich bewirtschaftet und trägt zu mehr als 80 Prozent zum Familieneinkommen bei. Bei einem sogenannten „Zuerwerbsbetrieb" sind es mehr als 50 Prozent und bei einem „Nebenerwerbshof" weniger als 50 Prozent. Von den befragten Biolandwirten bewirtschaften lediglich vier – ein Biolandbauer, ein Naturland-Landwirt und zwei EU-Biobauern – ihren Hof im Nebenerwerb. Alle anderen betreiben einen Vollerwerbshof. Dies ergab sich aus den zur Verfügung stehenden Interviewpartnern und hat keinen tiefergehenden Grund.

Wichtig erscheint an dieser Stelle auch ein Blick auf die möglichen Ausbildungswege in der Landwirtschaft. Ein „Landwirt" absolviert vor seiner eigenständigen Tätigkeit gewöhnlich eine dreijährige Lehre in dualer Tätigkeit auf einem Hof und in einer landwirtschaftlichen Berufsschule. Eine Lehre auf dem elterlichen Hof nennt man „Eigenlehre", die auf einem auswärtigen Hof „Fremdlehre". Diverse Weiterbildungsmöglichkeiten – zunehmend auch für ökologische Landbewirtschaftung – bieten sogenannte „landwirtschaftliche Fachschulen".[54] Früher gab es diese in Form von „Winterschulen", die lediglich in den Wintermonaten Kurse anboten. Heute gibt es nur noch ganzjährige Unterrichtseinheiten.

Neben diesen berufspraktischen Ausbildungswegen besteht die Möglichkeit, an einer Fachhochschule oder Universität das ingenieurwissenschaftliche Fach „Agrarwissenschaften" zu studieren. Außer dem klassischen Profil des „Diplom Agrarwissenschaftlers" existieren weitere Fachrichtungen wie beispielsweise die „Agrarbiologie".

„Landwirtschaft" bedeutet immer auch Landschaftspflege. „Unberührte Natur" im Sinne einer reinen Naturlandschaft ist heute schwer auffindbar. Das Forschungsgebiet „Naturpark Südschwarzwald" wird in Werbebroschüren

53 So erwiesen sich die beiden Testinterviews bei zwei Biobauern im Kleinen Wiesental als nicht ergiebig genug für diese Arbeit. Vgl. hierzu Kap. 1.4.

54 Weiterführende Informationen zu den einzelnen Zweigen vgl. http://www.landwirtschaft-mlr.baden-wuerttemberg.de/pb/,Lde/Startseite/Dienststellen/Fachschulen (Stand 20.07.2015).

als „Kulturlandschaft“ beschrieben, da der wirtschaftende Mensch in diesem Gebiet eine große Stellung einnimmt. Das Tätigkeitsfeld des Landwirts befindet sich somit im Spannungsfeld zwischen „Natur“ und „Kultur“. Es erscheint deshalb sinnvoll, die beiden Begriffe, die in den Kulturwissenschaften häufig als Begriffspaar auftreten, kurz zu reflektieren.[55]

1.5.2 Grundbegriffe „Kultur“ und „Natur“

Kultur

Für eine erste Begriffserklärung ist es sinnvoll, „Kultur“ in zwei unterschiedliche Bedeutungen aufzuteilen. „Kultur im engeren Sinn“[56] bedeutet „Hochkultur“ oder „gehobene Kultur“. Es handelt sich hierbei um die Bereiche des freien menschlichen Schaffens wie beispielsweise Architektur, Bildende Kunst, Literatur, Musik, Religion, Theater. Allen ist gemein, dass sie stets Privileg ausgewählter sozialer Schichten waren und sich deutlich vom Alltagsleben abheben.

„Kultur im weiteren Sinn“[57] hingegen meint das Alltägliche, alle geistigen und materiellen Leistungen der Menschen. Diese Begriffsbedeutung bezieht sich auf alle Lebensbereiche des Menschen. Kultur gilt als das dem Menschen Eigentümliche.[58] Kultur charakterisiert den Menschen. Die Europäische Ethnologie/Volkskunde befasst sich mit diesem „erweiterten Kulturbegriff“[59]. Das Fach beschäftigt sich erst seit den 1970er Jahren mit dem Begriff.[60] Die Sozio-

---

55 Vgl. zum Begriffspaar „Kultur – Natur“: Hauser-Schäublin, Brigitta: Von der Natur in der Kultur und der Kultur in der Natur. Eine kritische Reflexion dieses Begriffspaares. In: Brednich/Schneider/Werner 2001, S. 11-20.

56 Die Bezeichnung „Kultur im engeren Sinne“, „Kultur im weiteren Sinne“ und „erweiterter Kulturbegriff“ sind in der Europäischen Ethnologie/Volkskunde gängige Begriffe. Weiterführende Literatur zum Thema: Gerndt, Helge: Studienskript Volkskunde. Eine Handreichung für Studierende. Münster u.a. 1997. Greverus, Ina-Maria: Kultur und Alltagswelt. Eine Einführung in Fragen der Kulturanthropologie. München 1978 sowie Bausinger, Hermann: Zur Problematik des Kulturbegriffs. In: Fremdsprache Deutsch 1 (1980), S. 57-69.

57 Vgl. Fußnote 56.

58 Köstlin, Konrad: Kultur als Natur – des Menschen. In: Brednich/Schneider/Werner 2001, S. 1-10, 1.

59 Vgl. Fußnote 56.

60 Vgl. hierzu: Brückner, Wolfgang (Hg.): Falkensteiner Protokolle. Frankfurt a. M. 1971. Weiterführende Literatur zum Kulturbegriff in wissenschaftlichen Diskursen: Gerndt, Helge: Zielorientierungen oder: Wie viele Kulturbegriffe braucht die Volkskunde als empirische Kulturwissenschaft? In: Fröhlich, Siegfried (Hg.): Kultur – Ein interdisziplinäres Kolloquium zur Begrifflichkeit. Halle (Saale) 2000, S. 215-226.

logen Kroeber und Kluckhohn hingegen stellten bereits 1952 eine Sammlung von 150 Definitionen des Kulturbegriffs zusammen.[61]

Natur

Der Begriff „Natur" wird im Alltag häufig als Gegensatz zur menschlichen Kultur genutzt, vor allem gegenläufig zu Industrie und Technik. Der Sozialwissenschaftler Ralf Kuckhermann stellt bei dem vielschichtigen, teils uneinheitlichen, gar widersprüchlichen Gebrauch des Wortes „Natur" drei Bedeutungsstränge fest: einen phänomenologischen, einen instrumentellen und einen ästhetischen.[62] Mit „phänomenologisch" meint er die „Alltagsvorstellungen, die die Natur als eine Ansammlung von Erscheinungen, als einen lokalisierbaren Gegenstandsbereich außerhalb der menschlichen Zivilisation deuten"[63], als die unberührte Natur. Der „instrumentelle" Bedeutungsstrang verdeutlicht die Eigenmächtigkeit der Natur. Sie ist in der Lage, sich selbst zu steuern, wodurch dem menschlichen Handeln Grenzen aufgezeigt werden. Der „ästhetische" Strang umfasst schließlich die Eigengesetzlichkeit der Natur. Ein gemeinsamer Kern ist „Natur als das einem Tatbestand, einem Lebewesen oder auch einem Menschen Selbst-verständliche, als die ohne äußeres Zutun stimmige Wechselwirkung zwischen Innen- und Außenwelt, [...]."[64]

Die jeweilige Bedeutung von Natur bestimmen stets die Menschen.[65] Sie bezeichnen einen Teil ihrer Umwelt als Natur. Formen der Begegnungen mit Natur sind somit nicht Formen der Natur, sondern bereits Kultur. Ein „Naturpark" im Speziellen wird vom Menschen als solcher räumlich festgelegt und gepflegt. Diese Pflege geschieht in erster Linie durch die ansässigen Landwirte. Durch das menschliche Eingreifen in natürliche Prozesse wie Pflanzenwachstum und Bodenleben wird aus der reinen, unberührten Natur unweigerlich eine „Kulturlandschaft". Die Kultur des Menschen, an dieser Stelle gemeint in Form von Landwirtschaft – was „das Land bewirtschaften bedeutet" – lässt die Landwirte aufgrund ihrer Tätigkeit zur Nahrungsmittelherstellung für die Bevölkerung ihre natürliche Umgebung „gestalten" und „formen".

---

61 Vgl. Kroeber, Alfred Louis/Kluckhohn, Clyde: Culture: A critical review of concepts and definitions. New York 1952.

62 Vgl. Kuckhermann, Ralf: Die Konstituierung von Natur und Kultur in der Tätigkeit. Überlegungen zum Verhältnis von Tätigkeitspsychologie und Humanökologie. In: Seel, Hans-Jürgen/Sichler, Ralph/Fischerlehner, Brigitte (Hg.): Mensch – Natur. Zur Psychologie einer problematischen Beziehung. Opladen 1993, S. 40-59.

63 Ders. 1993, S. 44.

64 Ders. 1993, S. 51.

65 Vgl. hierzu: Köstlin 2001, S. 1-10, 1.

1.5.3 Verhältnis Kultur – Natur

Das begriffliche Gegensatzpaar „Kultur“ und „Natur“ impliziert zunächst eher ein Gegeneinander als ein Miteinander dieser beiden Phänomene. „Kultur“ erscheint als dem Menschen Eigenes, von ihm „Gemachtes“. Diese materiellen und geistigen Güter bilden unsere „Alltagskultur“. „Natur“ hingegen ist etwas „Unberührtes“, „Gegebenes“. Sie existiert ohne menschliches Zutun aus sich heraus, beispielsweise in Form von Pflanzen, Tieren und dem Wetter bis hin zu Naturkatastrophen. Eine solche Vorstellung von „Kultur“ und „Natur“ basiert auf einer dualistischen Auffassung der beiden Begriffe: „Kultur“ steht als Gegensatz zu „Natur“.[66]

Ein weiteres dualistisches Modell lässt „Kultur“ hierarchisch über der „Natur“ erscheinen. Bei dieser Annahme von „Kultur als Akzident von Natur“[67] handelt es sich um die sogenannte „Hochkultur“, die „hoch“ über der „Natur“ angesiedelt ist. Wohingegen „Natur“ für diesen geistig-ästhetischen Überbau die lebensnotwendige Basis bildet. Beide dualistischen Modelle – „Kultur als Gegensatz zu Natur“[68] und „Kultur als Akzident von Natur“ weisen nicht vereinbare Prinzipien auf. Die Phänomene „Kultur“ und „Natur“ grenzen sich gegeneinander ab.

Ein Zusammenspiel von „Kultur“ und „Natur“ bilden die Grundannahmen zweier weiterer Modelle, die jeweils einen integrativen Ansatz und somit vereinbare Prinzipien aufweisen. Es handelt sich einerseits um die Vorstellung von „Kultur als Teil der Natur“[69], andererseits um „Kultur als Hülle der Natur“[70].

Beim erstgenannten wird „Kultur“ als etwas Natürliches interpretiert, das sich im Laufe der Evolutionsgeschichte entwickelt hat und nun die basisch vorhandene Natur bereichert. Es liegt somit unweigerlich „in der Natur des Menschen“, dass er Kultur besitzt. Diese naturphilosophisch geprägte Sichtweise umfasst einen holistischen Blick auf alle Lebenserscheinungen.

Aus kulturphilosophischer Sicht wiederum fungiert „Kultur“ als „Hülle der Natur“, welche so zu einem Teil der „Kultur“ wird. Als Ausgangspunkt dient der Mensch als „kultürliches Wesen“, dessen Wahrnehmung von Kultur geprägt ist. Heutzutage ist ein Großteil der „Natur“ kulturell überformt, das heißt von der kulturellen Naturauffassung bestimmt. Naturerscheinungen wer-

66 Vgl. zu den in diesem Kapitel vorgestellten vier Modellen zum Thema „Kultur – Natur“: Gerndt, Helge: Die Alpen als Kulturraum. In: Schönere Heimat 85 (1996), S. 170-179.
67 Gerndt 1996, S. 170.
68 Ders. 1996, S. 170.
69 Ders. 1996, S. 170.
70 Ders. 1996, S. 170.

den durch menschliche Bewertungen zu Kulturphänomenen. Diese Ansicht weist mit dem Menschen als Kulturwesen im Mittelpunkt eine anthropozentrische Qualität auf. „Kultur“ umhüllt hier alle Lebenserscheinungen.

In Bezug auf die ökologische Landwirtschaft stellt sich vor dem Hintergrund dieser theoretischen Modelle die Frage, wie die Biolandwirte Natur „verstehen“. Generell lässt sich von den dualistischen und integrativen Modellen eine Beziehung von „Kultur“ und „Natur“ in der Landwirtschaft ableiten. Mögliche Optionen werden im Folgenden skizziert, beginnend mit den beiden dualistischen Konzepten.

Geht man von der Existenz einer „Kultur“ im Gegensatz zu „Natur“ aus, stellt sich auch in der Landwirtschaft die Frage, an welcher Stelle sich diese Sphären voneinander abgrenzen. Ein offensichtlicher Unterschied besteht zwischen der „unberührten Natur“ und der vom Bauern bewirtschafteten Fläche. Durch Ackerbau und Grünlandwirtschaft entsteht aus natürlichen Gegebenheiten eine „Kulturlandschaft“. Der Mensch greift in das Ökosystem ein. Gerade in Bezug auf die ökologische Landwirtschaft, die den Anspruch eines schonenden Umgangs mit der Natur erhebt, stellt sich die Frage, wie weit dieser Eingriff gehen darf. Das Naturverständnis der befragten Biobauern soll zu einer Klärung beitragen.

„Kultur“ als Akzidenz von „Natur“, als deren Überhöhung in Form von „Hochkultur“ kann in der Landwirtschaft als das Formen der gegebenen, natürlichen Basis zu „Höherem“ interpretiert werden. Der Mensch gestaltet und verändert „Natur“ nach seinen Idealvorstellungen. Im Übertragenen Sinne handelt es sich beispielsweise um das „Veredeln“ von Pflanzen, das Züchten von speziellen Mischformen. Dieses Modell scheint allerdings für die ökologische Landwirtschaft nicht zu greifen, da doch ein „natürlicher“ Umgang mit der Landschaft propagiert wird und von daher keine kulturellen Überzüchtungen befürwortet werden. Jedoch bedarf es in Bezug auf die biologisch-dynamische Landwirtschaft einer Abklärung, inwieweit der dort vorhandene „geistige Überbau“ in Form der anthroposophischen Lehre Rudolf Steiners eine Rolle in der Naturauffassung und im landwirtschaftlichen Wirken der Demeter-Bauern spielt.

Beim integrativen Modell „Kultur als Teil von Natur“ kann der landwirtschaftlich tätige Mensch als Teil der ihn umgebenden „Natur“ gedeutet werden, denn nach der hier zugrunde liegenden holistischen Auffassung ist „alles Natur“. Der Landwirt ist nicht mehr allein „kultürliches Wesen“, sondern durch sein körperliches Arbeiten in und mit der Natur auch ein „natürliches Wesen“, der seiner natürlichen „Umwelt“, seiner „Mitwelt“ ein großes Verständnis entgegenbringt. Die Tatsache, dass die Biolandwirte mit ihrer ökologischen Tätigkeit die Bedürfnisse ihrer Umwelt, der „Natur" achten sollten, spricht für dieses integrative Modell.

Das Modell „Kultur als Hülle von Natur" stellt „Kultur" und mit ihr den kultürlichen Menschen in den Mittelpunkt. Anstelle „alles ist Natur" gilt bei diesem Modell „alles ist Kultur". Der landwirtschaftlich tätige Mensch gestaltet seine natürliche Umgebung nach seinen individuellen kultürlichen Vorstellungen. Er „umhüllt" Natur mit seinem kulturellen Anspruch. Auf die Landwirtschaft bezogen bedeutet dies vornehmlich die Erzeugung von Nahrungsmitteln. Dieses Konzept scheint wie bereits das erste integrative Modell eine mögliche theoretische Basis für die Untersuchung des Naturverständnisses der befragten Biobauern zu sein.

Grundsätzlich stellt sich im Vorfeld eine Beschäftigung mit der „Naturauffassung" der befragten Biolandwirte die Frage, ob und wenn ja, wie diese sich mit ihrer natürlichen Umwelt verbunden fühlen. Verhalten sie sich aufgrund ihrer ökologischen Tätigkeit gemäß einem integrativen Modell, bei denen es auf ein Miteinander von „Kultur" und „Natur" ankommt? Hierfür spricht nicht zuletzt die Entwicklung der Landwirtschaft seit dem ausgehenden 19. Jahrhundert. Zu Modernisierung und Technisierung gesellte sich in der zweiten Hälfte des 20. Jahrhunderts auch eine Intensivierung der Landwirtschaft, die einen möglichst großen Ernteertrag mit Hilfe chemisch-synthetischer Düngemittel vorsah. Hinzu kam in den vergangenen Jahrzehnten das Prinzip „Wachsen oder Weichen", welches einerseits zur Aufgabe kleinerer und mittlerer Betriebe führte sowie andererseits einen schonungslosen Umgang mit natürlichen Ressourcen durch den Aufbau von Großbetrieben – auch ökologischen – zur Folge hatte.

Die kleinbäuerlich strukturierte ökologische Landwirtschaft, wie sie von den befragten Biolandwirten betrieben wird, steuert diesem Prinzip entgegen. Statt wie es die dualistischen Modelle vorsehen, die „Natur" zu verdrängen oder sie ästhetisch zu überhöhen, möchte die ökologische Wirtschaftsweise die Umwelt schonen und Altbewährtes wie beispielsweise alte Obst- und Gemüsesorten bewahren. Die integrativen Modelle – und hier auf den ersten Blick das naturphilosophische aufgrund seines allumfassenden Bedürfnisanspruchs – erscheinen für die ökologische Landwirtschaft am stimmigsten. Jedoch bedarf es zu genauen Aussagen einer detaillierten Auswertung der Naturauffassung der befragten Landwirte, die im empirischen Teil erfolgt.

Die Naturauffassung der in einer Kulturlandschaft – dem Naturpark Südschwarzwald – arbeitenden Biolandwirte ist eines der zentralen Themen dieser Arbeit und soll zur Klärung der jeweiligen Berufswahl „Biobauer" beitragen.

2 Kulturhistorischer Teil

2.1 Geschichte der Landwirtschaft

In der bäuerlichen Gesellschaft vor der Industrialisierung im 19. Jahrhundert fungierte die Landschaft als Produktionslandschaft, die aus unterschiedlichen Erwerbszweigen bestand. Ackerbauern, Viehzüchter, Jäger, Waldarbeiter und Gemüsebauern verdienten ihren Lebensunterhalt mit der Landschaft, um nur einige zu nennen.[71] Zur Sicherung der Existenz und zur Selbstversorgung bedurfte es eines ausgereiften, fundierten Wissens über die jeweilige Landschaft und ihre Besonderheiten. Die Überlieferung dieses Wissensfundus erfolgte von Generation zu Generation. Mit der Industrialisierung hielten neue Techniken und ökonomisches Denken Einzug in die Nutzung der Natur. Es erfolgte eine rationelle Einteilung der Flächen. Die Suche nach industrietauglichen Rohstoffen gewann an Bedeutung. Der Ausbau des Verkehrssystems mit Eisenbahnlinien und Straßennetzen veränderte das Landschaftsbild. Auch das Transportwesen verlagerte seine Stärke von Pferd und Kutsche auf motorisierte Fahrgeräte. Reisen mit der Bahn wurde vor allem auch im Schwarzwald attraktiv. Die Landschaft veränderte sich im Laufe der Industrialisierung für viele Menschen von einer Produktionslandschaft zu einer Freizeitlandschaft. Durch naturwissenschaftliche Erkenntnisse und neue Techniken beherrschte der Mensch zunehmend die Natur, was zuvor nicht möglich war.

Wie wurde nun aus der Landbewirtschaftung ein „Beruf“? Erst im 18. Jahrhundert erlangte die Landwirtschaft als Berufsfeld an Bedeutung. 1727 wurden die ersten landwirtschaftlichen Fachschulen in Halle und Frankfurt/Oder gegründet.[72] Landwirtschaftliche Pioniere waren oft nicht die Bauern selbst mit ihrer tausendjährigen Tradition, sondern häufig Pfarrer oder Ärzte. Erweiterung der Fruchtfolgen, „Brache-Besömmerung“ oder „Kleebau-Bedeu-

71 Erste Spuren einer Landwirtschaft lassen sich bereits seit der Jungsteinzeit ausmachen, als der Übergang von Jägern und Sammlern zu Ackerbauern und Viehzüchtern erfolgte. Die Geschichte der Landwirtschaft seit dieser frühen Zeit darzustellen, würde den Rahmen der Arbeit sprengen. Weiterführende Literatur zum Thema: Achilles, Walter: Landwirtschaft in der Frühen Neuzeit. München 1991; Ennen, Edith/Janssen, Walter: Deutsche Agrargeschichte. Vom Neolithikum bis zur Schwelle des Industriezeitalters. Wiesbaden 1979; Schulze, Eberhard: Deutsche Agrargeschichte: 7500 Jahre Landwirtschaft in Deutschland. Aachen 2014; Seidl, Alois: Deutsche Agrargeschichte. Frankfurt a. M. 2006.

72 Vgl. Schaumann, Wolfgang: Der wissenschaftliche und praktische Entwicklungsweg des ökologischen Landbaus und seine Zukunftsaspekte. In: Siebeneicher, Georg E. (Hg.): Geschichte des ökologischen Landbaus. Bad Dürkheim 2002, S. 11-58, 13.

tung“ zählten zu den Errungenschaften dieser Zeit. Diese waren nicht aufgrund von äußeren landwirtschaftlichen Veränderungen entstanden, sondern durch den Bewusstseinswandel in Zeiten von Rationalismus und Aufklärung. Das menschliche Erkenntnisvermögen löste tradiertes Wissen allmählich ab.

Im gleichen Jahrhundert, jedoch komplett unabhängig von den landwirtschaftlichen Entwicklungen, etablierte sich das Fach „Chemie“ zu einer modernen Wissenschaft. Der Glaube an Gottes Allmacht wurde abgelöst von einer Orientierungssuche in der Welt der Sinne.[73]

Anfang des 19. Jahrhunderts stieg die Bedeutung der betriebswirtschaftlichen Seite der Landwirtschaft. Der Begründer der Agrarwissenschaften Albrecht Thaer (1752–1828) erlaubte in der Landwirtschaft ein Gewerbe zum Geldverdienen.[74] Er priorisierte den unmittelbaren Verdienst vor der Nahrungsmittelproduktion und der Erhaltung des Hofs für die Nachkommen. Und dies, obwohl der monetäre Verdienst damals nicht das Leben der Landbevölkerung bestimmte. Der christliche Glaube dominierte deren Arbeitsalltag. Es war Gott, der die Pflanzen wachsen ließ. Dieses Denken war noch stark mittelalterlich geprägt.

2.1.1 Entwicklung der Landwirtschaft seit dem ausgehenden 19. Jahrhundert

Waren es im 18. Jahrhundert Vertreter aller gesellschaftlichen Stände, die Veränderungen in der Landwirtschaft anstießen, sorgten im 19. Jahrhundert die Naturwissenschaftler für Innovationen und Entdeckungen wie beispielsweise die chemischen Elemente und die Elektrizität.

Ende des 19. Jahrhunderts führte die aufkommende chemische Anwendung in der Landwirtschaft zu einer äußerst vielversprechenden Fruchtbarkeit. Dieser bedeutende Faktor in der konventionellen Landwirtschaft spiegelt sich in der Tatsache, dass sich die Landbauwissenschaften bis in die 1960er Jahre fast ausschließlich mit Themen rund um Profit, Ertragssteigerung, chemische Verständlichkeit und chemische Hilfsmittel befasste.[75] Wirtschaftliche Belange bestimmen seit dem 20. Jahrhundert die Landwirtschaft.

---

73 Weiterführende Informationen siehe: Ströker, Elisabeth: Denkwege der Chemie – Elemente ihrer Wissenschaftstheorie. Freiburg, 1967 und Mason, Stephen F.: Geschichte der Naturwissenschaft in der Entwicklung ihrer Denkweisen. Stuttgart 1991 sowie Liebig, Justus von: Die organische Chemie in ihrer Anwendung auf Agricultur und Physiologie. Braunschweig 1840.

74 Vgl. Schaumann 2002, S. 16.

75 Vgl. Schaumann 2002, S. 17.

Zwischen 1914 und 1950 stand die Landwirtschaft ganz im Zeichen der Ernährungssicherung.[76] Weltkriege und Wirtschaftskrisen führten auch im Schwarzwald zu Maßnahmen, um die Ernährungssituation zumindest im Bereich der Grundnahrungsmittel zu entschärfen. Mit Beginn des Ersten Weltkriegs sorgten gestoppte Nahrungsmittelimporte sowie die rückläufige inländische Nahrungsmittelproduktion für eine Reduzierung der Nahrungsmittel in Deutschland um ungefähr 45 Prozent. Nach 1923 erholte sich die heimische Nahrungsmittelproduktion allmählich und erreichte 1928 den Vorkriegszustand. Dann aber beeinflusste die weltweite Agrarkrise auch die deutsche Landwirtschaft. Die nationalsozialistische Agrarpolitik brachte zwischen 1933 und 1945 weitere Reglementierungen. Einher gingen diese mit dem 1933 unter mit Hilfe des „agrarpolitischen Apparates" der NSDAP gegründeten „Reichsnährstand", bestehend aus Interessenvertretungen der Landwirtschaft und Landwirtschaftskammern und gesetzlich verankert im „Reichsnährstandgesetz", welches gleichzeitig den Markt und die Preise für landwirtschaftliche Erzeugnisse regeln sollte und dem Reichsminister für Ernährung und Landwirtschaft, Richard Walther Darré (1895–1953), die Entscheidungsbefugnis erteilte.[77] Die Landwirte wirkten fortan in einem engen Korsett dieser neuen Wirtschaftsordnung. Die Steigerung der Produktion stand im Vordergrund und sollte Deutschland im Nahrungsmittelsektor autark machen.[78]

2.1.2 Landwirtschaft im Schwarzwald nach dem Zweiten Weltkrieg bis heute

Auf den Dörfern gab es nach dem Zweiten Weltkrieg kaum Kriegszerstörungen zu beklagen, auch die Nahrungsmittelsituation war mit der Dramatik in Städten nicht vergleichbar.[79] Trotzdem mussten Bürgermeister und Gemeinderäte teilweise Notmaßnahmen zur Grundbedürfnissicherung ergreifen. Die Bauernhöfe befanden sich durch den Krieg teilweise in einem herunterge-

---

76 Vgl. Mohr Bernhard/Schröder Ernst-Jürgen: Landwirtschaft des Hohen Schwarzwaldes – Beispiel Hinterzarten. Vom Wandel einer Agrar- zu einer Erholungslandschaft im 19. und 20. Jahrhundert. Konstanz 1996, S. 57.

77 Vgl. Freilichtmuseum Neuhausen ob Eck (Hg.): Kleine Schriften. Agrarromantik und Erzeugungsschlacht zur Landwirtschaft im „3. Reich" (Begleitheft zur Ausstellung). Neuhausen ob Eck 1991, S. 13. Weiterführende Informationen zur Landwirtschaft im Dritten Reich vgl. auch: Mohr, Schröder 1996, S. 57ff.

78 Vgl. Freilichtmuseum Neuhausen ob Eck 1991, S. 16.

79 Vgl. Landesstelle für Museumsbetreuung Baden-Württemberg und Arbeitsgemeinschaft der regionalen ländlichen Freilichtmuseen Baden-Württemberg (Hg.): Zöpfe ab, Hosen an! Die Fünfzigerjahre auf dem Land in Baden-Württemberg. Tübingen 2002, S. 63.

wirtschafteten Zustand. Die Arbeits- und Verdienstsituation in der Landwirtschaft sah nicht gut aus: Nebenerwerbslandwirte benötigten ein zusätzliches Einkommen. In den größeren Betrieben ersetzten allmählich Maschinen die Arbeitskraft. Viele Dorfbewohner zog es aufgrund der Arbeitsmarktsituation und den Lohnsteigerungen in der Industrie in die Städte.

Ab den 1950er Jahren arbeitete man auch in kleineren Landwirtschaftsbetrieben zunehmend mit Traktoren. Der „Mähdrescher" galt als hochmodern. Die Gründung von genossenschaftlichen Einrichtungen ermöglichte die gemeinsame Anschaffung und Nutzung von landwirtschaftlichen Geräten und Gemeinschaftsanlagen wie beispielsweise Waschküchen. Zwar stockte im Schwarzwald vielerorts die Technisierung und Mechanisierung, da noch nicht alle Höfe an das Stromnetz angeschlossen waren. Allmählich jedoch hielten die Neuerungen auch in den abgelegenen Regionen Einzug. In der Milchviehwirtschaft blieb das Melken von Hand noch längere Zeit erhalten. Lediglich in größeren Betrieben existierten bereits Melkmaschinen, die heute zur Standardausstattung gehören und sich technisch enorm weiterentwickelt haben.[80] Durch Mechanisierung und wirtschaftlichen Aufschwung setzte auch auf den Dörfern ein tiefgreifender Strukturwandel ein.

In den 1950er und 1960er Jahren gerieten die Auswirkungen von Pestizid-Rückständen auf die Nahrungsmittelqualität und den Naturhaushalt in das Blickfeld.[81] Die Landbau- und Ernährungswissenschaften wiesen nach, dass die zunehmende Stickstoffdüngung die Qualität landwirtschaftlicher Erzeugnisse beeinträchtigt. Anfang der 1960er Jahre klagten Tierärzte über zunehmende Probleme bei der Fruchtbarkeit von Tieren, die unter anderem eine Folge der verstärkten Mineraldüngung im Futterbau war.[82]

Die Landwirtschaft verlor ab 1950 andauernder und zügiger als je zuvor an Bedeutung.[83] Während einerseits die landwirtschaftliche Produktivität stark anstieg, stagnierte das Einkommen aufgrund der weitverbreiteten Stagnation der Erzeugerpreise. Diese Entwicklung gestaltete sich nicht flächendeckend

80 Vgl. Freilichtmuseum Neuhausen ob Eck (Hg.): Kleine Schriften. Die Seele der Landwirtschaft. Zur Geschichte der Viehwirtschaft seit dem Mittelalter. (Begleitheft zur Ausstellung) Neuhausen ob Eck 1990, S. 37.

81 Weiterführende Literatur zum Thema: Carson, Rachel: Der stumme Frühling. München 1963 (engl. 1962, Übersetzung: Margret Auer); Lear, Linda J.: Rachel Carson's Silent Spring. Environmental History Review 17, 2 (1993) S. 23-48; Gunter, Valerie J. und Harris Craig K.: Noisy Winter: The DDT Controversy in the Years before Silent Spring. Rural Sociology 63, 2 (1998), S. 179-198.

82 Vgl. Schaumann 2002, S. 41.

83 Das Bruttoinlandsprodukt sank von 10,4 Prozent im Jahr 1950 auf 5,8 Prozent im Jahr 1960, 2,2 Prozent im Jahr 1980 und 1,2 Prozent im Jahr 1992. Vgl. Mohr/Schröder 1996, S. 77.

gleich, sondern wies länderspezifische Unterschiede und regionale Besonderheiten auf. In Baden-Württemberg und auch im Schwarzwald verlor die Landwirtschaft an Ansehen.

Die 1957 gegründete „Europäische Wirtschaftsgemeinschaft" (EWG), die 1993 in die Europäische Gemeinschaft (EG) mündete, beeinflusste fortan die Entwicklung der Landwirtschaft in Europa.[84] Basis für gemeinsame Entscheidungen der sechs beteiligten Staaten – Belgien, Deutschland, Frankreich, Holland, Italien und Luxemburg – bilden die „Römischen Verträge" aus dem Gründungsjahr. Ziele der neuen Agrarpolitik sind in Artikel 39 wie folgt festgehalten:

> „1. Ziel der gemeinsamen Agrarpolitik ist es, a) die Produktivität der Landwirtschaft durch Förderung des technischen Fortschritts, Rationalisierung der landwirtschaftlichen Erzeugung und den bestmöglichen Einsatz der Produktionsfaktoren, insbesondere der Arbeitskräfte, zu steigern; b) auf diese Weise der landwirtschaftlichen Bevölkerung, insbesondere durch Erhöhung des pro-Kopf-Einkommens der in der Landwirtschaft tätigen Personen, eine angemessene Lebenshaltung zu gewährleisten; c) die Märkte zu stabilisieren; d) die Versorgung sicherzustellen; e) für die Belieferung der Verbraucher zu angemessenen Preisen Sorge zu tragen.
>
> 2. Bei der Gestaltung der gemeinsamen Agrarpolitik und der hierfür anzuwendenden besonderen Methoden ist folgendes zu berücksichtigen: a) die besondere Eigenart der landwirtschaftlichen Tätigkeit, die sich aus dem sozialen Aufbau der Landwirtschaft und den strukturellen und naturbedingten Unterschieden der verschiedenen landwirtschaftlichen Gebiete ergibt; b) die Notwendigkeit, die geeigneten Anpassungen stufenweise durchzuführen; c) die Tatsache, dass die Landwirtschaft in den Mitgliedstaaten einen mit der gesamten Volkswirtschaft eng verflochtenen Wirtschaftsbereich darstellt."[85]

Diese Forderungen verursachten auch im Schwarzwald die bereits beschriebene Mechanisierungswelle. Alle Bereiche der vielfältigen Landwirtschaftsbetriebe mit den nun auf dem Markt verfügbaren Maschinen zu bedienen, erwies sich aus finanziellen Gründen als schier unmöglich. So folgte zwischen

---

84 Weiterführende Informationen zur EWG vgl.: Knipping, Franz: Rom, 25. März 1957 – Die Einigung Europas. München 2004 sowie http://eur-lex.europa.eu/legal-content/DE/TXT/?uri=URISERV:xy0023 (Stand 20.07.2015). Die EG ging mit Inkrafttreten des Vertrags von Lissabon im Jahr 2009 in die heutige Europäische Union (EU) über.

85 http://www.koeblergerhard.de/Fontes/RoemVertrEWG1957.htm (Stand 20.07.2015).

1960 und 1975 vielerorts eine „Spezialisierung“ der Höfe auf Teilbereiche des Ackerbaus und der Viehzucht. Für die Landwirte des klimatisch rauen und an Tälern reichen Hochschwarzwalds bedeutete dies die Abkehr vom Kartoffel- und Getreideanbau. Diese verbreiteten sich in großflächigen Gebieten, in denen mit Setz- und Vollerntemaschinen einwandfrei gearbeitet werden konnte.

Ab 1960 kam es ebenfalls zur Aufgabe schwer zu bewirtschaftender Grünlandflächen. Sie wurden vielerorts durch Aufforstung ersetzt.

Der nach wie vor bestehende Nahrungsmittelmangel führte zum Einsatz von Marktmechanismen zur Produktionssteigerung, die vielerorts ins Unermessliche anstieg. Hinzu kamen die vermeintlichen Erfolge des gesteigerten Einsatzes von chemisch-synthetischem Dünger und Pflanzenschutzmitteln. Diese „Intensivierung“ der Landwirtschaft erschien an den vorherrschenden Steilhängen des Schwarzwalds aus technischen Gründen unmöglich. Eine intensive Düngung würde die Grasnarben dermaßen lockern, dass Maschinen an den Hängen keinen Halt mehr finden würden. Es schien, der Schwarzwald kann bei den Neuerungen der EU-Agrarpolitik nicht mithalten. 1968 äußerte Agrarkommissar Sicco Mansholt bei einem Besuch mit dem damaligen Ministerpräsidenten im Schwarzwald gegenüber der Öffentlichkeit, im Jahr 2000 existiere hier keine Landwirtschaft mehr.[86] Grund sei die bevorstehende landwirtschaftliche Flächenreduzierung in der EWG, um eine Überproduktion zu vermeiden. Betroffen seien überwiegend Grenzertragsböden in Berggebieten. Die Zukunft der Schwarzwälder Bauern sah er im Milchviehbetrieb mit 40 Milchkühen im außer Haus befindlichen Boxenlaufstall. Die Frage der Landwirte ging nun dahin, ob man sich von der Politik der EWG zur Aufgabe der jahrhundertealten Kulturlandschaft hinreißen lassen konnte. Tatsächlich gaben viele Höfe auf und einige Täler wurden in der Folge aufgeforstet. Die Bundesregierung und vor allem die Landesregierung in Baden-Württemberg entwickelten aufgrund der gestellten Prognosen einzelne Programme zum Erhalt der Landwirtschaft. 1971 wurde nach mehrjähriger Planung das sogenannte „Landesentwicklungsprogramm“ (LEP) verabschiedet, das in strukturschwachen Regionen die wirtschaftlichen, sozialen und kulturellen Verhältnisse verbessern sollte. In Bezug auf die Landschaft verlangte das LEP „die Kulturlandschaft in der Vielfalt ihrer Formen [...] wirksam zu bewahren, [wobei] das biologische und klimatische Gleichgewicht in der Natur zu erhalten und Wiederherzustellen ist.“[87]

---

86 Vgl. Dorer, Bernhard: Wälderleben. Geschichte und Geschichten der Landwirtschaft im Hochschwarzwald im Wandel der Zeit. Freiburg im Breisgau 2012, S. 166f.

87 Innenministerium Baden-Württemberg (Hg.): Landesentwicklungsplan vom 22.06.1971. Stuttgart 1972, S. 13. Zitiert nach: Harich, Josef: Wandel und Entwicklungsperspektiven

Mitte der 1970er Jahre erfuhren die Milchbauern im Schwarzwald durch die Einführung von Sammelfahrzeugen zur Milcherfassung eine wesentliche Arbeitserleichterung, da sie von nun an die hofeigene Milch nicht mehr zu zentralen Sammelstellen, den sogenannten „Milchhüsli" liefern musste.

Die europaweite Produktionssteigerung führte in den 1970er bis in die 1980er Jahre zu den sogenannten „Fleischbergen", „Milchseen" oder „Butterbergen". Daraus ergaben sich finanzielle Schwierigkeiten aufgrund von subventionierten Exporten, Zwischenlagerungen von Lebensmitteln bis hin zu deren Vernichtung. Diverse Strategien sollten eine überfällige Agrarwende herbeiführen. Nach ersten europaweiten Abschlachtaktionen von Milchkühen kam es im Jahr 1984 zur Einführung der sogenannten „Milchquote", die eine Anpassung an die jeweilige Situation erlaubte. In Deutschland erfolgte dies nach der durchschnittlichen Milchmenge jedes einzelnen Hofs, von der zur Ermittlung der Quote 6,5 Prozent abzogen wurden. Kleinbäuerlich strukturierte Bauernhöfe, wie sie im Schwarzwald vorherrschen, traf diese Regelung schmerzlich, da ihre vergleichsweise niedrige Milchmenge pro Hektar nicht zur Überproduktion führte. Eine Flächenberücksichtigung hätte die Verursacher – diejenigen, die eine verhältnismäßig große Menge pro Hektar erzeugten – getroffen und nicht die Landwirte, die ohnehin häufig ums Überleben kämpften. Hinzu kam, dass die Quotenmenge trotz mehrmaligen Kürzungen stets zehn bis 15 Prozent über dem Bedarf blieb. So wurden lediglich die Interventionskosten gesenkt und die Verbraucherpreise niedrig gehalten. Eine Überproduktion und instabile Erzeugerpreise hingegen blieben bestehen. Hinzu kamen steigende Kosten im Ausgabenbereich. Aufgrund dieser negativen Voraussetzungen verzeichnet Baden-Württemberg zwischen 1990 und 1995 ein enormes Hofsterben von 106.000 auf 87.000 Betriebe.[88] Es handelte sich dabei überwiegend um Betriebe mit einer Größe von weniger als 40 Hektar Fläche, welche die im Vollerwerb notwendigen Betriebsinvestitionen nicht mehr aufbringen konnten und deren Versuch einer ständigen Produktionssteigerung ihre eigenen Erzeugerpreise niedrig hielt. So kam es vielerorts, vornehmlich in Verbindung mit einem Generationenwechsel, zur Hofaufgabe.

Um dem drohenden Aus der Landwirtschaft im Schwarzwald, wie es bereits Agrarkommissar Mansholt im Jahr 1968 prophezeite, entgegenzuwirken, brachte die Landesregierung 1992 das Programm des „Marktentlastungs-

---

der Landwirtschaft im Hochschwarzwald. Ansatzpunkte und Gestaltung einer regional differenzierten Agrarstrukturpolitik. Freiburg im Breisgau 1973, S. 141. Diese volkswirtschaftliche Dissertation bietet auch einen Überblick über die wirtschaftliche Entwicklung der Landwirtschaft im Hochschwarzwald seit dem Zweiten Weltkrieg bis zu Beginn der 1970er Jahre.

88 Vgl. Dorer 2012, S. 172.

und Kulturlandschaftsausgleichs“ (MEKA-Programm) heraus. Es unterstützte mit einem Prämiensystem umweltschonende und extensive Produktions- und Nutzungsformen in der Landschaftspflege, wozu auch eine ökologische Wirtschaftsweise zählte. Tatsächlich erzielte das Programm seine Absicht, Höfen eine Zukunftschance zu geben.[89]

In der Landwirtschaft im Schwarzwald löste das Motto „Ökologisierung und Landschaftspflege“ die nicht zielführende „Intensivierung“ ab. Auffallend ist das „Zurück“ zur ursprünglichen nachhaltigen Wirtschaftsweise im Schwarzwald.

Dennoch kämpfen heute nach wie vor viele kleinbäuerlich strukturierte Höfe im Schwarzwald ums Überleben. Zu dieser Entwicklung trägt die Abwanderung der jungen Leute in Städte bei, da so Nachfolger für die Betriebe verloren gehen. Eine Erbfolge ist keine Selbstverständlichkeit mehr wie sie es noch vor ein paar Jahrzehnten war. Hinzu kommt die wachsende Anzahl von ökologischen und konventionellen Großbetrieben, die einen wirtschaftlichen Vorteil gegenüber kleinbäuerlich strukturierten Höfen genießen.

2.2 Strukturierung der ökologischen Landwirtschaft

2.2.1 Organisierte ökologische Landwirtschaft in Deutschland – eine Begriffseingrenzung

„Organisierte ökologische Landwirtschaft“ meint in dieser Arbeit ökologischen Landbau und Viehhaltung gemäß Verbandsrichtlinien oder gemäß den EU-Biorichtlinien. Die wesentlichen Gemeinsamkeiten sind der Verzicht auf chemisch-synthetische Pflanzenschutz- und Düngemittel, ein möglichst geschlossener Betriebskreislauf mit wenigen Zukäufen an Futtermitteln und Dünger sowie eine artgerechte Tierhaltung. In Deutschland gehört etwas mehr als die Hälfte der derzeit rund 12.400 verbandsbezogen wirtschaftenden Ökobauernhöfe einem der folgenden neun Bio-Verbände an: Bioland, Demeter, Naturland, Biopark, Biokreis, Ecoland, Ecovin, Gäa, Verbund Ökohöfe.[90] Un-

89 Einige der befragten Biobauern partizipierten an diesem Programm, wie sich im Laufe dieser Arbeit zeigen wird. 2014 wurde das Programm umbenannt und erweitert zum „Förderprogramm für Agrarumwelt, Klimaschutz und Tierwohl“ (FAKT). Vgl. hierzu: http://www.badische-bauern-zeitung.de/aus-meka-wird-fakt. Für weiterführende Informationen zum „Meka-Programm“ vgl.: https://mlr.badenwuerttemberg.de/fileadmin/redaktion/mmlr/intern/dateien/publikationen/Broschueren_MEKA_III.pdf (Stand jeweils 30.07.2015).

90 Vgl. zu den ökologischen Anbauverbänden in Deutschland: http://www.agrarheute.com/bio-anbauverbaende-2011 (Stand 31.07.2015).

gefähr 11.500 Betriebe wirtschaften nach EU-Biokriterien, wofür keine Verbandszugehörigkeit notwendig ist.[91] Mit Abstand der größte Verband ist „Bioland" mit deutschlandweit rund 5.900 Mitgliedern und 285.000 Hektar Fläche, gefolgt von „Naturland" mit mehr als 2.600 Mitgliedern und 136.000 Hektar Fläche und „Demeter" mit 1.400 Landwirten und 66.000 Hektar Fläche.[92] Diese drei Verbände sind neben den Richtlinien der Europäischen Union auch im Naturpark Südschwarzwald richtungsweisend. Bevor sie vorgestellt werden, soll zunächst auf die Dachorganisationen des ökologischen Landbaus kurz eingegangen werden.

2.2.2 Dachorganisationen der ökologischen Landwirtschaft

1972 schlossen sich in Paris ökologische Anbauverbände und Organisationen zur „International Federation of Organic Agriculture Movements" (IFOAM), in der deutschen Übersetzung: „Internationale Vereinigung der ökologischen Landbaubewegungen", zusammen mit dem Ziel einer weltweiten Einführung ökologischer, ökonomischer und sozial verträglicher Systeme auf Basis ökologischer Landwirtschaft. Die IFOAM erarbeitete Grundsätze der ökologischen Landwirtschaft sowie ein internationales Akkreditierungsprogramm zur Qualitätsgarantie von ökologischen Produkten, wonach sich die Anbauverbände zertifizieren lassen können und bei erfolgreicher Prüfung der vorgegebenen Standards das IFOAM-Siegel verwenden dürfen.[93]

Seit 1975 besteht in Deutschland die „Stiftung Ökologie und Landbau". Anfang 1991 wurde sie mit der bereits seit 1961 bestehenden „Georg Michael Pfaff Gedächtnisstiftung" und der ebenfalls 1975 ins Leben gerufenen „Stiftung Mittlere Technologie" zur „Stiftung Ökologie und Landbau" (SÖL) vereinigt.[94] Diese gemeinnützige und unabhängige Einrichtung unterstützt den

91 Vgl. hierzu folgende Statistik: http://de.statista.com/statistik/daten/studie/5419/umfrage/anzahl-der-betriebe-im-oekologischen-landbau-in-deutschland (Stand 14.05.2015).

92 Vgl. hierzu: http://www.bioland.de/ueber-uns.html, http://www.naturland.de/de/naturland/wer-wir-sind.html und http://www.demeter.de/verbraucher/ueber-uns/unsere-mitglieder (Stand 14.05.2015).

93 Weiterführende Informationen zur IFOAM siehe: http://www.ifoam.bio (Stand 20.07.2015).
Weiterführende Informationen zum Akkreditierungsprogramm siehe: Dimitropoulos, Georgios: Zertifizierung und Akkreditierung im Internationalen Verwaltungsverbund. Tübingen 2012, S. 143-156.

94 Weiterführende Informationen zu SÖL und seiner historischen Entwicklung vgl.: http://www.soel.de (Stand 20.07.2015).

Erfahrungsaustausch, die Forschung und die Öffentlichkeitsarbeit rund um den ökologischen Landbau.

In den Jahren 1982 und 1983 vereinbarten die Anbauverbände unter Federführung der SÖL gemeinsame Richtlinien. 1988 schlossen sie sich zur „Arbeitsgemeinschaft ökologischer Landbau" (AGÖL) zusammen. Diese vertrat bis Anfang der 2000er Jahre die Anliegen verschiedener Anbauverbände gegenüber Öffentlichkeit und Behörden. Nachdem sich mehrere Anbauverbände aufgrund von Diskrepanzen den einheitlichen Richtlinien nicht mehr verpflichtet fühlten, beendete die AGÖL 2002 ihre Arbeit.

Im gleichen Jahr wurde der „Bund Ökologische Lebensmittelwirtschaft" (BÖLW) gegründet, welcher bis heute als Spitzenverband der Anbauverbände, Lebensmittelverarbeiter und Händler gilt.[95] Er erarbeitet keine einheitlichen Richtlinien wie einst die AGÖL, sondern beabsichtigt, die allgemeinen gesellschaftlichen und politischen Rahmenbedingungen für den ökologischen Landbau zu verbessern. Insbesondere setzt sich der BÖLW für die Qualitätssicherung ökologischer Produkte sowie das Vertrauen der Verbraucher in ökologische Produkte ein. Sechs der acht deutschen Anbauverbände – Bioland, Biopark, Demeter, Ecoland, Gäa und Naturland – sind Mitglied im BÖLW, der wiederum der IFOAM angehört.

Im Januar 1999 führten die deutschen Anbauverbände ein gemeinsames Markenzeichen ein, das sogenannte „Öko-Prüfzeichen" (ÖPZ). Es wurde von der IFOAM aufgrund der überdurchschnittlich guten Etablierung der ökologischen Landwirtschaft in Deutschland und einer Vielzahl von Biozeichen der diversen Verbände als Entscheidungshilfe für die Verbraucher befürwortet. Bis heute hat sich das Zeichen jedoch nicht durchgesetzt. Nach wie vor dominieren das EU-Biosiegel sowie die einzelnen Verbandssiegel (Abb. 5).

2.2.3 Organisierte ökologische Landwirtschaft

Der organisierte ökologische Landbau findet seine Anfänge in den 1920er Jahren mit der sogenannten „biologisch-dynamischen Landwirtschaft". Diese basiert auf dem in acht Vorträge gegliederten „Landwirtschaftlichen Kurs" des Anthroposophen Rudolf Steiner. Seine Anfänge nimmt diese Anbauweise auf großen Gutshöfen in Ostdeutschland. Heute ist sie deutschlandweit und inter-

95 Weiterführende Informationen zu BÖLW vgl.: http://www.boelw.de (Stand 20.07.2015).

national bekannt unter dem Markennamen „Demeter".[96] Ausgehend von der „Schweizerischen Bauernheimatbewegung" der 1930er Jahre entstand der organisch-biologische Landbau, der sich 1971 als „Bioland" von Baden-Württemberg aus in Deutschland und allmählich weltweit etablierte. Der dritte für diese Arbeit bedeutende Verband wurde 1982 in Gräfelfing bei München unter dem Namen „Naturland – Verband für ökologischen Landbau e.V." gegründet. Er war zunächst hauptsächlich in Bayern vertreten, besitzt heute jedoch bundesweit Mitglieder. Seit 1991 besteht für Landwirte die Möglichkeit, verbandsunabhängig nach den EU-Biokriterien zu wirtschaften. Diese Richtlinien gelten europaweit und finden auch in Deutschland aufgrund ihrer höheren Toleranzgrenze großen Anklang.

Die Geschichte der ökologischen Landwirtschaft ist ohne die Entwicklung der landwirtschaftlichen und kulturellen Gegebenheiten des 20. Jahrhunderts nicht nachvollziehbar. Ihre Darstellung erfolgt deshalb im Kontext eines kulturhistorischen Rückblicks.

2.3 Entstehung und Entwicklung der Landwirtschaft bis zur Mitte des 20. Jahrhunderts

2.3.1 Lebensreformbewegung

Anfänge eines ökologischen Landbaus finden sich bereits um die Wende des 19. zum 20. Jahrhundert bei der Lebensreformbewegung. Aus diesen Bestrebungen bildeten sich jedoch keine organisierten Formen.

Die Lebensreformbewegung entstand im Kontext der sich verschlechternden urbanen Lebensbedingungen ausgelöst durch Industrialisierung und Technisierung.[97] Sie besteht aus folgenden verschiedenen Gruppierungen: Siedlungswesen und Bodenreform, Ernährung, Vegetarismus, Antialkoholismus und Naturheilkunde, Tierschutz, Antivivisektion und Naturschutz, Ju-

96 Aus den Bestrebungen der Garten- und Siedlungsbewegung um die Jahrhundertwende vom 19. zum 20. Jahrhundert, einen eigenständigen ökologischen Landbau aufzubauen, entwickelten sich keine festen Verbandstrukturen. Vgl. hierzu auch Fußnote 15.

97 Weiterführende Informationen hierzu siehe: Baumgartner, Judith: Ernährungsreform – Antwort auf Industrialisierung und Ernährungswandel. Ernährungsreform als Teil der Lebensreform am Beispiel der Siedlung und des Unternehmens Eden seit 1893. Frankfurt 1992, S. 19ff und Rohkrämer, Thomas: Lebensreform als Reaktion auf den technisch-zivilisatorischen Prozess. In: Buchholz, Kai u. a. (Hg.): Die Lebensreform. Entwürfe zur Neugestaltung von Leben und Kunst um 1900. Bd. 1, Darmstadt 2001, S. 71-73.

gend und Pädagogik, Freikörperkultur und Kleidungsreform.[98] Die Reformanhänger entstammten meist dem gehobenen Bürgertum, welches nicht unmittelbar von den Folgen der Industrialisierung betroffen war. Der einzelne Mensch und sein Alltagsverhalten standen bei der Lebensreformbewegung im Mittelpunkt. Ihre Anhänger kritisierten sozialpolitische Maßnahmen und staatliche Institutionen. Eine Selbstreform jedes Einzelnen durch eine methodische Lebensführung bildete die theoretische Grundlage zur Neugestaltung der Gesellschaft und Alltagskultur. Die 1811 von dem Mitbegründer der englischen Vegetarierbewegung John Frank Newton (1770–1825) geprägte Losung „Zurück zur Natur" interpretierten die Anhänger der Lebensreformbewegung als sinnvollen Ansatz und setzten sich für ein naturnahes Leben ein.[99]

Erste lebensreformerische Ansätze zeigen sich bereits in der ersten Hälfte des 19. Jahrhunderts mit Gründung der ersten Naturheilvereine in den 1830er Jahren. Weitreichende Reformbewegungen entstanden allerdings frühestens Anfang der 1870er Jahre mit der „vegetarischen Idee". In den 1880er Jahren bildeten sich zahlreiche Reformentwürfe und theoretische Grundlagen, aus denen sich die eigentliche „Reformzeit"[100] speiste, welche um 1900 ihren Höhepunkt erreichte.

In den 1920er Jahren standen Vereinigungsbestrebungen der einzelnen Richtungen im Mittelpunkt. Die Versuche scheiterten jedoch an der Vielfältigkeit derselben.[101]

Es folgt eine kurze Darstellung der für diese Arbeit wichtigen lebensreformerischen Bestrebungen.

---

98 In der Sekundärliteratur werden je nach Interesse unterschiedlich viele Vereine und Gruppen ohne Konsens genannt. Weiterführende Literatur hierzu: Barlösius, Eva: Naturgemäße Lebensführung – zur Geschichte der Lebensreform um die Jahrhundertwende, Frankfurt a. M. 1997.

99 Ein wichtiger Vertreter dieser naturistischen Weltanschauung ist der französische Philosoph Jean-Jacques Rousseau (1712–1778), der sich in seinen Schriften verstärkt dem Naturalismus widmete. In der Forschung gilt er auch als „Begründer eines neuen Naturgefühls". Weiterführende Literatur zum Thema: Rousseau, Jean Jacques: Emile oder über die Erziehung. Amsterdam 1762 sowie ders.: Du contrat social ou principes du droit politique, Amsterdam 1762. Vielmals wird Rousseau das Zitat „Retour à la nature" zugeschrieben. Es findet sich in dieser Form jedoch in keiner seiner Schriften. Vgl. hierzu Röhrich, Lutz: Lexikon der sprichwörtlichen Redensarten. Bd. 3: Homer – Nutzen. Freiburg/Basel/Wien 1994, S. 1085.

100 Rothschuh, Karl: Naturheilbewegung, Reformbewegung, Alternativbewegung. Stuttgart 1983, S. 113.

101 Vgl. hierzu Baumgartner 1992, S. 19ff.

Bodenreformbewegung

Die Bodenreform gilt als Ausgangspunkt für Initiativen wie die Siedlungs- oder Gartenstadtbewegung.[102] Frühe Ausprägungen bestanden um 1830 in England und Nordamerika. Im deutschsprachigen Raum begann diese Reform erst ab 1850.[103] Die Bodenreformbewegung setzte sich wie die Genossenschaftsbewegung für die Bekämpfung des Wirtschaftsliberalismus ein. Zentrales Anliegen ist die Lösung der sozialen Frage. Von der Übergabe von Grund und Boden in gemeinwirtschaftliche Hände versprachen sich die Bodenreformer eine Neubewertung von Arbeit und Kapital. Handel, Industrie und Landwirtschaft sollten durch den Wegfall von Investitionsmöglichkeiten höhere Kapitalmengen erhalten. Der Großindustrielle Michael Flürscheim (1844–1912) war entscheidender Antreiber der deutschen Bodenreform. Er strebte eine Verstaatlichung des gesamten Grundbesitzes mit anschließender Verpachtung an. Hierfür gründete er 1888 mit Gleichgesinnten den Verein „Deutscher Bund für Bodenbesitzreform". Der erfolgreichste Vertreter der Bodenreform war jedoch Adolf Damaschke (1865–1935).[104] Seine Aufmerksamkeit galt der Verbindung von boden-, sozial- und gesundheitsreformerischen Bestrebungen. Der von Flürscheim gegründete Verein löste sich 1896 auf und wurde 1898 von Damaschke zum „Bund deutscher Bodenreformer" wieder aufgebaut. Die jetzige pragmatische Interessenvertretung des Mittelstandes beabsichtigte nicht mehr die generelle Verstaatlichung des Grundbesitzes, sondern plädierte für gemeinwirtschaftliches Eigentum auf kommunaler Ebene und die Überführung des Realkredits in die öffentliche Hand.

Siedlungsgenossenschaft

Mit der Bodenreform eng verbunden war die Siedlungsgenossenschaftsbewegung.[105] Für diese Arbeit ist die ländliche Siedlungsgenossenschaft von Bedeutung, welche auch von agrarromantischen Strömungen aufgegriffen wur-

---

102 Vgl. hierzu dies., S. 29ff.

103 Vgl. Farkas, Reinhard: Biologischer Landbau, Siedlungen, Landkommunen, Genossenschaften. In: Buchholz u. a. 2001, Bd. 1, S. 407-409.

104 Vgl. Damaschke, Adolf: Die Bodenreform und die Lösung der Wohnungsfrage. Stuttgart 1906 und ders.: Die Bodenreform. Grundsätzliches und Geschichtliches zur Erkenntnis und Überwindung der sozialen Not. Jena 1920.

105 Vgl. Baumgartner 1992, S. 33ff. Weiterführende Literatur: Farkas, Reinhard: Alternative Landwirtschaft/Biologischer Landbau. In: Krebs, Diethart/Reulecke, Jürgen (Hg.): Handbuch der deutschen Reformbewegungen 1880–1933. Wuppertal 1998, S. 301-313 sowie ders.: Biologischer Landbau, Siedlungen, Landkommunen, Genossenschaften. In: Buchholz u.a. 2001, Bd. 1, S. 407-409.

de und zu der auch die Obstbausiedlung Eden-Oranienburg gehört.[106] Für den Schriftsteller und Friedensaktivisten Leopold Katscher (1853–1939) zeichnete sich die Siedlungsgenossenschaft durch das Genossenschaftswesen, die Bodenreform und die Gewinnbeteiligung aus.[107] Neuerungen gegenüber bereits bestehenden ländlichen Genossenschaften wie der Produktivgenossenschaft von Raiffeisen bestanden im Gebrauch der Erbpacht sowie der Verzweigung von Gewerbe und Landwirtschaft. Der Unternehmer und Frühsozialist Robert Owen (1771–1858) gilt als Begründer des Genossenschaftswesens. Er träumte von einer „Harmoniegemeinde", in der hunderte von Menschen zusammen leben und Industrie mit Landwirtschaft vereinigen.[108] Siedlungsutopist Charles Fourier (1772–1837) geht einen Schritt weiter und spricht von einer „Vollgemeinschaft", in der die Industrie zugunsten der Landwirtschaft eingeschränkt wird. Sozialreformer Victor Aimé Huber (1800–1869) sieht eine Aussiedlung der unteren Bevölkerungsschichten von Ballungsgebieten und Großstädten und somit Siedlungen abseits des generellen Arbeitsmarktes mit genossenschaftlich organisierter Bedarfsdeckung und Gewinnbeteiligung vor. Diesen neuen Gedanken griffen zahlreiche Siedlungstheoretiker in den 1890er Jahren auf. Geograph Peter Kropotkin (1842–1921) schlägt eine Vereinigung von Landwirtschaft, Industrie und Handwerk vor.[109] Der Sozialist Franz Oppenheimer (1864–1943) beschreibt die Idealform einer Produktivgenossenschaft als „Zusammenfassung einer Anzahl von zu Produktion

106 Im Jahr 1893 wurde die „Vegetarische Obstbaukolonie Eden e.G.m.b.H." von 18 Vegetariern gegründet, die eine genossenschaftliche Siedlung auf bodenreformerischer Grundlage beabsichtigten. 1901 wurde die Satzung dahingehend geändert, dass jeder, der sich für eine gesunde Lebensweise einsetzte und danach lebte, Mitglied werden konnte. Entstanden ist eine vielseitige Gartenbausiedlung, die sich jedoch nicht in organisierter Form erhalten konnte. Weiterführende Informationen zur heutigen Form der Geländenutzung vgl.: http://www.eden-eg.de (Stand 31.07.2015). Weitere Siedlungen existierten in Form von Villenkolonien bis hin zu Trabantenstädten, von Künstlerkolonien bis zu Wochenend-Sportsiedlungen und Schrebergartenvereinen. Vgl. hierzu: Linse, Ulrich: Zurück, o Mensch, zur Mutter Erde. Landkommunen in Deutschland 1890–1933. München 1983, S. 8.

107 Vgl. Katscher, Leopold: Soziale und andere interessante Gemeinwesen. Dresden 1906, S. 147. Weiterführende Literatur: Oppenheim, Franz: Siedlungsgenossenschaft. Versuch einer positiven Überwindung des Kommunismus durch Lösung des Genossenschaftsproblems und der Agrarfrage. Jena 1896.

108 Der englische Genossenschaftstheoretiker Robert Owen steht am Anfang der theoretischen Auseinandersetzung. Seine „soziale Milieutheorie" ist von Rousseau beeinflusst. Ein Individuum sei stets Produkt seiner naheliegenden sozialen Verhältnisse, die es prägen. Vgl. Owen, Robert: The Book of the New Moral Society. o. O. 1844. Weiterführende Literatur: Owen, Robert: A New View Of Society. Essays on the Formation of Human Character. o. O. 1813; Jauch, Liane / Römer, Marie-Luise (Hg.): Das soziale System. Leipzig 1988; Zahn, Lola (Hg.): Eine neue Auffassung von der Gesellschaft: Ausgewählte Texte. Berlin 1989.

109 Vgl. Kropotkin, Peter: Landwirtschaft, Industrie und Handwerk. London 1898.

und Konsumtion verbundenen Menschen, die sich in gemeinsamer Arbeit sowohl die Ur- und Rohprodukte durch landwirtschaftliche Tätigkeit im weitesten Sinne des Wortes als auch die übrigen Bedürfnisse durch gewerbliche Tätigkeiten beschaffen."[110]

Landreform

Einige wenige Anhänger von Siedlungsgenossenschaften formierten sich unter dem Begriff der sogenannten „Landreform". Charakteristisch für diese Bestrebungen sind der Verzicht auf chemische und technische Hilfsmittel, Stalldünger und tierische Arbeitskraft sowie die Erzeugung hochwertiger Nahrungsmittel, nachhaltige Landbewirtschaftung und der Anspruch auf wissenschaftliche Seriosität.[111] Der Zusammenhang zwischen Bodenbewirtschaftung und Nahrungsmittelqualität wurde erstmals aufgegriffen. Die „Obstbaukolonie Eden" setzte sich beispielsweise für ein „wissenschaftlich-biologisches Verständnis" von Bodenfruchtbarkeit ein.[112]

Hochkonjunktur erfuhren diese Landkommunen mit der Wirtschaftskrise der Zwischenkriegszeit. Anhänger der Landreform waren überwiegend Menschen, die ihre erlernten Berufe aufgaben, um ihre Lebenswelt weitgehend selbst zu gestalten. Wirtschaftliche Ressourcen lieferte der Anbau landwirtschaftlicher Produkte, vielmals in biologischer Form oder der Verkauf von Kunsthandwerk.

Die „Lebensreformer" sahen neben industriell gefertigter Nahrung in chemischem Dünger einen wesentlichen Grund für neuaufkommende Krankheiten. Seit Anfang der 1920er Jahre kam es daher innerhalb der Bewegung vermehrt zu einer natürlichen Landbewirtschaftung. 1928 gründete einer der Pioniere des ökologischen Landbaus, Ewald Könemann (1899–1976), die „Arbeitsgemeinschaft der Förderer des natürlichen Land- und Gartenbaus sowie praktischer Siedlung und ländlicher Heimatpflege."[113] Könemann fasste seine Aktivitäten für eine ganzheitliche und naturgemäße Lebensweise unter „Bionomie" zusammen und galt seither als Begründer der damaligen „bionomischen Bewegung". Wichtiges Medium war die lebensreformerische Zeitschrift: „Bebauet die Erde. Biologische Land- und Gartenkultur". Die „Bionomica-Erzeuger- und Verbrauchergenossenschaft" vermarktete Nahrungsmittel un-

110 Oppenheimer 1896, S. 417, zitiert nach Lent, Walter: Die ländlichen Siedlungsgenossenschaften, ihre Entstehung, ihre Entwicklung, ihre Probleme. Berlin 1932, S. 10, zitiert nach Baumgartner 1992, S. 35.

111 Wobei der wissenschaftliche Anspruch selbst gesetzt wurde. Vgl. Vogt 2000, S. 30.

112 Vgl. zur „Obstbaukolonie Eden": Baumgartner 1992, S. 125-210.

113 Vogt 2000, S. 90.

ter dem Gütesiegel „Bionomica-Werterzeugnis" beziehungsweise „biologische Qualitätserzeugung". Die Bestrebungen Könemanns, in den 1950er Jahren daran anzuknüpfen, blieben ohne nennenswerte Erfolge.

Ökologische Arbeitsweise bedeutete für die Lebensreformer nicht zuletzt auch Bodenschonung durch eingeschränkte Tiefpflugverfahren sowie Vermeidung von unnatürlichen Düngemitteln und Pestiziden. Entweder verzichteten sie auf Tierhaltung oder sie unternahmen den Versuch, Leitmotive für artgerechte Tierhaltung zu entwickeln. Die Lebensreformer bevorzugten einen viehlosen, vielfach gartenbaulichen Landbau. Sie propagierten Selbstversorgung und Nahrungsmittelqualität in Form von Vollwertkost.

Ernährungsreform

Im Rahmen der Industrialisierung wandelten sich die Nahrungsmittelherstellung sowie die Ernährungsgewohnheiten überwiegend der städtischen Bevölkerung.[114] Die zunehmende Technisierung und Konfektionierung äußerte sich in Konservendosen, künstlichen Konservierungsmitteln, Farbstoffen und Fertigmahlzeiten. Nahrungsmittel wurden immer stärker verarbeitet und konserviert. In der zweiten Hälfte des 19. Jahrhunderts stieg die Nachfrage nach tierischen Produkten auffallend. Fleisch avancierte zum Statussymbol. Unterstützung fand diese Entwicklung bei damaligen Ernährungswissenschaftlern, die tierisches Eiweiß als äußerst bedeutend für die körperliche Gesundheit ansahen. Tatsächlich führte das ungesunde Essverhalten – auch durch Weißmehl und Süßigkeiten – zu Erkrankungen wie Rheuma oder Gicht. Die Lebensreform reagierte mit ersten kritischen Äußerungen. Um die Jahrhundertwende entstanden gegen den Willen der Ernährungswissenschaften verschiedene lebensreformerische Ernährungslehren. Frische, möglichst naturbelassene Lebensmittel wie Gemüse, Obst und Vollkornprodukte wurden propagiert. Die Lebensreformer empfahlen geringen Fleischkonsum oder eine vegetarische Lebensweise ohne Genussmittel wie Alkohol oder Kaffee. Alternativen wie alkoholfreies Bier und Wein sowie Ersatzkaffee kamen auf den Markt. Nahrungsergänzungsmittel sollten die ungesunde Ernährung abfedern.

Ende des 19. Jahrhunderts kamen sogenannte „Reformwaren" auf den Markt. Es handelt sich hierbei um Waren für eine natürliche, gesunde Lebensweise und ohne chemische Bearbeitung. Anfang des 20. Jahrhunderts entstanden erste Reformhäuser, die „naturgemäße Kleidung und Nahrung"[115] anboten.

114 Vgl. hierzu: Ulmer, Renate: Ernährungsreform und Vegetarismus. In: Buchholz u. a. 2001, Bd. 2, S. 529-530.

115 Dies., S. 529.

Die Ernährungsreform ist ein grundlegender Teilbereich der Lebensreformbewegung. Diese propagierte eine lakto-vegetarische Ernährungsweise unter dem Aspekt der Vollwertigkeit, was einen Verzicht auf tierische Nahrungsmittel mit Ausnahme von Eiern bedeutete. Bei der Ernährungsreform im Speziellen besteht ein komplexerer Sachverhalt. Lebensmittel wurden nach gesundheitsfördernden Aspekten ausgewählt. Natürlichkeit und Echtheit der Rohstoffe standen hierbei im Vordergrund. Neben gesundheitlichen Aspekten bestehen teils ökologische und wirtschaftliche Gründe. Die ökologisch orientierte Ernährungsreform kam zu der Erkenntnis, dass Herstellung und Verarbeitung von Lebensmitteln zu Belastungen der Umwelt und Eingriffen in die Natur führt. Die Bewegung setzt sich deshalb für die Reduzierung von Umweltbelastungen durch Ernährung ein.[116] Die soziale Frage hingegen führte zu ökonomischen Überlegungen innerhalb der Ernährungsreformbewegung. Untersuchungen ergaben einen Kostenvorteil bei naturgemäßer, überwiegend vegetarischer Ernährung gegenüber konventioneller Kost.[117] Die Zielgruppe der ökonomischen Ernährungsreform war hauptsächlich die untere Bevölkerungsschicht, deren Ausgaben für Nahrung noch bis in die 1930er Jahre 40 bis 50 Prozent der gesamten Haushaltsausgaben ausmachten.[118] 1903 stellte der „Deutsche Bund der Vereine für naturgemäße Lebens- und Heilweise e.V." ein Arbeiterprogramm zur Ernährungsreform auf. Dieses informierte über richtige Ernährung und einen sinnvollen Umgang mit Lebensmitteln. Umstellungsprobleme ergaben sich häufig aufgrund von Bequemlichkeit, Gewohnheitsdenken, Unwissenheit oder gesellschaftlichen Zwängen.

Gemeinsames Ziel der Ernährungsreformbestrebungen war stets die Abkehr von üblicher Kost durch einen grundlegen Wandel der Ernährungsgewohnheiten.

Vegetarierbewegung

Vegetarismus ist ein Phänomen mit einer jahrtausendealten Tradition. Der griechische Philosoph und Mathematiker Pythagoras (580–500 v. Chr.) gilt als Begründer des ethischen Vegetarismus. Seine Lehre spricht sich gegen Fleischkonsum und Tieropferungen in der griechischen Antike aus. Er lehrt Ehrfurcht vor Leben und Streben nach gewaltfreiem, humanem Miteinander.

116 Noch heute bezieht sich die Umweltbelastung auf Herstellung und Produktion von Nahrungsmitteln, Verpackungen, Abfallbeseitigung und den Transport.

117 Vgl. Baumgartner 1992, S.74f.

118 Heute geben „Bio-Haushalte" rund 7 Prozent weniger Geld für Lebensmittel aus als konventionelle Haushalte. Dies lässt sich auf einen bewussteren Umgang mit Nahrung und weniger Außerhaus-Essen zurückführen.

Der Begriff „Vegetarismus“ lässt sich vom lateinischen Verb „vegetare“ („beleben“) ableiten und ist seit der Gründung der englischen „Vegetarian Society“ im Jahr 1847 gebräuchlich.[119] Ausgehend von den angelsächsischen Bestrebungen kam es ab 1850 auch in Deutschland zu Anfängen eines „modernen Vegetarismus“.

Motive für eine vegetarische Lebensweise beruhen häufig auf ethischen, gesundheitlichen, ökologischen oder religiösen Aspekten. Vegetarier bilden keine homogene Gruppe. Es gibt fünf Formen der fleischlosen Ernährung: Ovo-Lakto-Vegetarier essen kein Fleisch, jedoch tierische Produkte wie Milch und Eier. Lakto-Vegetarier verzichten auf Fleisch und Eier, nehmen jedoch Milchprodukte und pflanzliche Nahrungsmittel zu sich. Ovo-Vegetarier wiederum verzichten auf Fleisch und Milchprodukte. Veganer ernähren sich rein von pflanzlichen Produkten und Frutarier essen ausschließlich pflanzliche Produkte, bei deren Gewinnung die Pflanze nicht zerstört wird. Heute ernähren sich rund drei bis vier Millionen Deutsche fleischlos, einige Hunderttausend „vegan“.[120]

Innerhalb der Lebensreformbewegung ist „Vegetarismus“ kein Teilbereich der Ernährungsreform, sondern eine eigenständige Bewegung, die Elemente der Ernährungsreform mit einbezieht.[121] Eine große Rolle spielten ethisch-moralische Überlegungen vor dem Hintergrund des Tierschutzes und der Tierrechte.[122]

Der erste Verein wurde 1867 vom freireligiösen Prediger Eduard Baltzer (1814–1887) in Nordhausen gegründet.[123] In den 1870er und 1880er Jahren folgten weitere unabhängige Lokalvereine in Großstädten und Ballungsgebieten. 1892 fusionierten sämtliche Vereinigungen zum Dachverband „Deutscher Vegetarierbund“, der sich 1935 unter dem Druck der Nationalsozialisten auflösen musste. Nach dem Zweiten Weltkrieg wird der bis heute existierende „Vegetarier-Bund e.V.“ (VEBU) gegründet.

---

119 Vgl. Baumgartner 1992, S. 93.

120 Vgl. Kindel, Constanze: Zurück zu den Wurzeln. In: GEOkompakt. Gesunde Ernährung. Nr. 42 (2015), S. 90-97, 96.

121 Genauere Informationen hierzu vgl. Baumgartner 1992, S. 92.

122 Der Vegetarierverein steht innerhalb der Lebensreformbewegung in diesen Belangen der Tierschutzbewegung und der Antivivisektionsbewegung, die sich gegen Tierversuche ausspricht, nahe.

123 Baltzer gab unter anderem ein vierbändiges Werk zur natürlichen Lebensweise heraus: Baltzer, Eduard: Die natürliche Lebensweise 1. Teil: Der Weg zur Gesundheit und sozialem Heil, Nordhausen 1867; ders.: Die natürliche Lebensweise 2. Teil: Die Reform der Volkswirtschaft vom Standpunkte der natürlichen Lebensweise, Nordhausen 1867; ders: Die natürliche Lebensweise 3. Teil: Briefe an Virchow über dessen Schrift „Nahrungs- und Genußmittel“, Nordhausen 1868 und ders.: Die natürliche Lebensweise 4. Teil: Vegetarianismus in der Bibel, Nordhausen 1872.

Innerhalb der Lebensreform ist der Vegetarismus die umfassendste Einzelbestrebung, die gesellschaftliche und wirtschaftliche Motive anderer Zweige beinhaltet. Eng verwandt sind die Antialkoholbewegung, die Tierschutzbewegung und die Antivivisektionsbewegung.

Die Idee des „Vegetarismus“ diente innerhalb der Lebensreform als „Ersatzreligion“, welche sich als Flucht bestimmter bürgerlicher Schichten vor Anforderungen der sozialen, politischen und ökonomischen Umgestaltung anbot.[124] Die Mehrzahl der Anhänger gefährdete ihre sichere berufliche Stellung sowie die familiale Integration nicht.

2.3.2 „Demeter“ – biologisch-dynamische Landwirtschaft

Entstehung und Entwicklung des Demeter-Verbands

Während des Ersten Weltkrieges entstanden mit dem chemischen „Haber-Bosch-Verfahren“ mineralische Stickstoffverbindungen.[125] Einerseits dienten diese der Rüstungsindustrie, andererseits als Mineraldünger in der Landwirtschaft. Unmittelbar nach dem Ersten Weltkrieg kam mit dem sogenannten „Salpeter“, das damals überwiegend als Schießpulver verwendet wurde, der erste chemische Dünger in die Landwirtschaft. Zur gleichen Zeit drängten zunehmend chemische Stoffe zur Unkraut- und Schädlingsbekämpfung auf den Markt. Die Massenproduktion von Nahrungsmitteln entwickelte sich ebenfalls. Einerseits wuchsen die landwirtschaftlichen Erträge durch den Einsatz von Schießpulver, Unkraut- und Schädlingsbekämpfungsmitteln und neuen Maschinen, andererseits beobachteten einige Landwirte negative Begleiterscheinungen wie beispielsweise Qualitätsverlust bei Pflanzensaatgut und steigende Anfälligkeit der Pflanzen gegenüber Krankheiten, Schädlingen und Umwelteinflüssen.

Zu dieser Zeit war Rudolf Steiner (1861–1925) als Begründer der Anthroposophie in ganz Europa mit Vorträgen und Publikationen zu verschiedenen Themen wie beispielsweise Pädagogik, Medizin und Landwirtschaft aktiv. Der Begriff „Anthroposophie“ leitet sich vom altgriechischen „anthropos“ für Mensch und „sophía“ für Weisheit ab.[126] Es handelt sich hierbei um eine spiri-

124 Vgl. Barlösius, Eva: Die Propheten und ihre Gefolgschaft. Lebensläufe und sozialstrukturelle Charakterisierung. In: Buchholz u. a. 2001, Bd. 1, S. 67-69.

125 Im „Haber-Bosch-Verfahren“, benannt nach seinen Entwicklern, den Chemikern Fritz Haber (1868–1934) und Carl Bosch (1874–1940), wird aus den Elementen Stickstoff und Wasserstoff Ammoniak hergestellt.

126 Vgl.: http://www.duden.de/rechtschreibung/Anthroposophie (Stand 29.07.2015).

tuell-esoterische Weltanschauung, die Steiner vornehmlich als „Geisteswissenschaft" betitelte.[127]

Auf Wunsch mehrerer anthroposophischer Landwirte und auf Einladung von Johanna Gräfin (1879–1966) und Carl Wilhelm Graf von Keyserlingk (1869–1928) hielt er an Pfingsten 1924 auf deren ostelbischen Gut Koberwitz nahe Breslau vor rund 120 Zuhörern seinen zehntägigen „Landwirtschaftlichen Kurs", eine achtteilige Vortragsreihe unter dem Titel „Geisteswissenschaftliche Grundlagen zum Gedeihen der Landwirtschaft"[128]. Unter den Teilnehmern befanden sich auch Verwalter großer landwirtschaftlicher Güter in Ostdeutschland. Teilnahmebedingung war die Lektüre grundlegender Schriften Steiners wie „Die Geheimwissenschaft im Umriss"[129] und „Wie erlangt man Erkenntnisse höherer Welten"[130], da Steiner über die großen Zusammenhänge zwischen Erde und Kosmos referierte. Die Veranstaltung bedeutete die Geburtsstunde der auf einem anthroposophischen Natur- und Menschenbild basierenden biologisch-dynamischen Wirtschaftsweise.

Einige Teilnehmer der Vortragsreihe Steiners gründeten zur Erprobung der Thesen und zwecks gegenseitigem Austausch den „Landwirtschaftlichen Versuchsring der Anthroposophischen Gesellschaft". Den Vorsitz übernahm zunächst der Offizier und Gutsbesitzer Carl Wilhelm Graf von Keyserlingk, danach der Landwirt Ernst Stegemann (1882–1943). 1925 prägten Stegemann und Landwirtskollege Eduard Bartsch (1895–1960) den Begriff „biologisch-dynamische Wirtschaftsweise". In den 1920er Jahren gehörten rund 100 Betriebe zum Versuchsring. Ende der 1930er Jahre waren es bereits über 1.000. Die seit 1928 für einen kleinen Mitgliederkreis erscheinenden „Mitteilungen des Versuchsrings" gingen 1930 über in die Zeitschrift „Demeter" mit vergrößerter Auflage, die bis heute erscheint.

„Demeter" lautet bis heute der Name des Anbauverbands. Seine etymologische Herkunft führt in den griechisch-kleinasiatischen Raum. „Demeter" galt dort als dreifache Muttergöttin, welche für die Fruchtbarkeit der Erde, des

---

127 Weiterführende Literatur zum Thema „Anthroposophie": Kugler, Walter: Rudolf Steiner und die Anthroposophie: Eine Einführung in sein Lebenswerk. Basel 2010 sowie ders: Einführung in die Anthroposophie: Ausgewählte Texte. Basel 2006.

128 Steiner, Rudolf: Der Landwirtschaftliche Kurs. Geisteswissenschaftliche Grundlagen zum Gedeihen der Landwirtschaft. Breslau 1925. Während der Vortragsreihe vereinbarten die Teilnehmer, den Text erst nach erfolgreicher Erprobungsphase in der Praxis zu veröffentlichen. Erst im Jahr 1963 kam es zu einer ersten Veröffentlichung der Vortragsreihe. Eine Abschrift von 1925, mit Auflage 1929 und 1948 war nur innerhalb anthroposophischer Kreise zugänglich.

129 Steiner, Rudolf: Die Geheimwissenschaft im Umriss. o. O. 1910.

130 Steiner, Rudolf: Wie erlangt man Erkenntnisse höherer Welten. o. O. 1909.

Getreides und der Saat sowie der Jahreszeiten zuständig war.[131] Die dem biologisch-dynamischen Landbau verpflichteten Landwirte wählten den Namen „Demeter“, um an diese Bedeutung der natürlichen Bodenfruchtbarkeit zu erinnern. Auch die ökologischen Produkte werden bis heute unter dem Warennamen „Demeter“ vertrieben. Im Jahr 1927 erfolgte die Gründung der ersten Verwertungsgenossenschaft zur Vermarktung biologisch-dynamischer Erzeugnisse. Wenige Jahre später wurde sie in „Demeter Wirtschaftsbund“ umbenannt. Heute ist „Demeter“ als Warenzeichen geschützt.

Inhalt der biologisch-dynamischen Landwirtschaft

In seinem zweiten Vortrag beschreibt Steiner seine Vorstellungen von einem harmonischen Ganzen der Landwirtschaft. Er betonte etwa die hohe Bedeutung einer wechselnden Fruchtfolge, wie sie heute noch als vorbildlich im ökologischen Landbau gilt, mit Wechsel von den Boden bereichernden und von ihm zehrenden Pflanzen. Unverzichtbar seien weiterhin nicht bewirtschaftete Gebiete und eine nicht direkt für landwirtschaftliche Zwecke genutzte Tierwelt wie beispielsweise Insekten und Vögel. Die von Steiner entwickelten Begriffe „Hofindividualität“ und „Betriebsorganismus“ bilden grundlegende Eigenschaften der biologisch-dynamischen Landwirtschaft. Der Hof zeigt sich im Idealfall als autonome, in sich geschlossene Einheit, die alles Notwendige zur Erzeugung hochwertiger Nahrungsmittel selbst herstellen kann. Zukäufe von beispielsweise Saatgut, Dünger oder Futtermittel sind in diesem nachhaltigen Ökosystem bei optimalen Bedingungen unnötig. Zu diesem geschlossenen Betriebskreislauf gehört neben Gemüse-, Obst- und Getreideanbau auch eine flächenbezogene Tierhaltung. Für Steiner ist ein landwirtschaftlicher Betrieb ein Organismus höherer Ordnung. Er setzt die einzelnen Bereiche Organen gleich, die sich ergänzen und aufeinander angewiesen sind. Diese Vorstellung ergänzte der Anthroposoph um die Idee der landwirtschaftlichen Individualität bezogen auf jeden einzelnen Betrieb.

Aus der flächengebundenen Tierhaltung ergibt sich die optimale Menge an natürlichem Dünger für die Bodenfruchtbarkeit. Die Tiere auf einem biologisch-dynamischen Hof genießen einen wesensgemäßen Umgang und erhal-

131 Ihrer Sage nach lehrte Demeter den Menschen den Getreideanbau sowie den Umgang mit dem Pflug. Sie tritt als Jungfrau, Mutter oder alte Frau auf und trägt unter anderem Titel wie „Desponia“ (Gebieterin), „Daeira“ (Göttin), „Gerstenmutter“, „Weise der Erde“, „Weise des Meeres“ und „Überfluss“. Ihre Manifestationen sind die Kore als Jungfrau beziehungsweise Frühjahrsgöttin, die Demetrie als Mutter, Sommer- und Erntegöttin und die Persephone als Altes Weib, Todes- oder Wintergöttin. Demeters römischer Göttername ist Ceres. Weiterführende Literatur: Mannhard, Wilhelm/Patzig, Hermann: Mythologische Forschungen. Hildesheim/Zürich/New York 1998.

ten homöopathische Arzneimittel. Eine in der konventionellen Landwirtschaft häufig angewendete Prophylaxe durch Antibiotika lehnt die biologisch-dynamische Landwirtschaft ab. Kühe werden nicht enthornt, da die Hörner nach der Lehre Steiners als vollwertiges Stoffwechselorgan angesehen werden, durch das „Kräfte" entweichen und in positiver Form wieder in den Körper zurückgeführt werden.

Die biologisch-dynamische Landwirtschaft geht von einem „lebendigen Boden" aus. „Düngen" ist ein wichtiger Bestandteil zur Erhaltung der Fruchtbarkeit, denn es bedeutet die Verlebendigung des Bodens. Der Dünger besteht jedoch alleinig aus Tiermist, allenfalls angereichert mit homöopathischen Präparaten.

Zentrales Element, das „Demeter" von „Bioland", „Naturland" und den „EU-Biokriterien" unterscheidet, ist die Herstellung und Verwendung sogenannter „Präparate". Steiner erläutert deren Benutzung in seinem vierten und fünften Vortrag. Diese „homöopathischen Mittel" für Boden, Kompost und Pflanzen führen seiner Ansicht nach zu einer vermehrten Bodenaktivität. Der verlebendigte Boden bringt gesunde, widerstandsfähige Pflanzen hervor. Sie werden mit Heilpflanzen sowie Kiesel und Rindermist hergestellt, ergänzen die Düngung und unterstützen das Pflanzenwachstum. Die Substanzen werden zunächst in tierische Hüllenorgane wie beispielsweise Kuhhörner gefüllt und zu einer speziellen Jahreszeit im Boden vergraben oder dem Sonnenlicht ausgesetzt. Anwendung finden die Präparate dann in geringen Mengen, sogenannten „homöopathischen Dosen", im Dünger, auf zur Aussaat vorbereitetem Boden oder auf im Wachstum befindlichen Pflanzen. Laut biologisch-dynamischer Lehre wirken sie kräftigend und harmonisierend auf das Pflanzenwachstum, besonders an schwierigen Standorten oder in problematischen Jahren. Als Nebeneffekt der Präparate-Anwendung können „Abfallprodukte" wie Mist gesammelt und mit den Präparaten versehen wieder verwendet, sozusagen recycelt werden. Zur Herstellung der landwirtschaftlichen Präparate bedarf es neben chemischem und geologischem Wissen auch umfassender Kenntnisse der Gedankenwelt Steiners. Die sogenannten „Weltenweiten" zeigten sich den Teilnehmern des Landwirtschaftlichen Kurses durch den Blick zum Kosmos, insbesondere zum Tierkreiszeichen und zu den Planeten im unmittelbaren Erdumfeld.

Steiner verwies die Landwirte in seiner Vortragsreihe stets darauf, das Gehörte im Alltag praxistauglich gestalten zu müssen. Hierzu bedürfe es Erprobungen und gegenseitigen Austausch. Diesen ermöglichte der „Versuchsring für biologisch-dynamische Methode" in ganz Deutschland.

1928 erfolgte die Einführung des Demeter-Warenzeichens, vier Jahre später erfolgt die Gründung des „Demeter-Wirtschaftsverbunds". Zeitgleich stellen die ersten ausländischen Landwirte in der Schweiz, den Niederlanden, Österreich, England, Schweden sowie Norwegen ihre Betriebe auf biologisch-dynamischen Landbau um.

1941 verboten die Nationalsozialisten alle deutschen Demeter-Organisationen sowie die Monatszeitschrift „Demeter". Die biologisch-dynamische Methode entwickelte sich trotz erschwerter Bedingungen weiter. Der „Versuchsring" konnte nur noch verdeckt und unter großem Risiko arbeiten. Teilweise befürworteten die Nationalsozialisten die biologisch-dynamische Wirtschaftsweise. Allerdings nicht aufgrund der anthroposophischen Philosophie sondern wegen ihrer vermeintlichen „Ursprünglichkeit". NSDAP-Mitglied Heinrich Himmler (1900–1945) leitete beispielsweise die „Deutsche Versuchsanstalt für Ernährung und Verpflegung" der Schutzstaffel der NSDAP (SS), da ihn die ganzheitliche Behandlung des deutschen Bodens interessierte. Zahlreiche biologisch-dynamisch wirtschaftende Landwirte beendeten damals ihre Tätigkeit, andere kamen nicht mehr aus dem Zweiten Weltkrieg zurück. So fehlten nach 1945 in der Demeter-Landwirtschaft führende Persönlichkeiten. Pioniergüter im Osten Deutschlands wurden in den nun sozialistischen Ländern kollektiviert, und die biologisch-dynamische Bewirtschaftung verboten.

Immerhin gab es in Westdeutschland die Fortführungsmöglichkeit der biologisch-dynamischen Wirtschaftsweise. 1946 entstand der „Forschungsring für Biologisch-Dynamische Wirtschaftsweise" als Nachfolger des Versuchsrings. Er musste intensive Aufbauarbeit leisten. 1950 erschien die Erstauflage der Zeitschrift „Lebendige Erde", die bis heute erscheint. Im Jahr 1954 entstand der „Demeter-Bund", welcher auch die Warenzeichenrechte erhielt. Standen vor dem Zweiten Weltkrieg ostdeutsche Gutshöfe im Mittelpunkt der biologisch-dynamischen Landwirtschaft, musste sich diese nach Kriegsende neu orientieren und auf vielerorts kleinstrukturierten Betrieben in Westdeutschland ausgeführt werden. In Baden-Württemberg stellten zunächst im Jahr 1955 sechs Landwirte ihre Höfe auf biologisch-dynamischen Landbau um, nachdem sie den Vortrag eines Vertreters vom Verband „Demeter" gehört hatten. Bald darauf stellten sich Erfolge bei der Gemüseernte ein. Die alternative Bodenpflege ohne chemische Unkrautbekämpfung und Kunstdüngereinsatz erbrachte eine größere Ernte als im konventionellen Anbau.

1963 veröffentlicht Maria Thun (1922–2012), eine Pionierin der biologisch-dynamischen Landwirtschaft, erstmals ihre langjährigen Beobachtungen

„kosmischer Zusammenhänge“ bei Einjahrespflanzen.[132] Ihr Aussaatkalender erscheint bis heute jährlich.

Bis 1988 war „Demeter“ der mitgliederstärkste ökologische Anbauverband in Deutschland. 1994 verabschiedete er als erster ökologischer Anbauverband Richtlinien für die Verarbeitung von Lebensmitteln und strukturierte sich als Verband neu. Es entstand die aufgabenbezogene soziale Dreigliederung nach Steiner in Geistes-, Rechts- und Wirtschaftsleben unter den Leitgedanken „Regionalisierung“ und „Subsidiarität“.[133]

1997 schlossen sich 19 unabhängige Demeter-Organisationen weltweit zum „Demeter International e.V.“ zusammen. 2007 wurde ein erster gemeinsamer Verein der einzelnen Demeter-Foren gegründet: der „Demeter e.V.“. Heute ist Demeter nach Bioland und Naturland der an Mitgliedern drittstärkste Verband in Deutschland und verfügt über die strengsten Richtlinien.[134]

2.3.3 „Bioland“ – organisch-biologische Landwirtschaft

Anfänge in der Schweiz

In der Schweiz entstand bereits in den 1920er Jahren die „Schweizerische Zentralstelle für bäuerliche Jugend-, Kultur- und Fürsorgearbeit“, auch bezeichnet als „Schweizerische Bauernheimatbewegung“ oder „Jungbauernbewegung“.[135] Ebenfalls versuchte der promovierte Biologe und Gymnasiallehrer Hans Müller (1891–1988) zu dieser Zeit die auf einem christlichen Glaubensverständnis basierende bäuerliche Lebensweise in der industrialisierten Welt vor dem Untergang zu bewahren. Er engagierte sich in der Bauern-, Gewerbe- und Bürgerpartei (BGB), um klein- und mittelständische Betriebe durch seine

---

132 Vgl. Thun, Maria: Anbauversuche über Zusammenhänge zwischen Mondstellungen im Tierkreis und einzelnen Kulturpflanzen. Mit einer statistischen Nachprüfung der Ergebnisse. Darmstadt 1963.

133 Zur Dreigliederung des sozialen Systems nach Rudolf Steiner vgl.: Steiner, Rudolf: Die Dreigliederung des sozialen Organismus, 1. Jg. Heft 1-15 (1919).

134 Vgl. zu den Richtlinien: http://www.demeter.de/fachwelt/landwirte/richtlinien/gesamtausgabe (Stand 30.07.2015).

135 Weiterführende Literatur zum Thema: Baumann, Werner/Moser, Peter: Bauern im Industriestaat. Agrarpolitische Konzeptionen und bäuerliche Bewegungen in der Schweiz 1918–1968. Zürich 1999. Moser, Peter: Der Stand der Bauern. Bäuerliche Politik, Wirtschaft und Kultur gestern und heute. Frauenfeld 1994. Riesen, René: Die Schweizerische Bauernheimatbewegung – die Entwicklung von den Anfängen bis 1947 unter der Führung von Hans Müller, Möschberg/Grosshöchstetten. Bern 1972.

politische Arbeit zu unterstützen und war für die BGB von 1929 bis 1946 Abgeordneter im Schweizerischen Nationalrat.

Im Jahr 1946 verlegte Müller seinen Schwerpunkt von der politischen Arbeit auf die Weiterentwicklung des biologischen Landbaus, da er auf politischem Wege keine Unterstützungsmöglichkeiten für die Bauern mehr sah. Er gründete die „Bauern-Heimatschule Möschberg", die fortan zum Mittelpunkt seines Wirkens avancierte. Im Vordergrund stand für den Biologen und seine Ehefrau und Biologin Maria Müller-Bigler (1899–1969) einerseits die Unabhängigkeit der Landwirte von einer chemisch-technisch intensivierten Wirtschaftsweise sowie andererseits eine Erweiterung ihrer Verantwortung über die Bereiche „Hof", „Heimat" und „Tradition" hinaus mit dem Fokus auf „natürliche Ressourcen", „Absatzgenossenschaft" und „Verbraucherschaft". In diesem umfangreicheren Aufgabenbereich der Bauern sah Müller deren Existenzsicherung, da sich eine zunehmende Nachfrage nach hochwertigen Lebensmitteln abzeichnete. Anfang der 1950er Jahre kam Müller mit dem deutschen Arzt und Mikrobiologen Hans Peter Rusch (1906–1977) in Kontakt, nachdem dieser einen Aufsatz über den „Kreislauf der lebendigen Substanz"[136] veröffentlicht hatte. Gemeinsam mit Müllers Ehefrau erarbeiteten beide ab 1952 die Grundlagen des „organisch-biologischen Landbaus". Im Mittelpunkt steht ein geschlossener Betriebskreislauf: Der Anbau bestimmter Pflanzen zur Verbesserung der Bodenfruchtbarkeit, die Verwendung von natürlichen Düngemitteln und die Herstellung von eigenen Futtermitteln sowie Saatgut sollen eine gewisse Autonomie garantieren. Ruschs „Naturhaushaltskonzept", der so genannte „Kreislauf der lebendigen Substanz", prägte während der 1950er und 1960er Jahre das theoretische Gerüst des „organisch-biologischen Landbaus". Seine Schrift „Bodenfruchtbarkeit – eine Studie biologischen Denkens" fasst den Ansatz dieses Landbausystems zusammen.[137] Auf dieser Basis entwickelte Müller fünf Grundsätzen des „organisch-biologischen Landbaus". Diese lauteten wie folgt: ein biologisches Verständnis von Bodenfruchtbarkeit, die Erzeugung qualitativ hochwertiger Nahrungsmittel, ökonomische Effizienz, nachhaltige Bewirtschaftung sowie Unabhängigkeit von industriellen Betriebsmitteln.[138]

In der Entstehungsphase des organisch-biologischen Landbaus wurden zwei charakteristische biologisch-dynamische Verfahren erprobt: die Arbeit

136 Rusch, Hans Peter: Der Kreislauf der lebendigen Substanz. In: Allgemeine Homöopathische Zeitung 197, 5-6 (1952), S. 65-74.

137 Vgl. Rusch, Hans Peter: Bodenfruchtbarkeit – Eine Studie biologischen Denkens. Heidelberg 1968.

138 Detaillierte Informationen zu den einzelnen landbaulichen Maßnahmen vgl. Vogt 2000, S. 197-236.

mit „homöopathischen Präparaten“ sowie die „vererdende Kompostierung von Stalldünger“. Hintergrund war hier allerdings nicht ein anthroposophisches Naturbild, sondern man erhoffte sich wissenschaftliche Erkenntnisse zu diesen Methoden. Beide Verfahren wurden jedoch nach kurzer Zeit Mitte der 1950er Jahre zugunsten der „Flächenkompostierung“ und der Verwendung von „Humusdünger“ eingestellt.

Ab den 1970er Jahren entstanden in der Schweiz mit der „Bio Suisse“ und dem „Forschungsinstitut für biologischen Landbau“ (FiBL) neue Zentren des Biolandbaus.[139] Gleichzeitig kam es zu einer regen Vortragstätigkeit der Pioniere Müller und Rusch. Durch internationale Teilnehmer verbreiteten sich Thesen zu diesem ökologischen Landbausystem. Die Anbauverbände „Bioland“ und „Bio Austria“ der Nachbarländer Deutschland und Österreich basieren auf den Ideen dieser beiden Pioniere.

Entwicklung der organisch-biologischen Landwirtschaft in Deutschland

In Deutschland begann die Entwicklung des organisch-biologischen Landbaus in Baden-Württemberg. 1971 gründeten 12 Personen unmittelbar in Anschluss an einen Vortrag von Hans Peter Rusch den Verein „bio-gemüse e.V.“, ein Vorläufer des Anbauverbands „Bioland“, zur Umsetzung der neuen Ideen sowie als Interessenvertretung nach außen. 1974 erfolgte die Umbenennung in „Fördergemeinschaft organisch-biologischer Landbau e.V.“. Als Warenzeichen fungierte zunächst „Dr. Müller bio gemüse“. Erst 1976 erfolgte die Umbenennung in „Bioland“, zunächst als Titel der Verbandszeitschrift „bio-land“, die 1980 den seit 1974 erscheinenden Rundbrief „bio-gemüse“ ablöste, dann als Vereinsname und Warenzeichen.[140] 1979 verabschiedete der Verband Erzeugerrichtlinien. Seit 1981 fungiert der Name „Bioland“ als Warenzeichen. Der Anbauverband nannte sich 1987 in „Bioland-Verband für organisch-biologischen Landbau e. V.“ um. Mitte der 1970er Jahre gab es 56 Mitgliedsbetriebe. Ende der 1970er Jahre waren es bereits knapp 200, Ende der 1980er Jahre wurden 1.200 Höfe gezählt. Heute wirtschaften deutschlandweit über 5.900 Betriebe nach den Methoden von „Bioland“. Damit handelt es sich um den größten ökologischen Anbauverband in Deutschland.

139 1996 wurde der Verein der „Bauernheimatbewegung“ umbenannt in „Bioforum Möschberg“, 2004 in „Bioforum Schweiz“. Bis heute gibt der Verein die Zeitschrift „Kultur und Politik“ heraus. Weiterführende Informationen siehe: http://www.bioforumschweiz.ch (Stand 20.07.2015). Das Bildungshaus am Möschberg wird seit 1989 als offenes Seminarhaus mit Bioküche weitergeführt (http://www.hotelmoeschberg.ch, Stand: 30.05.2015).

140 Bis heute erscheint die Verbandszeitschrift „Bioland“ monatlich.

Inhalt der organisch-biologischen Landwirtschaft

Der Bioland-Verband stellte sieben Prinzipien für die „Landwirtschaft der Zukunft" auf.[141] Diese Kriterien stimmen weitestgehend mit denen der Anbauverbände „Demeter" und „Naturland" überein. Sie lauten im Einzelnen:

Die Kreislaufwirtschaft fungiert als Grundprinzip der biologisch-organischen Landwirtschaft. Die Unabhängigkeit von begrenzt vorhandenen Ressourcen durch den Verzicht auf chemisch-synthetische Stickstoff-Düngemittel sowie die Nährstoffrückführung durch Kompost und Mist stehen hierbei im Vordergrund. Die natürliche Förderung der Bodenfruchtbarkeit durch die darin befindlichen Mikroorganismen erreicht die Biolandwirtschaft durch die Erhöhung und Strukturverbesserung des Humusgehalts. Ein weiterer wichtiger Aspekt ist die artgerechte Tierhaltung, bei der Tiere – auch Nutztiere – als Lebewesen angesehen werden und nicht nur als Nahrungsmittellieferanten. Eine hohe Futterqualität, ein großer Stall mit Tageslicht und Auslauf sowie Weidegang gehören ebenso dazu wie der Einsatz von Naturheilkunde und Homöopathie im Krankheitsfall. Der Verband zählt außerdem die Erzeugung wertvoller Lebensmittel aufgrund von Verzicht auf chemische Düngemittel, Pestizide und Gentechnik sowie eine hohe Verarbeitungsqualität durch schonende Zubereitung nach Verarbeiter-Richtlinien und den Verzicht auf unnötige Zusatzstoffe zu seinen Prinzipien.[142] Die Förderung biologischer Vielfalt auf Hof und Feld sowie im Umland der ökologischen Betriebe gilt als zukunftsfördernd. Die natürlichen Lebensgrundlagen Boden, Wasser und Luft zu bewahren, gehört zu den Prinzipien der Biolandwirtschaft. Als letztes Kriterium für eine zukunftsfähige Landwirtschaft nennt der Verband die Sicherung einer lebenswerten Zukunft für den Menschen. Diese erhalte die Gesellschaft durch eine intakte Landwirtschaft. Bioland setzt sich nach eigenen Angaben unter anderem für faire Handelspartnerschaften, regionale Arbeitsplätze, wirtschaftliche Unabhängigkeit der Höfe sowie gute Lebens- und Arbeitsbedingungen auf den Höfen ein.

---

141 Vgl. http://www.bioland.de/ueber-uns/sieben-prinzipien.html (Stand 15.05.2015). Vgl. zu den Verbandsrichtlinien, denen die befragten Bioland-Landwirte unterliegen: http://www.bioland.de/ueber-uns/richtlinien.html (Stand 30.07.2015).

142 Während innerhalb der konventionellen Landwirtschaft derzeit 300 Zusatzstoffe zugelassen werden, sind es gemäß den EU-Rechtsvorschriften für Biolebensmittel lediglich rund 45 Stoffe, bei den Anbauverbänden zwischen 13 (Demeter-Verband) und 22 (Naturland-Verband).

2.4 Gesellschaftliche Ereignisse seit den 1960er Jahren

2.4.1 1968er-Bewegung

Seit Mitte der 1960er Jahre bildeten sich weltweit meist linksgerichtete Bürgerrechts- und Studentenbewegungen, die sich vehement gegen bestehende gesellschaftliche Machtstrukturen auflehnten. Die Proteste eskalierten in vielen Ländern im Jahr 1968.[143] Von diesen tiefgreifenden Ereignissen leiten sich Bezeichnungen wie „die 1968er-Bewegung" oder „die 1968er-Generation" ab.[144] Thematisch wandten sich die jungen Leute häufig gegen verkrustete Autoritäten oder Waffengewalt. Gefordert wurde die Gleichstellung von Minderheiten sowie sexuelle Freiheit.

In der Bundesrepublik Deutschland standen die Proteste der Außerparlamentarischen Opposition (APO), insbesondere gegen die Notstandsverfassung der Bundesregierung sowie die Studentenbewegung im Vordergrund. Die APO partizipierte nicht am Parlament und gehörte auch keiner Partei an. Sie wandte sich gegen die seit 1966 regierende große Koalition aus CDU und SPD unter CDU-Bundeskanzler Kurt Georg Kiesinger (1904–1988). Seit 1969 setzte sich die APO verstärkt gegen die geplanten Notstandsgesetze ein. Diese sollten dem Staat in Krisensituationen – bei Aufständen, Krieg oder Naturkatastrophen – Handlungsspielraum einräumen. Die Kritiker erinnerten an die verheerenden Auswirkungen der Notverordnungen während der Weimarer Republik, die dem Reichspräsidenten erhebliche Vollmachten zubilligten.[145] Von der APO angesprochen fühlten sich überwiegend Intellektuelle und Angehörige der linksliberalen Öffentlichkeit. Hinzu kamen die großen Einzelgewerkschaften wie die IG Metall und die IG Chemie, welche die Bewegung mit finanziellen Mitteln unterstützten.[146] Die Notstandsgesetze wurden trotz des

143 Es gibt vielschichtige Gründe für die Gleichzeitigkeit der Vorkommnisse. Dies zu durchleuchten würde den Rahmen der Arbeit sprengen. Weiterführende Informationen: Van der Linden, Marcel: 1968: Das Rätsel der Gleichzeitigkeit. In: Kastner, Jens/Mayer, David (Hg.): Weltwende 1968? Ein Jahr aus globalgeschichtlicher Perspektive. Wien 2008, S. 23-37.

144 In dieser Arbeit kann nicht ausführlich auf Entstehung, Entwicklung und Begrifflichkeiten der 1968er-Bewegung eingegangen werden. Weiterführende Literatur zum Thema: Gilcher-Holtey, Ingrid: Die 68er-Bewegung. Deutschland – Westeuropa – USA. München 2001; Gilcher-Holtey, Ingrid (Hg.): 1968. Vom Ereignis zum Mythos. Frankfurt a. M. 2008 sowie Sievers, Rudolf: 1968. Eine Enzyklopädie. Frankfurt a. M. 2004.

145 Weiterführende Literatur zum Thema: Sterzel, Dieter (Hg.): Kritik der Notstandsgesetze – Mit dem Text der Notstandsverfassung. Frankfurt a. M. 1968; Spernol, Boris: Notstand der Demokratie. Der Protest gegen die Notstandsgesetze und die Frage der NS-Vergangenheit. Essen 2008.

146 Vgl. Gilcher-Holtey 2008, S. 50-55.

außerparlamentarischen Widerstands am 30. Mai 1968 vom Deutschen Bundestag innerhalb der Großen Koalition verabschiedet.

Zur gleichen Zeit wuchs die Studentenbewegung um den Sozialistischen Deutschen Studentenbund (SDS). Sie protestierte gegen Hochschulgesetze und für eine Demokratisierung der elitären Hochschulstrukturen. Ein gängiger Spruch lautete: „Unter den Talaren – Muff von 1000 Jahren!“[147] Diese Aussage spielte auch auf die nationalsozialistische Diktatur zwischen 1933 und 1945 an. Viele Studenten unterstellten ihrer Elterngeneration, die schrecklichen Taten des Dritten Reichs zu verdrängen. Zudem rebellierten sie gegen als spießig wahrgenommene Elternhäuser und eine bevorstehende bürgerliche Berufslaufbahn. Wohngemeinschaften mit Allgemeineigentum statt Privatbesitz bildeten das Grundgerüst der damaligen studentischen Lebensweise.

Im Gegensatz zum SDS war die APO eine thematisch und politisch breit gefächerte Protestbewegung. Mit Protesten in der Öffentlichkeit wollten die verschiedenen Protestbewegungen Gesellschaft und politische Entscheidungsträger beeinflussen. Für den Soziologen Dieter Rucht ist „die 1968er-Bewegung [...] ein aktionsorientiertes Netzwerk von Personen, Gruppen und Organisationen, das sich – in der BRD – fast ausschließlich aus der gebildeten Mittelschicht rekrutierte und eine antikapitalistische, antitechnokratische und antiautoritäre Stoßrichtung verfolgte. Dies alles jedoch ohne geschlossene Ideologie.“[148] Zu kollektiven Protesten kam es seit 1965. Die Hochphase der 1968er Revolte datiert sich von Mitte 1967 bis Mitte 1969. Bereits im Jahr 1969 spaltete sich „der ideologische Kern der APO in zahlreiche kommunistische, maoistische und trotzkritische Kleingruppen, der SDS löste sich 1970 selbst auf, die APO war am Ende, der RAF-Terror begann.“[149] Bis heute gelten die 1968er Jahre als Bruch der jungen Generation mit der Nachkriegsgesellschaft. Die aktuelle Forschung indes zeichnet mittlerweile ein neues Bild: eine Einheit „von den (späten) 1950er Jahren bis weit in die 1970er Jahre.“[150]

147 Vgl. http://www.spiegel.de/einestages/das-ende-der-talare-a-948827.html (Stand 29.07. 2015).

148 Rucht, Dieter: Die Ereignisse von 1968 als soziale Bewegung: Methodologische Überlegungen und einige empirische Befunde. In: Gilcher-Holtey 2008, S. 153-171, 160.

149 Schönbohm, Wulf: Die 68er: politische Verirrungen und gesellschaftliche Veränderungen. In: Vogel, Bernhard/Kutsch, Matthias (Hg.): 40 Jahre 1968. Alte und neue Mythen – Eine Streitschrift. Freiburg i. Br. 2008, S. 16-30, 25. Der RAF-Terror ist nicht Thema dieser Arbeit, weiterführende Literatur siehe: Wieviorka, Michel: 1968 und der Terrorismus. In: Gilcher-Holtey 2008, S. 363-376. Kraushaar, Wolfgang: Die RAF und der linke Terrorismus. Hamburg 2006. Pflieger, Klaus: Die Rote Armee Fraktion – RAF. Baden-Baden 2011.

150 Kretzschmar, Robert/Rehm, Clemens/Pilger, Andreas: 1968 und die Anti-Atomkraft-Bewegung der 1970er-Jahre. Überlieferungsbildung und Forschung im Dialog. Stuttgart 2008, S. 44.

In dieser Zeit entwickelte sich die heutige „moderne, liberal-demokratische Konsumgesellschaft."[151] Die Ereignisse der 1968er Jahre werden wissenschaftlich nicht mehr als (gescheiterte) globale Revolution wahrgenommen, vielmehr geht es um ein „transnationales Kommunikationsereignis"[152], bei dem weltweite Handlungszusammenhänge unter Berücksichtigung nationaler Besonderheiten untersucht werden.

Der utopische Traum einer Gesellschaft mit demokratischer Planwirtschaft und Gemeineigentum erfüllte sich in Deutschland nicht. Dennoch kam es zu kulturellen und politischen Nachwirkungen, die im Folgenden skizziert werden.

2.4.2 Ökologiebewegungen der 1970er Jahre

Allgemeine Informationen

Soziale Bewegungen wie die der 1960er Jahre münden gewöhnlich nach einer Mobilisierungsphase in Organisationen mit spezifischen Aufgaben oder schließen sich bestehenden politischen Parteien oder Verbänden an. Von Letzteren benötigen sie deren koordinierte Aktionen zur Verwirklichung ihrer Vorhaben.[153] Dies war auch nach 1968 in Deutschland der Fall.

Nach dem Rückzug der Protestpersonen ins Private trat politisches Engagement in den Vordergrund. In der Gesellschaft der 1970er Jahre verlor die bisherige Auseinandersetzung um Arbeit und Kapital an Bedeutung. Themen wie „Naturverhältnis" und „Geschlechterbeziehung" bedurften einer neuen gesellschaftlichen Definition. Es entstanden gesellschaftliche Strömungen wie die Ökologie-, die Anti-Atomkraft-, die Frauen- und die Friedensbewegung. Deren Anhänger waren meist bescheidener in ihrer Zielsetzung als die Akteure der 1968er-Generation, allerdings politisch erfolgreicher mit ihren Anliegen. Für diese Studie sind die „Umweltschutzbewegung" und hier im Speziellen die „Anti-Atomkraft-Bewegung" von Bedeutung.

Umweltschutzbewegung

Eine „Umweltschutzbewegung" ist eine soziale Bewegung und befasst sich überwiegend mit Natur- und Umweltschutz. Sie setzt sich aus einzelnen Akteuren zusammen, die sich in unterschiedlichen Gruppen formieren, um sich

151 Dies., S. 44.
152 Dies., S. 46.
153 Vgl. hierzu dies., S. 111.

für ihre jeweiligen Interessen einzusetzen. Eine erste „Umweltschutzbewegung“ wird in Deutschland zu Beginn des 20. Jahrhunderts ausgemacht. Sie beinhaltet die Bestrebungen der Lebensreformer und der auf der anthroposophischen Lehre Rudolf Steiners begründeten biologisch-dynamischen Landwirtschaft, die sich vornehmlich gegen die zunehmende Industrialisierung der damaligen Zeit sowie die Chemiesierung der Landwirtschaft im Speziellen einsetzte. Gesunder Boden, gesunde Lebensmittel und eine gesunde Lebensweise standen im Mittelpunkt der Interessen.

Eine zweite „Umweltschutzbewegung“ formierte sich in den 1970er Jahren aufgrund des Wertewandels in der Nachkriegszeit und die daraus folgende Verbreitung postmaterialistischer Werte. Die Akteure dieser Zeit engagierten sich in verschiedenen bundesweiten und lokalen Gruppierungen, die teilweise bis heute auf Vereinsebene fungieren und im Folgenden kurz vorgestellt werden.

Bereits 1961 erfolgte die Gründung des internationalen „World Wildlife Fund“ (WWF International), zwei Jahre später des „WWF Deutschland“.[154] Zentrale Themen waren von Anfang an „Artenschutz“ und „Schutzgebiete“. Heute ist der WWF International in 150 Ländern aktiv und der WWF Deutschland die bundesweit größte Umweltorganisation. Die Bewahrung der biologischen Vielfalt und verantwortungsvolle Nutzung der natürlichen Lebensgrundlagen bei einer nachhaltigen wirtschaftlichen Entwicklung stehen im Vordergrund der Bemühungen.

Eine weitere Vereinigung auf Bundesebene ist der 1975 gegründete „Bund für Natur- und Umweltschutz“, der zwei Jahre später in „Bund für Umwelt und Naturschutz Deutschland“ (BUND) umbenannt wurde.[155] Der BUND wächst in den 1980er Jahren stetig an. Seine damals fokussierten Themen sind „Atomkraft“ und „Waldsterben“. Heute setzen sich bundesweit 2.000 Gruppen nicht nur für Arten-, Klima- und Naturschutz, sondern auch für eine ökologische Landwirtschaft ein.

„Greenpeace“ ist eine weitere bis heute aktive internationale Umweltorganisation.[156] Im Jahr 1971 kam es zu einer ersten Aktion von Friedensaktivisten gegen US-amerikanische Atomtests vor der Küste Alaskas. „Green“ und „Peace“ ist seither Programm der weltweiten Protestaktionen dieser Vereinigung. In Deutschland kam es 1980 zu einer ersten solchen Aktion, die sich gegen das Abladen von giftigen Säuren in der Nordsee richtete. Heute setzen sich Greenpeace-Aktivisten in 40 Ländern für Gewaltfreiheit und Unabhän-

154 Vgl. http://www.wwf.de (Stand 22.06.2015).
155 Vgl. http://www.bund.net (Stand 22.06.2015).
156 Vgl. http://www.greenpeace.de (Stand 22.06.2015).

gigkeit von Politik und Wirtschaft ein. Umweltbelange stehen hierbei nach wie vor im Vordergrund.

Anti-Atomkraft-Bewegung der 1970er Jahre

Die Anti-Atomkraft-Bewegung entwickelte sich in den 1970er bis Mitte der 1980er Jahre zur quantitativ stärksten Bürgerrechtsbewegung in der damaligen Bundesrepublik und wurde als solche auch in der Öffentlichkeit wahrgenommen, weshalb sie hier einen eigenen Abschnitt erhält. Die Bewegung ist bis heute eine internationale Bewegung. Die Forderungen ihrer Anhänger fokussieren sich auf eine Abkehr von der Kernkraft. Diese organisierten sich meist in unabhängigen Gruppen, die wiederum häufig basisdemokratische Strukturen aufwiesen. Ein organisatorischer Überbau existiert nicht. Bundesweite Anti-Atom-Konferenzen und regionale Delegiertentreffen mündeten in gemeinsamen Aktionen.

Die überwiegende Mehrheit der deutschen Gesellschaft hatte Kernkraftwerke als sichere, umweltfreundliche und wirtschaftliche Lösung des Energieproblems empfunden. Dies änderte sich in den 1970er Jahren. Nach der Ölkrise von 1973 plante die Bundesregierung zur Sicherung des Energiebedarfs einen schnellen Ausbau der Atomenergie. In der Bevölkerung sorgte dies für Unruhe. In der badischen Gemeinde Wyhl kam es ab 1975 auf dem Bauplatz eines geplanten Atomkraftwerks zu Demonstrationen, die letztendlich den Bau verhinderten. Störfälle in Atomkraftwerken wie beispielsweise 1979 im Kernkraftwerk „Three Mile Island" in den USA sowie 1986 im Kernkraftwerk „Tschernobyl" in der damaligen Sowjetunion fundierten die Bewegung.

Die Anti-Atomkraft-Bewegung verlor an Bedeutung, nachdem die 1998 gewählte rot-grüne Koalition einen allmählichen Kernkraftausstieg anvisierte. 2001 erfolgt das Abkommen zwischen Bundesregierung und Atomkonzernen zur „geordneten Beendigung der Kernenergie"[157], nachdem sie sich ein Jahr zuvor in den Atomkonsensgesprächen auf eine Gesamtlaufzeit der Atomkraftwerke von rund 35 Jahren einigten.

2009 fand in Berlin die größte Anti-Atomkraft-Demonstration seit 25 Jahren statt. Sie sollte im Vorfeld der Bundestagswahl für den geplanten Atomausstieg werben. Nach der Einigung der Bundesregierung mit Atomkonzernen auf eine Laufzeitverlängerung von durchschnittlich 12 Jahren, demonstrierten 2010 in Berlin weit mehr als die erwarteten 100.000 Menschen gegen Atomkraft.

---

157 Vgl. http://dipbt.bundestag.de/doc/btd/14/068/1406890.pdf (Stand 19.07.2015).

2.4.3 „Die Grünen" – politische Partei

Die Politik der Grünen ist ein umfassendes Thema und wird in dieser Arbeit lediglich in ihren wesentlichen Strukturen dargestellt.[158] Das vorliegende Kapitel ist in zwei Bereiche unterteilt. Zunächst geht es um die Geschichte der Partei. In einem zweiten Teil befasse ich mich mit dem umweltpolitischen Profil der Partei.

Parteigeschichte der Grünen

Die Parteigründung der Grünen ging anfangs von meist liberalen oder konservativen Bürgern aus, oftmals aus dem weiten Umfeld von Atomkraftwerken oder Wiederaufarbeitungsanlagen (WWA).[159] Im Jahr 1972 konstituierte sich der überparteiliche „Bundesverband Bürgerinitiativen Umweltschutz" (BBU).[160]

1976 gab es schätzungsweise 50.000 Bürgerinitiativen mit mehr als einer Million Aktivisten. Seit 1977 kam es in der Bundesrepublik zur Bildung sogenannter „grünen" und „bunten" Listen wie beispielsweise „Grüne Liste Umweltschutz" oder „Wählergemeinschaft Atomkraft Nein Danke". Im Jahr 1979 schließlich schlossen sich 500 Delegierte zum Listenbündnis „Die Grünen" zusammen. Bei ihrer zweiten Versammlung Ende 1979 votierten 1.000 Delegierte für die Umwandlung der Vereinigung in eine Partei. Im Januar 1980 gründeten sich in Karlsruhe „Die Grünen". „Grün" stand für Protest und Ökologie. Umweltrelevante Themen tangierten damals bereits politisch etablierte Parteien nur am Rande. Die Grünen begannen als Protest- und Sammlungspartei, wobei es zunächst an interner Verständigung und Verbindlichkeit fehlte.[161] Auf dem Gründungsparteitag wurden folgende Grundprinzipien festgelegt: basisdemokratisch, gewaltfrei, ökologisch und sozial. Das gesellschaftlich

---

158 Es besteht kein Anspruch auf eine politikwissenschaftliche Beschäftigung mit der Partei, da für diese Arbeit die wesentlichen Grundzüge der Geschichte und Parteiinhalte genügen, um den Einfluss auf die Berufssparte der Biobauern zu bewerten. An dieser Stelle verweise ich auf weiterführende Literatur zum Thema: Raschke, Joachim: Krise der Grünen. Bilanz und Neubeginn. Frankfurt a. M. 1991; ders.: Die Zukunft der Grünen. Frankfurt a. M. 2001; Falter, Markus/Klein, Jürgen: Der lange Weg der Grünen. München 2003; Nishida, Makoto: Strömungen in den Grünen (1980–2003). Eine Analyse über informell-organisierte Gruppen innerhalb der Grünen. Münster 2006.

159 Ein wichtiger Bestandteil der Gründungsmitglieder der Grünen waren Feministinnen, die bis Mitte der 1980er Jahre ein eigenes Netzwerk organisierten. Vgl. zur Parteigründung: Raschke 1991, S. 19ff.

160 Weiterführende Informationen hierzu vgl.: http://www.bbu-online.de (Stand 30.07.2015).

161 Vgl. Raschke 1991, S. 21.

damals wie heute aktuelle Thema „Ökologie“ avancierte bald zum Aushängeschild der Grünen.

Im März 1983 stellte die Partei durch 5,6 Prozent der Wählerstimmen 28 Abgeordnete für den Bundestag: zehn Frauen und 18 Männer.[162] Parlamentarischer Geschäftsführer wurde Joschka Fischer (geb. 1948). Getreu ihrem Motto „Keine Macht für Niemanden“ führten die Grünen das Rotationsprinzip für ihre Abgeordneten ein. Sie setzten sich von Anfang an für lokales Handeln ein.

Im Dezember 1985 wurde Joschka Fischer Umweltminister. 1987 beschlossen die Grünen das Programm „Umbau der Industriegesellschaft“. Nach einem 8,3-Prozent-Wahlergebnis bei der Bundestagswahl im Jahr 1987 musste die Partei im Jahr der Wiedervereinigung 1990 einen Dämpfer verkraften: Sie scheiterte bei der ersten gesamtdeutschen Bundestagswahl an der Fünf-Prozent-Hürde in den alten Bundesländern. Das Thema „Klimaschutz“ wurde von der Partei der „Deutschen Einheit“ vorgezogen. Das Leitmotiv lautete: „Alle reden von Deutschland. Wir reden vom Klima“. Im Dezember 1990 schlossen sich „Die Grünen“ mit den Landesverbänden der 1989 aus verschiedenen Umweltgruppen gegründeten „Grünen Partei der DDR“ zusammen. 1990 bildeten verschiedene Bürgerbewegungen der DDR das „Bündnis 90“, welches noch im selben Jahr mit der Partei „Die Grünen“ zu „Bündnis 90/ Die Grünen“ fusionierte. 1991 definierte sich die Partei auf der 13. Bundesversammlung als „ökologische Reformpartei“.[163]

Im März 1995 stellte die Partei ein Investitionsprogramm zum ökologischen Steuersparen vor. Klimaschutzmaßnahmen sollten Arbeitsplätze schaffen, eine ökologische Steuerreform die Lohnnebenkosten senken. An eine mögliche Mitregierung knüpfte die Partei fortan überwiegend umweltpolitische Bedingungen wie den Atomausstieg, eine neue Energiepolitik und die Einführung einer Ökosteuer.

1998 kam es unter SPD-Bundeskanzler Gerhard Schröder (geb. 1944) und Grünen-Vizekanzler Joschka Fischer zum ersten Mal in der deutschen Parteigeschichte zu einer Rot-Grünen-Koalition. Die weitere Parteigeschichte geht einher mit einer intensiven Umweltpolitik und wird mit diesem Fokus im Folgenden dargestellt.

---

162 Der Frauenanteil erweist sich für die damalige Zeit überdurchschnittlich hoch, was von der Emanzipationsbewegung der 1970er Jahre herrührt.

163 Vgl. http://www.gruene.de/ueber-uns/1991–1993.html (Stand 30.07.2015).

Umweltpolitik der Grünen

Als die Grünen fast ein Jahr an der Regierungsspitze standen, stießen sie eine Debatte über eine reale Umweltpolitik an.[164] Das Leitbild der Nachhaltigkeit sowie die Notwendigkeit strategischer Verbindungen und integrierter Problemlösungen standen hierbei im Zentrum. Im Wahlkampf 1998 dominierte das Thema Arbeitslosigkeit. Die Grünen bildeten innerhalb der Umweltpolitik den Schwerpunkt „Umwelt schafft Arbeit" für ihren Wahlkampf. Ökologische, ökonomische und soziale Interessen fanden somit ihren Niederschlag. Als wichtigstes Projekt bei diesem Vorgehen galt die Ökosteuer, die neben Energieeinsparungen auch den marktwirtschaftlichen Faktor „Arbeit" verbilligen sollte. In Bezug auf die Umwelt betonten die Grünen den Klimaschutzbeitrag der Steuer.[165]

Traditionelle „grüne" Themen dagegen erhielten im Wahlkampf wenig Beachtung. Zu nennen sind hier vor allem: die Erarbeitung eines nationalen Umweltplans in Zusammenarbeit mit gesellschaftlichen Gruppen für eine nachhaltige Gesellschaft; Ökologisierung der Landwirtschaft und Verbesserung des Verbraucherschutzes, hier speziell der Verzicht auf Gentechnik im Ernährungssektor; Vermeidung und Wiederverwertung von Abfällen, hierfür Überarbeitung des Kreislaufwirtschaftgesetzes; Verbesserung des Natur- und Tierschutzes, unter anderem durch die Novellierung des Bundesnaturschutzgesetzes sowie die Einführung eines Bodenschutzgesetzes. Diese Forderungen der Grünen fanden – wenn auch teilweise in abgeschwächter Form – Aufnahme in den Koalitionsvertrag. Das umweltpolitische Programm der Grünen wirkte zunächst durchaus ambitioniert. Man wollte sich am „Leitbild der Nachhaltigkeit" orientieren, propagierte Deutschland als Vorreiter bei der „ökologischen Modernisierung" und betonte die positiven Auswirkungen dabei auf den Arbeitsmarkt. Die dezidierten Gesetzgebungsvorhaben hingegen wirkten eher bescheiden. Der Koalitionsvertrag beinhaltet schlussendlich die Erarbeitung einer „nationalen Nachhaltigkeitsstrategie"[166], die Umgestaltung der Verpackungsverordnung, die Verabschiedung einer Regelung für die Verwertung von Altautos, die Überarbeitung der Sommersmogverordnung, die Novellierung des Bundesnaturschutzgesetzes, die Schaffung eines Umweltge-

164 Weiterführende Informationen hierzu vgl. Raschke 2001, S. 145.

165 Bis 2005 sollte das Treibhausgas CO^2 gegenüber 1990 um 25 Prozent verringert werden. Vgl. Raschke 2001, S. 148.

166 Weiterführende Informationen zur „nationalen Nachhaltigkeitsstrategie" des Koalitionsvertrags vgl.: http://www.bund.net/themen_und_projekte/nachhaltigkeit/nachhaltigkeits strategie (Stand 19.07.2015).

setzbuchs und die Einführung der Verbandsklage sowie die Bekräftigung des Klimaschutzziels der alten Bundesregierung.[167]

Die Grünen übernahmen in der Rot-Grünen-Koalition aufgrund ihrer institutionellen Schwäche in wichtigen Bereichen wie Energie, Landwirtschaft und Verkehr keine führende Rolle. Dies wirkte sich nachteilig auf die Bearbeitung der vereinbarten Ziele aus. Hinzu kam, dass mit Jürgen Trittin ein Bundesumweltminister „das Amt eher aus Verlegenheit übernahm"[168], da ihm das Amt des Innenministers verwehrt blieb. „Umweltpolitik" schien damals den Wählern der Grünen bedeutender als deren führenden Politikern.[169] In den ersten zwei Amtsjahren verzeichneten die Grünen geringe umweltpolitische Erfolge. Einerseits sank der gesellschaftliche Druck auf die Regierung trotz des damals bestehenden hohen Umweltbewusstseins der Deutschen, andererseits verhinderte der damalige Bundeskanzler Schröder, bekannt unter anderem als „Auto-Kanzler", Vorhaben bezüglich der Altautorichtlinien und dem Sommersmog.[170] Das Kanzleramt stellte sich außerdem über den Umweltminister bei der Erarbeitung einer „nationalen Nachhaltigkeitsstrategie". Industrieverbände stellten sich gegen die Einweg-Abgabe in Nachfolge des Dosenpfands. Die Erneuerung des Naturschutzgesetzes verlief schleppend.[171] Ein umfassendes Klimaschutzprogramm wurde lediglich dank dem Verzicht auf unpopuläre Maßnahmen verabschiedet.[172]

Um die Jahrtausendwende vollzog sich in Deutschland eine sogenannte „Agrarwende". Die Einstellung gegenüber der Landwirtschaft veränderte sich. Dazu trug die sogenannte BSE-Krise mit Höhepunkt im Jahr 2000 bei, die von der tödlichen Gehirnerkrankung „Bovine spongiforme Enzephalopathie" (BSE) bei Rindern und eine davon ausgehende Gesundheitsgefahr für den Menschen, ausgelöst wurde.[173] Aufgrund dieses sogenannten „BSE-Skandals" traten im Jahr 2001 der sozialdemokratische Landwirtschaftsminister Karl-Heinz Funke (geb. 1946) und Gesundheitsministerin Andrea Fischer (geb.

---

167 Vgl. Raschke 2001, S. 148ff.

168 Raschke 2001, S. 150.

169 Für genauere Infos siehe Raschke 2001, S. 151f.

170 Vgl. Raschke 2001, S. 149ff. Detailliertere Ausführungen zu den Altauto-Richtlinien und Sommersmog siehe Raschke 2001, S. 153ff.

171 Detailliertere Ausführungen zur Naturschutzpolitik siehe Raschke 2001, S. 162f.

172 Detailliertere Ausführungen zum Klimaschutzprogramm siehe Raschke 2001, S. 163ff.

173 „Bovine spongiforme Enzephalopathie" heißt übersetzt „schwammartige Gehirnkrankheit der Rinder". Diese Tierseuche, umgangssprachlich auch „Rinderwahn" genannt, wird durch atypisch gefaltete Proteine – Prionen – ausgelöst und kommt überwiegend bei Hausrindern vor. Ein Zusammenhang zwischen der neuen Variante der beim Menschen tödlich verlaufenden Creutzfeldt-Jakob-Krankheit (nvCJD) und dem Verzehr von BSE-verseuchtem Rindfleisch gilt heute als bestätigt. Vgl. hierzu: www.bmel.de/DE/Tier/Tiergesundheit/Tierseuchen/_texte/BSE.html (Stand 29.07.2015).

1960) von der Partei „Die Grünen" zurück. Letztere erklärte bei ihrem Rücktritt, die Ursache der Krise liege in der industrialisierten Landwirtschaft und deren wirtschaftlichen Interessen.[174] Grünen-Politikerin Renate Künast (geb. 1955) folgte im selben Jahr als Ministerin für das neugeschaffene und um den „Verbraucherschutz" erweiterte Ressort „Ernährung und Landwirtschaft". Ihre Zielsetzung beinhaltete eine verbraucher-, umwelt- und tiergerechte Produktion gesunder Lebensmittel sowie zukunftssichere Arbeitsplätze. „Klasse statt Masse" lautete das Motto für die neue Agrarpolitik. Diese Maßnahmen initiierten eine positive Aufbruchsstimmung in der Umweltpolitik. Ökologische Modernisierung und ökonomische Erneuerung bestimmten das Programm. Der Emissionshandel ließ zukünftige klimaschonende Investitionen auch wirtschaftlich werden. Das Erneuerbare-Energien-Gesetz (EEG) mit seinen Zukunftstechnologien schrieb Deutschland eine Vorreiterrolle zu. Die Grünen forderten in diesem Zusammenhang erneut den Ausstieg aus der Atomenergie. Im Landwirtschaftsministerium ging es vermehrt um Verbraucherschutz statt um Lobbypolitik für die Agrarindustrie.

Zwischen 2005 und 2009 nahmen die Grünen die Oppositionsrolle ein. Unter dem Aspekt der Landesmodernisierung verfolgten sie ihre Anliegen „Klima und Arbeit, Gerechtigkeit und Freiheit". Das aktuelle Wort „Klima" ersetzte den Begriff „Umweltschutz". Die Grünen entwickelten 2007 das Konzept „Energie 2.0" zum notwendigen Umbau der Industriegesellschaft, welches die zuverlässige Übereinkunft von Klimaschutz und Stromversorgung ohne Atomkraft und Kohlekraftwerke beinhaltete.

In der Verkehrspolitik setzten die Grünen auf den öffentlichen Nah- und Fernverkehr und das Fahrrad. Unter dem Motto „Green Car Concept" sollte der Ausbau der Elektroautos forciert werden. Sämtliche Vorhaben der Partei prallten jedoch an der Großen Koalition trotz aufgezeigter Einsparungen klimaschädlicher Subventionen ab. 2007 begann für zwei Jahre die breit angelegte Klimakampagne „Klima ohne Wenn und Aber." Bundesweit fanden Klimaaktionstage wie beispielsweise „Klimaschutz beginnt vor Ort" statt.

Die Bundesdelegiertenkonferenz (BDK) fasste im Oktober 2007 einen Richtungsbeschluss unter dem Titel „GRÜN macht die Zukunft" als Reaktion auf die Politik der neuen schwarz-gelben Regierung, die sich gegen den lange geplanten Atomausstieg wandte.

---

174 Vgl. hierzu: http://www.spiegel.de/politik/deutschland/der-ruecktritt-andrea-fischer-wirft-hin-mit-stil-a-111473.html (Stand 29.07.2015).

Dem politischen Versuch, die durch die BSE-Krise hervorgerufene Agrarwende rückgängig zu machen, stellten sich die Grünen entgegen.[175] Beispielsweise forderten sie europaweit ökologisch und sozial korrekte Agrarsubventionen statt politischer und wirtschaftlicher Unterstützung der großen landwirtschaftlichen Konzerne.

Heute kämpft die Partei mit ihrem eigenen Erfolg, mit dem aufgrund der Beseitigung der sichtbarsten Probleme eingetretenen „Entwarnungseffekt". Verdeckte Probleme wie Artensterben, Flächenverbrauch und Klimaerwärmung lassen sich politisch nicht so einfach mobilisieren und bestehen nach wie vor. Nach 30 Jahren ist aus den sogenannten „Turnschuh-Politikern" eine etablierte Partei geworden.

Wählerschaft der Grünen

Bis 1987 vergrößerte sich die Partei fast ausschließlich durch die Selbstmobilisierung von Aktivisten. 1988 verzeichnete sie erstmals rückläufige Mitgliederzahlen, die sich auf rund 40.000 Personen einpendelten. Im Gründungsjahr sowie zwischen 1981 und 1985 war die Partei am stärksten gewachsen. Gezielte Mitgliederwerbung erfolgte fast ausschließlich bei Wahlkämpfen.[176] Der lange Verzicht auf einen Jugendverband ließ die Grünen als Generationenpartei auftreten. Das Leitbild des Aktivisten dominierte bis hin zur Geringschätzung passiver Mitgliedschaften.

Grüne Wähler rekrutieren sich überwiegend aus der gebildeten Mittelschicht und verfügen über ein erhöhtes Haushaltsnettoeinkommen. Der weibliche und männliche Anteil hält sich die Waage. Konfessionell überwiegen Protestanten und Konfessionslose vor Katholiken. Geographisch finden sich die Wähler und Wählerinnen überwiegend in Städten. Um die Jahrtausendwende bewahrheitete sich überwiegend das Klischee einer jungen, gebildeten und postmaterialistischen Wählerschaft. Heute weist die Partei die meisten Anhänger mit Abitur auf und ist mit einem Altersdurchschnitt von 43,6 Jahren eine „junge Partei", die lediglich von der Piratenpartei mit dem jüngsten Durchschnittsalter abgelöst wurde.[177]

---

175 Weiterführende Literatur zum Thema „Agrarwende" vgl. Schmidt, Götz/Jasper, Ulrich: Agrarwende oder die Zukunft unserer Ernährung. München 2001.

176 Weiterführende Informationen zur Wählerschaft vgl. Raschke 1991, S. 51ff.

177 Dies sind die Ergebnisse einer bundesweiten Studie der Universität Leipzig aus dem Jahr 2013 zur Parteipräferenz der Wähler in Zusammenhang mit ihren soziodemographischen Daten. Vgl. http://www.zv.uni-leipzig.de/service/presse/nachrichten.html?ifab_modus=detail&ifab_id=5150 (Stand 30.07.2015).

2.5 Entwicklung der ökologischen Landwirtschaft seit den 1980er Jahren

2.5.1 Naturland-Verband

Der Verband „Naturland – Verband für ökologischen Landbau e.V." wurde 1982 in Gräfelfing bei München gegründet, wo sich bis heute die Hauptgeschäftsstelle mit internationaler Abteilung befindet. Er ist somit der jüngste der drei für diese Arbeit relevanten Bioverbände. Heute gehören ökologische Betriebe auf der ganzen Welt zu diesem Verband. „Naturland" ist ein basisdemokratischer Bauernverband, der als gemeinnütziger Verein eingetragen ist. Das Präsidium ist oberstes Führungsgremium und wird von der Delegiertenversammlung gewählt, die aus 20 Delegierten der Landesversammlungen besteht. Die Richtlinienkommission zeichnet verantwortlich für die Kontrollkriterien und ist befugt, diverse fachliche Arbeitsgruppen zu bestellen.[178] Als wichtigste Grundsätze bei der Richtlinienbildung gelten ein ganzheitlicher Ansatz, nachhaltiges Wirtschaften, praktizierter Natur- und Klimaschutz, Sicherung und Erhalt von Boden, Luft und Wasser sowie Verbraucherschutz.[179]

2013 gehörten dem Verband in Deutschland 2.616 Betriebe an. International wirtschafteten im selben Jahr 40.700 Landwirte nach den Richtlinien von „Naturland".[180] Die Gründungsidee des Vereins Anfang der 1980er Jahre basiert nach eigenen Angaben auf einer ideologiefreien Weltanschauung, der Orientierung an wissenschaftlichen Erkenntnissen, der Ausweitung des Ökolandbaus durch Aufbau gesellschaftlicher Akzeptanz sowie auf konsequentem ökologischen Landbau mit Offenheit für gesellschaftliche Entwicklungen.[181] Zunächst standen das Wohl der Tiere und der Ackerbau im Mittelpunkt der Verbandsarbeit. Diese wurden im Laufe der Zeit um Gartenbau, Weinbau und Imkerei ergänzt. Seit seiner internationalen Ausrichtung im Jahr 1986 kamen Produkte wie Kaffee und Tee sowie Aquakultur, Waldwirtschaft, Kosmetik- und Textilprodukte hinzu.

Ökologischer Landbau bedeutet für Naturland: „Tradition mit der Moderne und Erfahrungen mit dem Mut zu Neuem zu verbinden."[182] Die Naturlandrichtlinien basieren auf einer ganzheitlichen systemorientierten Betrachtungs-

---

178 Zur weiteren Kommissionen und Unterkommissionen gibt die Verbandshomepage detaillierten Aufschluss: http://www.naturland.de/netzwerk (Stand 27.08.2014).

179 Vgl. zu den Richtlinien: http://www.naturland.de/de/naturland/richtlinien (Stand 30.07. 2015).

180 Vgl. http://www.naturland.de/wer sind wir (Stand 26.08.2014).

181 Weiterführende Informationen vgl.: http://www.naturland.de/leitbild (Stand 27.08.2014).

182 Vgl. http://www.naturland.de/30JahreNaturland (Stand 27.08.2014).

weise. Teilbetriebsumstellungen wie bei der EU-Öko-Verordnung sind nicht erlaubt. Tierfutter muss zur Hälfte vom eigenen Hof kommen und der Düngerzukauf ist ebenfalls reglementiert. Der ganzheitliche Ansatz zieht sich bis hin zur Produktverarbeitung nach detaillierten Richtlinien. Zudem sieht sich „Naturland" unter dem Motto „ökologisch, sozial und fair" als Pionier auf verschiedenen Gebieten. Für die weltweit wachsende Aquakultur entwickelte der Verband seit Mitte der 1990er Jahre ökologische Richtlinien, um bedeutende Naturräume zu schützen und eine artgerechte Tierhaltung zu gewährleisten.[183] Heute produzieren Aquafarmen in mehr als 20 Ländern nach den Richtlinien des Verbands. „Naturland" nimmt auch in der ökologischen Waldnutzung eine Vorreiterrolle ein. Der Verband hat in Zusammenarbeit mit den großen Umweltverbänden „BUND", „Greenpeace" und „Robin Wood" Standards entwickelt, nach denen heute viele kommunale Wälder zertifiziert sind. Ein weiterer innovativer Bereich des Verbands besteht in der Entwicklung sozialer Richtlinien, die den Mitgliedern eine Handreichung im Umgang mit ihren Mitarbeitern und Vertragspartnern sein sollen. Das Projekt „Faire Partnerschaften" zeichnet Hersteller aus, die sich auf besondere Weise im fairen Umgang mit Landwirten und der Region hervortun. Transparenz gegenüber dem Kunden ist dem Verband sehr wichtig. Die im Jahr 2005 gestartete Initiative „Bio mit Gesicht" erlaubt dem Käufer die Rückverfolgung seines gekauften Produkts – Kartoffeln, Eier, Möhren, Pilze, Bier oder Kaffee – über die Verarbeitung bis hin zum Erzeuger.[184] „Naturland" betont zudem das seit 1986 bestehende internationale Engagement. Die „GEPA fair trade company"[185] in Wuppertal entschied sich auf der Suche nach einem kompetenten ökologischen Anbauverband als Partner für seine Projekte für „Naturland". 2011 arbeiteten weltweit mehr als 53.000 Landwirte nach den verbandseigenen Richtlinien. Sie produzieren hauptsächlich als Mitglieder von Kleinbauerngenossenschaften Produkte wie Tee, Kaffee und Kakao, Gemüse und Früchte, Fisch und Shrimps.

„Naturland" setzt auf Qualitätssicherung durch Akkreditierung. Das Zertifizierungssystem hielt 1997 als erstes der deutschen ökologischen Anbauverbände dem strengen Akkreditierungsprogramm der IFOAM stand.[186] Darü-

---

183 Weiterführende Informationen vgl. http://www.naturland.de/öko-ist-mehr-als-bio (Stand 27.08.2014).

184 Weiterführende Informationen hierzu vgl. http://www.bio-mit-gesicht.de (Stand 26.08. 2014).

185 GEPA bedeutet: Gesellschaft zur Förderung der Partnerschaft mit der Dritten Welt mbH. Weiterführende Informationen zur „GEPA" vgl. http://www.gepa.de (Stand 27.08.2014).

186 Weiterführende Informationen zur Zertifizierung vgl. http://www.naturland.de/zertifizierung (Stand 27.08.2014).

ber hinaus erhielt „Naturland“ bis heute als einziger deutscher ökologischer Anbauverband die Akkreditierung des „United States Department of Agriculture“ (USDA).

Das 2008 verabschiedete Leitbild soll das Selbstverständnis des Verbands ausdrücken und den Mitgliedern als Orientierung gelten.[187] Aufgeteilt in „Grundlagen“, „Leistungen“, „Naturland-Qualitätszeichen“, „Strukturen“, „örtliche Ausrichtungen“ sowie „Angaben zu Richtlinien und Zertifizierung“ veranschaulicht es den Zusammenhang der verschiedenen Arbeitsbereiche des Verbands und seiner Partnerorganisationen.

2.5.2 EU-Biokriterien

Bevor im Folgenden das Wirtschaften nach den 1991 europaweit eingeführten „EU-Biokriterien“ vorgestellt wird, rückt kurz die Geschichte der europäischen Agrarpolitik in den Fokus, um eine Einordnung zu ermöglichen.[188]

Die Agrarpolitik der Europäischen Union

Nach dem Zweiten Weltkrieg wurde deutlich weniger geerntet als in den Jahren nach dem Ersten Weltkrieg. Vermehrte Anwendung von Mineraldünger, Pestiziden und Hochleistungssaatgut in den 1950er und 1960er Jahren ließ die Erträge dann aber explodieren. Zum ersten Mal bestanden deutliche Unterschiede zu den Erträgen der ökologischen Landbewirtschaftung. In der Folge verlor diese Anbaumethode an Attraktivität. Zumal das 1955 verabschiedete Landwirtschaftsgesetz in der Bundesrepublik Deutschland die intensive Landbewirtschaftung antrieb.[189] Die Agrarpolitik der 1957 gegründeten Europäischen Wirtschaftsgemeinschaft (EWG), ab 1993 „Europäische Gemeinschaft“ (EG), ab 2009 „Europäische Union“ (EU), förderte eine intensivierte Landbewirtschaftung. Sinkende Nahrungsmittelpreise förderten den Absatz von In-

187 Es wurde von einer internen Arbeitsgruppe entwickelt sowie vor der Genehmigung diskutiert und weiterentwickelt. Das Leitbild als Ganzes siehe: http://www.naturland.de/leitbild (Stand 27.08.2014).

188 Vgl. zum EU-Biosiegel auch folgende Seite: http://www.bmel.de/DE/Landwirtschaft/Nachhaltige-Landnutzung/Oekolandbau/_Texte/EG-Oeko-VerordnungFolgerecht.html (Stand 08.05.2015).

189 Weiterführende Informationen zum Landwirtschaftsgesetz von 1955 finden sich unter: http://www.bgbl.de/xaver/bgbl/start.xav?start=//*[@attr_id=%27bgbl155031.pdf%27]#__bgbl__%2F%2F*[%40attr_id%3D%27bgbl155s0565.pdf%27]__1438264539402 (Stand 29.07.2015).

dustrieprodukten. Der industrielle Arbeitskräftemangel ließ sich über in der Landwirtschaft nicht mehr benötigte Arbeitskräfte decken.

Im Gegenzug entwickelte sich eine negative Spirale aus landwirtschaftlicher Intensivierung, Erntesteigerung und Preissenkung. Für die Landwirte brachten sinkende Preise ökonomische Schwierigkeiten mit sich. Abhängigkeit von der chemischen Industrie, Bedrohung der bäuerlichen Lebensweise bis hin zur Hofaufgabe waren die Folgen, vor allem in schwach besiedelten und kleinbäuerlich strukturierten Regionen wie dem Schwarzwald. Anstatt diesen Gefahren entgegenzuwirken, stützte die europäische Agrarpolitik die durch technischen Fortschritt vorgezeichnete Entwicklung zu größeren Betrieben, um niedrige Preise für Nahrungsmittel zu gewährleisten und um Arbeitskräfte für den industriellen Sektor freizusetzen. Der über Subventionen geförderte Strukturwandel – „Wachsen oder Weichen" – erforderte die konsequente Anwendung des chemisch-technischen Fortschritts, um die Arbeitsproduktivität zu steigern. Neben Schäden im Naturhaushalt führte diese Agrarpolitik in den 1980er Jahren zu unerwünschten Überschüssen an Nahrungsmitteln – den so genannte „Milchseen" und „Butterbergen" – und teilweise deren Vernichtung. Ein Umdenken von Seiten der Politik war erforderlich. Seit 1989 förderte die „Europäische Gemeinschaft" eine ökologische Landbewirtschaftung, um Produktionsüberschüsse sowie Umweltbelastungen durch die Landwirtschaft zu verringern. Dies erfolgte zunächst im Rahmen des „EG-Extensivierungsprogrammes"[190], bis der Agrarministerrat der „Europäischen Gemeinschaft" 1991 die „Verordnung 2092/91/EWG über den ökologischen Landbau und die entsprechende Kennzeichnung der landwirtschaftlichen Erzeugnisse und Lebensmittel"[191] erließ. Diese Verordnung regelt bis heute die EU-einheitlichen Mindeststandards für den ökologischen Landbau und legt Kontrollanforderungen für das im Jahr 2000 eingeführte „EU-Biosiegel" fest.[192] Im Jahr 2001 folgte basierend auf der EG-Öko-Verordnung das „Bio-Siegel" des Bundesministeriums für Verbraucherschutz, Ernährung und Landwirtschaft, welches seit Februar 2002 zur Kennzeichnung von aus Deutschland stammenden Bio-Produkten verwendet werden kann. Es ist heute gut etabliert.

---

190 Aid-Infodienst (Hg.): Ökologischer Landbau. Grundlagen und Praxis (Informationsbroschüre). Bonn 2006, S. 12.

191 Ders. 2006, S. 12.

192 Darüber hinaus gibt es seit 1999 die EU-Verordnung 1804/1999/EG für tierische Erzeugnisse. Deren Verarbeitung wird seit 2005 EU-einheitlich geregelt.

EU-Biokriterien

Die EU-Biokriterien ermöglichen interessierten Landwirten seit 1991 das Betreiben ökologischer Landwirtschaft ohne Verbandszugehörigkeit. Im Vergleich zu den strengeren Verbandsvorgaben erlaubt die EU-Ökoverordnung diverse Lockerungen in Form von mehreren Zusatzstoffen, chemisch-synthetischen Düngemitteln und Pestiziden sowie der Tierhaltung und Krankheitsbehandlung.

Bei der ökologischen Landbewirtschaftung nach EU-Richtlinien ist es im Gegensatz zu den Vorgaben der ökologischen Anbauverbände möglich, lediglich eine Teilumstellung des Betriebes vorzunehmen. In diesem Fall müssen auch die Daten der konventionellen Bereiche des Hofs gegenüber der Kontrollstelle offen gelegt werden. Ein weiterer Unterschied zu den Vorgaben der Verbände besteht in der Tierhaltung: auf einem EU-Biobetrieb dürfen quantitativ mehr Tiere auf gleicher Fläche gehalten werden. Je nach Tierart dürfen EU-Biobetriebe eine konventionelle Zufütterung von fünf bis 15 Prozent vornehmen. Die hofeigene Futterproduktion ist zwar erwünscht, jedoch nicht zwingend vorgeschrieben. Der erlaubte Zukauf von organischem Stickstoffdünger liegt mit jährlich bis zu 170 Kilogramm pro Hektar deutlich über den Zugeständnissen der Verbände von rund 40 bis 110 Kilogramm. Im Gegensatz zu diesen darf ein EU-Biohof konventionelle Gülle und Geflügelmist zukaufen.

3 Forschungsgebiet und Interviewpartner

3.1 „Naturpark Südschwarzwald" – das Forschungsgebiet

Ein Naturpark ist ein sogenanntes „ausgewiesenes Großschutzgebiet", analog zu Nationalparks und Biosphärengebieten. Der Dachbegriff dieser Gebiete lautet „Naturlandschaften". Paragraph 27 des Bundesnaturschutzgesetzes weist Naturparke als großräumige Gebiete aus, die als Erholungslandschaften nachhaltig und naturverträglich zu entwickeln und zu pflegen sind. Vielfalt, Eigenart und Schönheit von Natur und Landschaft zeichnen sie aus. Da sie zu Erholungszwecken und Erwerbszwecken vieler Menschen dienen, sind Landschafts- und Naturschutz mit menschlichen Nutzungsansprüchen in Einklang zu bringen. In Deutschland nehmen die derzeit 104 Naturparke einen Flächenanteil von rund 25 Prozent der Gesamtfläche ein.[193]

Zwischen 1987 und 1997 erhielt der Südschwarzwald aufgrund seiner damaligen Einteilung als strukturschwaches „Modellfördergebiet Südschwarzwald" EU-Fördermittel.[194] Um die Region weiterhin zu bewahren und zu schützen, entstand 1999 ein Naturpark. Der „Naturpark Südschwarzwald" ist mit 394.000 Hektar der größte Naturpark Deutschlands.[195] Er erstreckt sich von Herbolzheim und Triberg im Norden bis Lörrach und Waldshut-Tiengen im Süden. Westlich reicht er bis Freiburg und Emmendingen, im Osten bis Bad Dürrheim und Donaueschingen. Der Naturpark Südschwarzwald ist die bedeutendste Ferienregion in Baden-Württemberg sowie eine der bundesweit wichtigsten Ferienregionen.

---

193 Sie werden vom Verband Deutscher Naturparke (VDN) verwaltet. Weitere Informationen hierzu unter http://www.naturpark-suedschwarzwald.de/Naturpark/Naturparke/naturparke-deutschland (Stand 29.07.2015).

194 Vgl.: Naturpark Südschwarzwald e. V. (Hg.): Naturparkplan für den Naturpark Südschwarzwald. Leitfaden für eine nachhaltige, natürliche Entwicklung der Naturparkregion. Feldberg 2003, S. 10.

195 Gebiet und Zweck des Naturparks Südschwarzwald sind in einer Rechtsverordnung sowie zwei Änderungsverordnungen des Regierungspräsidiums Freiburg aus den Jahren 2000, 2001 und 2006 festgehalten. Träger ist der „Naturpark Südschwarzwald e.V.", dessen Mitglieder die fünf Landkreise Breisgau-Hochschwarzwald, Emmendingen, Lörrach, Waldshut-Tiengen und der Schwarzwald-Baar-Kreis sowie der Stadtkreis Freiburg, rund 100 Städte und Gemeinden sowie zahlreiche Vereine, Verbände, Unternehmen und Privatpersonen. Heute leben im Naturpark-Gebiet rund eine halbe Million Menschen. Die Geschäftsstelle des Naturparks Südschwarzwald befindet sich seit Herbst 2001 im Haus der Natur am Feldberg. Vgl. hierzu http://www.naturpark-suedschwarzwald.de/naturpark-suedschwarzwald (Stand 19.07.2015).

Die Landschaft im Naturpark Südschwarzwald ist in weiten Teilen stark von der Landwirtschaft geprägt.[196] Hierbei dominiert die Bewirtschaftung von Grünlandflächen zur Produktion von Rindfleisch und Milch. Dies dient der Offenhaltung der Landschaft und somit dem Schutz der Artenvielfalt. Typisch für die Region sind „Hinterwälder" und „Vorderwälder" Rinder sowie die alte Pferderasse „Schwarzwälder Fuchs".

Die unterschiedlichen landschaftlichen Zonen des Naturparks Südschwarzwald wie Tallage, Vorbergzone und Mittelgebirge bieten vielfältige landwirtschaftliche Nutzungsmöglichkeiten. Im Hochschwarzwald dominieren Fleisch- und Milchwirtschaft, da sich der Ackerbau aufgrund der steilen Hänge und der kargen Fruchtbarkeit der Böden nur mit hohem Aufwand verwirklichen lässt. Im flachen Schwarzwald-Baar-Kreis hingegen dominiert bei der Landnutzung eben gerade der Ackerbau, Rapsfelder prägen hier das Landschaftsbild. In den fruchtbaren Tälern und Randlagen der Vorbergzone bilden Wein-, Obst- und Gemüseanbau die vorherrschende Anbauweise.

In den am Naturpark Südschwarzwald beteiligten Landkreisen Breisgau-Hochschwarzwald, Emmendingen, Lörrach, Schwarzwald-Baar und Waldshut existierten im Jahr 2010 7.874 landwirtschaftliche Betriebe, von denen 728 nach ökologischen Richtlinien eines Anbauverbands oder den EU-Biokriterien wirtschafteten.[197]

Die 16 für diese Arbeit besuchten Höfe verteilen sich anteilig nach dem Zufallsprinzip basierend auf verfügbarem Adressmaterial und Interviewbereitschaft der Landwirte auf alle fünf Landkreise wie folgt: ein Bioland-Hof und ein EU-Biobauernhof im Landkreis Breisgau-Hochschwarzwald, ein Bioland-Hof und ein EU-Biobauernhof im Landkreis Emmendingen, zwei Demeter-Höfe im Landkreis Lörrach, ein Demeter-Hof, ein Bioland-Hof, drei Naturlandhöfe und ein EU-Biobauernhof im Schwarzwald-Baar-Kreis sowie ein Demeter-Hof, ein Bioland-Hof, ein Naturland-Hof und ein EU-Biobauernhof im Landkreis Waldshut.

196 Die Entwicklung der Landwirtschaft im Schwarzwald wird auch in Kapitel 2.1 thematisiert. Im vorliegenden Kapitel steht die spezifische landwirtschaftliche Nutzung des Naturparks Südschwarzwald im Fokus.

197 Vgl. zu den Angaben des Statistisches Bundesamtes Baden-Württemberg: http://www.statistik.baden-wuerttemberg.de (Stand 15.05.2015). Wie bereits im Theorieteil erwähnt, verfügt die Geschäftsstelle des Naturparks Südschwarzwald nicht über Statistiken der landwirtschaftlichen Betriebe in diesem Gebiet.

3.2 „Biobauern im Naturpark Südschwarzwald" – die Interviewpartner

3.2.1 Die Demeter-Bauern und ihre Höfe

Demeter-Bauer B. und sein Hof

Demeter-Bauer B. ist 1951 geboren und arbeitete bis Mitte der 1980er Jahre als Grundschullehrer in einer Nachbargemeinde. Er ist katholisch, verheiratet und hat drei erwachsene Kinder. Eine Ausbildung zum Landwirt absolvierte er nicht. Mit einem Lachen erzählt er: „Landwirtschaft? Landwirtschaft wie früher. Man hat, der Vater hat eben, übergibt es dem Sohn und erzählt dem Sohn, wie es geht."[198] Weiteres Wissen erarbeitete sich der Bauer autodidaktisch aus Fachliteratur.

Im Jahr 2010 besteht der Hof aus 110 Hektar, eine Hälfte Grünland, die andere Hälfte Ackerbau. Gemüse baut die Familie seit 2004 nicht mehr an, da diese Aufgabe weitere 100 Hektar zu bewirtschaftende Fläche bedeuten würde.

Insgesamt beherbergt der Hof rund 150 Rinder (Kühe, Kälber und Jungrinder). Ein Teil dieser Tiere ist aus Platzgründen in einem zehn Kilometer entfernten Stall mit eigenen Weiden untergebracht. Dieser Stall wird von einem Sohn des Landwirts bewirtschaftet. Hinzu kommen rund 30 Schweine, sechs Schafe, vier Pferde und Ponys sowie Geflügel und Hasen.

Bauer B. lebt in seinem Geburtsort. In der Dorfmitte befindet sich die ursprüngliche Hofstelle der Familie. 1965 verkaufte sie diesen Hof und kaufte den jetzigen am Ortsrand von Verwandten, die damals auf einen anderen Hof aussiedelten. „Wir haben ihnen praktisch den Bauplatz gegeben auf unserem Grundstück da unten und hatten sozusagen ein Vorkaufsrecht und dann verwandt waren wir auch noch."[199]

Bauer B. hat den Hof 1987 von seinem Vater übernommen und stellte ihn in den folgenden Jahren auf biologisch-dynamische Landwirtschaft um. Seine drei Kinder sind bereits heute im Betrieb engagiert. Der älteste Sohn ist gelernter Käser und unterstützt den Vater bei der Milchviehbetreuung. Der jüngere Sohn kümmert sich um den Ackerbau. Die Tochter ist ausgebildete Reittherapeutin und betreut ihre Pferde sowie den Wochenmarkt. Auf dem Hof leben zudem Bäuerin B., der Schwiegersohn und die Verlobte des jüngeren Sohnes sowie seit zehn Jahren ein Helfer, den Bauer B. einen „Therapiefall" nennt. Ansonsten stoßen immer wieder Helfer und Praktikanten zur Familie.

198 Interviewaussage Demeter-Landwirt B. vom 30. Oktober 2010.
199 Interviewaussage Demeter-Landwirt B. vom 30. Oktober 2010.

Teilnehmende Beobachtung

Im Oktober 2009 verbrachte ich mit meinem Mann und unseren damals zwei von heute vier Kindern eine Woche Urlaub auf dem eben beschriebenen Demeter-Hof. Zu diesem Zeitpunkt konzipierte ich gerade ein Forschungsvorhaben zum Thema „Ferien auf dem Bio-Bauernhof". Das Verhältnis von Touristen und Einheimischen sollte im Vordergrund stehen. Gespräche mit dem Bauernehepaar über ihr Leben und Arbeiten als Biolandwirte waren jedoch so inspirierend, dass ich ein ergiebiges Forschungsfeld erkannte. Die Erfahrungen der Beiden verdeutlichten das immense Potential einer kulturwissenschaftlichen Annäherung an den Berufsstand des Biobauern. Bis heute existieren nur sehr wenige wissenschaftliche Abhandlungen, die sich mit diesem Berufsbild im Rahmen einer qualitativen Studie auseinandersetzen. Die Idee einer Dissertation zum Thema „Biobauern im Naturpark Südschwarzwald – zu Geschichte, Selbstverständnis und Motivation eines Berufsstands" war geboren.

Demeter-Betriebspartner F. und H. und ihr Hof

Die Eltern von Demeter-Bauer F., Jahrgang 1969, betreiben ein Friseurgeschäft. F. ist konfessionslos, verheiratet und hat zwei Kinder. Die Landwirtschaft lernte er nach dem Abitur während des Zivildiensts auf einem Hof kennen, der Landwirtschaft mit sozialen Therapieformen verbindet. Anschließend absolvierte F. eine landwirtschaftliche Lehre in einem Biobetrieb, wo ebenfalls sozialtherapeutisch sowie mit körperlich beeinträchtigten Menschen gearbeitet wird. Danach studierte er das Fach „Ökologische Landwirtschaft" an der Universität Kassel-Witzenhausen. Während dem Studium arbeitete er in Deutschland und der Schweiz auf verschiedenen Bauernhöfen als Praktikant oder Betriebshelfer. Nach dem Studium zog es ihn in eine Hofgemeinschaft mit Gärtnerei, die ebenfalls sozialtherapeutische Angebote anbot. Dort absolvierte F. eine zweijährige sonderpädagogische Zusatzausbildung. Seit Juli 2004 arbeitet er auf seinem jetzigen Hof, den er mit Kollege H. im Zuge der Hofübernahme auf biologisch-dynamische Landwirtschaft umstellte.

Sein Betriebspartner ist Agrarbiologe H., der 1960 in der Schweiz geboren wurde und dort aufgewachsen ist. Er ist konfessionslos, verheiratet und hat zwei Kinder. Wie sein Kollege F. hat H. keine familiären Wurzeln in der Landwirtschaft. Sein Vater war Architekt. Nach dem Abitur in der Schweiz arbeitete H. aus Verbundenheit zu Natur und Landwirtschaft sowie zur „Lebensorientierung" ein Jahr in der Berglandwirtschaft seiner schweizerischen Heimat. Danach verbrachte er drei Jahre auf einem biologisch-dynamisch wirtschaftenden Hof in Südfrankreich, der in erster Linie jungen Menschen nach der Schulzeit Lebens- und Berufsorientierung bot. Zu dieser Zeit fing H. an, sich mit anthroposophischen Fragen zu beschäftigen, was letztlich in ein einjähriges Studium der Anthroposophie in Stuttgart mündete. In der Folge entschied er sich zunächst für ein landbauwissenschaftliches Studium in Stuttgart. Mit 22 Jahren wechselte er zur naturwissenschaftlichen Seite der Landwirtschaft und studierte fortan Agrarbiologie in Darmstadt, ohne die Anthroposophie aus den Augen zu verlieren. Nach dem Diplom zog er nach Süddeutschland und arbeitete als wissenschaftlicher Mitarbeiter in der landwirtschaftlichen Sektion am anthroposophischen Zentrum „Goetheanum" in Dornach bei Basel, welches einst von Rudolf Steiner gegründet worden war. Obwohl ihm die Arbeit große Freude bereitete, entstand mit der Zeit das Bedürfnis, sich für die Entwicklung der biologisch-dynamischen Landwirtschaft zu engagieren, damit „sie in Zukunft überhaupt noch weiter bestehen kann."[200] Seine Familie war jedoch nicht zu einem Umzug bereit und sein Unterfangen, einen Bauernhof in Wohnortnähe zu finden, schien aussichtslos. H. bezeichnet es deshalb als „glückliche Fügung", den jetzigen Hof mit Kompagnon F. im Jahr 2004 gefunden zu haben.

Heute leben neben Familie F. eine weitere Landwirtschaftsfamilie sowie ein Lehrling auf dem Hof. Für Praktikanten steht eine kleine Wohnung zur Verfügung. Die restlichen Mitarbeiter pendeln ein.

Die Arbeitsbereiche sind aufgeteilt in Landwirtschaft, Gärtnerei, Gemüseküche und Vermarktung. Dies bedeutet, dass die Existenz von bis zu fünf Familien von der wirtschaftlichen Situation des Hofs abhängt. Insgesamt arbeiten rund 15 Mitarbeiter auf dem Hof. Hinzu kommen noch etwa 30 Personen, die in unterschiedlichster Form mitwirken. Es handelt sich um körperlich sowie psychisch beeinträchtigte Menschen.

Teilnehmende Beobachtung

Demeter-Bauer H. befand sich noch bei der Büroarbeit, als ich um 17 Uhr zum Interviewtermin eintraf. Er ließ mich in der Gemeinschaftsküche des Hofs Platz nehmen. Nach kurzer Zeit erschien er mit seinem Kompagnon F. Landwirt H. musste zunächst Kartoffeln aufsetzen, da sie für neue Anbausorten die jeweiligen Kocheigenschaften austesten mussten. So kam es, dass neben dem Interview ein landwirtschaftlicher Versuch stattfand, bei dem der Agrarbiologe immer wieder die Qualität der kochenden Kartoffeln begutachten musste.

---

200 Interviewaussage Demeter-Landwirt H. vom 17. November 2010.

Demeter-Bauer G. und sein Hof

Biobauer G., Jahrgang 1961, ist katholisch, verheiratet und hat fünf Kinder. Gelernt hat er zunächst Zimmermann. Da sein Vater den elterlichen Hof nicht erbte, ging er 1954 in die Schweiz, wo G. aufgewachsen ist. Der Kontakt zum großelterlichen Hof bestand jedoch weiterhin. Der Betrieb wurde bis zum Tod des Großvaters im Jahr 1965 von den Großeltern bewirtschaftet. Danach unterhielt die Großmutter gemeinsam mit dem Vater und Onkel des befragten Biobauern weitere fünf Jahre das Anwesen, „bis dann die letzte Kuh zum Stall rausgegangen ist".[201] Nach dem Tod der Großmutter lebte der Onkel von G. auf dem Hof, ohne jedoch Landwirtschaft zu betreiben und bot diesen schließlich im Jahr 1975 dem Vater von G. an, woraufhin die Familie aus der Schweiz nach Hause zurückkehrte.

Der Biobauer arbeitete bis 1982 in seinem erlernten Beruf als Zimmermann in der nahegelegenen Schweiz. 1983 wechselte er nach Deutschland und arbeitete dort bis 1990. Nachdem er sich mit seinem damaligen Chef zerstritten hatte, begann er unvermittelt mit der Landwirtschaft, was er nach eigenen Angaben immer schon tun wollte. Tatsächlich begann der Biobauer bereits 1980 hobbymäßig mit der Schafzucht und baute sich allmählich einen kleinen Nebenerwerb auf, den er im Jahr 1990 zum Haupterwerb umfunktionierte. Bereits 1987 trat die junge Familie als Nebenerwerbshof mit viereinhalb Hektar dem Demeter-Verband bei.

Teilnehmende Beobachtung

Auf dem kleinen Demeter-Hof bot sich mir die außergewöhnliche Gelegenheit, eine Woche nach dem dortigen Interview beim Befüllen von Kuhhörnern zu helfen. Die Hörner werden mit homöopathisch angereichertem Kuhdung befüllt. An dieser von einem bekannten Demeter-Gärtner aus der Region geleiteten Veranstaltung nahmen fünf Demeter-Landwirte teil. Die Hörner befanden sich in Kisten auf einem Traktoranhänger, der Mist in Plastikfässern. Nun galt es, ein Horn mithilfe eines Holzstäbchens zu füllen. Es war eine gesellige Angelegenheit und bei Gesprächen erfuhr ich eine Menge über Präparate-Anwendung in der Demeter-Landwirtschaft und den Arbeitsalltag der anwesenden Personen. Es stellte sich unter anderem heraus, dass ein anwesendes junges Ehepaar zwei Jahre zuvor auf dem Bioland-Hof von dem ebenfalls befragten Biolandwirt L. lebte und arbeitete. „An L. kommt keiner vorbei", lautete die Aussage der Bäuerin. Als sehr aufschlussreich empfand ich die Reaktion zweier Nachbarn, die uns eindeutig beobachteten. Sie standen an ih-

201 Interviewaussage Demeter-Landwirt G. vom 02. Oktober 2010.

rem Hauseingang und spähten längere Zeit zu uns hinüber, wobei sie leise tuschelten. Nach einer Zeit kamen sie auf uns zu und fragten neugierig, was wir denn da täten. Sie konnten ihr Unverständnis nicht verbergen. Landwirt G. erklärte bereitwillig den Vorgang und das Vorhaben, diese Hörner an einem Flusslauf zu vergraben, um sie im Frühjahr wieder auszubuddeln. Anschließend wird das Präparat auf den Feldern verteilt, mit dem Ziel das Wachstum der Pflanzen zu optimieren. Informiert, aber nach wie vor zweifelnd, zogen die beiden konventionellen Landwirte von dannen.

Demeter-Bauer S. und Hof

Biobauer S., Jahrgang 1961, studierte nach dem Abitur „ein paar Semester" Wirtschaftswissenschaften. Daran schloss sich eine zweieinhalbjährige künstlerische Ausbildung an. Erst danach entschied er sich für die Landwirtschaft. Den Beruf als Landwirt erlernte er im Rahmen einer Lehre und absolvierte anschließend die Meisterprüfung. S. ist seit 1999 geschieden und hat vier erwachsene Kinder. Der konfessionslose Biolandwirt arbeitet seit 1984 auf dem damals schon biologisch-dynamisch geführten Hof und firmiert mittlerweile als Betriebsleiter.

Der Gutshof umfasst rund 150 Hektar. Davon sind knapp 60 Hektar Ackerland, 80 Hektar Grünland und der Rest Waldfläche. Außerdem gehört zum Hof eine kleine Gärtnerei von zwei Hektar, die ausschließlich der Direktvermarktung dient. Den betriebswirtschaftlichen Schwerpunkt bilden 60 bis 70 Milchkühe sowie der Getreideanbau. Rund 30 Schweine ergänzen die Viehwirtschaft. Die Hofgemeinschaft hat eine Vermarktungsgesellschaft zur Absatzförderung gegründet. Der Biobauer wird unterstützt von einem Landwirtschaftsmeister sowie derzeit zwei Auszubildenden und einem Praktikanten. In der Gärtnerei arbeiten momentan drei Personen – ein Meister, eine Gehilfin und ein Quereinsteiger. Die Frau des Landwirtschaftskollegen betreut die Ferienwohnung und arbeitet zusammen mit den Gärtnereimitarbeitern im Verkauf.

Teilnehmende Beobachtung

Auf diesem Hof konnte ich den Betrieb im Hofladen beobachten, in dem vereinzelt Leute einkauften. Zudem verarbeitete an diesem Tag eine ehemalige Mitarbeiterin in ihrem mobilen Käsewagen die hofeigene Milch zu Käse. Von Landwirt S. erfuhr ich auf Nachfrage, dass es sich um eine Probe handelt, da sich die Käserin auf dem Weg in die Selbständigkeit befindet.

3.2.2 Die Bioland-Bauern und ihre Höfe

Bioland-Bauer E. und sein Hof

Bioland-Bauer E. ist Jahrgang 1952 und ausgebildeter Landwirtschaftsmeister. Da es sich aufgrund der geringen Hofgröße um eine Nebenerwerbslandwirtschaft handelt, hat er nach seinem Wehrdienst stets hinzu verdient, „... weil von dem kann man nicht leben und äh ... ist bei uns auch nicht mehr unbedingt äh Tafelobst- äh klima."[202] Heute arbeitet er als angelernter Industriepolsterer in einer nahegelegenen Fabrik.

E. ist katholisch und zum zweiten Mal verheiratet. Seine erste Frau starb 1992 an Leukämie. Mit ihr hat er drei erwachsene Söhne. Mit seiner zweiten Frau hat er eine Tochter von zehn Jahren.

Der Hof umfasst 13 Hektar Land und fast drei Hektar Wald. Es handelt sich überwiegend um Mischwald. Der Biobauer baut ungefähr einen Hektar Dinkel, rund 80 Ar Weizen sowie alle zwei bis drei Jahre einen halben Hektar Hafer-Erbsen als Futtergetreide an. Die restliche Fläche ist für Speisegetreide vorgesehen. Das Streuobst hat E. in den letzten Jahren im Tausch abgegeben, das heißt, er hat Apfelsaft zurückgenommen. Der Biobauer hält zehn Mutterkühe zur Fleischselbstvermarktung. Die Milchviehwirtschaft gab er 1991 wegen der schweren Erkrankung seiner ersten Frau auf. Gleichzeitig wurde eine Umstellungsprämie von Milchviehwirtschaft auf Mutterkuhhaltung angeboten. Schweine- und Hühnerhaltung hat die Bauernfamilie mittlerweile aufgegeben. Der Biobauer besitzt heute mehrere Bienenvölker und beabsichtigt in den nächsten Jahren den Ausbau der Imkerei.

Der Hof ist seit 1910 in Familienbesitz. Der Großvater von E. und seine zwei jüngeren Brüder arbeiteten damals in einem nahegelegenen Steinbruch und kauften gemeinsam den Hof zur „Lebensversicherung". Sein Großvater bewirtschaftete den Hof mit zwei Knechten und einer Magd. Nach dem Zweiten Weltkrieg übernahm der Vater des Biolandwirts nach Kriegsgefangenschaft und mit Kriegsverletzung den Hof, auf dem E. mit fünf Geschwistern aufwuchs. 1980 übernahm er schließlich den Hof und führte ihn im Nebenerwerb weiter, seit 1989 nach Biolandrichtlinien. Den angestrebten Vollerwerbsbetrieb konnte der Landwirt nicht verwirklichen, da er aufgrund von bestehenden finanziellen Verbindlichkeiten sowie anstehenden Reparaturen wie beispielsweise der Dacherneuerung auf das Einkommen einer außerhöfischen Haupterwerbstätigkeit angewiesen war. Aufgrund der arrondierten Fläche beschreibt der Landwirt den Hof als gut zu bewirtschaften. Heute ist er froh,

202 Interviewaussage Bioland-Landwirt E. vom 13. Oktober 2010.

einen überschaubaren Nebenerwerbshof zu betreiben, da Kollegen mit Vollerwerbshof aufgrund der Arbeitssituation und häufiger Verschuldung nicht immer glücklich seien. Das Ehepaar E. bewirtschaftet den Hof unter Mithilfe seiner vier Kinder und ohne Mitarbeiter, lediglich die Silorundballen werden durch den Maschinenring hergestellt. In seiner Zeit als Witwer hat der Biobauer nach eigenen Angaben gelernt, Hof, Haushalt und Arbeitsstelle so zu organisieren, dass alles miteinander funktioniert. Derzeit leben fünf Erwachsene und zwei Kinder auf dem Hof.

Teilnehmende Beobachtung

Auf dem kleinen Bioland-Nebenerwerbshof stand die Ehefrau des Landwirts während des gesamten Interviews, das am Esszimmertisch stattfand, in der offenen, durch eine Theke zum Essbereich abgegrenzten Küche und bereitete Kuchen und Pizza für den bevorstehenden Geburtstag des ältesten Sohnes zu. Zunächst entschuldigte sie sich, dass es keine andere Möglichkeit gab und verwies auf ihren Zeitdruck. Doch es schien mir kein Problem, konnte sie doch hin und wieder ihre Meinung zu einzelnen Themen kundtun. Das gelegentliche Laufen der Küchenmaschinen störte nicht. Ging dies etwas länger, schaltete ich das Tonbandgerät aus und wir hatten eine kleine Gesprächspause. Für mich gestaltete sich dieses Interview in einer familiären Situation und ließ mich an den Vorbereitungen einer Familienfeier teilhaben.

Bioland-Bauer L. und sein Hof

Landwirt L. ist Jahrgang 1953, konfessionslos, verheiratet und hat neun Kinder zwischen 32 und zweieinhalb Jahren. Fünf davon aus erster, vier aus zweiter Ehe.

Nach einem Jahr Schreinerlehre begann er ein Forstwissenschaftsstudium. Da ihm seine Kommilitonen – vorzugsweise „lodenmanteltragende Jäger“, wie er betonte – nicht zusagten, entschied er sich für tropische und subtropische Landwirtschaft. Da er keine Aussicht auf einen Hof hatte, ging er davon aus, im Ausland Landwirtschaft betreiben zu müssen. Zu guter Letzt entschied er sich dann doch für ein Agraringenieursstudium. Mit der ökologischen Bewirtschaftung des jetzigen Hofs begann er 1984. Der Betrieb hat 25 bis 30 Hektar, davon 10 Hektar Ackerland. Nach und nach kam Pachtland hinzu. Das Unternehmen war von Anfang an als GbR organisiert. Zuvor wurde der Hof von einer einheimischen Familie in dritter Generation als Nebenerwerbshof konventionell bewirtschaftet. Biobauer L. begann mit einem Partner mit der Vollerwerbslandwirtschaft. Nach hoher personeller Fluktuation in der folgenden

Zeit, kehrte der Partner von Biobauer L. nach zehn Jahren zurück und arbeitet seither in der Käserei mit. Heute besteht die GbR aus vier Mitgliedern. Neben ihm und seiner Frau sind dies besagter Käser und die Bewirtschafterin des Partnerbetriebs. Bei Letzterer handelt es sich um Bioland-Landwirtin R., die ich ebenfalls befragte.

Auf dem Hof gibt es 16 bis 18 Kühe und 25 bis 30 Stück Jungvieh, „wobei wir eben auch Ochsen aufziehen."[203] Hinzu kommen zwei bis drei Mutterschweine mit Nachzucht, was insgesamt 30 bis 35 Sauen ergibt. Die hauseigene Schlachterei, in der jede zweite Woche geschlachtet wird, ist als Gewerbe angemeldet. Neben der die Landwirtschaft betreffenden GbR besteht aus steuerlichen Gründen eine weitere GbR für die Direktvermarktung des Hofladens auf dem Partnerbetrieb.

Um das Fortbestehen des Hofs zu sichern, hat die landwirtschaftliche GbR diesen seit Mitte 2010 in die Stiftung „Kulturland" eingebracht.[204] Die Hofbetreiber sind somit nicht mehr Besitzer, sondern Pächter des Anwesens. „Denn wenn bei neun Kindern, wenn es da zu Erbstreitigkeiten kommt, kann man sich vorstellen, dass da keiner weitermachen könnte. Wird der Hof zerschlagen und, und verkauft und jeder kriegt ein paar Tausend Euro und damit ist fertig."[205] Die Stiftung hat Eigentumsrechte, aber kein Recht auf Einmischung in die Bewirtschaftung. Als Trägerorganisation obliegt ihnen die Aufgabe, sollten die Pächter keine Kontinuität gewährleisten, den ökologischen Landbau zu erhalten.

Derzeit leben auf dem Hof folgende Personen, die die landwirtschaftliche Arbeit gemeinsam bewerkstelligen: der Landwirt und seine Ehefrau mit vier Kindern, eine Auszubildende und deren Freund sowie ein Chemiestudent auf Orientierungssuche. Hin und wieder gesellt sich ein Gast hinzu. Darüber hinaus gibt es noch einen Angestellten mit einer halben Stelle, der lediglich zwei Tage pro Woche auf dem Hof wohnt.

Teilnehmende Beobachtung

Auf dem Bioland-Hof ergab sich spontan die Gelegenheit, am Frühstück der Hofgemeinschaft teilzunehmen. Der Interviewtermin war auf neun Uhr vereinbart. Der Bauer rechnete jedoch aufgrund eines hofinternen Absprachefehlers erst um zehn Uhr mit mir. So fand der erste Teil des Interviews neben einer brutzelnden Bratpfanne statt, was mir beim Transkribieren dieses Interviews überdurchschnittliche Konzentration abverlangte. Dennoch möchte ich

203 Interviewaussage Bioland-Landwirt L. vom 28. Oktober 2010.
204 Die Stiftung sitzt in Hamburg und war ursprünglich der GLS-Bank untergeordnet.
205 Interviewaussage Bioland-Landwirt L. vom 28. Oktober 2010.

die Erfahrung nicht missen, dem Landwirt bei der Zubereitung des rustikalen Bauernfrühstücks über die Schulter geschaut und im Anschluss mit zehn fremden Personen an einem Tisch gesessen und hofeigene Produkte gekostet zu haben. Zu den anwesenden Personen gehörten neben dem Bauer und den festangestellten Mitarbeitern eine Quereinsteigerin, der erwähnte Chemiestudent sowie eine Frau mit psychischen Problemen.

Ich durfte miterleben, wie der Tag strukturiert und die anfallende Arbeit eingeteilt wurde. Es wurde besprochen, wer am Mittagessen, das an diesem Tag der Bauer zubereiten sollte, teilnimmt, wer in der Käserei arbeitet, wer im Stall. Einblick erhielt ich auch in das „Tagebuch" der Hofgemeinschaft, das allmorgendlich geschrieben wird und das besondere Vorkommnisse wie auch alltägliche Erlebnisse festhält. Bemerkenswert war auch der auffallend antiautoritäre Umgang mit den Kindern auf dem Hof, die ständig zwischen den Erwachsenen herum wuselten. Die Kinder spielen den ganzen Tag, außer natürlich wenn sie Schule haben, im Haus und auf dem Hof.

Bioland-Bauer M. und sein Hof

Biobauer M., Jahrgang 1953, beschreibt sich als konfessionslosen Agnostiker. Er ist nicht verheiratet und hat keine Kinder. Aufgewachsen ist M. in Westfalen auf einem Hof in einem kleinen Weiler. Obwohl er als Kind „engagierter" mitarbeitete als sein Bruder, bekam dieser später den Hof wegen des „Ältestenrechts", erzählt M. mit einem Lachen. Damals besaß er selbst auch gar keine Ambitionen zur Hofübernahme und als sich Jahre später die Gelegenheit dazu noch einmal bot, existierten für ihn immer noch zu viele Gründe, die dagegen sprachen. Sechs Jahre seiner Schulzeit verbrachte M. in einem Internat. Nach dem Abitur absolvierte er ein Lehramtsstudium für Gymnasiallehrer bis zum Referendariat in Berlin. Danach ließ er sich zum Landwirtschaftsmeister ausbilden.

Den jetzigen Hof hat er seit 1995 vom Land Baden-Württemberg gepachtet und zunächst fünf Jahre nach EU-Biokriterien bewirtschaftet. Im Jahr 2000 ist er dem Bioland-Verband beigetreten. Vor der Hofübernahme wurde der Hof von Bediensteten des Landes selbst bewirtschaftet. Das Landwirtschaftsamt wurde jedoch in die nahegelegene Kreisstadt ausgesiedelt. Allerdings besteht die landwirtschaftliche Fachschule weiterhin auf dem Gelände und nennt sich heute „landwirtschaftliches Bildungszentrum". Die Einrichtung arbeitet mit dem Bioland-Hof zusammen. Desweiteren gibt es einen von einem Verein getragenen „Schulbauernhof", der eng mit dem Hof zusammenarbeitet. Das Programm richtet sich an Kinder vom Kindergartenalter bis zur Hauptschule.

Angesprochen auf das Wirtschaften auf einem Pachtbetrieb äußert sich der Biobauer skeptisch. Es sei „natürlich angenehmer, auf einem Eigentumsbetrieb zu wirtschaften“[206], da man auf einem Pachtbetrieb von zahlreichen Personen abhängig sei. „Was ich leidvoll erfahren musste in den letzten … ja, sieben Jahren.“ Er bezeichnet es als anstrengend, immer Entscheidungen ausgesetzt zu sein. „Äh … Unsicherheit, ob das Land den Hof weiter betreiben wird oder weiter verpachten wird.“[207] Inzwischen hat sich die Angelegenheit geregelt und der Betrieb bleibt weiterhin ein Pachtbetrieb.

In der jüngsten Vergangenheit hat sich die Hofstruktur verändert und es existieren mittlerweile zwei Betriebe. Während sein bisheriger Mitarbeiter den Ziegenbetrieb nun selbständig führt, leitet Biolandwirt M. den rund 90 bis 100 Hektar großen Hauptbetrieb mit den zurzeit 75 Milchkühen und 2.500 Hühnern. Davon sind etwa 30 Hektar Ackerbau, in der Hauptsache Futteranbau. Dazu kommen noch Kleegras, Mais und (Futter-) Getreide. Der Landwirt meint: „Wir sind schon stark auf Tierhaltung aus.“[208]

Derzeit arbeitet Biobauer M. mit einem Lehrling zusammen, eine angestellte Landwirtin wird hinzu kommen. Eine halbe Arbeitsstelle steht für die Hühnerbetreuung zur Verfügung. „ … Und dann ist da noch Frau W., die den Hofladen betreibt.“[209] Erst auf Nachfragen bestätigt der Biobauer meine Internetrecherche, mit Frau W. eine GbR zu betreiben. Diese Tatsache scheint für ihn nicht so sehr ins Gewicht zu fallen. Die mitarbeitenden Personen wohnen alle auf dem Gelände.

Teilnehmende Beobachtung

Auf dem großen Bioland-Hof empfing mich der Bauer aufgrund seiner Arbeitsauslastung erst um 20 Uhr in seinem Wohn- und Esszimmer. Der Bauer selbst hatte sich gerade einen Tee gekocht und Rindfleischsalami-Brote zum Abendessen gerichtet. Das Interview fand somit während der abendlichen Mahlzeit des Biolandwirts statt und ermöglichte mir Einblicke in seine Wohnsituation und Lebensweise.

206 Interviewaussage Bioland-Landwirt M. vom 20. Oktober 2010.
207 Interviewaussage Bioland-Landwirt M. vom 20. Oktober 2010.
208 Interviewaussage Bioland-Landwirt M. vom 20. Oktober 2010.
209 Interviewaussage Bioland-Landwirt M. vom 20. Oktober 2010.

Bioland-Bäuerin R. und ihr Hof

Landwirtin R. ist Jahrgang 1978, evangelisch, ledig und hat einen elfjährigen Sohn, der gleichzeitig Enkel ihres bereits vorgestellten Partnerbetrieb-Landwirts, Bioland-Bauer L., ist. Sie studierte Agrarwissenschaften an der Fachhochschule in Nürtingen. Nach dem Diplom zur Agraringenieurin arbeitete sie drei Jahre auf dem örtlichen Landwirtschaftsamt, bevor sie auf ihren jetzigen Betrieb wechselte. Dieser wird seit 2001 durch die oben ebenfalls beschriebene landwirtschaftliche GbR von der Universität Freiburg im Breisgau gepachtet. Ursprünglich bewirtschaftete die ehemalige Frau von GbR-Partner L. und Mutter seiner erwachsenen Kinder den organisch-biologisch geführten Hof. Als diese im Frühjahr 2010 ausstieg, übernahm Bioland-Landwirtin R. die Betriebsleitung. Unterstützt wird sie hierbei von einer Hofladen-Angestellten, die auf dem Partnerbetrieb gelernt hatte sowie einer Auszubildenden.

Auf dem Bauernhof gibt es vier bis sechs Kühe und Rinder, sechs Sauen und zehn Hühner. Aufgrund der Steilhanglage ist kein Ackerbau möglich. Die Fläche beschränkt sich auf drei Ar Land für den Schweineauslauf und ebenfalls drei Ar Garten zur Selbstversorgung sowie 23 Hektar Grünland, wovon ein Hektar und 80 Ar der Landschaftspflege dienen. „Was wir turnusmäßig alle zwei Jahre von Hand sensen und frei schaffen."[210]

Teilnehmende Beobachtung

Nach meiner Ankunft zum Interviewtermin besichtigte ich zunächst den Hofladen und unterhielt mich mit der Verkäuferin über die Produkte und Kundschaft, da die Bäuerin noch eine dringend anfallende Arbeit zu beenden hatte. Danach konnte ich sie ein Stück bei ihrem alltäglichen Tun begleiten. Während wir bei Wind und Wetter die Weide vor dem Haus absteckten, und sie anschließend den kleinen Stall ausmistete, redeten wir über den Hof, ihren Arbeitsablauf und mein Interview auf dem Partnerbetrieb.

3.2.3 Die Naturland-Bauern und ihre Höfe

Naturland-Bauer F. und sein Hof

Landwirtschaftsmeister F. ist Jahrgang 1959, katholisch, verheiratet und hat zwei Kinder. Der Hof von Naturland-Landwirt F. umfasst rund 90 Hektar. Davon sind zwei Drittel Grünland und ein Drittel Ackerland. Der Schwerpunkt

---

210 Interviewaussage Bioland-Landwirtin R. vom 23. November 2010.

des Betriebs ist die Milchviehhaltung mit 85 bis 90 Kühen. Außerdem besitzt der Landwirt eine Biogasanlage mit einer Leistung von 75 Kilowatt. Der Ursprungshof, das heißt das alte Gebäude, ist 300 Jahre alt. Der Großvater von F. kam 1915 auf den Hof. Dessen jüngster Sohn und Vater des Biobauern übernahm den Hof und gab ihn 1992 an seinen Sohn weiter, der ihn zunächst auf „Bioland" umstellte und im Jahr 2005 zum Naturland-Verband wechselte.

Heute leben die Eltern des Biobauern im unteren Teil des Wohnhauses, während er mit Ehefrau und den zwei Kindern das Obergeschoss bewohnt. Der Biobauer beschäftigt einen Lehrling.

Teilnehmende Beobachtung

Im Rahmen der teilnehmenden Beobachtung auf diesem Hof wurde ich Zeuge eines zwanzigminütigen Telefonats des Biobauern mit einem befreundeten Landwirt. Er unterbrach das Interview, um mit seinem Telefonpartner alltägliche landwirtschaftliche Themen zu besprechen.

Naturland-Bauer M. und sein Hof

Biobauer M. ist Jahrgang 1968, katholisch, verheiratet und hat zwei kleine Kinder. Nach der mittleren Reife absolvierte er eine Kraftfahrzeuglehre mit Spezialisierung auf Lastkraftwagen. Er verbrachte zwei Gesellenjahre in der Motorinstandsetzung von Landmaschinen. Danach war er kurzfristig beim Maschinenring tätig, bevor er eine dreisemestrige Ausbildung zum staatlich anerkannten Landwirt absolvierte.

1992 übernahm M. den elterlichen Hof und stellte auf „Bioland" um. 2009 wechselte er zum Naturland-Verband. Nach der Hofübergabe erhöhte er den Mutterkuhbestand von zwölf bis vierzehn auf 55 bis 60 Mutterkühe mit Jungvieh. Rind- und Schweinefleisch vermarktet die Familie direkt über den Hofladen. Außerdem gehören 60 bis 80 Hühner zur Tierhaltung. Der Hof verfügt über 100 Hektar Land, wovon rund 75 Hektar Grünland sind. Von den knapp 25 Hektar Ackerland ist ein Drittel für den Anbau von Futtermitteln und zwei Dritte für den Getreideanbau vorgesehen. Zudem gibt es einen Hektar Kartoffeln. Gemüse aus dem hofeigenen Bauerngarten ist lediglich für den Eigenbedarf.

Der Hof ist rund 300 Jahre alt und war immer in Familienbesitz. Wie bei Naturland-Kollege F. leben die Eltern des Biobauern im Erdgeschoss, während die Landwirtsfamilie das Obergeschoss bewohnt. Mitarbeiter beschäftigt M. keine. Wenn viel zu tun ist, „da hilft mir mal der Bruder oder so."[211]

---

211 Interviewaussage Naturland-Landwirt M. vom 03. November 2010.

Teilnehmende Beobachtung

Biobauer M. bot mir im Anschluss an das Interview die Besichtigung seiner Rinderzucht auf einer nahegelegenen Weide an. Ich konnte ihn somit beim täglichen Weiderundgang begleiten und die Tiere auf der Weide erleben.

Naturland-Bauer R. und sein Hof

Landwirt R. ist Jahrgang 1969, katholisch und lebt in einer Beziehung mit einer Physiotherapeutin. Er absolvierte eine dreijährige Landwirtschaftsausbildung und übernahm danach den elterlichen Hof. Zunächst beteiligte er sich in den 1990er Jahren am Extensivierungsprogramm und schloss sich im Jahr 2000 dem Naturland-Verband an.

Der Hof umfasst rund 110 Hektar, davon sind ungefähr 60 Hektar Grünland und 50 Hektar Ackerland. Hinzu kommen zwei, drei Hektar Wald. An Tieren besitzt R. hauptsächlich Milchvieh. Zu den 70 Milchkühen kommen etwa 150 Mutterschafe und zehn bis zwölf Mastschweine. Da sich die Milchwirtschaft immer weniger lohnt, hat der Biobauer zusätzlich im November 2009 mit dem Absatz von Kleinvieh auf dem Wochenmarkt angefangen. Er besitzt 250 Masthähnchen sowie etwa 40 Mastputen.

Auf dem Bauernhof bewohnt R. die Dachwohnung, während seine Mutter die Hauptwohnung im Erdgeschoss und Obergeschoss bewohnt. Der Biobauer beschäftigt einen Angestellten sowie im Sommer teilweise zusätzlich eine Saisonarbeitskraft.

Teilnehmende Beobachtung

Auf diesem Hof beschränkte sich die teilnehmende Beobachtung auf den Hofrundgang und das Kennenlernen der Mutter, die in ihrer Wohnung mit Hausarbeit beschäftigt war.

Naturland-Bauer V. und sein Hof

Landwirt V. ist Jahrgang 1967, katholisch, verheiratet und hat drei Kinder zwischen neun und 16 Jahren. Nach der Mittleren Reife absolvierte er eine landwirtschaftliche Lehre auf dem elterlichen, seit 1980 ökologisch geführten Hof und anschließend die landwirtschaftliche „Winterschule" mit dem Abschluss zum staatlich geprüften Agrarbetriebswirt. Seit 1993 arbeitet er als Verwaltungsangestellter bei einem Landwirtschaftsamt. Im Jahr 2001 übernahm er den elterlichen Vollerwerbshof und bewirtschaftet ihn seither im Nebenerwerb. 2004 wechselte er vom Bioland-Verband zum Naturland-Verband.

Ursprünglich befand sich der Hof in der Ortsmitte. Er wurde 1973 mit der Flurbereinigung ausgesiedelt. Heute besteht er aus ungefähr 52 Hektar. Davon entfallen 28 Hektar auf Ackerland und 24 auf Grünland. Hinzu kommen noch sechs Hektar Wald. Der Ackerbau teilt sich auf in 40 bis 45 Prozent Kleegras und 55 bis 60 Prozent Getreide, das sich in Winterweizen, Sommerroggen und Futtergetreide aufteilt. Auf dem Hof gibt es 28 Kühe und rund 35 Stück Jungvieh. Die Nachzucht ist ausschließlich weiblich. Die Bullenkälber verkauft der Landwirt stets mit sieben bis acht Wochen. Drei Pferde, drei Hennen, ein Hund und eine Katze komplettieren den Viehbestand.

Aufgrund der relativ geringen Betriebsgröße bewirtschaftet der Biobauer den Betrieb im Nebenerwerb. Deshalb muss der Landwirt mit Kompromissen leben. Er betont, dass dies bisher ohne größere Probleme möglich gewesen sei, da seine Frau sich ausschließlich um den Hof und die Kinder kümmert. Er selbst arbeitet in Vollzeit außer Haus sowie nach Feierabend und am Wochenende auf dem Hof. Seit 2005 ist der Biobauer an einer Biogasanlage beteiligt.[212] Den Grundgedanken solch einer Anlage – sprich die Kreislaufwirtschaft – sieht er passend zum Biologischen, da sie „dort ja auch eigentlich großgeschrieben [wird]."[213]

Heute lebt der Landwirt mit Frau und drei Kindern sowie seinen Eltern auf dem Hof. Angestellte gibt es keine. Bei großem Arbeitsaufwand erhält die Familie Unterstützung von den vier Brüdern des Landwirts sowie einem Neffen und Nachbarn. Zeitweise hatte die Familie noch eine saisonale Helferin.

Teilnehmende Beobachtung

Das Interview mit Biobauer V. fand am Esstisch seines Wohnhauses statt. Gleichzeitig war die Ehefrau in der offenen Küche mit Kuchenbacken beschäftigt. Zeitweise stieß die neunjährige Tochter dazu. Mahlmaschine, Rührgerät und Mutter-Tochter-Gespräche begleiteten die Befragung. Ich hatte nicht das Gefühl, dass auf die Interviewsituation Rücksicht genommen wurde. Im Anschluss an das Interview kam es jedoch noch zu einem aufschlussreichen Gespräch mit dem Ehepaar über ihren Alltag.

---

212 Eine Biogasanlage erzeugt Biogas durch Vergärung von Biomasse in Form von Energiepflanzen oder tierischen Exkrementen. Biogas wird als Alternative zu fossilen Brennstoffen wie Erdgas verwendet.

213 Interviewaussage Naturland-Landwirt V. vom 07. November 2010.

3.2.4 Die EU-Biobauern und ihre Höfe

EU-Biobauer G. und sein Hof

Biobauer G., Jahrgang 1957, ist gelernter Elektromeister. Er ist katholisch, verheiratet und hat drei Kinder. Er arbeitet zu 80 Prozent in seinem erlernten Beruf.

Den Hof hat G. 1986 von seinen Eltern im Nebenerwerb übernommen. Die Umstellung auf ökologische Wirtschaftsweise begann ab 1987 im Zuge angebotener Extensivierungsprogramme. Seit 1991 wirtschaftet der Landwirt nach den eingeführten EU-Biokriterien. Zu dieser Zeit befand sich der Stall noch im Haus, unter der heutigen Gastwirtschaft, die damals Heustock war. Der Stall wurde dann neben dem Haus gebaut. Der Biobauer erhöhte den damaligen Viehbestand von fünf bis sechs Kühen auf heute 25 Mutterkühe mit Jungvieh aus verschiedenen Rinderrassen.

Der Hof umfasst 40 Hektar Grünland. Ackerbau betrieb die Familie früher, bevor sie auf Mutterkuhhaltung umstellte. Die Weiden sind größtenteils arrondiert. Es gibt aber auch Grünland-Pachtflächen in vier Kilometer Entfernung.

Teilnehmende Beobachtung

Zu dem EU-Bio-Nebenerwerbshof gehört eine Gaststätte, die der Bauer mit seiner Familie betreibt. Ich aß mit meiner Familie zu Abend und wartete, bis der Landwirt Zeit für das Interview fand. Nachdem er Bier gezapft und die wartenden Gäste bedient hatte, ging es los. Der erste Teil des Interviews fand während der Hofbesichtigung statt. Anschließend gingen wir noch einmal in die Gaststätte, da G. weiter bedienen musste. Nach geraumer Zeit setzte er sich zu uns an den Tisch, und ich konnte das Interview fortführen.

EU-Biobäuerin H. und ihr Hof

Biobäuerin H. ist Jahrgang 1968, evangelisch, verheiratet und hat zwei Kinder im Alter von elf und acht Jahren. Sie ist von Beruf Ökotrophologin und gelernte Bürokauffrau, stammt jedoch aus einer Landwirtfamilie aus dem Nachbarort. Ihr Mann ist Diplom-Ingenieur für Energie- und Wärmetechnik. Die Familie bewirtschaftet den elterlichen Hof des Mannes seit 1994 im Nebenerwerb. Der 1846 erbaute Hof ist seit jeher in Familienbesitz.

Der Hof hat 20 Hektar Grünland und fünf Hektar Wald. Übernommen haben die Hs. den Betrieb mit Milchviehwirtschaft. Damals gab es auch noch Getreideanbau. 2002 stellten sie auf ökologische Wirtschaftsweise um. Mit der

Zeit konnten die Eltern immer weniger mitarbeiten. Hinzu kamen die hauptberufliche Tätigkeit des Mannes im Schornsteinbau sowie neue gesetzliche Bestimmungen in der Tierhaltung, die eine Stallumstrukturierung nach sich gezogen hätten. Nach einer umfassenden Beratung vom Landwirtschaftsamt entschied sich die Familie für eine Reduzierung der Arbeitsbelastung und gab die Milchviehhaltung auf. Im Schnitt besitzt die Familie nun noch 25 Rinder: Kühe, Kälber und Jungrinder. Die Melkstation wich den neuen Fressplätzen und die Miststelle der Liegehalle mit Ausstreu für den Winter.

Auf dem Hof leben die Familie mit ihren zwei Kindern und die Eltern des Mannes. Mitarbeiter beschäftigen sie keine.

Teilnehmende Beobachtung

EU-Bäuerin H. erwartete mich zu ihrem täglichen Weiderundgang, einer Strecke von drei Kilometern. Das Transkribieren dieses Interviews fand deshalb unter erschwerten Bedingungen statt, da Windgeräusche mit aufgezeichnet wurden. Selbstverständlich wollte ich aber jedem Interviewpartner die Ortswahl überlassen und seinen Arbeitsalltag nicht stören. Das Interview passte für die Bäuerin am besten in ihren Arbeitsablauf und ich hatte die Möglichkeit, sie bei der Arbeit zu erleben. So brachten wir zunächst die zwei Pferde auf die Koppel. Danach begann der Weiderundgang mit Abstecken der Grasflächen und Kontrollieren der Futterbestände.

EU-Biobauer V. und sein Hof

Biobauer V. ist 1966 geboren, katholisch, verheiratet und hat vier Kinder zwischen zehn und siebzehn Jahren. Nach seiner Landwirtschaftslehre, die er ein Jahr in einem Fremdbetrieb und zwei Jahre auf dem elterlichen Hof verbrachte, bildete er sich an einer Fachschule zum Landwirtschaftsmeister weiter.

Der Hof besteht seit 1717. 1905 hat ihn der Großvater von V. gekauft. Bis 1984 haben seine Eltern den Hof im Nebenerwerb betrieben, da sein Vater zunächst als Waldarbeiter und Fabrikarbeiter die Familie ernährte. Da der Vater aufgrund einer Asthmaerkrankung 1984 in Frührente ging, pachtete V. den Betrieb. Fünf Jahre arbeitete er tags auf dem Hof und nachts in der Fabrik, was auf Dauer eine zu große Belastung darstellte. Der Biobauer entschied sich für die Landwirtschaft und gegen eine Erwerbstätigkeit außer Haus. In den 1980er Jahren beteiligte sich der Landwirt an den Extensivierungsprogrammen und stellte schließlich mit der Einführung der EU-Biokriterien im Jahr 1991 auf ökologische Landwirtschaft um.

Der Hof besteht aus 105 Hektar. 4,25 Hektar sind Ackerbau, der Rest ist Grünland. Hinzu kommt ein Hektar Wald. An Tieren hat der Betrieb rund 120 Rinder und zwei Muttersauen mit Jungen.

Vor Übernahme des Hofs riet das Landwirtschaftsamt aufgrund der geringen Hofgröße zu einer Betriebsaufgabe. Damit wollte sich der Landwirt nicht zufriedengeben und sah in der Produkterweiterung eine Überlebenschance.

Auf dem Hof wohnen die Familie mit den vier Kindern sowie die Mutter von V. in der Dachwohnung. Mitarbeiter sind keine beschäftigt. Unterstützung erfährt er bei Bedarf durch seine zwei Schwestern.

Teilnehmende Beobachtung

Da bis auf zwei größere Kinder die ganze Familie während dem Interview zu Hause war, ergab sich ein Einblick ins Familienleben. Die Frau des Landwirts werkelte in der Küche, legte Holz im Ofen nach und beteiligte sich auf Nachfrage des Ehemanns an der Beantwortung einiger Interviewfragen. Die zwei jüngeren Kinder im Alter von zehn und zwölf Jahren gerieten während dem Interview in einen heftigen Streit, dem der Biobauer lediglich die Bemerkung entgegensetzte: „Wenn ihr schon so streitet, dann macht wenigstens die Türe zu.“ Es wurde deutlich, dass den Kindern im bäuerlichen Alltag nicht die Aufmerksamkeit zu Teil wird, wie dies bei vielen Kindern in Kleinfamilien der Fall ist.

EU-Biobauer W. und sein Hof

Biobauer W. ist Jahrgang 1963 und als jüngstes von vier Kindern auf dem Hof geboren. Er ist katholisch, verheiratet und hat neben einem neunjährigen Pflegesohn zwei leibliche Söhne im Alter von acht und sieben Jahren. W. ist gelernter Landwirt. Er war nie auswärts tätig, da sein Vater nach der Rückkehr aus dem Krieg stets kränklich war. Den Betrieb, welchen seine Urgroßmutter gekauft hatte und der über Generationen weitergegeben worden war, hat W. 1984 bereits mit 21 Jahren übernommen und 1992 auf EU-Biolandwirtschaft umgestellt.

Der Hof hat zehn Hektar landwirtschaftliche Nutzfläche. Davon sind eineinhalb Hektar Ackerland, der Rest Grünland. Die Familie hat weitere vier Hektar Grünland und eineinhalb Hektar Ackerland dazu gepachtet. Der Ackerbau beläuft sich auf reinen Getreideanbau. An Tieren besitzt W. rund zwanzig Rinder, davon zehn Kühe und deren Kälber zur Selbstvermarktung. Hinzu kommen fünf Schweine, ebenfalls zur Selbstvermarktung. Hühner und

Gänse gibt es zum Eigenbedarf. Ein paar Schafe und Ziegen weiden die steilen Flächen ab.

Von der Grundsubstanz des Hofs aus dem Jahr 1757 sind heute noch die Scheune und die Dachkonstruktion original erhalten. Das Wohnhaus hat W.s Vater 1957 neu aufgebaut. Der Stall wurde bereits zweimal umgebaut.

Auf dem Hof leben Familie W. mit ihren drei Jungs sowie die Mutter des Landwirts. Feste Mitarbeiter beschäftigen sie nicht, manchmal kommen Praktikanten oder Ferienjobber.

Teilnehmende Beobachtung

EU-Bauer W. verspätete sich zum Leidwesen seiner Frau beim Interviewtermin. „Er sollte längst da sein, er muss gleich noch den Sohn zum Trompetenunterricht bringen. Immer das gleiche …“[214] Ich stellte sie vor die Wahl, mit dem Interview zu beginnen, da zunächst allgemeine Daten zur Familie und der Hofgeschichte anstanden. Sie willigte ein und erzählte gerne über das Leben auf dem Hof. Nach einer Viertelstunde kam der Bauer und übernahm ihren Part und wir begannen mit dem themenzentrierten Teil des Interviews. Die drei Jungs der Familie tummelten sich immer wieder in der Küche, obwohl sie zum Brezel-Essen in die Stube gelockt wurden. So erhielt ich einen Einblick in das Familienleben.

---

214 Interviewaussage EU-Biobäuerin W. vom 14. November 2010.

4 Auswertung und Interpretation der Interviews

Die nun folgende Auswertung des Leitfadeninterviews widmet sich zunächst dem Naturverständnis der befragten Biobauern. Vor dem Hintergrund der theoretischen Überlegungen zum Thema „Kultur – Natur" geht es um die persönlichen Einstellungen der Landwirte: empfinden sie die sie umgebende Landschaft als „Kulturlandschaft" oder eher als „Naturlandschaft"? Seit wann besteht ein „ökologisches Bewusstsein"? Seit wann besteht Interesse an der ökologischen Landwirtschaft? Wie äußert sich ein solches?

Anschließend geht es darum, die einzelnen Biobauern, ihre Motivation und ihr soziales Umfeld besser kennenzulernen. Wie stehen die Landwirte zur konventionellen Landwirtschaft? Gibt es Bestrebungen, konventionelle Kollegen zu „missionieren"? Welche Einflüsse üben Eltern oder Nachbarn aus, die nach konventionellen Kriterien wirtschafte(te)n? Wie hat sich der Hof nach der Umstellung auf ökologische Landwirtschaft entwickelt?

Im nächsten Teil interessieren die Auswahl des jeweiligen Anbauverbands sowie die Zusammenarbeit mit den entsprechenden Institutionen. Ein Abgleich mit den Zielen und dem Wirken der Lebensreformbewegung, die als einer der Ursprünge des ökologischen Landbaus gilt, schließt sich an. Untersucht werden dann Einfluss und Wirkung der „68er-Bewegung", der sich anschließenden Bürgerrechtsbewegungen sowie der Politik der Grünen. Zum Abschluss der Interview-Auswertung rücken persönliche Standpunkte der Biolandwirte in den Mittelpunkt: Wie verorten diese sich im Spannungsfeld zwischen Tradition und Moderne? Wäre für sie auch ein Leben in der Großstadt denkbar? Bestehen persönliche „Visionen" einer alternativen Lebensweise und Gesellschaft? Und abschließend: Ist „Biobauer" ihr Traumberuf?

4.1 Einstellung der Biobauern zu „Natur und Umwelt"

4.1.1 Naturverständnis

Während im theoretischen Teil dieser Arbeit die kontroverse Diskussion des Begriffspaares „Kultur und Natur" aus kulturwissenschaftlicher Sicht dargestellt wurde, befasst sich dieses erste Kapitel des empirischen Teils mit dem Naturverständnis der befragten Biolandwirte. Was verbinden diese mit dem Begriff „Natur"? Was bestimmt ihre (kulturelle) Auffassung von Natur? Handelt es sich bei den verschiedenen Auffassungen von „Natur" im Zusammenspiel mit der kulturell geprägten, landwirtschaftlichen Tätigkeit eher um dualistische oder integrative Beziehungen von „Kultur“ und „Natur“? Um diese Fragen zu beantworten, wurden die Landwirte mit den Begrifflichkeiten „Natur“, „Umweltschutz“ und „Nachhaltigkeit“ konfrontiert.

Landwirte greifen mit ihrer alltäglichen Arbeit unweigerlich in die Natur, in die sie umgebende Landschaft ein und gestalten sie mit. Es handelt sich demnach nicht um „unberührte Natur“, sondern um eine kulturell geprägte Landschaft. Wie empfinden dies die ökologisch wirtschaftenden Bauern? Nehmen sie ihre Umgebung, ihr Arbeitsumfeld als reine, unberührte „Natur“ auf oder als von ihnen mitgestaltete „Landschaft“ oder assoziieren sie etwas ganz anderes mit dem Begriff?

„Natur ‚allein‘, als apriorisches Substrat, lässt sich nur schwer denken“[215], kulturwissenschaftlich jedoch als Beziehungsgeschichte deuten, so die Auffassung Köstlins. Die folgende Analyse der von den Befragten geäußerten Naturauffassung erfolgt vor dem Hintergrund des theoretischen Kultur-Natur-Modell Gerndts mit dessen dualistischen Thesen „Natur im Gegensatz zu Kultur“ und „Kultur als Akzident der Natur“ sowie seinen integrativen Ansichten: „Kultur als Teil der Natur“ und „Kultur als Hülle der Natur“.[216] Ein besonderes Augenmerk gilt der jeweiligen Verbandszugehörigkeit der Befragten. Mögliche verbandsinterne Gemeinsamkeiten, aber auch Unterschiede geben Aufschluss über die Bedeutung dieses organisatorischen Hintergrunds der Biobauern.

Demeter

Wie schwierig eine Erläuterung des Begriffs „Natur“ auch für einen Biobauern sein kann, zeigt folgende Äußerung:

> „[…] Natur ist für mich eigentlich äh … das, was um mich herum, ich würd’s eher als Kulturlandschaft bezeichnen. Nicht? Die ich eigentlich äh versuch’ zu erhalten. Oder die ich eigentlich mit dem, was ich mache … ja, versuch’ eigentlich zu gestalten, nicht? Also das … Natur hat, hat für mich was zu tun, wo ich eigentlich außen vor bin, wo ich, wo ich sozusagen alles äh sich selbst überlasse. Das tue ich als Landwirt eigentlich nicht, sondern äh … ich greife ein … und versuche, das so zu machen, dass ich äh, das ganze System da bereichere. Dass ich neues Leben schaffe, mehr schaffe, Vielfältigkeit schaffe … […]?“ (Demeter-Landwirt F.)

215 Köstlin 2001, S 7.
216 Vgl. hierzu Kapitel 1.5.3 sowie Gerndt 1996, S. 170-179.

Der Befragte verweist auf zwei kontroverse Naturauffassungen: Zunächst spricht er von der ihn umgebenden Natur als „Kulturlandschaft", in und mit der er arbeitet. Diese integrative Ansicht fußt auf der Vorstellung von „Kultur als Hülle der Natur", da er diesen Part durch seine landwirtschaftliche Tätigkeit mitgestaltet. Ein solches Naturverständnis entspricht auch Köstlins Vorstellung von unserer Begegnung mit Natur: „Unsere Formen mit Begegnung mit der Natur sind nicht Formen der Natur"[217], sondern bereits Kultur. In einem nächsten Moment aber stellt Demeter-Landwirt F. „Natur" als etwas dar, in das er nicht eingreift – als „unberührte Natur". Der Landwirt unterscheidet somit zwischen einer ihm direkt zugänglichen Kulturlandschaft und unantastbaren Naturgebieten, was der dualistischen Vorstellung von Natur im Gegensatz zu Kultur entspricht.

Die Vorstellung von „Kultur als Hülle der Natur" basiert auf einer kulturellen Überformung von Natur. Menschliche Bewertungen von Naturerscheinungen lassen diese als kulturelle Phänomene erscheinen. Demeter-Landwirt G. beurteilt die Natur gemäß diesem kulturphilosophischen Ansatz:

> „... Ja ... ha, die Natur, die Natur ist ein wunderbares Phänomen, das wir ... ja, absolut noch nicht kennen. Ne? Wir machen Genforschung, wir machen, wir machen alles möglich. Wir arbeiten mit Kunstdünger. Wir arbeiten mit Giften, die wir gar nicht, ja wir arbeiten mit Atom, wo wir gar nicht wissen, was das für Auswirkungen hat." (Demeter-Landwirt G.)

Der Befragte bezieht den Naturbegriff nicht auf seine landwirtschaftliche Tätigkeit, sondern kritisiert den Umgang der Menschen mit der Schöpfung. Ihm scheint ein sanfter Umgang im Sinne der biologisch-dynamischen Landwirtschaft angemessen im Gegensatz zur Nutzung von chemischen Hilfsmitteln, Atomkraft und Gentechnik. Im Intellekt der Menschen sieht er die Mitschuld am beschriebenen „Fehlverhalten" gegenüber der „Natur":

> „Und ... ja, eben, man lernt eigentlich ... durch den Intellekt, die Erde, wenden wir uns wahnsinnig von dieser ganzen Erde ab." (Demeter-Landwirt G.)

Der Landwirt blickt zur Erde auf. Dies wird mit seiner folgenden Metapher noch verschärft. Angesprochen auf den Aspekt „Umweltschutz" meint er:

> „[...] Es gibt doch so einen schönen Spruch: Eben, wenn die Erde irgendwo eine Kugel wäre im Wald und, und dann würden alle Leute

217 Köstlin 2001, S. 1.

> hin pilgern, sie anschauen, wie schön das es ist und selbst merken sie nicht, dass man darauf wohnt." (Demeter-Landwirt G.)

G. zeigt sich fassungslos darüber, wie teilweise mit dem Planet Erde, der für ihn die „Natur" symbolisiert, umgegangen wird. Er ist jedoch der Meinung, jeder könne nur an sich selbst arbeiten. Idealerweise ergäbe sich dadurch ein Leben mit guten Gedanken und Taten für die Umwelt. Die angesprochene „Selbsterziehung" ist Bestandteil der Lehre Rudolf Steiners.[218] Dieser geht davon aus, dass durch das vorbildhafte Verhalten jedes Einzelnen die Gesellschaft positiv beeinflusst wird. Deutlich wird hier die hohe Affinität des Demeter-Landwirts zu der Lehre Rudolf Steiners, welche sich auch bei anderen Demeter-Landwirten findet.[219] Demeter-Landwirt S. versucht beispielsweise, mit dem biologisch-dynamischen Landbau die Fehler der Landwirtschaft aus den vergangenen 80 Jahren zu korrigieren: „Wachstum um jeden Preis" mit Zuhilfenahme chemischer und synthetischer Mittel. Als Demeter-Landwirt liegt ihm aber viel daran, nicht nur die vorindustrielle Landwirtschaft wieder zu beleben,

> „[...] sondern dass man eben aktiv in die direkte Sphäre geht und direkt an die Lebenskräfte anschließt und versucht, auf der Lebenskräfteebene die Sache wieder lebendiger und kräftiger zu kriegen." (Demeter-Landwirt S.)

Der Biobauer verfolgt mit dieser Vorstellung der biologisch-dynamischen Wirtschaftsweise eine integrative Vorgehensweise, bei der Kultur als Hülle der Natur fungiert, da er sich für ein aktives Eingreifen der Landwirte in die ihn umgebende Sphäre eingreift, um positive Auswirkungen auf die Natur zu erlangen. Die angesprochene „Lebenskräfteebene" verdeutlicht neben dem Ausdruck „Sphäre" die Nähe des Landwirts zur Anthroposophie. Deren Begründer Rudolf Steiner unterteilt Lebewesen in ein viergliedriges Schema.[220] Neben dem „Ich" des Menschen existiert der „physische Leib", der „Ätherleib" – auch „Lebensleib" genannt – und der „Astralleib" oder „Seelenleib", der das bewusste Innenleben meint. Über dieses verfügen außer den Menschen auch die Tiere, jedoch nicht die Pflanzen. Während der physische Leib mit

218 Vgl. hierzu: Haas, Harald: Rudolf Steiner. Sich selbst erziehen: Das Geheimnis der Gesundheit. Basel 2014.

219 Diese Verwurzelung im anthroposophischen Ansatz des ökologischen Landbaus kommt im Verlauf der Interviews mit den fünf Demeter-Landwirten an diversen Stellen zum Vorschein, wie die folgende Auswertung zeigen wird.

220 Vgl. hierzu: Marti, Ernst: Die vier Äther: Zu Rudolf Steiners Ätherlehre. Elemente – Äther – Bildekräfte. Basel 2010.

den menschlichen Sinnen wahrzunehmen ist und von den höheren Wesensgliedern durchzogen wird, die zu übersinnlichen Kräften befähigen können, stellt der sogenannte „Ätherleib" als „lebenserfüllte Geistgestalt" die „Lebenskraft" dar. Dieses „lebendige Ineinanderfließen" geschieht bei Menschen, Tieren und auch Pflanzen. Demeter-Landwirt S. meint diese den Pflanzen innewohnenden Lebenskräfte, wenn er von der „Lebenskräfteebene" spricht. Die „Sphäre" deutet auf die nach anthroposophischer Lehre existierenden „Naturwesen" hin, auf die folgender Demeter-Kollege zu sprechen kommt und in diesem Zusammenhang genauer erläutert:

> „Ja, also ich bin nicht so ein Umweltschutztyp … ich hab' mehr so das Bild, … äh, dass Mensch und Natur sich zusammen weiter entwickeln durch den Menschen. Durch das, was der Mensch mit den … Naturwesen macht. Mit den Pflanzen, den Tieren, also grad, grad die Gestaltung eines landwirtschaftlichen Betriebs in Form eines Organismus. So. wo … man nicht, wo wirklich sozusagen der, der Erdenort, wie er halt konfiguriert ist, zur Geltung kommen kann. Also, dass man also das nicht verfremdet mit Düngern … und Futtermittel von außen irgendwie, also massenhaft Stoffe von außen einführt." (Demeter-Landwirt H.)

Der Landwirt setzt Naturwesen mit Pflanzen und Tieren gleich. Die Anthroposophie versteht darunter nicht ausschließlich diese sichtbaren Erscheinungen, sondern unsichtbare „Kräfte", die in und zwischen den Wesen der Schöpfung fungieren. Steiner lehrte seine Anhänger, die Erde sei von göttlichen Wesen erschaffen worden und zu ihrem Fortbestehen hätten sich Naturwesen und Geistwesen mit dem Wesen „Erde" verbunden.[221]

Die Bezeichnung H.s eines landwirtschaftlichen Betriebs als „Organismus" geht auf Steiners Vorstellung eines „Betriebsorganismus" mit „geschlossenem Kreislauf" zurück, die weitere Maßstäbe für die biologisch-dynamische Wirtschaftsweise darstellen (Kap. 2.3.2). Es wird deutlich, wie sehr dessen vor rund 90 Jahren entwickelte anthroposophische Naturauffassung noch heute die Demeter-Landwirte beeinflusst.

Agrarbiologe H. liegt daran, dass sich Mensch und Natur gemeinsam weiterentwickeln – bestimmt durch den Menschen. Dies entspricht Köstlins Auf-

221 Das Thema „Kräfte in der Natur" wäre eine eigene Arbeit wert und kann hier nicht in ausführlichem Rahmen besprochen werden. Volkskundlerin Nana Hartig behandelt die Thematik in einem kurzen Abschnitt ihrer Dissertation aus dem Jahr 2004, die sich mit mythischen Aspekten menschlicher Gartenerfahrungen auseinandersetzt. Vgl. Hartig, Nana: Menschen im Garten. Gartenerfahrungen als Spiegel mythischen Denkens. Freiburg i. Br. 2004, S. 290-298.

fassung, Natur an sich existiere für uns nicht, da sie stets „definiert, domestiziert und zugerichtet“[222] sei. Die Menschen greifen durch ihr Verhalten in die Natur ein und verändern diese. Kultur fungiert hier als „Hülle der Natur“. Im Zuge einer solchen Entwicklung zur „Kulturlandschaft“ betont Demeter-Landwirt H. den „Betriebsorganismus“. Zwar gilt heute ein möglichst in sich geschlossener Betriebskreislauf für die Biobauern sämtlicher Anbauverbände als erstrebenswert, der Demeter-Verband geht in seinen Vorgaben erlaubter Zukäufe in Form von ökologischen Futter- oder Düngemitteln jedoch am weitesten. Für biologisch-dynamische Landwirtschaftsbetriebe ist Tierhaltung als Teil des Betriebsorganismus unabdingbar. Eine Hofbewirtschaftung unter obigen Bedingungen bedeutet für Demeter-Landwirt H. die Grundlage für eine gesunde Weiterentwicklung der Natur durch den Menschen. Wie die bereits zitierten Demeter-Landwirte geht er von einem integrativen Zusammenspiel von Natur und Kultur aus, bei dem die Natur ein Teil der Kultur darstellt, da der Mensch als kultürliches Wesen in die Natur eingreift und mit ihr arbeitet.

Bioland

Im Vergleich zum biologisch-dynamischen Landbau basiert die organisch-biologische Wirtschaftsweise des Bioland-Verbands verstärkt auf naturwissenschaftlichen Erkenntnissen von Bodenbeschaffenheit und Pflanzenwelt. So stellten sich die Fragen, ob die Bioland-Landwirte einen eher wissenschaftlich-nüchternen Umgang mit der Begrifflichkeit „Natur“ pflegen oder ob sie die Ideologie ihres Anbauverbands nicht so verinnerlicht haben wie die Demeter-Landwirte ihre anthroposophische Ausrichtung. Tatsächlich fällt bei den Bioland-Landwirten zunächst eine enorme „ökologische“ Selbstverständlichkeit gegenüber den Begriffen „Natur“, „Umweltschutz“ und „Nachhaltigkeit“ auf. Für sie gehören diese unweigerlich zum ökologischen Landbau, ohne dass sie Definitionsversuche oder Erläuterungen derselben anstreben wie es den Demeter-Landwirten stets ein Bedürfnis war. Für Landwirt M. sind die Naturbegriffe schlicht ein elementares Ziel ökologischer Landwirtschaft:

> „… Ja klar, also darauf kommt's, kommt's an und so und das irgendwie auch äh … wie soll man sagen? So als Ziel eines ökologischen Landbaus.“ (Bioland-Landwirt M.)

Zwar verzichtet der Biobauer auf eine ausführliche Erklärung, dennoch lässt sich am Wort „ökologischer Landbau“ ein Eingreifen in die Natur im Sinne von „Land“ ableiten. „Landbau“ bedeutet „das Land bebauen“, was unwei-

---

222 Köstlin 2001, S.10.

gerlich mit einer Formung von Landschaft gleichzusetzten ist. Der Mensch greift durch seine landwirtschaftliche Tätigkeit in die ihn umgebende natürliche Landschaft ein. Diese Einstellung basiert auf dem integrativen Modell, bei welchem die „Kultur als Hülle von Natur“ erscheint. Der Bauer umhüllt die ihn umgebende Natur mit seinem kulturellen Schaffen und formt aus ihr eine Kulturlandschaft. Er integriert sie in seine Kultur.

Bioland-Landwirt L.s Auffassung des Naturbegriffs ähnelt der des eben zitierten Kollegen M.:

> „Natur gehört genauso wie Umweltschutz zur Landwirtschaft, wenn man diese ernst nimmt!“ (Bioland-Landwirt L.)

Der Biobauer integriert in seiner Aussage Natur in die landwirtschaftliche Tätigkeit, welche – aufgrund vom Menschen ausgeübt – als „kulturelles Schaffen“ angesehen werden kann. Kultur dient hiermit ein weiteres Mal als „Hülle der Natur“.

Bioland-Landwirtin R. zeigt sich zunächst skeptisch gegenüber den Begriffen „Natur“, „Umweltschutz“ und „Nachhaltigkeit“ und bezeichnet diese als „ausgelutscht“. Im Gegensatz zu Demeter-Landwirt H., welcher den Nachhaltigkeitsbegriff als „en vogue“ einstuft. Während „Nachhaltigkeit“ für ihn ein aktuelles gesellschaftliches Thema darstellt, scheint Bioland-Landwirtin R. von der Nachhaltigkeits- und Umweltschutzdiskussion übersättigt zu sein. Mit der Erläuterung, ihre landwirtschaftliche Arbeit sei „Naturschutz“, stimmt sie mit den anderen Bioland-Landwirten überein, welche die drei Begriffe als Charakteristikum für den ökologischen Landbau sehen. Die Bioland-Landwirtin beschreibt die Zugochsen des Partnerbetriebs als Idealbild des ökologischen Landbaus und bedauert, mit diesen Tieren auf ihrem Grünlandbetrieb nicht arbeiten zu können. Die Bedeutung der Landwirtschaft für die Natur besteht für sie in einem Zusammenspiel der beiden:

> „Ehm, aber ich denk', Naturschutz ist … ehm, Landwirtschaft mit der Natur und nicht … oder … mh, gemeinsam mit der Natur. Und nicht … die Natur ausnutzen.“ (Bioland-Landwirtin R.)

Die Aussage „Landwirtschaft gemeinsam mit der Natur“ widerspricht einem dualistischen Modell, bei dem sich „Kultur“ und „Natur“ gegenüber stehen. Es wird bei dieser Wortwahl jedoch nicht sogleich deutlich, ob „Kultur“ als Teil der „Natur“ anzusehen ist oder „Natur“ als Teil der „Kultur“. Erst die Erklärung „Und nicht … die Natur ausnutzen“ weist auf Letzteres hin, auf das integrative Konzept „Kultur als Hülle der Natur“, da die Landwirtin dem

Menschen auch die Option zuspricht, die Natur auszubeuten anstatt mit ihr zusammen zu arbeiten.

Im Allgemeinen lässt sich feststellen, dass die Biolandwirte, obwohl sie sich nicht zu tiefergehenden Erklärungen verpflichtet fühlen oder Rückschlüsse auf die Biolandgeschichte anstellen, wie die Demeter-Landwirte von einem integrativen Kultur-Naturverständnis ausgehen, bei dem stets die „Kultur als Hülle der Natur" dient und nicht die „Kultur als Teil der Natur". Der Mensch behält trotz Zusammenspiel die Oberhand über die ihn umgebende „Natur", die er zu einer „Kulturlandschaft" formt.

Naturland

Bei der Bewertung von Aussagen bezüglich „Natur" fällt auf, dass die Biobauern des jüngsten Anbauverbands anders mit den Begriffen umgehen als die Demeter-Landwirte und Bioland-Bauern. Sie verorten sich in diesem Zusammenhang weder in der Verbandsideologie noch in der Selbstverständlichkeit eines ökologischen Landbaus an sich, sondern legen ihren Schwerpunkt auf Themen wie „Globalität", „Bodenfruchtbarkeit" und „Förderprogramme". Lediglich ein Naturland-Landwirt – es handelt sich um Biobauer V. – setzt sich aus philosophischer Perspektive mit den Begriffen auseinander – und dies auch erst auf Nachfrage. Er zeigt sich zunächst mit allen genannten Begriffen einverstanden, ohne diese definieren oder hinterfragen zu wollen. Um dennoch etwas über seine genaueren Ansichten zu erfahren, erinnere ich ihn daran, dass er sich gegen Spritzmittel ausgesprochen hat. Nun möchte ich wissen, ob dies in gesundheitlichen Gründen oder in Umweltschutzüberlegungen wurzelt oder dem Schutz der Erde dienen soll. Landwirt V. führt aus:

> „Ehm, ich hab' nur die Erde. Von so rum: Ich hab' nur die Erde und äh, mit dem äh auszukommen … äh muss man sich vielleicht gedanklich … äh davon trennen, dass ich den Standort brauch'. Ich brauch' den Boden. Und wenn ich den Boden hab', dann äh muss ich alles integrieren. […]" (Naturland-Landwirt V.)

Der Biobauer bezieht damit eindeutig Stellung gegen eine Ausbeutung der Erde, welche an „Standorten" stattfindet. Der Ausdruck „Standorte" lässt die der Landwirtschaft zur Verfügung stehende Natur als neutralen Ort erscheinen, der ihr zur Ertragsgewinnung zur Verfügung steht. Im Gegensatz zu einem integrativen Umgang mit der Natur charakterisiert sich ein dualistisches „Natur-Kultur-System" über die Ausbeutung von Natur. Der Biobauer bevorzugt den Begriff „Boden" anstelle von „Standort", womit ein integrativer Hintergrund deutlich wird. Auch hier lässt sich das Modell „Kultur als Hülle der Natur“ erkennen. Der Mensch greift in die natürlichen Abläufe ein, er muss dabei mit den Worten des Landwirts „alles integrieren“. Hierbei setzt er auf den Kreislaufgedanken des ökologischen Landbaus. Dies nicht alleine aus Gründen des Umweltschutzes, sondern auch aus wirtschaftlichen Gründen. Er sieht nach eigener Angabe nicht ein, betriebsfremde Konzerne und Händler zu unterstützen und zu bezahlen, von denen er dadurch auch noch abhängig werde:

> „Will ich nicht. Also aus dem Grund: Äh, die Nachhaltigkeit ganz klar im Betrieb halten. […]“ (Naturland-Landwirt V.)

Nach dem „Prinzip Flucht“, wie er es nennt, kaufe er so wenig wie möglich zu, was aufgrund der verfügbaren Ackerfläche weitestgehend funktioniere. Einzig im Energiebereich fehle es ihm noch an der Unabhängigkeit. Diese zu erreichen sei ein Ziel, egal ob mit Wind- oder Wasserkraft:

> „Wenn wir das haben, dann macht uns die Wirtschaftskrise eigentlich nichts.“ (Naturland-Landwirt V.)

Er ist froh, durch seine Arbeitsweise der in der konventionellen Landwirtschaft oftmals vorhandenen Abhängigkeit von Großkonzernen Widerstand leisten zu können.

Doch es ist nicht nur der konventionelle Landbau, der – notgedrungen oder freiwillig – mit unliebsamen Methoden wie den genannten Zukäufen arbeitet. Innerhalb der ökologischen Wirtschaftweise bestehen Diskrepanzen zwischen kleineren und mittleren Betrieben, wozu alle Höfe der befragten Landwirte zählen, und industriellen Bio-Großbetrieben, die weniger aus ökologischen Gründen als vielmehr aus rein wirtschaftlichen Interessen arbeiten. Naturland-Landwirt M. verbindet mit den Begriffen „Natur“, „Umweltschutz“ und „Nachhaltigkeit“ die Gefahr des Missbrauchs:

> „… Äh … Das ist ein globales Problem. Weil es nichts nützt, es nützt nichts, wenn einzelne Betriebe Bio machen oder vielleicht jetzt auch äh durch das Meka-Programm[223] oder sonstige äh För- Wahlprogramme im Osten auch Großbetriebe, die auch Flächen haben, von den Böden her schlecht sind und konventionell nichts hergeben, dann macht man halt bio und nimmt das Geld in Sack vom Biozuschuss und fertig ist der Lack.“ (Naturland-Landwirt M.)

223 Vgl. hierzu Kapitel 2.1.2, S. 33f.

Dem Biolandwirt missfallen die für ihn zu großen Gegensätze auf der Welt und das finanzbestimmte Denken entscheidungsbefugter Menschen. Ein Zuschuss für 1.000 Hektar große Betriebe ist seiner Meinung nach unsinnig, da diese aufgrund ihrer Größe bereits über einen wirtschaftlichen Vorteil verfügten. Für den Landwirt steht fest:

> „Also, finanzgesteuerte äh Agrarpolitik oder Denken wird nie äh naturverbunden sein. Das geht nicht. Entweder man lässt das Geld weg und macht es natürlich oder, oder halt anders." (Naturland-Landwirt M.)

Im Leitmotiv „ökologische Landwirtschaft als natürliche Landwirtschaft" findet sich die bereits von Naturland-Landwirt V. geäußerte Überzeugung, bei der Landbewirtschaftung den Boden, die Erde zu sehen und nicht von einem rein zweckbestimmten Standort auszugehen. Diese Haltung ist auch bei Naturland-Kollege F. erkennbar, der die Begriffe „Natur", „Umweltschutz" und „Nachhaltigkeit" in Zusammenhang mit Erhaltung der Bodenfruchtbarkeit und einer anzustrebenden Kreislaufwirtschaft bringt:

> „… Gut, ich denk' immer, dass das halt das hat, was jetzt Jahrhunderte lang funktioniert hat, die Bodenfruchtbarkeit erhalten und die Kreislaufwirtschaft, Dreifelderwirtschaft und so weiter … und das kann ja nichts Schlechtes sein und das, was man mit der Düngung in den letzten 50 Jahren … eigentlich erst zustande gekommen ist und auch die Folgen, wo man sieht, das äh … das hat mich nicht überzeugt, nicht?" (Naturland-Landwirt F.)

Altbewährte landwirtschaftliche Arbeitsweisen stuft der Landwirt als „umweltgerecht" ein. Im Gegensatz zu den negativen Folgen der chemisch-synthetischen Düngung. Diese sind allgemeinhin bekannt als „Umweltverschmutzung" im Sinne von Pestizidrückständen in Grundwasser und Erdboden sowie in Nahrungsmitteln. Mit der Kreislaufwirtschaft auf seinem Hof zeigt sich der Biobauer zufrieden:

> „… Ja, na … durch die Fruchtfolge … und äh die Leguminose kriegt man eigentlich den Stickstoff umsonst. Und wenn man die Leguminose wieder verwerten kann übers Vieh, dann hat man eigentlich den Kreislauf, wo wir möchten und das funktioniert eigentlich auch recht gut mittlerweile, nicht? Haben wir … gar keine Probleme." (Naturland-Landwirt F.)

Bis jetzt war bei den bislang befragten Naturland-Landwirten eine Naturverbundenheit im Sinne einer Wertschätzung ihrer Umgebung, in und mit der sie arbeiten – hier speziell der Boden – erkennbar. Naturland-Landwirt R. hingegen antwortet auf die Frage nach den Begriffen „Natur", „Umweltschutz" und „Nachhaltigkeit" ganz nüchtern:

> „Ganz klar, bloß sollte es auch noch ein bisschen honoriert werden natürlich, gell? Das ist halt auch äh … ja … ich mein', klar wird's über's Meka[224] schon auch noch ein bisschen honoriert, aber es ist auch nicht soooo überragend jetzt, dass man damit reich werden täte, also […]" (Naturland-Landwirt R.)

Dieser Biobauer hinterfragt die Begriffe nicht. Er wünscht sich vielmehr für seine Arbeit im Einklang mit der Natur mehr finanzielle Anerkennung. Tatsächlich investierte er in den vergangenen Jahren mehrere Tausend Euro erst in die Milchkuhhaltung und später in die Bio-Hähnchen-Zucht und deren Vermarktung. Er hat das Gefühl, für seine Investitionen zu wenig zurück zu bekommen:

> „Kommt zu wenig, ja. 100 prozentig. Das ist … das ist halt in der Landwirtschaft so, gell?" (Naturland-Landwirt R.)

Landwirtschaft werde es zwar immer geben, da ist sich der Landwirt sicher. Es bleibt für ihn die Frage, wo das sein wird. Der Biobauer sieht die zukünftige einheimische Landwirtschaft durch importierte Nahrungsmittel in Gefahr. Hiermit schließt er sich seinem bereits zitierten Naturland-Kollegen M. an, der die Globalisierung für aktuelle Probleme verantwortlich macht.

Die Naturland-Landwirte zeigen sich bei der Erörterung ihres Naturverständnisses unbeeinflusst von den ideologischen Ausrichtungen ihres Verbands. Es fällt auf, dass sie sich wie schon erwähnt, sehr pragmatisch dem Naturbegriff nähern und diesen fast alle in Zusammenhang mit einer globalen Landwirtschaft stellen.

EU-Biolandwirte

Bisher gingen die befragten Biolandwirte der Verbände „Demeter", „Bioland" und „Naturland" überwiegend von einer Natur als Kulturlandschaft aus, in und mit der sie arbeiten. Als landwirtschaftlich tätige Menschen greifen sie in die Abläufe der Natur ein. Den Ansatz, Natur als unberührte Erscheinung im Gegensatz zu Kultur als „von Menschhand Gemachtes" zu sehen, macht

224 Vgl. hierzu Kapitel 2.1.2.

sich lediglich ein Demeter-Landwirt zu eigen, indem er die Natur als „Phänomen“ bezeichnet. Doch auch EU-Biolandwirt W. sieht „Natur“ als eigenständiges Leben:

> „.... Natur ... Natur find' ich einfach schön. Also ich, ich ähm, ich ... hab' auch äh, einige Flächen, die, die wirklich als Biotop bewirtschaftet werden. Wo man also gar nichts macht, nur mäht und ich staun eigentlich immer, was für eine Vielfalt.“ (EU-Biolandwirt W.)

Das Wort „Biotop“ besteht aus den griechischen Wörtern „bios“ (Leben) und „topos“ (Ort). Biotope stellen natürliche Lebensräume einer Lebensgemeinschaft mit relativ einheitlichen Lebensbedingungen dar.[225] Der Mensch greift in diese Gebiete gar nicht oder lediglich streng limitiert ein wie beispielsweise das von Biobauer W. geäußerte Mähen in seinen Biotopen. Ansonsten bleibt er Beobachter und „staunt“ über die natürlich entstandene Vielfalt der Pflanzen und Tiere. Im Vergleich zu den landwirtschaftlich geprägten Kulturlandschaften kommen diese Biotope der „unberührten Natur“ am nächsten. „Natur“ steht hier deutlich im Gegensatz zur Kultur, die in diesem dualistischen Modell als „Hochkultur“ einzustufen ist.[226] Nicht ganz so abstrakt, jedoch ähnlich, definiert EU-Biolandwirt V. den Naturbegriff. Nach längerem Nachdenken begreift er „Natur“ als etwas „Gegebenes“ anstatt etwas vom Menschen „Gemachtes“:

> „... Hä, einfach das ... ja, das, mit dem leben und zufrieden sein mit dem, was die Natur hergibt ... wenn jetzt dieses Jahr ein gutes Jahr ist. Wir haben viel Regen gehabt ... es ist alles gut gewachsen.“ (EU-Biolandwirt V.)

Die Natur ist für diesen Biobauern vorhanden und kaum beeinflussbar. Zum ersten Mal setzt ein Landwirt „Natur“ direkt mit natürlichen Erscheinungen wie „Regen“ in Verbindung. Die Arbeit im Einklang mit der Natur macht ihn zufrieden. Es gäbe jedoch auch „schlechte Jahre“, in denen beispielsweise wenig Humus entstünde und das Futter für die Tiere nur schwer zu beschaffen sei.

Zur weitverbreiteten Meinung, viele EU-Biolandwirte wirtschafteten lediglich aus finanziellen Aspekten ökologisch, passt die Einstellung des EU-Biolandwirts G., der die Begriffe „Natur“, „Umweltschutz“ und „Nachhaltigkeit“ zunächst mit „Programmen“ gleich setzt:

---

225 Vgl. hierzu: http://www.enzyklo.de/Begriff/Biotop (Stand 22.11.2014).

226 Vgl. hierzu Kapitel 1.5.3.

„Umweltschutz, Nachhaltigkeit? Ja … ich mein, es ist schon gut, dass es so Programme gibt … und auch, dass man ein bisschen äh … mehr schaut.“ (EU-Biolandwirt G.)

Erst im zweiten Teil des Satzes kommt er auf Verantwortung für die Umwelt zu sprechen. Hochintensiver Landwirtschaft kann der Landwirt nur wenig abgewinnen. Er führt als Beispiel den Anbau von Maisfeldern für Biogasanlagen an:

„[…] Einmal wird der Boden ausgeraubt, äh, was die alles auf der Straße lassen: Diesel, Reifen und Zeug. Ich bin mir auch nicht sicher, ob die Rechnung immer aufgeht, gell? Also mir ist lieber, ich mache da weniger und kriege ein bisschen etwas vom Staat und ja.“ (EU-Biolandwirt G.)

Zunächst ist durch die Aussage „der Boden [wird] ausgeraubt“ ein dualistisches System erkennbar, bei dem „Kultur“ über der „Natur“ steht. Für sich selbst bevorzugt der Biobauer eine kleinstrukturierte Landwirtschaft. Es fällt jedoch auf, dass der finanzielle Rahmen ausschlaggebend für den Umgang mit dem Begriff „Natur“ ist. Um doch noch etwas über seine innere Einstellung zu den drei Begriffen zu erfahren, frage ich nach, ob er sich freue, etwas für die Umwelt tun zu können:

„Nein. Haja. Das ist schon ok. Das finde ich schon gut. Das kommt auch hier in der Wirtschaft gut an. Gell. Jaja.“ (EU-Biolandwirt G.)

Besonders „natur- und umweltfreundlich“ zu wirtschaften, ist für den Biobauern nichts weiter als „schon ok“. Wichtiger scheint ihm die Resonanz seiner Gäste auf seine Arbeit, die eine weitere finanzielle Einnahmequelle darstellen. Auf Nachfrage erwähnt der Landwirt, beim Kochen nicht ausschließlich Biozutaten zu verwenden und auch das „Biofleisch“ nicht als solches zu deklarieren:

„Nein. Nein, nein. Ich mache das Bio nur, weil ich es brauche für die Erzeugergemeinschaft zum Beliefern und wegen dem Finanziellen. Also in der Wirtschaft mache ich kei-, habe ich nirgends in einer Speisekarte äh Bio stehen. […]“ (EU-Biolandwirt G.)

Seine Kundschaft frage nicht nach „Biozutaten“, es falle allgemein die Qualität des Fleisches auf und die Gäste freuten sich an den gut gehaltenen Tieren auf der Weide. Die Tatsache, dass die EU-Bio-Kontrollstelle namens „Lakon“ demnächst nicht nur den Hof, sondern auch die Gaststätte überprüfen wolle, sieht er als unnötiges „Geldkassieren-Wollen“ an. Er fügt in Bezug auf die Fleischkennzeichnung lachend hinzu:

> „Ich brauche das nicht, und das kann die Lakon nicht verstehen.“ (EU-Biolandwirt G.)

Der EU-Biobauer gleicht in seinen Aussagen stark Naturland-Landwirt R. Beide stellen ihre wirtschaftlichen Interessen in den Vordergrund.

Resümee

Zusammenfassend lässt sich sagen, dass die Demeter-Landwirte stark von der Ideologie ihres Verbands beeinflusst sind und sich sehr reflektiert zu den Begrifflichkeiten äußern. Für die Bioland-Landwirte erscheinen die Begriffe im Rahmen einer ökologischen Bewirtschaftung als selbstverständlich. Die Naturland-Landwirte betrachten die Begrifflichkeiten mehrheitlich aus einer globalen Perspektive. Unter den EU-Biolandwirten herrscht keine einheitliche Haltung: Zwei betrachten „Natur“ als gegeben und unberührt. Ein Naturland-Landwirt und ein EU-Biolandwirt verorten die Begriffe vor dem Hintergrund der Wirtschaftlichkeit und betonen deren Nutzen.

Insgesamt sind sich nahezu alle Biobauern darüber bewusst, dass sie mit ihrer Arbeit in die Natur eingreifen, diese mitgestalten und verändern.

4.1.2 Gedanken zum Begriff „Nachhaltigkeit“

Die Thematik „Nachhaltigkeit“ fand und findet in den vergangenen Jahren und Jahrzehnten immer wieder gesellschaftliche Beachtung. Der Begriff ist nicht eindeutig definiert und wird kontrovers diskutiert:[227] „Die Gemeinsamkeit aller Nachhaltigkeitsdefinitionen ist der Erhalt eines Systems bzw. bestimmter Charakteristika eines Systems, sei es die Produktionskapazität des sozialen Systems oder des lebenserhaltenden ökologischen Systems. Es soll also immer etwas bewahrt werden zum Wohl der zukünftigen Generationen.“[228]

Für diese Arbeit ist der ökologische Aspekt von „Nachhaltigkeit“ von Interesse. In den 1980er Jahren entwickelten der britische NASA-Mitarbeiter und

227 Die Thematik genauer darzustellen, würde den Rahmen dieser Arbeit sprengen. Es wird deshalb auf weiterführende Literatur zum Thema verwiesen: Grunewald, Armin/Kopfmüller, Jürgen: Nachhaltigkeit. Frankfurt a. M./New York, 2006 und Klauer, Bernd: Was ist Nachhaltigkeit und wie kann man eine nachhaltige Entwicklung erreichen? In: Zeitschrift für angewandte Umweltforschung, Jg. 12, Heft 1 (1999), S. 86-97.

228 Klauer 1999, S. 96.

Naturwissenschaftler James Lovelock (geb. 1919) und die amerikanischen Biologin Lynn Margulis (1938–2011) das hypothetische „Gaia-Prinzip".[229] In diesem ökozentrischen Weltbild stehen „Atmosphäre, Biosphäre und die Summe allen Lebens auf dem Planeten [...] zueinander wie ein einziges integriertes physiologisches System, wie ein lebendiger Organismus."[230] Beginnend mit der ersten Mondlandung im Jahr 1969 vermittelte die Weltraumfahrt eine Außenansicht der Erde, welche unter anderem die Diskussion um das Phänomen „Globalisierung" auslöste. „Think globally, act locally" stand für eine weltweit engagierte ökologische Bewegung. Vor diesem Hintergrund bereitete die sogenannte „Brundtland-Kommission" der UNO im Jahr 1987 ein Nachhaltigkeitskonzept vor, das begrifflich in den Forstwissenschaften wurzelt.[231] Weltweite Beachtung erhielt das Dossier 1992 im Rahmen des „Erdgipfels" von Rio de Janeiro und der dort beschlossenen Agenda 21. Die Brundtland-Kommission definierte drei Säulen von Nachhaltigkeit, die es in Einklang zu bringen gilt: Ökologie, Ökonomie und soziale Strukturen. „Ökologie" umfasst die Erhaltung und Stabilisierung der Artenvielfalt, Biosphäre und Öko-Systeme – sprich: aller natürlichen Lebensgrundlagen. Eine darauf aufbauende Ökonomie nutzt überwiegend erneuerbare Energien und nachwachsende Rohstoffe, welche die Grundbedürfnisse der gesamten Menschheit langfristig und zuverlässig sichern. Konsensfähige soziale Strukturen tragen diese Vorgänge mit und führen so zu friedlichen Lösungen. Die Essenz der Nachhaltigkeitsidee besteht in der Verantwortung für die zukünftigen Generationen. Im Brundtland-Bericht von 1987 wird „Nachhaltigkeit" als Programm entwickelt, das einerseits den Bedürfnissen der heutigen Generationen gerecht wird und andererseits die Möglichkeiten zur Bedürfnisbefriedigung künftiger Generationen nicht gefährdet.[232]

Durch seine vielfache Verwendung verlor der Nachhaltigkeitsbegriff jedoch an Relevanz. „Nachhaltigkeit" wurde vielfach zu Werbezwecken missbraucht. Diese Entwicklung bewog einige der befragten Landwirte, den Begriff durchaus kritisch zu reflektieren:

---

229 Vgl. Grober, Ulrich: Die drei Säulen der Nachhaltigkeit. In: Buchholz, Kai u.a. 2001, Bd. 1, S. 581-583, 581.

230 Grober 2001, S. 581.

231 Der „Dauerwaldgedanke", erstmals erwähnt im Jahr 1923 von Forstwissenschaftler Alfred Möller, inspirierte zahlreiche Forstwissenschaftler zu einer sogenannten „ökologischen Waldwende", die nach der Waldsterbens-Debatte der 1980er Jahre und den Naturkatastrophen Anfang der 1990er Jahre diskutiert wurde. Eigenleben, Artenvielfalt, Waldästhetik – die Nachhaltigkeit aller Waldfunktionen – interessierten schon damals. Weiterführende Literatur zum Thema: Möller, Alfred: Der Dauerwaldgedanke. Heidelberg 1923.

232 Vgl. Grober 2001, S. 581.

„[…] Also natürlich gehört das auch dazu. Das ist klar. Aber äh …. Diesen Begriff, der sozusagen ‚en vogue' ist, oder. Alles soll nachhaltig sein. Und äh … ist ja auch, ist, ist sicher berechtig. Ist ja klar, also äh …, dass wir uns so verhalten, dass auch die Menschen in den nächsten und überhaupt die Erde in den nächsten 2000 Jahren noch äh, gut existieren kann." (Demeter-Landwirt H.)

Dem Agrarbiologen ist die ursprüngliche Intention des Nachhaltigkeitsprinzips im Sinne einer Erhaltung natürlicher Ressourcen für kommende Generationen bewusst. Dennoch ist der Begriff für ihn missverständlich:

„[…] und trotzdem ist es ein bisschen Augenwischerei, denn … äh … indem der Mensch auf der Erde lebt, verbraucht er sie eigentlich … unweigerlich. Es geht gar nicht anders. Also sozusagen die volle Nachhaltigkeit gibt's eigentlich nicht." (Demeter-Landwirt H.)

Auch Bioland-Landwirtin R. bewertet die Nachhaltigkeitsdebatte überaus kritisch. Sie geht dabei, wie bereits erwähnt, einen Schritt weiter als Demeter-Landwirt H., indem sie den Begriff als „ausgelutscht" bezeichnet.

Wie sich im Folgenden zeigen wird, existiert neben diesen beiden skeptischen Stimmen unter den weiteren befragten Biolandwirten ein eher selbstverständlicher Umgang mit dem Begriff. Der Bund für Umwelt und Naturschutz Deutschland e.V. (BUND) versteht unter „nachhaltiger Entwicklung […] eine Entwicklung, die den Bedürfnissen der heutigen Generation entspricht, ohne die Möglichkeiten künftiger Generationen zu gefährden. Kernelemente sind die weltweite Bekämpfung der Armut und die Anerkennung der ökologischen Grenzen des Wirtschaftens. Denn die natürlichen Ressourcen und die Aufnahmekapazität der Erde für Schadstoffe sind begrenzt. […]."[233] Diese Thesen sind einigen Landwirten bekannt und auch sie äußern den Wunsch, die Erde so weiterzugeben, wie sie sie vorgefunden haben:

„Ja. Dass man halt auch die, die Flächen dann auch äh so bewirtschaftet, äh, äh … dass sie so auf dem gleichen Stand bleiben. Ja, das gilt eigentlich auch, wenn man in Wald und so, dass man das so bewirtschaftet, dass es, dass es äh … dass ich das so weitergeben kann, wie ich es auch übernommen habe, ja." (EU-Biolandwirt W.)

Stellvertretend für viele der befragten Biobauern spricht sich EU-Biolandwirt W. für einen schonenden Umgang mit der Erde aus. Diese entspricht zumindest dem in der Nachhaltigkeitstheorie angestrebten Generationenmodell,

233 http://www.bund.net/themen_und_projekte/nachhaltigkeit/ (Stand: 18.11.2014).

auch wenn – wie von Demeter-Landwirt H. angemerkt – die Erde durch das Leben unweigerlich verbraucht wird. Auch Bioland-Landwirt L. argumentiert im Sinne des naturschützenden und ressourcenschonenden Generationenmodells: „Nachhaltigkeit in der Landwirtschaft bedeutet Umweltschutz". Das Generationenmodell erfährt heute eine Erweiterung. Es besteht die Einsicht, dass die vorhandene „Effizienzrevolution"[234], die drastische Einsparungen im Naturverbrauch aufgrund der positiven Nutzung natürlicher Ressourcen postuliert, nicht ausreicht. Auch „Lebensqualität" muss neu definiert werden. Die sogenannte „Suffizienzstrategie"[235] beschäftigt sich mit dem „rechten Maß" und einer Balance zwischen materiellen und immateriellen Gütern, bei der die Selbstbegrenzung des Menschen unweigerlich eine Rolle spielt. Bioland-Landwirt E.s Gedanken spiegeln diese Überlegungen wieder:

> „Ja, ich glaub', dass die Menschheit … vielleicht jetzt noch nicht begriffen hat, aber irgendwann, im Nachhinein vielleicht die Menschheit, wenn sie weiter existieren will auf dieser Erde, nicht dran vorbei kommt an der Nachhaltigkeit und am Erhalten der gesunden, natürlichen Ressourcen … das wird mal sehr wichtig. Und die Fehler, die man jetzt macht, die sind nachher mal sehr teuer." (Bioland-Landwirt E.)

Demeter-Landwirt F. bezeichnet die biologisch-dynamische Landwirtschaft als „das Nachhaltigste überhaupt", da sie aus sich selbst heraus produziere und auf äußerst geringe hoffremde Unterstützung angewiesen sei. Darüber hinaus schaffe sie eine weitere Vielfalt, Fruchtbarkeit und Produkte. Diese Wirtschaftsweise diene der Erde in den kommenden Jahrhunderten. Während Landwirt F. von der Demeter-Landwirtschaft im Allgemeinen spricht, konkretisiert Demeter-Kollege G. seine Vorstellung von „Nachhaltigkeit" in Bezug auf den eigenen Hof. „Nachhaltigkeit" bedeutet für ihn das hofinterne Vermehren des Getreidesaatguts. Roggen vermehre er hofintern seit nunmehr 25 Jahren und Weizen seit drei Jahren. Wichtig sei darüber hinaus ein hofeigener Stier und „ein guter Hahn"[236] – mit der grundlegenden Erklärung:

> „[…] Und, ja, weil der Samen, das ist Nachhaltigkeit." (Demeter-Landwirt G.)

Auch EU-Biolandwirtin H. bezieht den Nachhaltigkeitsbegriff direkt auf ihren Hof:

---

234 Grober 2001, S. 583.
235 Grober 2001, S. 583.
236 Interviewaussage Demeter-Landwirt G. vom 02. Oktober 2010.

„Ja, klar. Also ich denk' auch vor allen Dingen, ehm, ich mein', was für uns auch ein starkes Argument ist: Wir produzieren ja Fleisch und äh, ich mein Fleischproduktion, die kommt ja oft so in die Kritik, weil da halt Lebensmittel, Getreide, Soja und so verbraucht wird. Und das machen wir alles nicht. Also wir verwerten praktisch Gras, was ja sowieso da ist und was wächst und was ja irgendwie gemäht werden müsste, zur Fleischproduktion. [...]" (EU-Biolandwirtin H.)

Resümee

Unter den befragten Landwirten führt die Frage zum Thema „Nachhaltigkeit" häufig zu deren Höfen und den dort praktizierten Kreisläufen. „Nachhaltigkeit" auf den eigenen Hof bezogen im Sinne von Kreislaufwirtschaft, eigener Vieh- und Pflanzenzucht. Die Landwirte sehen es auch so, dass reine Ressourcenschonung und Umweltschutz nicht ausreichen. Jeder einzelne sei mit seinem Verhalten für einen nachhaltigen Umgang mit der Erde verantwortlich.

4.1.3 Ökologisches Bewusstsein

Das untersuchte Naturverständnis der 17 befragten Biobauern führte zu der Frage, wann in ihrem jeweiligen Lebenslauf ein „ökologisches Bewusstsein" entstanden ist.[237]

Wann haben sie zum ersten Mal Interesse für ökologische Themen und die ökologische Landwirtschaft im Speziellen entwickelt. Da es sich um eine lebensgeschichtliche Frage handelt, erfolgt die Auswertung der individuellen Einstellungen für jeden Landwirt einzeln, geordnet nach den Verbänden.

Demeter

Mit dem „Landwirtschaftlichen Kurs" entwickelte Rudolf Steiner bereits in den 1920er Jahren das anthroposophische Grundmodell für die biologisch-dynamische Landwirtschaft (Kap. 2.3.2). Der Demeter-Verband verfügt über die längste und als einziger Verband auf vermeintlich „geisteswissenschaftlichen" Thesen beruhende Entstehungsgeschichte. Wie die Antworten zur Frage nach dem „Naturverständnis" zeigten, reflektieren die Demeter-Biobauern sehr fundiert ihr Verhältnis zur Natur. Somit kann davon ausgegangen wer-

237 Vgl. zum Begriff „Ökologie": Trepl, Ludwig: Allgemeine Ökologie, Frankfurt a. M. 2005, S. 13-23; Bick, Hartmut: Grundzüge der Ökologie, Stuttgart 1998; Odum, Eugene P.: Fundamentals of ecology. Philadelphia 1971.

den, dass sie sich ganz bewusst für die biologisch-dynamische Landwirtschaft entschieden haben. Diese Vermutung bestätigt sich. Für Demeter-Landwirt S. gab es zu keiner Zeit eine Alternative zur ökologischen Landwirtschaft. Bereits als Kind wollte er „Bauer“ werden. Mit rund 15 Jahren interessierte er sich kurz für das Berufsfeld seines Vaters, der in der freien Wirtschaft tätig war. Letztlich entschied er sich aber doch für eine landwirtschaftliche Ausbildung auf einem biologisch-dynamischen Hof. Den Grund für die Wahl dieser ökologischen Wirtschaftsform sieht er im Vorleben seines Vaters, welcher nach der Schule zunächst ebenfalls eine landwirtschaftliche Lehre absolvierte, eher zufällig auf einem biologisch-dynamischen Hof. Trotz Branchenwechsel blieb ein Faible für diese Wirtschaftsweise und übertrug sich auf den Sohn, der sich nie vorstellen konnte, auf einem konventionellen Hof zu arbeiten:

> „[...] weil es irgendwo, ich ... diese Art zu denken, ... mit der bin ich nicht aufgewachsen. Muss ich sagen.“ (Demeter-Landwirt S.)

Während Landwirt S. bereits in seiner Kindheit von der Einstellung und dem Tun seines Vaters beeinflusst wurde, entwickelte Demeter-Kollege B. erst als Jugendlicher und Pädagogikstudent ein Bewusstsein für ökologische Landwirtschaft. Zu dieser Zeit erhielt er bei der Erledigung der Buchhaltung auf dem elterlichen Hof Einblicke in die Bewirtschaftung der Ländereien. Er erinnert sich:

> „[...] Und dann hat man so gesehen, also man muss ja ständig, damit man den Standard hält, mehr verkaufen ... auf derselben Fläche ...Und dann habe ich gedacht: ‚Mensch, also das gibt es doch nicht. Man kann doch nicht ständig mehr drauf werfen, noch mehr Dünger und Chemie drauf, damit man mehr erntet.‘ Man erntet zwar mehr, aber Erlös hat man nicht mehr, weil die Preise wieder runter gehen. Das kann's ja eigentlich nicht sein.“ (Demeter-Landwirt B.)

Gleichzeitig – Mitte der 1970er Jahre – erfuhr B. vom biologisch-dynamisch bewirtschafteten Hausgarten und der entsprechenden Ernährungsweise eines Lehrerkollegen, einem Religionslehrer und katholischen Pfarrer. Aufgrund der Krebserkrankung seiner Haushälterin hatte er die Ernährung umgestellt, was zur Genesung der Frau führte. Landwirt B. ließ sich durch Hofbesichtigungen von diesem Lehrerkollegen in die biologisch-dynamische Wirtschaftweise einführen, nahm schließlich seinen Vater mit und lernte den regionalen biologisch-dynamischen Arbeitskreis kennen, der sich bis heute jeden Monat zu einem Austausch zusammenfindet. 1981 stellte Landwirt B. den damals noch unter der Leitung seines Vaters stehenden Hof auf Demeter-Landwirtschaft um.

Demeter-Kollege G. kam ebenfalls über einen Zufall – in diesem Fall erfolgte der Impuls durch eine anthroposophisch geführte Zahnarztpraxis, in der seine Frau als Zahnarzthelferin arbeitete – zur biologisch-dynamischen Landwirtschaft. Die Ehefrau setzte sich seit dem Beginn der Beziehung im Jahr 1980 für eine ökologische Wirtschaftsweise ein – zunächst im hauseigenen Garten.[238] 1987 schloss sich der Hof dem Demeter-Verband an.

Demeter-Landwirt H. führt sein Bewusstsein für ökologische Landwirtschaft auf eine prägende Erfahrung in seiner Jugend zurück:

> „Das kam, würde ich sagen, eigentlich durch die Verbunden-, also der Keim wurde gelegt in dieser Verbundenheit mit der Natur in der Jugend. So, also … und dann … habe ich mich eine Weile lang ganz stark politisch engagiert." (Demeter-Landwirt H.)

Zum ersten Mal bringt ein Demeter-Landwirt seinen Zugang zur ökologischen Landwirtschaft mit der Anti-Atomkraft-Bewegung der 1970er Jahre in Verbindung:

> „Äh, … in der Anti-AKW-Bewegung und äh für WWF und, oder was-weiß-ich-alles. BUND das war dann das nächste." (Demeter-Landwirt H.)

Er begründet sein Engagement für den Umweltschutz auch mit dem Zeitgeist der 1968er-Bewegung:

> „ … Und, von daher … ist das eigentlich … ja, also das war so, so ein bisschen noch 68er-Zeit, oder? Also bei mir jedenfalls. 68, da war ich 8 Jahre. Hab' das grad so anfänglich mitbekommen. Aber das hat in einem gelebt, ob man wollte oder … das war einem gar nicht bewusst so. Aber das hat einfach wirklich intensiv in einem gelebt. Dass eigentlich da äh, die ganze jüngere Generation einfach sensibel geworden ist, auch für Zerstörungen … der Umwelt und der Erde." (Demeter-Landwirt H.)

Als einer der wenigen Biolandwirte partizipierte Demeter-Landwirt H. an den Nachfolgebewegungen der 1968er-Generation.

Sein 1969 geborener Betriebspartner F. hingegen kam erst unmittelbar nach der Schule mit der Landwirtschaft in Kontakt, da er den Zivildienst auf einem biologisch-dynamischen Hof mit Werkstätte für körperlich und geistig

---

238 Seit der Geburt des ersten von fünf Kindern im Jahr 1985 setzte sich das Ehepaar G. mit der Waldorfpädagogik, einem weiteren anthroposophischen Thema, auseinander.

beeinträchtigte Menschen absolvierte. Die Vielfältigkeit der Landbausysteme kannte er damals noch nicht:

> „Und damals war mir […] eigentlich noch gar nicht so klar, dass es einen Unterschied gibt zwischen konventioneller und biologischer Landwirtschaft … Das war bei uns zu Hause auch nie ein Thema und äh." (Demeter-Landwirt H.)

Dieser Biobauer stammt aus einem kleinstädtischen Handwerksbetrieb. Seinen Zivildienstbetrieb wählte er aufgrund des sozialpädagogischen Ansatzes sowie der Nähe zu seiner Heimatstadt. Unweigerlich folgte dann die Auseinandersetzung mit dem Thema „ökologische Landwirtschaft" und es reifte die Überzeugung, das richtige Berufsfeld gefunden zu haben. Nach dem Zivildienst folgte eine Ausbildung auf einem biologisch-dynamisch geführten Betrieb, wo er sich auch mit der Anthroposophie beschäftigte.

Resümee

Bereits jetzt wird deutlich, auf welch vielfältige Weise sich ein ökologisches Bewusstsein bilden kann. Es fällt auf, dass zwei der fünf befragten Demeter-Landwirte von Einflüssen außerhalb der Landwirtschaft die biologisch-dynamische Landwirtschaft für sich entdecken. Die beiden Landwirte bewirtschaften heute jeweils einen Familienbetrieb und kamen durch äußere Umstände zum biologisch-dynamischen Landbau. Demeter-Landwirt B. missfiel bereits als Jugendlicher bei der Mitarbeit auf dem elterlichen Hof die Verwendung chemischer Zusatzmittel. Demeter-Landwirt S. fand aufgrund seiner familiären Situation zum Demeter-Verband. Bereits als Kind wollte er „Bauer" werden und da sein Vater eine Lehre auf einem biologisch-dynamischen Betrieb absolviert hatte und er selbst eine Waldorfschule besuchte, war diese Entscheidung autobiographisch vorgeprägt. Während sich Demeter-Landwirt H. in seiner Jugend bereits in Umweltschutzbewegungen engagierte und darauf seinen Beruf aufbaute, fand sein Kompagnon F. über den Beruf zu einem ökologischen Bewusstsein und schlussendlich zur biologisch-dynamischen Landwirtschaft.

Bioland

Ursprünglich setzte sich Bioland-Pionier Hans Müller in der Schweiz der 1930er Jahre für den Erhalt kleinbäuerlicher Strukturen und die damit verbundene Unabhängigkeit von der Industrie ein (Kap. 2.3.3). Einen zusätzlichen ökologischen und vor allem naturwissenschaftlichen Gedanken brachte der deutsche Mikrobiologe und Arzt Hans-Peter Rusch ein, welcher sich intensiv mit dem „Bodenlebewesen" auseinandersetzte. Diesen naturwissenschaftlichen Ansatz schätzen bis heute die Bioland-Landwirte M. und R., wie sie mehrmals im jeweiligen Interview betonen.

Eine Affinität für ökologische Landwirtschaft existierte bei der mit 32 Jahren jüngsten aller befragten Bioland-Landwirte, Biobäuerin R., nach eigener Aussage bereits vor dem Abitur. Sie lernte 1995 in einer schulischen Arbeitsgruppe Jugendliche kennen, die sich in der Naturschutzjugend engagierten und denen sie sich anschloss. Das Thema „biologische Nahrungsmittel" führte sie dann zur „ökologischen Landwirtschaft":

> „[...] Und, ökologische Landwirtschaft, glaub' ich, hat sich dann so mit der Zeit, beim Bio-Essen, dass ich der Mama gesagt hab': ‚Du, billig ist nicht immer gut und überhaupt und so.' [...]" (Bioland-Landwirtin R.)

Die ökologische Landwirtschaft lernte die Bioland-Landwirtin R. zunächst bei einem Praktikum auf ihrem heutigen Partnerbetrieb von Bioland-Landwirt L. kennen. Auf dem heute von ihr bewirtschafteten Hof arbeitet sie seit 2001:

> „Und von, von einfach der Art und Weise hier, war mir klar, wenn, dann ... geh' ich hier hin." (Bioland-Landwirtin R.)

Ihr GbR-Partner, Bioland-Landwirt L., entwickelte im Laufe seines Landwirtschaftsstudiums eine Vorliebe für ökologischen Landbau und setzte sich für einen Lehrstuhl für ökologische Landwirtschaft in Kassel-Witzenhausen ein:[239]

> „ ... Wir haben damals gekämpft, dass in Witzenhausen eine Professur für ökologischen Landbau eingerichtet wird. Wir haben das selbst nicht mehr erlebt. [...]" (Bioland-Landwirt L.)

Zum Agraringenieurstudium kam Landwirt L. auf Umwegen. Er interessierte sich ursprünglich für den Tierarztberuf, wofür jedoch sein Abitur eigenen Angaben zufolge „zu schlecht" war. Nachdem er ein Jahr lang eine Zimmermannslehre absolvierte, begann er ein Forstwissenschaftsstudium. Diesen bewegten Lebensabschnitt begründet er wie folgt:

> „Ich habe eine große Liebe zu Schwarzwaldhöfen. Dann habe ich mich erst einmal von der architektonischen Seite her genähert, war aber nicht mein Ding. Dann beim Forststudium ... das sind immer bestimmte Sonderlinge, die Forst studieren. Die so im grünen Loden-

239 Weiterführende Informationen zum nach wie vor bestehenden Lehrstuhl vgl. folgende Universitäts-Homepage: https://www.uni-kassel.de/fb11agrar (Stand 30.07.2015).

> mäntelchen mit forstwirtschaftlichem Hintergrund in der Familie, gerne Adlig, gerne Reiter … und da habe ich mich nicht wohlgefühlt." (Bioland-Landwirt L.)

Er entdeckte daraufhin den Studiengang „Tropische und subtropische Landwirtschaft". Ihm gefiel die Kombination aus Ethnologie, Fremdsprachen und Landwirtschaft. Da er keinen eigenen Hof in Aussicht hatte, ging er davon aus, zur Ausübung seines Berufs ins Ausland gehen zu müssen.

Ebenfalls zu Studienzeiten fand der 1953 geborene Bioland-Landwirt M. einen Zugang zur ökologischen Landwirtschaft. Diese Zeit – Ende der 1970er, Anfang der 1980er Jahre – bezeichnet er als stark geprägt von der „Ökobewegung":

> „Ende der 70, Anfang der 80er Jahre bin ich dann so ein bisschen damit konfrontiert worden in Berlin und äh … sind dann diese Veranstaltungen gekommen. Bin dann mal dahin." (Bioland-Landwirt M.)

Bezeichnend ist die Tatsache, dass er sich als Student in der Großstadt Berlin mit ökologischen Themen auseinandersetzte. Dies weist Parallelen zu den Landreformern der Lebensreformbewegung, den Umweltrechtlern der 1970er Jahre sowie den Anhängern der Partei „Die Grünen" auf: überwiegend entstammten diese Menschen der gebildeten Mittelschicht eines großstädtischen Milieus. „Landwirt" war bereits als Kind der Traumberuf von eben zitiertem Bioland-Landwirt M. Auf Lehramt studierte er nach eigener Aussage eher aus einer Ratlosigkeit heraus, da er sich kein agrarwissenschaftliches Studium vorstellen konnte – aus ähnlichen Gründen wie Bioland-Kollege L.:

> „[…] weil … die Landwirtschaftsstudenten, die sind immer so, die sind noch, die laufen alle noch in, in Lodenmänteln und sonst was rum und sind Verbindungsstudenten. Und alle waren im Gesangsverein in Göttingen damals. Außerdem war mir das zu naturwissenschaftlich, weil das liegt mir nämlich überhaupt nicht. […] Deswegen kam auch Veterinärmedizin nicht in Frage […]" (Bioland-Landwirt M.)

Im Alter von 33 Jahren entschied er sich dann schließlich doch noch für eine Ausbildung zum Landwirtschaftsmeister auf einem ökologisch wirtschaftenden Ausbildungsbetrieb:

> „Ja, das war ein Versuchsgut … war damals der erste … Lehrstuhl für ökologischen Landbau im Norden. Grad so zwei, drei Jahre alt, glaube ich, der Lehrstuhl … also auf dem Betrieb war so ein bisschen eine

> Pioniersituation. Ökologischer Landbau entstand grad." (Bioland-Landwirt M.)[240]

Im Gegensatz zu den bisherigen Bioland-Landwirten gibt Bioland-Landwirt E. finanzielle Gründe für sein ökologisches Interesse an. Bereits fünf Jahre vor seiner Umstellung auf ökologischen Landbau im Jahr 1989 verzichtete er in der Weidewirtschaft mit großem Erfolg auf den gängigen Stickstoffdünger „Kalkammonsalpeter". Auf diese Idee kam der Biobauer nach eigenen Aussagen aus Kostengründen, aber auch aufgrund von Erfahrungen mit einer selbstgebauten elektrischen Streumaschine, mit der er zur Stickstoffversorgung Kleegras auf die Weide säte. Den Ausschlag zur Umstellung auf ökologischen Landbau gab eine Umstellungsprämie:

> „Ja, dass ich das, das Wagnis äh, ehm, äh gemacht hab', war die Umstellungsprämie, ganz sicher ja. Ich hab' dann praktisch äh mir dann ausgerechnet, wie viel das ausmacht, die Umstellungsprämie. Und äh, hab' auch gewusst, wie viel ich netto verdien'. Und hab dann gesehen, dass das also dann praktisch … äh mit Sicherheit so viel war, die Umstellungsprämie, dass ich vorher auch nicht mehr verdient hab', also netto. Und dann war es ein Leichtes, auch noch den Schritt zu wagen. […]" (Bioland-Landwirt E.)

Finanzielle Aspekte, gekoppelt mit eigenen positiven Erfahrungen im chemiefreien Ackerbau, bewegten den Landwirt zu einer Betriebsumstellung auf ökologische Landwirtschaft. Er lobt die Umstellungsprämie ausdrücklich als Motivationsschub:

> „[…] Die (Umstellungsprämie, Anm. S. D.-S.) war sehr hilfreich. Die ist, denke ich mal, sehr wichtig für jemanden, für einen Betrieb, der umstellen will. Das fehlt heute. […]" (Bioland-Landwirt E.)

Resümee

Es wird deutlich, dass lediglich Bioland-Landwirt E. aus finanziellen Gründen seinen Betrieb auf ökologische Landwirtschaft umstellte. Wobei diese Aussage an anderer Stelle im Interview relativiert wird. Mit Beginn seiner Verbandszugehörigkeit wuchs die Verbundenheit mit der ökologischen Landwirtschaft. Es handelt sich um den einzigen befragten Bioland-Landwirt, der einen traditionellen Familienbetrieb übernommen hatte und diesen bis heute im Nebener-

240 Es handelt sich hierbei um den bereits erwähnten Lehrstuhl der Universität Kassel-Witzenhausen.

werb bewirtschaftet. Die weiteren drei befragten Bioland-Landwirte engagierten sich bereits zu Schul- und Studienzeiten für ökologische Anliegen. Zwei von ihnen in der „Ökobewegung" der 1970er und 1980er Jahre. Darin gleichen sie Demeter-Landwirt H. Auch Bioland-Landwirtin R. engagierte sich während der 1990er Jahre in diversen Umweltschutzbewegungen.

Naturland

Der Naturland-Verband verfügt als jüngster der Anbauverbände über keine lange Historie. Darüber hinaus sind die Naturland-Landwirte mehrheitlich Ende der 1960er Jahre geboren. Eine Beeinflussung durch die 1968er-Bewegung oder Umweltinitiativen in den 1970er Jahren ist somit ausgeschlossen.

Naturland-Landwirt M. denkt zunächst länger nach, bevor er seine langjährige Aversion gegen Spritzmittel erläutert:

> „Also ich habe noch nie, noch nie, das war komischerweise bin ich lieber pflügen gegangen wie spritzen gegangen. Schon immer. […] Und wo ich dann den Hof übernommen habe mit Mutterkühen, ist dann irgendwie der Groschen gefallen, dass man eigentlich einen Hofladen und Mutterkühe mit äh Spritze und Düngerstreuer vor dem Haus, äh, nicht vereinbaren kann. […]" (Naturland-Landwirt M.)

Um innere Beweggründe für seine Einstellung zu eruieren, frage ich den Biobauern nach einem „Aha-Erlebnis". Tatsächlich fällt ihm nach längerem Nachdenken eines ein:

> „… Also das Aha-Erlebnis war dann so, äh, wo ich das erste Mal gesät habe. Und wir als Kinder immer angehalten worden sind dazu, dass wenn wir, äh das Getreide wird ja gebeizt. Sie kennen ja die rote Flüssigkeit oder Pulver. Früher hat man ja Pulver gehabt. Hat man müssen so im Eimer manchmal das Getreide mischen und ein bisschen drüber schütten und wieder mischen und dann, dann konnte man nicht einmal einen Apfel essen, ja? Und das war immer, ja: ‚Putz deine Hände sauber ab und tralala und hin und her.'" (Naturland-Landwirt M.)

Im Gegensatz dazu konnte er beim ersten Gebrauch von Bio-Saatgut aus der Sämaschine Getreide essen. Er erkannte, für sich den richtigen Weg gefunden zu haben.

Naturland-Landwirt F. hingegen hatte weder in seiner Kindheit noch während der konventionell ausgerichteten Ausbildung auf der Landwirtschaftsschule und dem elterlichen Hof einen Berührungspunkt mit der ökologischen Wirtschaftsweise. Erst „spät" entwickelte er nach eigener Aussage einen Bezug zu dieser alternativen Art von Landbau. Nach der Übernahme des elterlichen Hofs im Jahr 1992 kam er erstmals mit der ökologischen Wirtschaftsweise in Kontakt und unternahm erste Versuche auf seinen Dinkelfeldern. Zudem besichtigte er Betriebe „bei richtigen Pionieren“[241], um die Möglichkeiten für seinen Hof zu prüfen:

> „[...] Dann hat man auch Leute kennengelernt, weil man interessiert war, wo einem an- interessiert haben dann. Ja, da ist man immer näher gekommen dem. Und das ist mir einfach mehr gelegen. Und ... Neugierde auch noch immer wieder. Gut, da war dann einmal auch noch, wie war das äh Umstellung, also da hat's auch noch so Prämien gegeben, also Umstell-, in Umstell- ... Das hat's dann erleichtert dann auch noch.“ (Naturland-Landwirt F.)

Neben grundsätzlicher Neugierde und generellem Interesse spielt auch bei Landwirt F. der finanzielle Aspekt bei der Umstellung eine nicht zu unterschätzende Rolle.

Auch Naturland-Kollege V. entwickelte nach eigenem Bekunden „erst später“ ein Bewusstsein für ökologische Landwirtschaft. Lange Zeit, auch noch als sein Vater den Hof in den 1980er Jahren bereits ökologisch bewirtschaftete, stand er dieser Landbewirtschaftungsform durchaus skeptisch gegenüber:

> „[...] Mein Bezug zu Öko war eigentlich immer so: Aha, jetzt Disteln stechen. Jetzt Unkraut jäten, jetzt Handarbeit und der Nachbar ist äh relativ immer schneller fertig gewesen. [...]“ (Naturland-Landwirt V.)

Die Entscheidung für den Absatz von Biomilch im Jahr 2003 zog aus Effizienzgründen eine komplette Umstellung auf ökologische Landwirtschaft nach sich. Seine innere Einstellung zur ökologischen Wirtschaftsweise offenbart der Naturland-Landwirt auch auf Nachfrage nicht, sondern analysiert nüchtern:

> „Wenn man schon die Umstellungszeit und alles hinter sich hat, dann ist der Sprung natürlich, äh Öko zu bleiben relativ leicht. Also da brauch' ich nicht unbedingt den Kopf umstellen. Also ... da hab' ich schon viele Vorleistungen gehabt, auch äh mein Lehrgeld gezahlt, sage ich jetzt mal. Und den Sprung rückwärts zu machen [...]“ (Naturland-Landwirt V.)

Der Schritt zurück in den konventionellen Bereich hätte für den Landwirt nach eigenen Angaben bedeutet, herkömmlich zu arbeiten mit der Einschrän-

---

241 Interviewaussage Naturland-Landwirt F. vom 04. November 2010.

kung, auf Spritzmittel zu verzichten. Schlussendlich kommt doch noch eine persönliche Haltung hinzu:

> „[…] Ich würd' wahrscheinlich alles machen außer Spritzen. Also da ist dann doch eine Hemmschwelle da, wo ich sag': ‚Mh, muss es sein? Also muss ich mir nicht antun.' Und da ist es dann irgendwo eigentlich schon raus gewachsen, dass wir sagen: ‚Ok, für uns funktioniert diese Betriebsweise und ja, letztendlich stehen wir auch immer mehr dahinter' … Also, von ökologischer Seite auf jeden Fall. […] Und äh, da denk' ich auch, dass man da sich irgendwo etabliert und sagt: ‚Ok, da steh' ich, da will ich hin.' Ich glaub', soweit sind wir alle." (Naturland-Landwirt V.)

Während bei Naturland-Landwirt V. sowie bei Verbands-Kollege M. schlussendlich doch innere Beweggründe für den ökologischen Landbau existieren, lässt sich bei Naturland-Landwirt R. ein rein finanzieller Impuls zur Umstellung feststellen. Der Landwirt berichtet, dass er bereits vor 20 Jahren, also vor seiner Umstellung den Hof „ökologisch" bewirtschaftet habe:

> „Ich habe vorher schon mal Bio gemacht gehabt. Und zwar … aber nicht direkt Bio, das war ein Extensivierungsprogramm und äh … da hat das eigentlich auch gut funktioniert. […]" (Naturland-Biolandwirt R.)

Die Unterstützung zur Extensivierung erhielt der Biobauer im Rahmen des „MEKA-Programm"[242]. Im Jahr 2000 stellte er dann auf ökologische Landwirtschaft um, da ein überregionaler Milchbetrieb Biomilch-Lieferanten suchte. Mehrfach während des Interviews betont der Naturland-Landwirt die wirtschaftlichen Aspekte seiner Hofumstellung. Es stellt sich hier die Frage, inwieweit überhaupt ein grundlegendes Bewusstsein für ökologische Landwirtschaft besteht. Die Antwort des Landwirts auf diese Frage gibt darüber keine Rückschlüsse:

> „ … Ha, wie hat sich das entwickelt? Ich mein', ich bin dieser Meinung, dass es halt funktioniert. Und wenn man den, ich mein', das ist halt … Voraussetzung ist halt natürlich, dass man Vieh haltet, gell? […] und solang man das Vieh halten kann, finde ich das eine gute Sache. […]" (Naturland-Landwirt R.)

242 Vgl. hierzu Kapitel 2.1.2.

Das Konzept der ökologischen Landwirtschaft „funktioniert" für den Biobauern, in erster Linie scheint für ihn der finanzielle Zusatznutzen von Bedeutung zu sein.

Resümee

Bei allen befragten Naturland-Landwirten lässt sich vor der Hofumstellung auf ökologische Landwirtschaft kein tiefergehendes ökologisches Bewusstsein feststellen. Keiner engagierte sich beispielsweise in einer Umweltschutzbewegung wie einige der Demeter- und Bioland-Landwirte. Vielmehr spielte der finanzielle Aspekt die ausschlaggebende Rolle zur Betriebsumstellung. Dies unterscheidet die Naturland-Landwirte von den Demeter- und Bioland-Landwirten.

EU-Biolandwirte

Die Kriterien der EU-Biolandwirtschaft bestehen erst seit 1991 (Kap. 2.5.2). In diesem Jahr startete die Unterstützung der ökologischen Landwirtschaft durch die damalige „Europäische Gemeinschaft". Die Maßnahme zielte als politisches Instrument auf eine Preissteuerung sowie auf die Vermeidung einer erneuten Überproduktion an Milchprodukten und Fleischerzeugnissen.

Die befragten EU-Biolandwirte bewirtschaften Familienbetriebe, die von der Elterngeneration konventionell geführt wurden und in denen sie ihren Beruf gelernt haben. Dies wirft die Frage auf, ob die befragten EU-Biobauern überhaupt „ökologisch" denken. Die EU fördert die Hofumstellung auf eine ökologische Wirtschaftsweise. Das Wirtschaften nach EU-Kriterien stellt die geringsten Herausforderungen im Vergleich zu den anderen Verbänden des ökologischen Landbaus. Die Vermutung einer Hofumstellung aus finanziellen Gründen liegt nahe – zumal schon festgestellt wurde, dass die befragten EU-Biobauern ein weitaus weniger emotionales Naturverständnis aufweisen als die anderen Biobauern (Kap. 4.1.1).

An das ursächliche Motiv für die Hofumstellung 1992 kann sich EU-Landwirt W. nach eigenen Angaben nicht mehr erinnern. Wie die Naturland-Landwirte M. und V. nennt er nach längerem Nachdenken und auf Nachfrage meinerseits seine Abneigung gegenüber Spritzmitteln:

> „… Ja, ja, äh, ja schon, also ich ma-, äh ich, ich mh ich hab' mich immer irgendwie oder schlecht gefühlt, wenn ich dann mit Spritzmittel oder mit so Zeug äh zu Gange war. Das, das wollte ich eigentlich nicht, ne? Aber ich hab's halt gemacht, weil man das immer so gemacht hat und […]" (EU-Landwirt W.)

Irgendwann sei der Entschluss gereift, auf chemische Hilfsmittel zu verzichten. Die Fläche für Ackerbau sei gering und das Grünland problemlos auf natürliche Weise zu bearbeiten. Da zudem auf dem Hof lediglich geringe Umstellungen nötig waren, um die EU-Biokriterien zu erfüllen, entschied er sich für diese Bewirtschaftungsform.

Bei EU-Landwirtsfamilie H. waren es äußere Umstände, die im Jahr 2002 zur Umstellung auf ökologische Wirtschaftsweise geführt haben. Damals gab die Familie aus Zeitgründen den Getreideanbau auf. Zudem entwickelte sich die Handwerksfirma des Familienvaters zur Haupteinnahmequelle. Angesichts steigender Auflagen stellte der Milchviehbetrieb einen zu hohen zeitlichen Aufwand dar. Gleichzeitig ließ die Arbeitskraft der Schwiegereltern mit fortschreitendem Alter allmählich nach:

> „Und dann wusste man dann genau, dass das halt irgendwann auch nicht mehr möglich ist. Also man hätte dann auch den ganzen Stall umstrukturieren müssen. [...]. Und das hat so einige Denkprozesse einfach angeregt bei uns. Und dann haben wir uns umfassend beraten lassen, auch über's Landwirtschaftsamt. [...]" (EU-Biolandwirtin H.)

Die Landwirtsfamilie befolgte den Rat des Landwirtschaftsamts zur Aufgabe des Milchviehbetriebs aufgrund der geringen Hofgröße und baute stattdessen den Stall für Mutterkuhhaltung um. Mir stellt sich die Frage, ob diese Entscheidung mit einem entstehenden ökologischen Bewusstsein korrespondiert. EU-Biolandwirtin H. jedoch verweist auf rationale Gründe für die Umstellung: Die Entscheidung zur Mutterkuhhaltung fiel in die Amtszeit von Grünen-Politikerin Renate Künast als Landwirtschaftsministerin:

> „[...] Und die hat das ja eigentlich auch stark gefördert. Also wir haben einerseits auch Zuschüsse bekommen für den Umbau vom Stall. Und andererseits haben wir dann gesagt: ‚Haja, wenn wir dann eh nur noch auf Grünland machen, ist es kein großer Schritt mehr zu Bio.'" (EU-Biolandwirtin H.)

Bei Familie H. ging es somit um die Wirtschaftlichkeit, ein inneres Bedürfnis nach ökologischer Landwirtschaft ist bei dieser Aussage nicht zu erkennen.

Auch EU-Biolandwirt V. führt seine Hofumstellung 1991 auf den Rat des Landwirtschaftsamtes zurück, welches aufgrund der extensiven Bewirtschaftung eine Umstellung anregte. Hinzu kam die Förderung durch das „Meka-Programm"[243] mit dem Flächenausgleich. Als „glückliche Fügung" beschreibt

243 Vgl. hierzu Kapitel 2.1.2.

der Landwirt die Vermarktung seiner Rinder als „Weiderind“ über die Supermarktkette „Edeka“.[244] Auch hier lässt sich keine Überzeugung bezüglich ökologischer Landwirtschaft feststellen. Förderprogramme gaben den Ausschlag zur Umstellung.

Dies war bei EU-Biokollege G. ebenfalls der Fall. Seine eher pragmatische und wirtschaftliche Einstellung zur ökologischen Landwirtschaft bringt er deutlich zum Ausdruck:

> „[…] Äh, es sind natürlich noch Flächen dabei, die ziemlich nass sind, die taugen auch nichts. Aber die rennen halt durch und äh, ja, die Ausgleichszulage nimmt man und das Meka, gell? […]“ (EU-Biolandwirt G.)

Die finanzielle Förderung nimmt er gerne in Anspruch. Angesprochen auf sein ökologisches Bewusstsein, antwortet der Landwirt offen und ehrlich:

> „Äh, ich esse auch ein anderes Stück Fleisch. Es muss, muss nicht bio sein. Also jetzt nur wegen, aus Überzeugung mache ich das nicht, sondern mehr aus finanziellen Gründen.“ (EU-Biolandwirt G.)

EU-Biolandwirt G. betreibt die ökologische Landwirtschaft aus finanziellen Gründen und nicht aus einem tiefergehenden ökologischen Bewusstsein heraus.

Resümee

Bei den befragten EU-Biolandwirten stellen die finanziellen Aspekte den ausschlaggebenden Impuls zur Umstellung dar. Keiner von ihnen engagierte sich in Umweltschutzbewegungen oder beschäftigte sich eingehend mit den ideologischen Hintergründen von ökologischem Landbau. Ein weiteres Mal bestätigt sich die zu Beginn der Arbeit geäußerte These, dass die Motivation der nach EU-Biokriterien wirtschaftenden Landwirte überwiegend auf Fördermaßnahmen und den positiven wirtschaftlichen Auswirkungen auf ihren Betrieb basieren und definitiv nicht aus einem tiefergehenden ökologischen Verständnis heraus.

Alle vier Familienbetriebe verdanken ihr Weiterführen unter anderem der emotionalen Verbundenheit der Biolandwirte mit ihrer Heimat und ihrem Elternhaus. Bei den beiden Haupterwerbshöfen ging es darüber hinaus nicht um

---

244 Die Edeka-Märkte bieten seit 1993 „Weiderind-Fleisch“ an, das sie von der Erzeugergemeinschaft „Junges Weiderind“ aus den Landkreisen Waldshut-Tiengen, Breisgau-Hochschwarzwald und Offenburg bezieht. Weiterführende Informationen vgl.: http://www.junges-weiderind.de/ (Stand 20.07.2015).

vermeintlich vorteilhafte finanzielle Aspekte, sondern um das Überleben und Weiterführen des Erbhofs.

4.2 Hofumstellung und Umfeld der Biobauern

4.2.1 Einstellung zur konventionellen Landwirtschaft

Aufgrund des dargestellten integrativen Naturverständnisses und einem länger schon vorhandenen oder durch die Hofumstellung auf eine ökologische Wirtschaftsweise gewachsenen ökologischen Bewusstseins liegt die Vermutung nahe, dass sich die befragten Biolandwirte aus ökologischen Gründen gegen die Arbeitsweise der konventionellen Landwirtschaft aussprechen. Eine Ausnahme dürften Naturland-Landwirt R. und EU-Biobauer G. bilden, die keinerlei Gewichtung auf diese Themen legen. Bei allen anderen müssten Ablehnung oder Abneigung, zumindest jedoch Einwände gegenüber dem Einsatz von chemisch-synthetischen Spritz- und Düngemitteln sowie einer nicht artgerechten Tierhaltung vorliegen. Die Frage nach dem Verhältnis zur konventionellen Landwirtschaft soll Aufschluss darüber geben. Bereits das erste Interview scheint meine Vermutung zu bestätigen:

> „Abschaffen … einstampfen!“ (Demeter-Landwirt H.)

So lautet die knappe Aussage des Agrarbiologen, der bereits seit seiner Jugend ein besonderes Verhältnis zur Natur entwickelte und in den 1970er und 1980er Jahren an diversen Umweltschutzbewegungen teilgenommen hatte, bis er sich schließlich der biologisch-dynamischen Landwirtschaft widmete. Schlagen Biobauern mit einem ähnlichen lebensgeschichtlichen Hintergrund einen ebensolchen scharfen Ton gegenüber ihren konventionellen Berufskollegen an? Bioland-Landwirt L. mit Zweitmitgliedschaft im Demeter-Verband bringt ähnliche Voraussetzungen mit wie der eben zitierte Demeter-Landwirt. Er äußert sich über seine konventionellen Kollegen durchaus respektvoll:

> „Ha, wir haben mit den bäuerlichen Betrieben viel gemeinsam, also inzwischen auch gemeinsamer Maschinenbesitz.“ (Bioland-Landwirt L.)

Angesprochen auf deren Umgang mit chemischen Düngemitteln und Pestiziden meint Bioland-Landwirt L.

> „ … Mhm. Gut, es ist schon eine Einschränkung, die oft auf geistiger Trägheit beruht oder auch falsch verstanden wird. Gewinndenken

> oder auch einfach mal mit der Information oder auch auf soziale Abgrenzung zu solchen, wie wir es sind. Das hat viele Gründe.“ (Bioland-Landwirt L.)

Der Landwirt kritisiert seine konventionellen Kollegen und fühlt sich mit den kleinen Betrieben in seiner Nachbarschaft freundschaftlich verbunden. Die Frage nach deren Umgang mit chemischen Mitteln beantwortet er nüchtern, ohne auf einen möglichen Schaden für die Umwelt hinzuweisen.

Bioland-Landwirt M. gehörte ebenfalls zur sogenannten „alternativen Bewegung“ der 1970er Jahre. Sein Verhältnis zur konventionellen Landwirtschaft beschreibt er durchaus differenziert. Wie viele seiner Kollegen hat er kein Problem mit bodenständigen konventionellen Betrieben:

> „… Ja, gut, da gibt’s ja irgendwie auch ein breites Spektrum und so. Es gibt hier die, meinetwegen die Kollegen, die konventionell wirtschaften und die das … sich äh … ja auch zu strampeln haben … Äh … versuchen, das Beste draus zu machen aus irgendwelchen Gründen. Die äh … Tradition oder sonst was und dann diesen … Zwecks nicht umstellen oder vielleicht auch weil’s Schwie-, weil sie Schwierigkeiten befürchten und, und, und, und. […]“ (Bioland-Landwirt M.)

Tatsächlich versuchen die Landwirtschaftsämter in strukturschwachen Gebieten wie dem Schwarzwald nach wie vor, Kleinbetriebe zur Umstellung auf ökologische Landbewirtschaftung zu bewegen.

Bioland-Landwirt M. zeigt Verständnis für seine konventionellen Kollegen mit wirtschaftlichen Problemen und Umstellungsängsten. Mit industriellen Großbetrieben jedoch hat er Schwierigkeiten:

> „Klar, das andere ist dann halt nochmal die, diese Agrar-, mh, diese Großstrukturen oder die, die … ja … wachsende Landwirtschaft nee, und, und. Ja gut, da ist halt dann, fängt’s dann sicherlich schon auch … Ablehnung oder, oder Skepsis und, und von meiner Seite und das ist dann … ja, weil’s eigentlich nicht meinem Modell entspricht und das bringt ja auch Konflikte durchaus … mhm.“ (Bioland-Landwirt M.)

Großbetriebe lehnt der Bioland-Landwirt eindeutig ab. Er kritisiert das heute weitverbreitete Modell in der Landwirtschaft, das mit dem Terminus „Wachsen oder Weichen“ beschrieben wird. Ausbeutungen in jeder Hinsicht stehen bei diesem Modell im Vordergrund: Die Erde wird schonungslos mit Monokulturen bepflanzt, die Tiere werden nicht artgerecht gehalten und äußerst schmerzvoll geschlachtet. In den großen Schlachthäusern arbeiten Menschen aus Osteuropa zu einem Dumpinglohn. Konventionellen Kleinbetrieben hingegen steht der Biobauer ebenso offen gegenüber wie sein zuvor zitierter Bioland-Kollege L.

Bioland-Landwirtin R. schloss sich bereits zu Schulzeiten Umweltschutzbewegungen an und verfügt über ein tiefergehendes Naturverständnis. Für sie gehört es zur Aufgabe eines „richtigen" Landwirts, die Wertschätzung unserer Lebensgrundlagen weiterzugeben:

> „[…] Egal ob Bio oder nicht. Ja, es gibt auch viele konventionelle Bauern, die tolle Sachen machen. Da kann sich manch Biolandwirt da als eins abschneiden." (Bioland-Landwirtin R.)

Angesprochen auf ihr Verhältnis zur konventionellen Landwirtschaft, berichtet sie von weitaus mehr Kontakten zu den konventionellen Landwirten in der unmittelbaren Nachbarschaft als zu den Biobetrieben. Die Bioland-Landwirtin unterhält wie ihr GbR-Partner L. zu den kleinen konventionellen Betrieben in der Umgebung ein nachbarschaftliches Verhältnis, bei dem gegenseitige Hilfe beispielsweise beim Ausleihen von Maschinen selbstverständlich ist. Der menschliche Aspekt spielt im Umgang mit den Berufskollegen eine größere Rolle als die Aufteilung in „ökologisch" oder „konventionell". Diese Annahme wird durch weitere Aussagen der befragten Biobauern bestätigt. Selbst diejenigen, die eine tiefe Bindung zur Natur aufweisen, bringen den konventionellen Kollegen durchaus Sympathie entgegen:

> „… Äh, jeder wie er kann … Jeder wie er will. Jeder wie er ja, so wie er sich entwickelt … und es kommt ja nicht … Lieber ein Herz …, ein gutherziger konventioneller Landwirt, der einen anspricht herzmäßig, sympathisch, wie irgendein Demeter-Landwirt, bei dem man denkt: ‚Aaah …!' Nicht? Es kommt auf den Menschen drauf an." (Demeter-Landwirt G.)

Demeter-Landwirt G., welcher Fragen nach seinem Naturverständnis mit dem Hinweis auf anthroposophische Thesen beantwortet, unterstreicht die Bedeutung des menschlichen Miteinanders im Gegensatz zur Mitgliedschaft in einem bestimmten Verband. Da Landwirt G. im bisherigen Verlauf des Interviews stets den Umgang mit der Erde aus anthroposophischer Sicht verdeutlicht hat, stellt sich die Frage, ob ihn die Nutzung von Dünger und Pestiziden nicht stört oder belastet. Doch mit einem kurzen „Jeder wie er es kann" ist für ihn das Thema erledigt.

Die eben zitierten Landwirte verbindet ein tiefes Naturverständnis und persönliches Engagement im Umweltbereich. Ihnen liegt mehrheitlich viel an einem guten nachbarschaftlichen Miteinander mit den konventionellen Kollegen. Was für ein Verständnis bringen die Biobauern ohne die eben genannten Merkmale den konventionellen Kollegen entgegen?

> „Ja, ich muss ja mit denen auskommen ... Ich komme mit denen aus. Aber sonst, es ist schwierig, über äh, fachliches Gespräch kann ich mit denen keins führen. Ich kenn' die Spritzmittel nicht. Die sagen dann, ... wenn die miteinander sprechen: ‚Was bringst du gerade aus? Was muss man denn jetzt grad spritzen? Was, wie viel Stickstoff hast du gebraucht.' Das interessiert mich halt nicht." (Demeter-Landwirt B.)

Demeter-Landwirt B. bezieht die Diskrepanzen auf die unterschiedliche Arbeitsweise und verschiedenen Einsatzmittel. In seinen Worten schwingt eine deutliche Distanz zu den konventionellen Kollegen mit. Ein „Ja, ich muss ja mit denen auskommen" klingt nicht nach einem freundschaftlichen Verhältnis. Bioland-Landwirt E. hingegen versucht die Handlungsweise seiner konventionellen Berufskollegen zu erläutern und bringt Verständnis für sie auf:

> „Ich bin da keinem böse. Der konventionelle Landwirt MUSS so wirtschaften, muss auf Höchsterträge und muss auf höchste Milchleistungen im, im Stall. Damit er überhaupt noch auf schwarze Zahlen kommt. Die, die sind ja eigentlich äh ... ja, die sind eigentlich geknechtet von ... vom System. Das kannst du gar nicht anders sagen." (Bioland-Landwirt E.)

Aus dem eher gleichgültigen „Jeder wie er kann" von Demeter-Landwirt G. lässt sich bei Bioland-Landwirt E. Verständnis bei der Vorgehensweise der Berufskollegen feststellen. Demeter-Landwirt F. beantwortet die Frage differenzierter. Nach der harschen Kritik seines Kompagnons H. am konventionellen Landbau sieht er durchaus Unterschiede bei den konventionellen Berufskollegen:

> „Es gibt auch Unterschiede. Auch bei den Konventionellen gibt's Unterschiede. Man merkt's: Es gibt Menschen, die da eben traditioneller ein bisschen damit umgehen und auch ein gewisses Bewusstsein haben für die ... für die Sache, um die es eigentlich geht. Und andere gehen ganz rationell und, und ... intensiver vielleicht auch in der Bewirtschaftung vor ..." (Demeter-Landwirt F.)

Landwirt F. toleriert die unterschiedlichen Vorgehensweisen. Sein Hof unterhalte zu einigen konventionellen Landwirten eine „gewisse Beziehung", die nicht durch Vorverurteilungen getrübt sei:

> „[…] Und ich versuch' denen jetzt nicht zu sagen, was sie zu tun haben, nicht? Also da fang' ich gar nicht an. Das machen die ja auch nicht. Jeder lässt so den anderen." (Demeter-Landwirt F.)

Diese gelebte Praxis eines friedlichen Miteinanders besteht bei einigen weiteren Biobauern, wie folgende Aussagen verdeutlichen:

> „ … Ich habe mit allen ein gutes Verhältnis. Weil, die müssen dreschen, was sie kaufen und ich muss dreschen, was ich kauf'." (Naturland-Landwirt M.)

> „ … […] Äh, also, so wie die mich akzeptieren als Berufssparte oder Nische oder sonst irgendwas, muss man die anderen auch akzeptieren. Ganz einfach. Und von dem her: Jeder geht seinen Weg und äh … ich glaub', denen wird genauso wenig geschenkt wie mir." (Naturland-Landwirt V.)

> „[…] Das muss jeder selbst mit sich ausmachen, nicht? Und die meisten Kollegen sind konventionell, nicht? Wobei viele auch überlegen jetzt, nicht? Grad bei uns in der Gegend zum Umstellen anstatt große Investitionen in Erweiterungen machen. […]" (Naturland-Landwirt F.)

Die EU-Biolandwirte haben allesamt keine gravierenden Probleme mit den konventionellen Kollegen. Als einziger äußert Landwirt W. Bedenken gegenüber den Berufskollegen, bei denen ausschließlich der Verdienst zähle. Es ist auch der Biobauer, welcher unter den EU-Biolandwirten am meisten Respekt gegenüber der Natur aufbringt (Kap. 4.1.2):

> „Wenn man dann zehn Jahre auf der selben Fläche nur Mais hat und oder, oder wenn man den Weizen dann eben in die Biogasanlage kippt, weil der da äh … zwei äh Euro mehr bringt, der Doppelzentner, ne? Also da hab' ich dann meine Probleme mit. Ich denk' so die, äh ja, ich bin einfach so mit dieser ganzen Geschichte verwurzelt und mit mhh mit der Erde und mit, mit meinen Tieren und mit meinen und ich möchte das so machen, ich hab's vorher gesagt, dass ich das auch wieder so weiter geben kann. […]" (EU-Biolandwirt W.)

Dieser Vorwurf, Monokulturen zur Gewinnmaximierung anzupflanzen, macht in der Öffentlichkeit auch nicht vor dem biologischen Landbau halt. Seit ein paar Jahren steigt auch dort die Zahl der Großbetriebe, vor allem in östlichen Regionen. Die befragten Landwirte sehen diesen Sachverhalt äußerst kritisch, was während der Interviews immer wieder zum Ausdruck kommt. Der Tenor: Das Bewusstsein für ökologische Landwirtschaft stoße bei industrieller ökologischer Landwirtschaft an seine Grenzen. Die befragten Biobauern bevorzugen kleine konventionelle Betriebe, die in der Regel kein Geld für teure Spritzmittel und Schädlingsbekämpfungsmittel übrig hätten. Auffallend ist, dass die Biobauern keineswegs fanatisch für die ökologische Landwirtschaft eintreten.[245] Keiner nennt von sich aus mögliche Schäden von chemisch-synthetischen Hilfsmitteln auf Mensch und Umwelt. Auf Nachfrage äußern sie sich diesbezüglich wenig beeindruckt. Sie betonen das überwiegend gute zwischenmenschliche Verhältnis zu den konventionellen Kollegen.[246]

Um herauszufinden, wie vehement sie ihre Arbeitsweise gegenüber den konventionellen Landwirten vertreten und ob sie diese in irgendeiner Form beeinflussen möchten, geht es nun um mögliche missionarische Absichten der Biobauern.

4.2.2 „Missionarische Absichten" der Biobauern

> „Nein. Ha nein, ha um Himmelsgotteswillen. Ich bin kein Missionar. Das ist ja sowieso das Blödeste, die ganze Missioniererei. [...] Jeder Mensch soll seinen Glauben haben … das habe ich auch gemeint anfänglich. Eben, die 68er-Jahre-Bewegung bleibt ja auch etwas hängen. Ja die ‚Dreckkeipe' und die spritzen und die wäh, wäh, wäh, wäh, wäh … Ja. Ja, aber es bringt's ja nicht." (Demeter-Landwirt G.)

Demeter-Landwirt G. kritisiert die Anhänger der 1968er-Bewegung für deren extreme Einstellung gegenüber den damaligen konventionellen Landwirten. Wie jedoch im kulturhistorischen Teil dieser Arbeit deutlich wurde, standen landwirtschaftliche Themen bei der 1968er-Bewegung nicht im Fokus. Erst die Nachfolgebewegungen in den 1970er Jahren beschäftigten sich in durchaus radikaler Art und Weise mit dem Umgang der Landwirte mit der Natur (Kap. 2.4).

Wie verhält es sich bei den anderen Biolandwirten? Die befragten Biobauern sind, bis auf wenige Ausnahmen unter den EU-Biobauern, welche allein aus finanziellen Anreizen heraus handeln, überzeugt von ihrer ökologischen Arbeit und finden Erfüllung in ihrem alltäglichen Tun. Beabsichtigen die Bio-Landwirte, diese innere Überzeugung auf ihre konventionellen Berufskollegen

245 Die Äußerung von Demeter-Landwirt H. „Abschaffen … einstampfen!" ist diesbezüglich die extremste Ansicht unter den befragten Landwirten. Vgl. voriges Kapitel.

246 Auch Vera Deissner konnte in ihrer Magisterarbeit über „Menschen im biologischen Landbau" nachweisen, dass die von ihr befragten Biolandwirte um ein gutes Verhältnis zu den konventionellen Kollegen bemüht waren. Vgl. Deissner 1991, S. 99.

zu übertragen? Dies ist nicht der Fall. Folgende Aussagen unterstreichen die Ansichten des oben zitierten Demeter-Landwirts, der sich deutlich gegen ein Missionieren ausgesprochen hatte:

> „Nee, das kannst du auch nicht, das kannst du gar nicht. Nee, nee, nee, nee, das ist klar, jeder soll es so machen, wie er für richtig hält. Ich zeige ihm bloß, dass es auch anders geht … Auf die Idee muss er schon selber kommen. Es ist bloß schade, wenn sie erst auf die Idee kommen, wenn sie merken: Ja hoppla, für die Milch gibt es 14 Cent mehr, fürs Getreide krieg' ich das Zehnfache. […]" (Demeter-Landwirt B.)

Zwei der befragten Landwirte geben an, dass sie zwar von konventionellen Kollegen aus Nachbargemeinden um Rat gebeten würden, im eigenen Dorf hingegen frage sie niemand nach ihrer Meinung. Warum das so ist, wissen sie allerdings nicht, führen es jedoch unabhängig voneinander darauf zurück, dass es im eigenen Land oder Ort für einen Andersdenkenden immer schwierig ist:

> „Ich weiß es auch nicht, im Dorf ist es immer problematisch. Das ist wie mit dem Prophet im eigenen Land. Das ist einfach nichts. Das kannst du vergessen." (Demeter-Landwirt B.)

> „Gar nicht. […] Die, wo mich von dieser Gegend, da sind keine dabei eigentlich. Oder ganz selten. Das sind dann schon die, wo weiter herkommen, wo fragen. […] Der Prophet im eigenen Land ist immer ein bisschen … […]" (Naturland-Landwirt F.)

Missionieren liegt auch Naturland-Landwirt M. fern, da solch ein Verhalten beim Gegenüber schnell auf Ablehnung stoße. Für Ratschläge stehe er jedoch gerne zur Verfügung, allein schon aus seiner Überzeugung für seine Arbeitsweise. Familienintern schlug er beispielsweise seinem Schwager die Umstellung des konventionellen Betriebs der Schwiegereltern vor, da ein Generationenwechsel ansteht und der Schwager aus beruflichen Gründen nicht voll einsteigen kann.

Demeter-Landwirt F. lehnt Missionieren bei konventionellen Kollegen ebenso ab und begründet dies mit der Skepsis der Kollegen:

> „Bringt nichts. Nee, nee, das bringt gar nichts. Da sind relativ große Vorbehalte da." (Demeter-Landwirt F.)

Ein Misstrauen gegenüber Kühen mit Hörnern und „unordentlichen" Äckern steht seiner Meinung nach im Vordergrund. Bei ihm selbst käme erschwerend hinzu, dass er nicht als Familienbetrieb wirtschaftet:

> „[…] Sondern da äh, laufen alle möglichen Menschen herum, nicht? Dann: Manche haben lange Haare oder Rastalocken oder was es so alles für Leute gibt, nicht? Und äh, das wird alles ein bisschen so, ein bisschen aus der äh … Ferne so angekuckt und es wird wahrscheinlich viel drüber geschwätzt, nicht? Schätze ich mal." (Demeter-Landwirt F.)

Einige der Mitarbeiter dieser Hofgemeinschaft mit ihrem sozialpädagogischen Ansatz erfüllen gängige Klischeebilder von alternativ erscheinenden Biobauern.

Getreu dem Motto „Diskutieren ist nicht missionieren" pflegt Bioland-Landwirt M. einen regen Austausch mit den Schülern der benachbarten landwirtschaftlichen Fachschule oder Lehrlingen auf seinem Bioland-Hof:

> „Wir disk-, diskutieren halt schon manchmal über das Thema. Also es kommen dann schon eben die Schüler hier von der Fachschule oder die Lehrlinge, äh wenn Lehrlingstag ist äh … Auch was wir im Sommer wieder machen: Betriebsbesichtigungen. Aber Missionieren im eigentlichen Sinn ist das nicht." (Bioland-Landwirt M.)

Missionieren „im eigentlichen Sinn" – überzeugen von der eigenen Ansicht, diese dem Gegenüber als das einzig Wahre darstellen und aufzwängen wollen – möchte kein einziger der befragten Biobauern, wie folgende Aussagen stellvertretend noch einmal verdeutlichen:

> „Kann man, kann man auch nicht. Das, das kann, das soll man auch nicht, das kann man nicht, weil das dann … nicht unbedingt zum Erfolg führt. […] Es ist so, dass der [Nachbar, der auf ökologische Landwirtschaft umgestellt hat, Anm. S. D.-S.] sich mehr überzeugt hat von dem, was er gesehen hat. Auf unserem Grünland habe ich fast gleich viele Siloballen wie er. Obwohl ich kein Geld für Dünger ausgeb' und … und das denke ich, gibt schon manchen, da wird schon drauf geachtet. […]" (Bioland-Landwirt E.)

> „Ich erzähle ihnen einfach nur, was wir machen. Mehr nicht. Ich wirke nicht missionarisch weder hier noch anderswo oder … nicht gezielt. Ich mein', wenn jemand einem was fragt, natürlich. […]" (Bioland-Landwirt L.)

Die konventionellen Kollegen würden eher durch sichtbare Tatsachen überzeugt – so der allgemeine Tenor der Biobauern: Wenn deutlich wird, dass die Arbeit fruchtet, würden die Methoden am ehesten kopiert.

Bioland-Landwirtin R. ist sich sicher, dass ihre konventionellen Kollegen sich der Vorteile der ökologischen Landwirtschaft bewusst seien, jedoch teilweise aus äußeren Umständen nicht umstellen könnten:

> „[...] Bei einem Landwirt, der hat einen Laufstall mit enthornten Kühen, weil mit äh behornten Kühen wäre es in der Enge gar nicht möglich für die. [...]" (Bioland-Landwirtin R.)

Enthornte Kühe wären für Demeter-Landwirte unvorstellbar. Die Bioland-Landwirtin hingegen hat mit diesem Prozedere kein Problem und findet freundliche Worte für ihre konventionellen Kollegen. Diese bewirtschafteten ihre Höfe teilweise äußerst zuvorkommend. Ein Nachbar dünge beispielsweise nicht, sondern kalke seine Böden lediglich. Die Landwirtin fasst zusammen:

> „Ich denk', man darf die Konventionellen, vor allem in so abgelegenen Gebieten, nicht über einen Kamm scheren. Also im Prinzip bis jetzt auf dieses Milchleistungsfutter und die andere Art der Medikamentenverabreichung [...]" (Bioland-Landwirtin R.)

Die Landwirtin erzählt von einem konventionellen Kollegen, der horntragende Vorderwälder Rinder halte, die im Sommer auf der Weide und im Winter in einem Laufstall seien. Dies entspreche EU-Bio-Richtlinien. Für Landwirtin R. bedeutet Landwirtschaft vor allem der Umgang mit den Tieren. Diesen beherrschten konventionelle Kollegen teilweise wesentlich besser als beispielsweise Landwirte in ökologisch geführten Tiergroßbetrieben in Ostdeutschland. Ökologische Großbetriebe mit Monokulturen entsprechen ebenso wenig ihrer Vorstellung von Landwirtschaft.

Auch EU-Biolandwirt V. ist der Meinung, im Hochschwarzwald sei konventionelle Landwirtschaft keine intensive Landbewirtschaftung, sondern eine extensive Bewirtschaftung ohne größtmögliche Flächenausnutzung unter Zuhilfenahme ertragssteigernder künstlicher Mittel. Auch er legt keinen Wert aufs Missionieren, schon aus Eigennutzen nicht:

> „Nein, mmh, im Gegenteil ... also für uns wäre es nicht besser, wenn mehr umstellen. Beim Biogas ist das auch so. Aber ... das ist jedem seine selbst, eigene Entscheidung, gell? Ob er das macht oder nicht. Ich mein', sagen wir mal so: Je mehr Umstellung das ist auf Bio, je weniger wird auch produziert natürlich." (EU-Biolandwirt V.)

Der Landwirt betont die wirtschaftliche Seite. Gerade die Schweinemast sei in Bioqualität nur in einer kleinen Menge möglich. Alles andere würde keine Relation zwischen Futtermenge und Verkaufspreis des Fleisches darstellen.

Resümee

Keiner der befragten Landwirte möchte in irgendeiner Weise seine konventionellen Kollegen missionarisch überzeugen. Sie lehnen solch eine Vorgehensweise sogar überwiegend ab.

Einige sehen ihren Einfluss bereits durch ihre tägliche Arbeit gegeben. Die konventionellen Kollegen könnten sich dadurch von den positiven Auswirkungen der ökologischen Landwirtschaft überzeugen und folgten ihnen im besten Fall mittels einer Hofumstellung.

Einige Biolandwirte zeigen großes Verständnis jenen konventionellen Kollegen gegenüber, die gerne umstellen würden, dies aber aus verschiedensten Gründen nicht könnten, beispielsweise aufgrund finanzieller Belastungen oder hofspezifischer Probleme wie Größe und Gegebenheit des Grundstücks.

Ebenso wenig festzustellen ist ein Fanatismus in eigener Sache. Die befragten Bio-Bauern verstehen ihren Beruf als etablierten Berufsstand und sehen keinen Grund, ihr Tun zu verteidigen oder gar jemandem aufzuzwängen.

4.2.3 Einstellung der Eltern zur ökologischen Landwirtschaft

In diesem Kapitel stehen die Reaktionen der Elterngeneration auf die Umstellung im Fokus. Von den 17 befragten Biolandwirten übernahmen zehn den elterlichen Hof und einer den großelterlichen. Bis auf den Hof von Naturland-Landwirt V., der bereits von seinem Vater im Jahr 1980 auf ökologische Landbewirtschaftung umgestellt worden war, bewirtschafteten die Eltern der Bauern ihre Höfe konventionell. Diese Generation erzielte mit Hilfe chemisch-synthetischer Hilfsmittel in den Nachkriegsjahren unerwartet hohe Ernteerträge (Kap. 2.1.2). Es stellt sich die Frage, wie mit der Entscheidung der Kinder umgegangen wurde.

Demeter-Landwirt G. argumentierte gegenüber seinen Eltern mit Hilfe eines Vergleichs:

> „Und der Landwirt tut, ja, ein Gastwirt würde seine Kunden auch nicht vergiften. Und das habe ich eben nur so gesagt. Und ich habe nichts, ich tue nichts, ich habe nichts gegen die Natur. Ich habe nur etwas für die Natur. […]“ (Demeter-Landwirt G.)

Der Vater des Biobauern ist zwar auf dem Bauernhof aufgewachsen, war selbst jedoch nicht in der Landwirtschaft tätig. Nach Aussage seines Sohnes interessierte er sich immer für die Landwirtschaft und begrüßte die Entscheidung für eine biologisch-dynamische Wirtschaftsweise – zumal er die Erfolge registrierte.

Die Eltern von EU-Biolandwirt V. reagierten ebenfalls aufgeschlossen gegenüber der geplanten Neuerung:

> „Also d-, die Eltern sind eigentlich immer, äh, mein Vater ist eigentlich immer äh positiv et-, et-, äh in einem neuen etwas gegenüber gestanden. Äh, er hat nur, er hat nur immer gesagt gehabt: ‚Hör' einmal, früher sind sie auch nicht dumm gewesen, waren sie auch nicht blöd. Äh, jetzt machen wir es … dann werden wir sehen: Hast du Recht oder hab' ich Recht gehabt.'" (EU-Biolandwirt V.)

Da der Hof stets extensiv bewirtschaftet worden war und die Eltern aus finanziellen Gründen keine großen Mengen an Kunstdünger, sondern lediglich Kalk zukaufen konnten, war die Umstellung auf ökologische Landwirtschaft nur ein kleiner Schritt für alle Beteiligten.

Demeter-Kollege B. bediente sich zur Überzeugung seiner Eltern eines kleinen „Tricks". Seine Eltern, die damaligen Hofbesitzer und katholische Christen, involvierte er mit Hilfe des Gemeindepfarrers in seine Pläne. Dieser hatte bereits ihn selbst in die biologisch-dynamische Landwirtschaft eingeführt. Es stellt sich die Frage: Was wäre ohne Pfarrer passiert?

> „Ha, dann hätten sie wahrscheinlich gedacht: ‚Was soll das jetzt?' Man kann es den andern Kollegen eigentlich gar nicht verübeln. Sie wissen nicht, sie haben nur jede Woche ihr Bauernblättle … konventionell.[247] Da steht alles drin, was man macht. Da sind die großen Werbungsblätter drin, wo sie ihr Spritzmittel herkriegen, wo sie ihren Kunstdünger herkriegen … Dann kommt noch das Konradsblättle[248] dazu, dann passt es. Und, die kommen gar nicht an andere Sachen ran, an andere Schriftsachen. So ist es." (Demeter-Landwirt B.)

---

247 Das „Bauernblättle" erscheint seit 1948 unter dem vollständigen Namen „Badische Bauern-Zeitung". Sie unterrichtet die Landwirte über agrarpolitische sowie produktionstechnische Themen der einzelnen Betriebszweige, berichtet aber auch über Landfrauen- und Landjugendverbände. Weiterführende Informationen vgl.: http://www.badische-bauernzeitung.de (Stand 29.07.2015).

248 Das „Konradsblättle" ist die seit 1916 wöchentlich erscheinende Zeitung „Konradsblatt" des Erzbistums Freiburg, welche über regionale bis hin zu weltweiten kirchlichen Ereignissen berichtet. Weiterführende Informationen vgl.: http://www.konradsblatt-online.de (Stand 29.07.2015).

Jahrhundertelang übten Pfarrer, Ärzte und Lehrer tatsächlich einen großen Einfluss auf das Dorfgeschehen aus, galten sie doch als „Gelehrte" gegenüber den einfachen Bauern. Dass Biobauer B., selbst ausgebildeter Grundschullehrer, allerdings einen katholischen Pfarrer als Fürsprecher gewinnen konnte, um die Eltern von einer anthroposophischen Landwirtschaft zu überzeugen, ist sehr ungewöhnlich.[249] Bioland-Landwirt L. berichtet, dass er seit seiner Zweitmitgliedschaft im Demeter-Verband zwei Kundenfamilien verloren hat, da diese als katholische Christen anthroposophische Methoden ablehnten.

Bei erstzitiertem Demeter-Landwirt G. genügte die Überzeugungskraft im Zusammenspiel mit der Vorliebe des Vaters für Landwirtschaft. Vermutlich spielte in diesem Beispiel auch eine Rolle, dass der Vater den Hof selbst nie bewirtschaftet hatte und somit nicht aktiv an den Neuerungen der Landwirtschaft in den Nachkriegsjahren partizipierte. Bei eben zitiertem Demeter-Landwirt B. „überzeugte" die einflussreiche Person des Dorfpfarrers.

Alle anderen Landwirte berichten von Problemen oder Schwierigkeiten bei dem Vorhaben, ihre Eltern von der Hofumstellung zu überzeugen. Die Elterngeneration war mit der konventionellen Landwirtschaft stark verhaftet und hinterfragte misstrauisch jede Art von Neuerung:

> „Ach so, ja, also ... ja ... ha ich, ich hab' praktisch äh, meine Eltern waren schon kritisch, klar. Ich hab' halt was Neues gemacht. Aber ist jetzt nicht so, dass es jetzt da mords große äh Zerwürfnisse gegeben hätte, gell? [...] Jaja, klar, das schon. Meine Eltern waren nicht überzeugt. Die haben in ihrem Haushalt auch vom Einkaufen, von Lebensmitteln her normal weitergelebt. Waren nicht überzeugt, dass Bio-Nahrung wirklich besser ist." (Bioland-Landwirt E.)

Bereits zitierter Demeter-Landwirt B. weist auf die eingeschränkten Informationsmedien der Eltern („Konradsblättle" und „Bauernblättle") hin. Auch Bioland-Landwirt E. erklärt sich das Verhalten der Eltern zum Teil durch Unwissenheit aufgrund fehlender allgemeiner Informationen:

> „[...] Und ja ... ich denk' einmal, man muss sich in die Sa-, in die Materie auch ehm ... ein ... lesen. Man, man liest halt dann allein durch die Biolandzeitung, die wir kriegen, liest man halt andere Texte. Man liest andere ... Veröffentlichungen von, auch von Professoren und allem, man wird anders informiert. [...]" (Bioland-Landwirt E.)

249 Weiterführende Literatur zum Thema „Anthroposophie und Christenheit" vgl.: Bannach, Klaus: Anthroposophie und Christentum: eine systematische Darstellung ihrer Beziehungen im Blick auf neuzeitliche Naturerfahrungen. Göttingen 1998.

Einerseits fehlte der Elterngeneration die Aufklärung durch spezifische Medien, andererseits ist sie in einer anderen Zeit zu anderen Bedingungen aufgewachsen. Auch die Eltern von Naturland-Landwirt M. taten sich schwer mit der Hofumstellung. Die Ursachen liegen seiner Meinung nach in einer komplett anderen Sozialisation:

> „Ja das, äh, das können die nicht verwinden, weil, die sind ja anders erzogen worden. Weil die haben das ja auch … ehm, und für die nach dem Krieg war ja das äh, die Chemie auf dem Acker die Erlösung. Weil dann war das Unkraut weg, dann sind die Erträge gestiegen. Die sind ja, die sind ja positiv mit der Chemie groß geworden … Die sind ja jetzt alt, die brauchen sich jetzt keine Sorgen mehr machen. […]" (Naturland-Landwirt M.)

Während er anfangs bei seinen Eltern für die Umstellung hatte kämpfen müssen, kämen diese mittlerweile mit dem biologisch geführten Hof zurecht, zumal sie die Erfolge registrierten. Ähnlich erging es Naturland-Kollege F. mit seinen Eltern – zumindest was den Anfang der Umstellung betrifft:

> „Ach so. Haja, die waren halt auch nicht dafür. […] Die Angst einfach, dass das alles zu Grunde geht, dass da die Milchquote nicht mehr erfüllt werden kann, und dass das Feld verunkrautet und so weiter. […] Sie hätten das nicht getan. Sie, ja, also … gut, der Vater ist jetzt bald 80, ehm … ja. Trägt's, er macht's mit, aber dahinter stehen richtig tut er nicht. Das nicht. […]" (Naturland-Landwirt F.)

Während sich die Eltern von Naturland-Landwirt M. mit der Hofumstellung arrangiert haben, sind die Eltern von Naturland-Kollege F. nach wie vor nicht überzeugt von der Entscheidung ihres Sohnes, wenngleich sie die positive Entwicklung der vergangenen Jahre mitbekommen: Die Anzahl der Kühe stieg von 40 auf gut das Doppelte, die Milchquote verdreifachte sich und auch in anderen Bereichen „laufe es gut". Die Eltern jedoch verteidigen nach wie vor die vermeintlichen Vorteile der konventionellen Landwirtschaft.

Die neue Herangehensweise scheint für die gesamte Elterngeneration nur schwer zu akzeptieren, wie folgende Aussagen deutlich machen:

> „Ja, es war halt etwas Neues und vor allen Dingen, äh, hat, hat es noch niemand gemacht hier in der Region. Ich bin, ich bin … Wir haben, wir haben mit zu den ersten gehört im Hotzenwald. […]" (EU-Biolandwirt G.)

„Also ich denke, für die war das schon so ein bisschen … ehm schwieriger. Ich denke, da kam halt auch so ein bisschen der Generationenkonflikt ehm dazu, weil sie sich einfach mit dem … Ich glaube, die haben sich so ein bisschen in Frage gestellt gefühlt. […] So nach dem Motto: ‚Ja war das jetzt nicht recht, was wir jetzt das ganze Leben lang gearbeitet haben?' Wenn wir das jetzt alles umgemodelt haben." (EU-Biolandwirtin H.)

Neben dem Aufwachsen in einer anderen Zeit sowie fehlenden fachlichen Informationen sorgt auch die konventionelle Ausbildung dafür, dass die Eltern sich nur schwer mit der ökologischen Landwirtschaft identifizieren.[250] Die Landwirtschaftsschulen waren von Anfang an konventionell ausgerichtet. Es liegt am Lehrling selbst, sich einen ökologisch bewirtschafteten Ausbildungsbetrieb zu suchen und dort Erfahrungen in diese Richtung zu sammeln. Selbst die Fachhochschulen beziehen sich auf konventionelle Landwirtschaft und bieten lediglich einzelne Veranstaltungen zur ökologischen Wirtschaftsweise. Einzig der Studiengang „Agrarwissenschaften" besitzt einen ökologischen Lehrstuhl in Kassel-Witzenhausen.[251] Die überwiegende Mehrheit der Landwirte, welche einen elterlichen Hof übernehmen, ziehen eine Lehre dem Studium vor. Von den befragten Biobauern absolvierten lediglich drei ein agrarwissenschaftliches Studium: Agrarbiologe H., Agrarwissenschaftler L. und Agraringenieurin R. Agrarbiologe H. gehört dem Demeter-Verband an, L. und R. dem Bioland-Verband mit einer Zweitmitgliedschaft im Demeter-Verband. Alle drei betreiben einen Hof mit Hofgemeinschaft. Die übrigen Landwirte sind sich der eingeschränkten Sichtweise ihrer konventionellen Ausbildung durchaus bewusst und sehen darin teilweise auch einen weiteren Grund für die negative Einstellung der Eltern gegenüber ökologischer Landwirtschaft, wie folgende Aussage stellvertretend zeigt:

„Es wird [in der Berufsschule, Anm. S. D.-S.], es wird Bio angeschnitten, aber es wird nicht im positiven Licht dargestellt, wie es eigentlich sollte. Also bei mir in der Schule vor 20 Jahren. […] Da war das überhaupt kein Thema. Nicht? … Wie, wie das jetzt im Lehrplan drin ist, das weiß ich nicht. Aber es wird nicht auf Bio unterrichtet. […]" (Naturland-Landwirt M.)

250 Zu den verschiedenen Ausbildungswegen der Landwirte vgl. Kapitel 1.5.1.
251 Vgl. https://www.uni-kassel.de/fb11agrar (Stand 30.08.2015).

Resümee

Für die zwischen 1920 und 1940 geborenen Eltern der befragten Biobauern mit Erbhof blieb das Phänomen der „ökologischen Landwirtschaft" weitgehend fremd. Nach einer langen Zeit des Verzichts markierten die Errungenschaften der konventionellen Landwirtschaft – chemisch-synthetische Hilfsmittel und zunehmende Technisierung – einen großen Fortschritt. Bei der Umstellung der Nachfolgegeneration auf ökologische Wirtschaftsweise kam es vielerorts zu Generationenkonflikten, da die vermeintlich „neue" Bewirtschaftungsform den Eltern nach den sichtbaren Erfolgen der konventionellen Landwirtschaft als Rückschritt erschien. Die befragten Landwirte konnten die elterlichen Bedenken zwar nachvollziehen, setzten aber ihre Pläne dennoch gegen deren Willen durch.

Die Auswertung zeigt, dass tatsächlich lediglich drei der zehn Biolandwirte ihren Eltern die ökologische Landwirtschaft ohne größere Probleme näher bringen konnten. Naturland-Landwirt F. berichtet, seine Eltern hätten seine Entscheidung bis heute nicht akzeptiert. Die anderen Eltern kommen heute – wenn sie nicht bereits verstorben sind – aufgrund der sichtbaren Erfolge und steigender gesellschaftlicher Akzeptanz der ökologischen Landwirtschaft mit der Wirtschaftsweise ihrer Kinder zurecht.[252]

4.2.4 Einstellung der Einheimischen zur ökologischen Landwirtschaft

Die ökologische Landwirtschaft macht trotz steigender Tendenzen nur knapp sieben Prozent an der gesamten landwirtschaftlichen Fläche in Deutschland aus. Die ländliche Bevölkerung ist somit überwiegend immer noch mit der konventionellen Landwirtschaft verbunden und dürfte ebenso kritisch wie die Eltern der Landwirte die Hofumstellungen begleitet haben. Ob sich diese skeptische Haltung nur während der jeweiligen Anfangsjahre beobachten ließ oder ob sie nach wie vor besteht? Lassen sich Unterschiede feststellen zwischen Umstellungen in den 1980er und solchen in den 1990er oder 2000er Jahren? Reagiert das dörfliche Umfeld bei Erbhöfen anders als bei Hofgemeinschaften? Diese Fragen sollen im Folgenden behandelt werden.

---

252 Auch die von Vera Deissner befragten Landwirte sahen sich mit großen Vorbehalten der Elterngeneration gegenüber einer Hofumstellung auf biologischen Landbau konfrontiert. Deissner geht jedoch nicht weiter darauf ein, ob und wie sich die Einstellung der Eltern mit den Jahren weiterentwickelte. Vgl. Deissner 1991, S. 65f.

Von Skepsis zu Akzeptanz

Wie bereits für die Elterngeneration markiert die ökologische Landwirtschaft auch für die überwiegende Mehrheit der dörflichen Bevölkerung ein Gegenmodell zu altbewährten Methoden und Arbeitsmitteln der konventionellen Landwirtschaft wie chemisch-synthetische Düngemittel, Pestizide, Kraftfutter und eine daraus resultierende Arbeitserleichterung. Gute Erträge im herkömmlichen Ackerbau führen die konventionellen Bauern auf chemisch-synthetische Zugaben zurück; eine rein ökologische Bodenbearbeitung konnten sie meist nicht nachvollziehen, wie folgende Schilderung des Demeter-Landwirts B. belegt:

> „Ja am Anfang war das ganz brutal. Das hat aber der Vater meistens mehr noch so mitgekriegt. Das ist ja klar, dass sie zu ihm sagen: ‚Wie kannst du so etwas mitmachen. Das geht doch gar nie. Man kann doch nicht einfach ernten und ernten und nichts bringen. Das steht doch genau im Buch drin, wenn man 50 Trockenzentner erntet, muss man so und so viel Stickstoff und so viel Phosphor bringen.'" (Demeter-Landwirt B.)

Der Biobauer erklärt sich das Misstrauen der einheimischen Bevölkerung wie bereits mehrfach erwähnt mit deren Unwissenheit. Das Vorstellungsvermögen der Einheimischen umfasste damals allenfalls eine Drei-Felder-Wirtschaft „aus alten Zeiten":

> „… Das wäre vielleicht so wie früher, dass man halt einfach so eine Drei-Felder-Wirtschaft macht und dann wieder lang brach." (Demeter-Landwirt B.)

In den Anfangsjahren veranstaltete der Demeter-Bauer zur Veranschaulichung seiner ökologischen Bodenbewirtschaftung auf seinen Feldern Führungen mit konventionellen Landwirten. Die konventionellen Landwirte ließen sich dennoch nicht restlos überzeugen. Für sie stand fest: Nach einer Zeit ist der Acker ausgehungert und bedarf einer künstlichen Anreicherung.

Wie entwickelte sich nach diesen enormen Anfangsschwierigkeiten die heutige Akzeptanz der Bevölkerung? Demeter-Landwirt B. hat eine einfache Erklärung:

> „Ah, die Bevölkerung akzeptiert es, weil sie es jetzt schon jahrzehntelang muss mit angucken." (Demeter-Landwirt B.)

Der Biobauer ist überzeugt, dass die sichtbaren Erfolge der ökologischen Landwirtschaft ein Umdenken in der Bevölkerung ausgelöst hätten. Auch Demeter-Kollege G. fühlt sich aufgrund seines erfolgreichen Wirtschaftens respektiert. Das war zu seinen Anfangszeiten nicht der Fall, zumal er sich seinen kleinen Hof überwiegend selbst aufgebaut hatte:

> „… Äh … man ist natürlich schrecklich belächelt worden 1990. Was will der da, fängt mit einer Kuh, fängt an zu bauern. […] Ha, das hat sich jetzt ein bisschen … ha, man ist halt immer der Spinner gewesen. Und ja, aber dann, wo dann die Erfolge gekommen sind, hat man dann auch ein bisschen Achtung … Es hat natürlich niemand hier einen Liter Milch gekauft. Das wäre nicht gegangen. Also über den eigenen Schatten springen, das geht nicht.“ (Demeter-Landwirt G.)

Obwohl die Einheimischen beispielsweise beim Hoffest die Produkte lobten und sich nach deren Vertrieb erkundigten, nähmen sie schlussendlich doch nicht die Möglichkeit des „Verkaufs ab Hof“ wahr. Mittlerweile spürt der Biobauer jedoch eine größere Akzeptanz bei der einheimischen Bevölkerung. Während meiner Anwesenheit beim Befüllen von Kuhhörnern mit Kuhdung und homöopathischen Präparaten auf dem Demeter-Hof, beobachteten zwei Nachbarn das Prozedere. Irgendwann kamen sie näher, um sich die Zeremonie aus der Nähe zu betrachten, trauten sich aber offensichtlich nicht, Fragen zu stellen. Augenscheinlich herrschte Misstrauen und Unkenntnis gegenüber der Arbeit mit Präparaten. Dies kam bereits im Kapitel über das Verhältnis der Biobauern zu den konventionellen Kollegen zur Sprache (Kap. 4.2.1). Ebenso zurückhaltend hatten sich Biolandwirte anderer Verbände gegenüber der Demeter-Landwirtschaft geäußert (Kap. 4.3.5). Demeter-Landwirt S. erklärt, dass sich viele konventionelle Kollegen nicht bewusst seien, was biologisch-dynamischer Landbau bedeute. Viele setzten diesen mit ökologischer Landwirtschaft im Allgemeinen gleich. Für die Arbeit mit Präparaten fehle zudem vielerorts das Verständnis:

> „… Die [Demeter-Landwirte, Anm. S. D.-S.] machen da irgendwelche Präparate oder Jauchen oder sonst noch etwas. Das, das interessiert keinen … Ich mein', ich häng' das auch nicht an die große Glocke, weil … den, den es wirklich interessiert, der fragt.“ (Demeter-Landwirt S.)

Bei der eigenen Ladenkundschaft aus der Umgebung vermutet der Biobauer, dass 80 Prozent keinen Unterschied zwischen biologisch-dynamischen Produkten und Bioprodukten im Allgemeinen machen würden:

> „[…] Die wissen, was Demeter ist und das ist was Gutes. Aber was der Unterschied zwischen Demeter und Bioland ist … Ich glaub', das wis-

sen viele nicht. Aber, ja, sie kaufen bei uns ein, weil sie irgendwo merken, die Produkte sind gut." (Demeter-Landwirt S.)

Hier wird ein weiteres Mal deutlich, dass Demeter-Landwirt S. die biologisch-dynamische Landwirtschaft aufgrund einer inneren Überzeugung heraus betreibt und nicht aufgrund erhöhter Absatzmöglichkeiten.

EU-Biolandwirtin H. schätzt ihre Kundschaft ähnlich ein. Die Frage, wie die einheimische Bevölkerung auf die Hofumstellung reagiert hatte, scheint ihr nicht angenehm zu sein. Erst nach längerem Schweigen kommt eine kurze Antwort:

> „Ja, ich denke schon, wurde man teilweise belächelt, aber egal." (EU-Biolandwirtin H.)

Die nächste Frage zielt darauf ab, ob es auch dem Vorhaben positiv gegenüberstehende Personen gab:

> „Äh, also von den Einheimischen eigentlich eher weniger. Ich mein', so viele Fleischkunden, die sagen schon: ‚Also wir finden das toll.' Ich meine, die haben wir natürlich teilweise auch hier vom Ort. Sind aber eher nicht-landwirtschaftlich geprägt. Die finden das dann schon, schon toll." (EU-Biolandwirtin H.)

Sowohl Demeter-Landwirt S. als auch EU-Biolandwirtin H. sind sich jedoch letztlich wie die meisten anderen der befragten Landwirte einig, dass sich die anfängliche Skepsis der Dorfbewohner und Nachbarn in Akzeptanz verwandelt hat. Dies unterstreichen auch die folgenden Aussagen.

Naturland-Landwirt F. bestätigt anfängliche Ressentiments seitens der einheimischen Bevölkerung:

> „In dem Ort wo wir sind, gut das sind 100 Einwohner. Da ist man dann manchmal schon ein Exot, wenn man natürlich umstellt auf Bio oder Dinge macht, die neu sind. Das haben wir dann schon mitgekriegt und zu spüren gekriegt auch, nicht? […] Du bist dann schon äh, wie gesagt, exotisch oder … wirst belächelt am Anfang. […]" (Naturland-Landwirt F.)

Aus Sicht von Naturland-Kollege M. hat die Dorfbevölkerung seine Hofumstellung von Beginn an gut akzeptiert. Einen Grund dafür sieht er in den weidenden Tieren, die positiv auffielen:

> „Jaja, jaja. Durch das, dass wir dann wieder das Weiden angefangen haben. Und äh, es ist einfach äh für alle ein beglückendes Gefühl, wenn

> die Kälber auf der Weide rumspringen. Ja, es ist eigentlich sehr akzeptiert." (Naturland-Landwirt M.)

Der Biobauer ist der erste, der nicht von einer anfänglichen Skepsis der örtlichen Bevölkerung berichtet. Auf Nachfrage bestätigt aber auch er, dass es eine Zeit lang gedauert habe, bis eine breite und fundierte Akzeptanz erreicht war:

> „Die sind halt sehr, sehr skeptisch. Jaja. Aber wie jetzt der andere: ‚Du, Mensch, du hast auch rechte Äcker.' Sie werden es nie zugeben. Aber sie sehen es ja auch. [...] Die negativen Sachen werden dann schon auch ausgeschlachtet. Aber wenn genügend anderes dagegen steht, dann gehen ihnen die Argumente dann schon aus. Nicht?" (Naturland-Landwirt M.)

Der Biobauer hat bereits zweimal „Rundfahrten für Senioren" über sein Areal angeboten, was von der einheimischen Bevölkerung sehr gut angenommen wurde und wodurch sogar Kontakte zu konventionellen Kollegen entstanden seien, die sich danach mit einer möglichen Hofumstellung auf ökologische Landwirtschaft auseinander gesetzt hätten. Die ökologische Landwirtschaft sei mittlerweile ein von der Gesellschaft akzeptiertes Phänomen:

> „Also das ... Exotische oder das äh, wie es vor 20 Jahren war: Bio und da wächst eh nichts außer Unkraut und das geht nicht und Hirngespinnste. Das ist eigentlich nicht mehr." (Naturland-Landwirt M.)

Früher exotisch, heute akzeptiert. Diese Entwicklung bestätigt auch Naturland-Landwirt V., dessen Vater den Hof bereits 1980 auf ökologische Wirtschaftsweise umgestellt hatte. Naturland-Landwirt V. berichtet von den damaligen Erfahrungen:

> „Ehm, ja. Es war ja 80, 80 war ja eine Bewegung, war er einer unter 1000, wo umgestellt hat. [...] Also, das war ganz klar ... heftig. Das muss man ganz klar sagen. Das war ... die, wo heute umstellen, hören: ‚Ja, ist eine gute Sache, probieren sie mal.' Das war von dem her ... ein brutaler Schritt. Also ich sag' nicht ein brutaler, sondern vielleicht 10 brutale Schritte. Also das kann man wirklich nicht vergleichen. Also, da ist man ja aus dieser Geschichte noch rausgekommen, äh, 70er Jahre Produktion ohne Ende. Und dann springt man quasi grad wieder um die Jahrzehnte zurück. Und ... das muss man erstmal gedanklich erstmal kapieren und zweitens auch noch in der Gesellschaft äh quasi hier ... äh, nachvollziehen können und durchstehen können." (Naturland-Landwirt V.)

Das damalige Verhalten der einheimischen Bevölkerung nennt der Biobauer schlichtweg „bescheuert". Er selbst hingegen beklage heute keinerlei Akzeptanzprobleme mehr, da der ökologische Landbau mittlerweile eine etablierte Berufssparte sei.

Durch die Interviews konnte gezeigt werden, wie schwierig sich der Weg der ökologischen Landwirtschaft von einem belächelten „alternativen" Projekt hin zu einer etablierten Berufssparte gestaltete. Über Jahrzehnte litten einige der Biobauern unter einer Art „sozialen Ausgrenzung". Die Beispiele im folgenden Abschnitt illustrieren dies.

Soziale Ausgrenzung und Klischeedenken

Bioland-Landwirt M. berichtet, die einheimische Bevölkerung sei bei der Umstellung des Hofs sehr skeptisch gewesen. Der bis dahin als landeseigener Betrieb geführte Hof wurde erstmals verpachtet – und das an einen „Öko" aus dem Norden und nicht an einen „badischen Landwirt" – der ehemalige Verwalter hatte sich um die Pacht beworben:

> „[…] Und hier den Verwalter, der bis dahin das gemacht hatte, auch noch ausgestochen hatte. Und … also das gab dann schon viel böses Blut durchaus und, und, ja das gibt's jetzt […]" (Bioland-Landwirt M.)

Sein Engagement beim „Bund deutscher Milchviehhalter" (BDM) trug schließlich zur Beruhigung der Situation bei.[253]

> „[…] Erst mit den Aktionen der, der Milchbauern und so. Das hat erst mal eine große Rolle gespielt, dass ich in so … ja, in die Breite auch da … bei den konventionellen Bauern ja, einfach mit dabei war, mich gezeigt hab' und, und, und solche Sachen." (Bioland-Landwirt M.)

Auch Bioland-Landwirtin R. setzte bewusst auf soziales Engagement, um ihre Integration im Ort voranzutreiben:

> „Ehm, also die S. (vorige Hofbewirtschafterin, Anm. S. D.-S.) hat einfach zurückgezogener gelebt damals. Sie hat ihren Freundes- und Bekanntenkreis. Und … mir war es wichtig, im Dorf anzukommen. […] Und dann bin damals erst in diesen Verein ‚K.'[254] gegangen und da haben sich jetzt ganz tolle Kontakte […] ergeben." (Bioland-Landwirtin R.)

253 Weiterführende Informationen zum BDM vgl.: http://www.bdm-verband.org (Stand 26.07.2015).

254 Beim genannten Verein handelt es sich um eine Elterninitiative, die sich für Anschaffungen für Kinder und Jugendliche im Ort engagiert.

Ihr Hof sei durch dieses soziale Engagement anders wahrgenommen worden. Sie suchte das offene Gespräch mit Einheimischen, da sie das Gefühl hatte, die Leute redeten über sie:

> „Die verrückten Ökos hier oben, ne?“ (Bioland-Landwirtin R.)“

Noch heute sei die Außendarstellung des Hofs sehr wichtig. Deshalb lege sie Wert auf Ordnung – und ihre Mitarbeiter glücklicherweise genauso. Tatkräftige Unterstützung erhält sie in diesem Zusammenhang von ihrem Vater:

> „Weil mein Vater ist im Vorruhestand und verbringt … mindestens die Hälfte der Zeit inzwischen hier und macht die kleinen vielen Reparaturarbeiten, die wir nicht schaffen.“ (Bioland-Landwirtin R.)

Bioland-Landwirt E. stellte seinen Hof im Jahr 1989 auf ökologische Landwirtschaft um. Seiner Ansicht nach war dies eine Zeit, als die Mehrheit der Gesellschaft noch über Hofumstellungen auf Biolandwirtschaft lachte. Inzwischen habe sich das geändert, und er sei in der Gemeinde nicht mehr der einzige ökologisch wirtschaftende Landwirt, wohingegen die Anzahl der Höfe insgesamt abgenommen habe. Er fühlt sich mittlerweile akzeptiert, was er auf die problematische Gesamtsituation der Landwirtschaft zurückführt:

> „Ja, die Akzeptanz kommt daher, dass man eben einfach die Landwirtschaft äh hat Probleme. Auch die, die konventionellen Betriebe haben Probleme mit der Wirtschaftlichkeit, mit dem Geld. Und die sehen jetzt das einfach als eine Möglichkeit, die man machen kann – Biolandbau. Also ohne dass sie jetzt überzeugt sind von der Sache, sehen sie: Ja, das ist eine Möglichkeit, die halt manche machen.“ (Bioland-Landwirt E.)

Die sichtbaren Erfolge des ökologischen Landbaus hätten ein Umdenken ausgelöst:

> „[…] Aber es ist eben nicht mehr so, dass man einfach nur drüber lacht. Man sieht, die Höfe existieren und die … existieren mindestens mit genauso vielen Chancen wie die Konventionellen.“ (Bioland-Landwirt E.)

Vorbehalte der einheimischen Bevölkerung gegenüber den ökologisch wirtschaftenden Bauern gehörten der Vergangenheit an. Diese Beobachtung bestätigt auch Bioland-Landwirt L.:

„Das haben wir überwunden. Früher war es am Anfang, klar, natürlich ja. 1984 hat der Bauernverband mit jeder Ausgabe der Bauernzeitung über den biologischen Landbau gehetzt. Hat uns als unglaubwürdig und als, als Luxusartikel und als alles Mögliche beschimpft. Ja? Und das war auch die Meinung der, der Landwirte hier in der Gegend, ja. [...]" (Bioland-Landwirt L.)

Mit den konventionellen Landwirten im Ort gab es in den Anfangsjahren keinen Kontakt. Über groteske Vorkommnisse und regelrechte Anfeindungen kann der Biolandwirt heute lachen:

„Mit denen im Dorf war gar nichts zu machen. Das ist schon ... und auch dann so Blödsinn, wir sind angezeigt worden, wir hätten nachts Kunstdünger in die Gülle gerührt und solcher ... Unsinn. Oder uns auch mal ... Kanister, leere Kanister mit Pflanzenschutzmittel aufs Feld geworfen und so Geschichten. Das ist schon alles passiert." (Bioland-Landwirt L.)

Neben diesen böswilligen „Attacken" interessierten sich die Einheimischen aber auch stark für den „seltsamen" Hof und seine „merkwürdigen" Bewohner:

„[...] Und dann, dann so, was es ganz gut ausdrückt ist so: Ah, da fahren nachts Autos hin. Was da los ist? Man wagt es gar nicht zu denken. Ja, so. Oder auch alte Männer, die ich vom Hof jagen musste, weil sie gedacht haben: ‚Kommune', da finde ich Frauen. Da müssen wir doch mal gucken gehen. [...]" (Bioland-Landwirt L.)

Fremde Männer seien durch das Haus marschiert und hätten überall hinein geschaut. Die Hofbewohner mussten gegenüber den Einheimischen sehr deutlich erklären, dass hier ein falsches Bild ihrer Lebensweise existiere. Heute bestünden diese Vorurteile und Klischees nicht mehr:

„Seit es eine staatliche Förderung für den ökologischen Landbau gibt ... ist die auch gesellschaftlich akzeptiert." (Bioland-Landwirt L.)

EU-Biolandwirt V. stellte seinen Hof Anfang der 1990er Jahre auf eine ökologische Wirtschaftsweise um – zu einer Zeit, als viele Landwirte die staatlichen Subventionen in Form des „Meka-Programms"[255] in Anspruch nahmen. Der Biobauer bestätigt eine Tendenz zur Umstellung in seinem Umfeld aufgrund dieses Förderprogramms. Die einheimische Bevölkerung stand seiner Hofum-

255 Vgl. hierzu Kapitel 2.1.2.

stellung neutral gegenüber. Belächelt worden sei er eher von den konventionellen Berufskollegen:

> „[...] Wo, wo sie gekommen sind, haben sie gesagt: ‚Jetzt, jetzt fängst du an mit Selbstvermarktung machen.' Oder, oder nicht, nicht, halt nicht persönlich zu einem gesagt, aber man hat das dann so durch, man hat es mitgekriegt halt durch die Blume. ‚Äh, jetzt fängt der an etwas machen, wo man vor, vor Jahr-, Jahren auf-, aufgegeben hat, aufgehört hat.'" (EU-Biolandwirt V.)

Er selbst hätte sich einst bei einer Hofbesichtigung auch über den ökologisch wirtschaftenden Hasenzüchter amüsiert. Während der BSE-Krise um die Jahrtausendwende hätten einige seiner konventionellen Kollegen auf ökologische Bewirtschaftung umgestellt. Viele hätten es jedoch vermieden, dies öffentlich zu machen. Beim Zusammenbruch der Milchpreise sei er von den konventionellen Kollegen schließlich sogar beneidet worden. Diese Erfahrung machte auch Naturland-Landwirt R. Er erkennt unter den Biolandwirten mehr Zusammenhalt sowie weniger Konkurrenzdenken als unter konventionellen Bauern. Bis heute spüre er den Neid seiner konventionellen Kollegen:

> „[...] Auch jetzt konventionelle Betriebe auf Biobetriebe. Das ma-, das hab' ich ganz genau gemerkt am Anfang, wo ich umgestellt habe auf Bio, hat es geheißen: ‚Oje, der wird schon noch sehen. Das geht ein paar Jahre, dann erntet der nichts mehr. Und der kriegt ja eh nicht mehr. Es kauft 's ja eh niemand.' Und jetzt heißt 's: ‚Ha, der kriegt halt ein bisschen mehr für den Liter Milch.'" (Naturland-Landwirt R.)

Das Klischee vom Biobauern beinhaltet nach wie vor Wollpullover, Sandalen, lange Haare und Bart – der Prototyp eines „alternativen Zeitgenossen". Dieses Bild geht auf die „Öko-Pioniere" der 1970er Jahre zurück.[256] Unter den befragten Landwirten befand sich lediglich einer, der allenfalls durch seinen Kleidungsstil diesem Bild entsprach. Ansonsten erschienen die Biobauern entweder in gewöhnlicher Arbeitsmontur oder in Jeans mit Hemd oder Sweatshirt zum Interviewtermin. Die überwiegende Mehrheit der befragten Landwirte hatte auch nicht in der ökologischen Pionierzeit nach dem Zweiten Weltkrieg, die sich auf die 1970er und 1980er Jahre belief, ihren Hof auf ökologische Landwirtschaft umgestellt.

Der Hof von Demeter-Landwirt F. und H. besteht in seiner jetzigen Form als biologisch-dynamische Hofgemeinschaft erst seit 2004. Landwirt F. bestä-

256 Bereits die Landreformer um die Wende vom 19. zum 20. Jahrhundert setzten sich vielmals durch alternatives Aussehen von der gewöhnlichen Bevölkerung ab.

tigt jedoch sofort anfängliche Kritikpunkte seitens der einheimischen Bevölkerung:

> „Große Vorbehalte, dass das hier klappt, nicht? Das, was sie auch kannten als biologische Landwirtschaft, das war halt meistens relativ … unordentlich und auch etwas unprofessionell gemacht." (Demeter-Landwirt F.)

Das Bild des alternativen Ökopioniers existiert aber noch zu Beginn des 21. Jahrhunderts in den Köpfen der Einheimischen, die zudem oftmals eine genaue Vorstellung eines „ordentlichen Hofs und vor allem ordentlicher Äcker"[257] hätten. Demeter-Landwirt F. weist darauf hin, dass es durchaus auch einige Bio-Bauernhöfe gab, die dem Klischeebild der Landbevölkerung voll und ganz entsprochen hätten:

> „[…] Das waren halt oft Betriebe, dann die … ja, die, die haben das noch ein bisschen als Lebensphilosophie auch betrieben und nicht unbedingt als Produktionsbetrieb. Und äh da, glaube ich, konnten wir das Bild schon ein bisschen … aufbessern, aufpolieren, dass es bei uns auch nicht äh viel schlimmer aussieht … als, als bei ihnen selbst." (Demeter-Landwirt F.)

Resümee

Zu Beginn der Umstellungen reagierte die einheimische Bevölkerung meist mit Skepsis bis hin zu offener Ablehnung auf das ökologische Vorhaben. Die Biobauern sahen sich mit verbaler Kritik bis hin zu missgünstigen Eingriffen konfrontiert. Erst nach mehreren Jahren gewöhnte sich das Umfeld an die ökologische Landwirtschaft.[258] Vor allem deren erste Erfolge sorgten für eine allmähliche Akzeptanz, die sicherlich durch die gesamtgesellschaftliche Etablierung der ökologischen Landwirtschaft während der vergangenen Jahre unterstützt wurde. Auch bei der ländlichen Bevölkerung ist mittlerweile laut den befragten Landwirten der „Biobauer" als eigenständige Berufssparte angesehen, was viele auf die staatlichen Subventionen der ökologischen Bewirtschaftungsform seit Einführung des EU-Biosiegels zurückführen.

Es wird deutlich, dass ein langer Prozess der Annäherung und Akzeptanz von den Anfängen, je nach Bauernhof zwischen 1980 und 2004, bis zur Aner-

257 Interviewaussage Demeter-Landwirt F. vom 17. November 2010.

258 Vera Deissner beschreibt ähnliche Reaktionen, die von „Belächeln" bis hin zu gezielten Geschäftsschädigungen reichten. Sie bestätigt jedoch auch nachlassende Aversionen, je weiter die Hofumstellungen zurücklagen. Vgl. Deissner 1991, S. 67-73.

kennung des Berufs „Biobauer" nötig war. Wobei die Biobauern mit Hofumstellung in den 1980er und 1990er Jahren mehr Schwierigkeiten hatten als die Landwirte, welche in den vergangenen zwei Jahrzehnten ihren Hof umgestellt hatten, als die gesellschaftliche Akzeptanz der ökologischen Wirtschaftsweise bereits fortgeschritten war.

4.2.5 Entwicklung der Biobauernhöfe nach deren Umstellung

Im Folgenden geht es um die Entwicklung der Biobauernhöfe seit deren Umstellung auf eine ökologische Wirtschaftsweise. Wie jeder Neuanfang birgt auch die Umstellung auf eine ökologische Wirtschaftsweise Risiken, kann aber auch eine Euphorie auslösen. Doch nicht bei allen befragten Landwirten fällt die Antwort an die Anfangstage so positiv aus:

> „Genial war der Umbau, also dass man den Schritt gemacht hat. Dass man gesagt hat: ‚Jawohl, es ist ok!' Den haben wir bisher nicht bereut. [...] Und neuerdings das Züchten von genetisch hornlosen Rindern. Das finden wir auch genial. Bisschen anders züchten wie andere." (Naturland-Landwirt V.)

Biobauer V. demonstriert mit dieser Aussage seine hohe Zufriedenheit mit der ökologischen Wirtschaftsweise. Da sein Vater als einer der Pioniere im Südschwarzwald den Hof 1980 auf Bioland-Landwirtschaft umstellte, wuchs er mit dieser Bewirtschaftungsform auf. Dennoch erforderten die Hofübernahme 2001, der Wechsel zum Naturland-Verband sowie die hofinternen Veränderungen ein hohes Maß an Eigeninitiative des jungen Landwirts.

Gewählte Lebens- und Wohnform auf dem Hof

Im Folgenden steht die jeweilige Lebens- und Wohnform auf den Höfen im Fokus, die in einer konservativen familiären Form mit meist mehreren Generationen unter einem Dach oder einer alternativen Hofgemeinschaft besteht.

Als „Erfolgserlebnis" beschreibt Demeter-Landwirt G. seine große Familie, auf die er sich im Verlauf des Interviews oft bezieht:

> „Hä, fünf gesunde Kinder zu haben." (Demeter-Landwirt G.)

Diese Einstellung zeigt eine mögliche Denkweise auf: Gefragt nach Erfolgen und Problemen seit der Hofumstellung, erwähnt Biobauer G. zunächst seine Familie und nicht landwirtschaftliche Erfolge aufgrund der ökologischen

Wirtschaftsweise. Er stellt sich die Frage, ob diese Gewichtung auch bei alternativen Wohn- und Lebensformen zum Tragen kommt oder ob dort die ökologische Ausrichtung des Hofs im Vordergrund steht. Demeter-Landwirt S. berichtet von einer positiven Entwicklung im Verhältnis zu den Einheimischen:

> „Also, ... in Bezug auf den Kontakt mit dem Umkreis muss ich sagen, ist es eine stetig steigende Akzeptanz und auch ein Kontakt und ... also das ist eine absolut positive Entwicklung seit Jahren [...]" (Demeter-Landwirt S.)

Die örtliche Bevölkerung steht dem Hof mittlerweile sehr positiv gegenüber. Auch mit der Wohn- und Lebensform zeigt sich der Landwirt durchaus zufrieden:

> „Dann muss man sagen, von der ganzen ... vom Sozialen her, von der Hofbewirtschaftung ... vom Zwischenmenschlichen hier, haben wir viel gelernt in den letzten 30 Jahren und es hat sich aus dem dann auch viel verändert." (Demeter-Landwirt S.)

Während der Biobauer an anderer Stelle im Interview das gemeinschaftliche Leben auf Basis eines dreigegliederten sozialen Systems nach Rudolf Steiner hofintern als noch „ausbaufähig" bezeichnet, kommt hier eine grundsätzliche Zufriedenheit zum Ausdruck.

Demeter-Kollege H. verweist in Bezug auf seine Hofgemeinschaft mit Landwirt F. und weiteren Mitarbeitern ebenfalls auf die gute Entwicklung der vergangenen Jahre. Nach einer zwischenzeitlichen „Krise", ausgelöst durch die Auflösung der Milchwirtschaft, arbeite derzeit ein „starkes Team" auf dem Hof mit wenig tiefgreifenden Konflikten und großem Entwicklungspotential:

> „[...] Also haben wir hier, hat sich hier ein Team zusammengefunden, was irgendwie einfach Power hat." (Demeter-Landwirt H.)

Auch Bioland-Landwirtin R. freut sich über das freundschaftliche Verhältnis zu ihren Mitarbeiterinnen, das zu einem ausgeglichenen Arbeitsalltag sehr viel beitrage. Auf dem Hof ihres GbR-Partners, Bioland-Landwirt L., leben neben seiner Frau und den vier Kindern stets noch weitere Menschen – teilweise dauerhaft, teilweise temporär. Der Landwirt ist froh, dass seine Frau im Nebengebäude eine eigene kleine Wohnung unterhält, in die sich die Familie zurückziehen kann:

> „Weißt du, irgendwann wird es zu viel. Mit so vielen Leuten, wechselnden Leuten und auch manchmal unzufriedenen Leuten. Jemand redet nicht mit einem und so Sachen." (Bioland-Landwirt L.)

Gefragt nach weiteren Problemen oder Erfolgen des Biobauernhofs erwähnt der Landwirt zunächst den häufigen personellen Wechsel:

> „... Ja ... die ersten 16 Jahre hatten wir einen Wechsel der, der Kernmannschaft ... und seither hat sich die Fluktuation gesteigert. Wir hatten immer wieder Paare da, die auch Sachen wirklich hinter sich gelassen haben, um herzukommen. Die uns kannten. Die jahrelang ihren Urlaub hier verbracht haben [...]" (Bioland-Landwirt L.)

Im Laufe der vergangenen 25 Jahre lebten insgesamt vier Familien auf dem Hof, die jedoch meist aufgrund des Bedürfnisses nach sozialer Sicherheit wieder in ein Leben in der Kleinfamilie zurückkehrten:

> „... Für uns ist es ganz blöd. Wir müssen die Sachen dann alle zurückbauen, ... wenn wir sie nicht weiter tragen können. Wir müssen uns arbeitsmäßig völlig reorganisieren. Für uns ist es wirklich auch ermüdend. [...]" (Bioland-Landwirt L.)

Deshalb gab es immer wieder die Überlegung, Arbeitskräfte fest einzustellen, um einerseits eine persönliche Bindung und andererseits ein sachliches Arbeitsklima zu gewährleisten.

Resümee

Einen funktionierenden Familienzusammenhalt und eine stabile Hofgemeinschaft halten alle befragten Biobauern für essentiell wichtig – unabhängig von der Art der landwirtschaftlichen Wirtschaftsweise.

Bis auf Bioland-Landwirt L. berichten alle befragten Landwirte, die in einer nicht-familiären Hofgemeinschaft leben, über ein mit der Zeit gewachsenes gutes Verhältnis zwischen den Hofbewohnern. Der Einzelfall L. zeigt jedoch, dass es kein Patentrezept für eine intakte Hofgemeinschaft zu geben scheint. Da der Hof von Demeter-Landwirt F. und H. ebenfalls Integrationsideale verfolgt und dies mit großer Zufriedenheit, kann die Unzufriedenheit von Landwirt L. nicht an diesem allgemeingültigen Modell liegen, sondern dürfte auf hofinterne Schwierigkeiten oder Pechsituationen zurückzuführen sein. Auch das Leben nach dem anthroposophischen Modell Rudolf Steiners dürfte nicht ins Gewicht fallen für eine mögliche Unterscheidung der beiden

Höfe, da Bioland-Landwirt L. die Zweitmitgliedschaft im Demeter-Verband aufgrund der sozialen Komponente des Verbands besitzt.

Die „Familie“ als positiven Wert begründet für Demeter-Landwirt G. den Erfolg der vergangenen Jahre. Tatsächlich betonen einige Landwirte, die mit ihren Familien einen Hof bewirtschaften, immer wieder die große Bedeutung eines intakten Familienlebens, auch als Voraussetzung für ein erfolgreiches Arbeiten.

Landwirtschaft

Die ökologische Wirtschaftsform erfordert ein Mehr an Arbeitsaufwand und Personaleinsatz, was trotz geringeren Ausgaben für Zukäufe zu der Frage führt, in welcher Form sich die Anstrengungen auszeichnen. Demeter-Bauer G. macht „Erfolg“ auf einem Betrieb der ökologischen Landwirtschaft an ganz bestimmten Faktoren fest:

> „Ähä, ein schönes Getreide ernten, ein gutes. Ein Stall voll Vieh. Ja? Anerkennung ... von dem einen oder anderen [...].“ (Demeter-Landwirt G.)

Die befragten Biobauern nennen wiederholt Aspekte wie „Ackerbau“, „Tierhaltung“ und „soziale Anerkennung“ vor dem Hintergrund einer erfolgreichen Unternehmensführung.

Die Demeter-Landwirte F. und H. betonen Erfolge im Gemüseanbau trotz schwierigen Voraussetzungen. Im Vergleich zu einheimischen Landwirten kannten sie die Gegebenheiten des Bodens vor der Hofübernahme nicht. Zudem verwirklichten sie ein für die Gegend untypisches Vorhaben, den „Gemüseanbau“ getreu dem Sprichwort: „Probieren geht über studieren“. Kompagnon H. stellt fest, dass der Anbau von Gemüse trotz der ungünstigen geographischen Lage sehr gut funktionierte.

Auch Bioland-Landwirt M. berichtet von einer positiven Entwicklung der Bodenstruktur seit Beginn der ökologischen Wirtschaftsweise:

> „Ja ... also jetzt im, im Ackerbau haben wir jetzt ziemlich viel zielstrebig und bewusst dafür auch gemacht. Äh ... über Zwischenfruchtanbau, äh Gründung und ... pfleglicheren Umgang als das mehrheitlich früher immer geschah.“ (Bioland-Landwirt M.)

Ebenso zeigt sich Bioland-Landwirt E. sehr zufrieden mit dem ökologischen Ackerbau, der sich mit den Jahren stets weiter zum Positiven entwickelt habe:

> „[…] Also in der Umstellungsphase, da musst' ich auch mal, ich glaube zweimal ist das vorgekommen, Getreideacker einfach abmähen, weil der … Mähdrescher nicht rentiert hätte. Da war eben noch zu viel Unkraut von der konventionellen Bewirtschaftung auf dem Acker. Durch die Fruchtfolge, die wir jetzt haben, wir haben ja jetzt ungefähr vier Jahre Kleegras. Dann wird umgebrochen, dann ist zwei Jahre Getreide, also einmal Dinkel, einmal Weizen … Und äh vielleicht alle sieben Jahre kommt auf einen Schlag eben das Hafer-Erbsengemisch. Und äh, dann kommt wieder Kleegras. Also ich hab' da keine Probleme mehr. Also, tun wir striegeln noch. […] Wir haben also sehr saubere Äcker durch diese Fruchtfolge, nee? Da haben wir keine Probleme." (Bioland-Landwirt E.)

Nach anfänglichen Komplikationen führt er die Erfolge in der jüngsten Vergangenheit auf die im ökologischen Landbau übliche Fruchtfolge zurück.

Auch für Naturland-Landwirt M. stimmen im Großen und Ganzen die Ergebnisse im Bereich „ökologischer Ackerbau":

> „[…] Und, ja und wir haben auch mal guten Weizen und manchmal auch einen schlechten Weizen, nicht? Aber so im Schnitt … passt schon." (Naturland-Landwirt M.)

Diese sichtbaren Erfolge führten laut Naturland-Landwirt M. zu Akzeptanz von Nachbarn und Dorfbewohnern. Allerdings sorgten Misserfolge umgehend für negative Reaktionen. Selbst kleine Rückschläge würden „ausgeschlachtet". Diese Reaktionen hätten sich jedoch im Laufe der Jahre abgeschwächt. Selbst seine Eltern zeigten sich mittlerweile überzeugt von der ökologischen Landwirtschaft, da sie den Bauerngarten erfolgreich ökologisch bewirtschafteten. Für den Biobauern sprächen außerdem die weitaus ertragsärmeren Äcker des örtlichen konventionellen Betriebs. Was Probleme und Erfolge seines Biobauernhofs anbelangt, meint Naturland-Landwirt M.:

> „ … Ja, die Erfolge muss man genießen. Die Probleme muss man einfach wegstecken und nicht ständig darüber nachdenken. […]" (Naturland-Landwirt M.)

Die Unkrautbekämpfung stellt für die befragten Biolandwirte durchaus ein Problem dar, da sie nicht auf chemische Hilfsmittel zurückgreifen dürfen. Während Demeter- und Bioland-Landwirte den Verzicht auf chemische Hilfsmittel als Selbstverständlichkeit begreifen, kritisieren Naturland- und EU-Biolandwirte diese Vorgaben als erfolgshemmende Faktoren. EU-Biolandwirt G.

beispielsweise ist unzufrieden mit den derzeitigen Mitteln der ökologischen Unkrautbekämpfung:

> „[…] Probleme haben wir mit dem Ampfer, weil wir ja nichts dagegen machen dürfen. Da müssen die sich was einfallen lassen. Da muss es was Neues geben." (EU-Biolandwirt G.)

Dem EU-Biobauer kommt es insgesamt auf einen hohen finanziellen Ertrag an. Er betont mehrfach, kein „Öko" zu sein und in erster Linie aus finanziellen Anreizen gemäß den EU-Biokriterien zu wirtschaften. Diese Haltung findet sich auch bei anderen Naturland- oder EU-Biolandwirten, in besonderem Maße bei EU-Biolandwirt V. sowie bei Naturland-Landwirt R.
Zwei Demeter-, ein Bioland- und ein Naturland-Landwirt nennen eine verbesserte Tiergesundheit seit Einführung der ökologischen Landwirtschaft als positives Ergebnis der Hofumstellung. Demeter-Landwirt B. nennt sofort die stark reduzierten Tierarztkosten.

> „ … Also das erste, was man sieht, ist, dass die Tierarztkosten um's Zehnfache zurückgehen." (Demeter-Landwirt B.)

Der Vermutung, dies liege an der rein homöopathischen Behandlung von erkrankten Tieren, stimmt der Biobauer allerdings nicht uneingeschränkt zu:

> „Ja, oder man braucht es einfach nicht. Das haben wir dort auch noch nicht gewusst mit den homöopathischen Mitteln. Aber die Tierarztkosten gingen einfach drastisch zurück. Von vielleicht 5000 auf 500, so wenig war es dann." (Demeter-Landwirt B.)

Die Tiere seien seit der Umstellung „einfach gesünder". Heute werde der Tierarzt nur sehr selten benötigt, bei einer komplizierten Geburt beispielsweise. Die alternative Behandlung der Tiere lernte Demeter-Landwirt B. im anthroposophischen Arbeitskreis. Heutzutage bieten auch Landwirtschaftsämter Kurse zum Thema „Homöopathische Tiermedizin" an.

Demeter-Landwirt G. mahnt in Bezug auf die Tiergesundheit die gesetzlichen Bestimmungen an, welche oft nicht mit den Belangen der ökologischen Landwirtschaft vereinbar seien:

> „ … Hä, das Problem ist halt, dann musst du eine Blauzungenimpfung machen oder musst den Kühen Ohrenmarken in die Ohren machen und, und man weiß gar nicht, was das eigentlich macht. Also jetzt, wenn man jetzt mit Kinesiologie und Akupunktur und man hat fest-

> gestellt, dass die ganzen Organe quasi im Ohr sind […].“ (Demeter-Landwirt G.)

Es wird deutlich, dass der Demeter-Bauer gerne über mehr Freiheiten und Selbstbestimmungsrechte im Umgang mit seinen Tieren verfügen würde. Wie Demeter-Kollege B. sieht auch er in natürlichen und alternativen Heilmethoden eine gute Alternative zu den konventionellen Vorgaben. In den vergangenen Jahren stellt auch Bioland-Landwirt M. eine positive Entwicklung der Tiergesundheit fest, die er auf eine externe Beratung zurückführt, zu der er keine genaueren Angaben machen möchte. Naturland-Landwirt M. konstatiert ebenfalls eine deutliche Verbesserung gegenüber der konventionellen Wirtschaftsweise seiner Eltern:

> „Da geht es eigentlich nur besser … wobei jetzt die konventionellen Milchbauern sagen: ‚Mit Biofutter kann man keine Kühe melken.‘ Es gibt genügend Beispiele, die anders sind. Die Kühe sind besser. Die haben eine viel höhere Grundfutterleistung, viel weniger Kraftfutter. […]“ (Naturland-Landwirt M.)

Viele der befragten Biobauern gaben im Zuge der Umstellung auf ökologische Landwirtschaft die Milchviehwirtschaft auf und gingen über in Mutterkuhhaltung. Diesen Schritt von der Milchvermarktung zur Fleischvermarktung empfinden allesamt sehr positiv, da die Arbeitsbelastung bei gleichbleibenden oder gar verbesserten Einnahmen deutlich sank, wie folgende zwei Aussagen belegen:

> „Der Arbeitsalltag hat sich verändert, dass wir weniger zu tun haben, da wir keine Milchkuhhaltung mehr haben.“ (EU-Biolandwirt G.)

> „Ja, also der Arbeitsalltag hat sich insofern verändert, dass es halt schon weniger ist. Also grob gesagt: Das, was vorher zwei arbeiten mussten, das also an Routinearbeit, Stallarbeit und so, das schafft jetzt einer. Ehm, die Zeiten sind flexibler geworden. Also durch die Melkerei war man doch sehr zeitlich gebunden.“ (EU-Biolandwirtin H.)

Die Hofgemeinschaft der Demeter-Landwirte F. und G. behielt die Milchviehwirtschaft bei der Hofübernahme im Jahr 2004 zunächst bei, was Biobauer F. als Misserfolg verbucht:

> „ … Ja … weniger gut geklappt hat die Milchviehwirtschaft, mit der wir, die wir im Prinzip vom Vorgänger übernommen haben […]“ (Demeter-Landwirt F.)

Einerseits habe das Scheitern an der jeweiligen hofinternen Infrastruktur für Milchviehwirtschaft gelegen, andererseits daran, dass die Biomilch in ihrem abgelegenen Bezirk nicht separat abgeholt, sondern zur konventionellen hinzugefügt wurde. Somit konnte auch lediglich nur der niedrigere Preis für konventionelle Milch erwirtschaftet werden. Zwischenzeitlich betreibt der Hof keine Milchkuhhaltung mehr.

Naturland-Landwirt R. unterhält noch eine Milchviehwirtschaft und wird diese in den kommenden Jahren auch noch weiterführen, obwohl er sich über deren Unrentabilität im Klaren ist:

> „[...] Und eigentlich die, die Kühe melkst du das ganze Jahr umsonst. [...]“ (Naturland-Landwirt R.)

Ein Ende der Milchviehwirtschaft stellt für den Biobauern derzeit keine Lösung dar, da sich der neue Melkroboter für knapp 200.000 Euro erst in zehn Jahren amortisiert habe. Bis dahin hofft er auf einen Fortbestand seiner erfolgreichen Direktvermarktung von Biohähnchen und somit auf die Möglichkeit, die Milchviehwirtschaft beenden zu können.

Wirtschaftlichkeit des Betriebs

In erster Linie aus finanziellen Gründen stellten die EU-Biolandwirte auf eine ökologische Wirtschaftsweise um. Die Naturland-Landwirte sowie einige Bioland-Landwirte geben an, aus Gründen des Absatzes von Biomilch einem Verband anzugehören. Es stellt sich die Frage, ob die Hofumstellung dennoch nicht für viele Landwirte ein ernster finanzieller Kraftakt bedeutet hatte, da mit einer Umstellung auf ökologische Landwirtschaft meist große Investitionen einhergehen wie beispielsweise ein vorgeschriebener Stallumbau, kostenintensivere Futtermittel sowie möglicherweise höhere Personalkosten aufgrund eines gestiegenen Arbeitsaufwandes.

Demeter-Landwirt F. berichtet von finanziellen Schwierigkeiten in den Anfangsjahren, die durch ein fehlendes Bewusstsein für die „einigermaßen wirtschaftliche“[259] Gestaltung des Hofs begünstigt wurden. Derzeit erwirtschafte die Hofgemeinschaft noch mit viel Mühe eine schwarze Null und nur langsam sei eine Steigerung der Einnahmen erkennbar. Kompagnon H. hingegen erinnert sich an die positive Wirkung einer Anschub-Finanzierung durch „Sympathisanten“:

> „[...] Nicht durch die eigenen Ressourcen, sondern einfach aus, durch den Freundeskreis und durch viele Sympathisanten um den Hof her-

259 Interviewaussage Demeter-Landwirt F. vom 17. November 2010.

um. So … aber das war jetzt auch die ersten zwei, drei Jahre, wahrscheinlich da hat es richtig kräftig begonnen und ehm … hat uns schon vieles am Anfang ermöglicht.“ (Demeter-Landwirt H.)

Bioland-Landwirt M. bestätigt ebenfalls wirtschaftliche Probleme nach der Umstellung, was sich mittlerweile jedoch geändert hätte:

„ … Gut, ich denk', die letzten Jahre ist es eigentlich schon also auf-, aufwärts gegangen. Die ersten Jahre waren recht schwierig äh … also auch wirtschaftlich recht schwierig.“ (Bioland-Landwirt M.)

Er pachtete den konventionellen Betrieb im Jahr 1995 und stellte danach unmittelbar auf ökologischen Landbau um – zunächst gemäß den Richtlinien der damaligen Europäischen Gemeinschaft (EG). Im Jahr 2000 trat er dann dem Bioland-Verband bei, um seine Milch als Biomilch zu vermarkten, wozu ein Verband notwendig ist.

Vermarktung

Biolandwirte sind genauso wie konventionelle Landwirte auf die Vermarktung ihrer Produkte angewiesen und heute mehr denn je auch als „Unternehmer“ gefordert, um sich auf dem Markt behaupten zu können. Im Folgenden geht es um die Vermarktungsstrategien der einzelnen Höfe mit Fokus auf die Entwicklung seit der Hofumstellung auf ökologische Landwirtschaft und geordnet nach Verbänden.

Demeter

Demeter-Landwirt B. bewirbt die hofeigenen Produkte – Fleisch, Getreide und Milch – über den Verband oder in regional erscheinenden anthroposophisch ausgerichteten Publikationen wie der „Waldorfschulzeitung“. Die Produktvermarktung erfolgt zudem zweimal wöchentlich auf dem Wochenmarkt und über den Hofladen. Letzteren bezeichnet B. als gerade in der Anfangszeit nach der Umstellung sehr wichtig:

„Ja, am Anfang war das wichtig, dass wir unsere Erzeugnisse irgendwo losgekriegt haben […]“ (Demeter-Landwirt B.)

Der Biobauer berichtet von einem guten Absatz der Produkte. Anfangs führten seine Mutter und Ehefrau den Hofladen, heute ist die Verlobte des Sohnes dafür zuständig. Die Kundschaft kam zunächst nicht aus dem Dorf:

> „Nee, aus dem Dorf nicht. In der Hauptsache die, die, die Grünen. Nur die Grünenszene und ein paar andere Leute auch noch.“ (Demeter-Landwirt B.)

Heute kauften sowohl im Hofladen als auch auf dem Wochenmarkt die unterschiedlichsten Menschen ein. Dies deckt sich mit der allgemein steigenden Nachfrage nach „Bioprodukten“. Während der Hofladen aufgrund seiner dezentralen Lage und den Biosupermärkten in den nahegelegenen Städten heute kaum mehr zu halten ist, und die Familie ihn allein noch wegen der Feriengäste auf dem Hof betreibt, lohnt sich der Fleisch-, Wurst- und Brotverkauf zweimal pro Woche auf dem Wochenmarkt. Auf die Frage nach Großabnehmern antwortet der Biobauer:

> „Großabnehmer … Der große Vorteil bei unserer Umstellung war, mein Schwiegervater ist ja Bäcker, war ein Bäcker oder ist Bäcker in B., und er hat mir gleich von Anfang an das Getreide abgenommen und hat Biobrot gebacken. Und das macht er immer noch.“ (Demeter-Landwirt B.)

Die über die Jahre gestiegene Getreideernte führt dazu, dass die Hälfte heute von der „Eselsmühle“ im Siebenmühlental bei Stuttgart abgenommen wird.[260]

Demeter-Landwirt G. verkauft seine Milchprodukte und von seiner Frau selbstgebackenes Bauernbrot „ab Hof“ und geht einmal pro Woche auf den Wochenmarkt. Er plant in naher Zukunft die Beschickung eines weiteren Wochenmarktes, um den hofeigenen Käse und das Brot noch besser vermarkten zu können. Der Biobauer ist der Ansicht, mit einem kleinen Hof komme es mehr denn je auf Qualität an, da keine Massenproduktion möglich sei. Die Werbung für seinen Hof und die hofeigenen Produkte möchte der Landwirt künftig ausbauen. Mit seiner Werbestrategie ist er noch nicht zufrieden:

> „Schlecht. Schlecht machen wir Werbung. […] Weil wir halt nicht alles machen können. Nicht, ja.“ (Demeter-Landwirt G.)

Für die Fleischvermarktung hat G. eine eigene Kundenkartei. In der Regel nehmen die Interessenten zwischen zehn und zwanzig Kilogramm Fleisch ab. Eine Großbäckerei kauft Dinkel und Roggen in großen Mengen. Bei einer sehr ertragsreichen Apfel- und Zwetschgenernte kooperiert G. mit renom-

260 Die renommierte Mühle mit hofeigener Demeter-Bäckerei befindet sich in Leinfelden-Echterdingen. Weiterführende Informationen: http://www.eselsmuehle.com (Stand 30.07.2015).

mierten Saftherstellern. Das hofeigene Kraut geht an eine Sauerkrautfabrik bei Stuttgart.

Bis auf die Werbung für das Hoffest macht Demeter-Landwirt S. keine gezielte Werbung. Der Biobauer ist jedoch jederzeit offen für Gespräche mit interessierten Menschen – beispielsweise sei der „Tag der offenen Tür" eine gute Gelegenheit für anregende Unterhaltungen. Der Hofladen existiert seit Ende der 1980er Jahre. Damals zeichnete sich ab, dass der Absatz der Produkte aus der neu angelegten Gärtnerei und der bestehenden Käserei zentralisiert werden mussten.

> „[...] Und, da war's halt so, dass die Leute zuerst in die Käserei sind, da irgendeinen Käse zu holen und den Käser von der Arbeit abgehalten haben und jeder sucht dann sein Geld zum Rausgeben und dann in die Gärtnerei. Also so, da haben wir einfach gesehen: Da muss was passieren." (Demeter-Landwirt S.)

Die Kundschaft des Hofs beschreibt der Landwirt als vielfältig:

> „Allen Alters, alle Schichten. Also das ist wirklich völlig ... Da gibt's einige, die machen das rein aus'm Regionalitätsgedanken. Viele natürlich ... biologisch ist gesund ... und dann gibt es welche ... ja, die, die finden das, was wir hier machen gut und kaufen deswegen ein." (Demeter-Landwirt S.)

Der derzeitige Vertrieb einer „Abo-Kiste", die Kunden zu Hause mit frischem Obst und Gemüse versorgt ergänzt im Winter den gut laufenden Wochenmarktstand. Mit der Fleischvermarktung hingegen zeigt sich Demeter-Landwirt S. noch nicht zufrieden:

> „Also Fleisch machen wir gar nicht gut. Also wir haben bei der Zusammenarbeit mit dem Nachbarhof ... der ist auch ein Demeter-Betrieb. Der verarbeitet bei uns das Fleisch. Also wir verkaufen die Tiere an ihn und kaufen nachher die Produkte zurück. Und dann ... rein, eigentlich eine Handelsware." (Demeter-Landwirt S.)

Die Vermarktung der Biomilch erscheint dem Landwirt bei gleichbleibenden Konditionen nicht mehr allzu lange als lohnenswert:

> „Wobei, wobei wir da auch am Überlegen sind, wenn das mit der Milchpreissituation längerfristig in diesem Dreh rum dahin dümpelt, inwieweit wir selber wieder 'ne Verarbeitung in Angriff nehmen." (Demeter-Landwirt S.)

Der Getreideabsatz an regionale Bäcker nimmt stetig zu. Den restlichen Teil übernimmt der Großhandel. Wobei diese Option preislich nicht sehr interessant sei.

Bei den Demeter-Landwirten H. und F. kümmert sich Agrarbiologe H. um die Vermarktung der Produkte. Diese Tätigkeit nehme immer mehr Raum ein. Zweimal pro Woche geht der Biobauer auf den nahegelegenen Wochenmarkt. Das gesamte Fleisch wird mittels Adresskundenstamm direktvermarktet:

> „Äh, die wir immer anschreiben, alle paar Monate, mit den Terminen, wo es Fleisch gibt. Ehm … wir liefern effektiv nichts an den Großhandel." (Demeter-Landwirt H.)

Der Biobauer betont den von Anfang an sehr guten Absatz des Gemüses:

> „Also wirklich außerordentlich gut … Ehm, das war eigentlich immer von Anfang an der tragende Bereich hier […]. Und wir haben auch ein paar Produkte, die da eigentlich hervorragend gelingen. Die ganzen Wurzelsachen, die sind erstklassig." (Demeter-Landwirt H.)

Der Gemüseanbau lohnt sich für den Hof in zweierlei Hinsicht: zunächst gedeiht es trotz für den Gemüseanbau ungünstigen Bodenverhältnissen sehr gut. Zudem findet es auch noch reisenden Absatz durch regionale Großküchen. Ein „Abo-Kisten"-Lieferservice für Privatkunden befindet sich im Aufbau und wird aus zwei Gründen betrieben:

> „[…] Das hat einerseits einen wirtschaftlichen Aspekt und andererseits aber auch ehm … einen sozialen Aspekt, weil wir einfach auch den Kontakt, die Nähe zum Kunden suchen und gern wissen möchten, für wen wir produzieren." (Demeter-Landwirt H.)

Für den Agrarbiologen gehört die soziale Nähe zu den Kunden zur Betriebsphilosophie. Der Aufwand mit zusätzlichem Personal und guter Software sei es wert:

> „[…] Das, was alles da dazugehört, ja. Also, das klingt vielleicht ein bisschen komisch, wenn man hört: landwirtschaftlicher Betrieb, oder? Aber wir haben ein Büro, wo ständig zwei Leute sitzen." (Demeter-Landwirt H.)

Eine jährlich erscheinende Hofzeitung und ein jährlich stattfindendes Hoffest komplettieren die Bemühungen um Kundennähe.

Für einen „Verkauf ab Hof“ ist der Hof nach Aussage seiner Betreiber zu abgelegen.

Werbung in Zeitungen und Zeitschriften erfolgt laut H. nur in bewusst ausgewählten Publikationen wie der Schulzeitung der nahegelegenen Waldorfschule oder dem Jahresbericht vom BUND:

> „Außer Fleisch so ab und zu haben wir früher gemacht. Ehm, jetzt wo wir diesen Lieferdienst aufbauen, haben wir es wieder angefangen. Aber wirklich nur sehr gezielt ... wo wir einfach wissen, das kommt zu lesen, die dafür ein Organ haben. Also nicht irgendwie über die Tageszeitung oder irgendwo ... Anzeigenmagazine oder so.“ (Demeter-Landwirt H.)

Die neu vertriebene „Abo-Kiste“ hingegen müsse selbstverständlich in der Gegend bekannt gemacht werden. Mund-zu-Mund-Propaganda reiche hierfür nicht aus.

Bioland

Bioland-Landwirt M. berichtet von seinen Vermarktungsanfängen auf dem Hof kurz nach der Pachtübernahme 1995:

> „Äh, den Hofladen gab es eigentlich schon in, in einer anderen Form als ich hier angefangen bin. Also der Bau war da und war eingerichtet und so. Äh ... mit einem anderen Schwerpunkt ... war aber gut eingeführt und so. Äh ... gut, mussten wir halt ... beibehalten. Haben ein bisschen umgestellt eben auf die Bioklientel.“ (Bioland-Landwirt M.)

Anfangs verarbeitete er viele Produkte selbst. Mit der Zeit veränderten sich die Angebote:

> „[...] Das ist in der Zeit weniger geworden. Ging nur solang der Betrieb sich auch um- entwickelt hat. Wir haben jetzt wieder mehr Wein dabei und Obst. [...]“ (Bioland-Landwirt M.)

Auf dem Wochenmarkt war der Hof ebenfalls eine Zeit lang präsent. Was jedoch mangels Erfolg eingestellt wurde. Ansonsten vermarktet M. seine Produkte nicht über Großhändler, sondern kleinere Bioläden, Hofläden und Abo-Kisten-Betriebe. Die Fleischvermarktung ist ein weiteres Standbein des Biobauern. Sie läuft einerseits über den Hofladen, andererseits über die erwähnten Geschäfte. Teilweise macht M. Werbung in Zeitungen, Zeitschriften und über den Verband:

„Ein bisschen läuft da was. Wir schalten auch Anzeigen … früher haben wir schon mal mehr gemacht, äh … das ist relativ wenig professionell, wie wir die Direktvermarktung betreiben, denke ich.“ (Bioland-Landwirt M.)

Bioland-Landwirt E. bewirbt seine Produkte weder in Zeitungen noch in Zeitschriften. Mit dem Fleischverkauf habe er in geringem Umfang bereits vor der Hofumstellung begonnen. Und diese Kunden kauften nicht unbedingt im Bioladen ein:

„Es ist so, dass das Kunden sind, die Wert legen auf gesundes Fleisch und wissen, wo es herkommt und auch bereit sind, mehr zu bezahlen, aber das sind nicht Kunden, die zu Hause Bio einkaufen.“ (Bioland-Landwirt E.)

Diese Erfahrung machten auch die EU-Biolandwirte G. und H. Bioladenkunden verzehrten vergleichsweise wenig Fleisch. Landwirt E. kommt zurück auf seine Umstellungszeit und den Verkauf ab Hof:

„Und … wo ich umgestellt habe, war die ‚Körnle-Zeit‘ noch ein bisschen. Wir haben am Anfang noch einiges an Speiseweizen und Dinkel ab Hof verkauft. Weizen geht kaum noch ab Hof. Das ist einfach jetzt so, dass eben praktisch, äh das wieder mehr in Mehl eingekauft wird. Denke ich mir mal ja.“ (Bioland-Landwirt E.)

Fleisch und Getreide verkauft E. ab Hof, wobei Getreide stets zur Verfügung stehe. Die Fleischvermarktung organisiert er im Rahmen eines eigenen Bestellsystems:

„Das System, das wir haben, das hat sich so ganz gut einge-, eingebürgert. Wir haben ein DIN-A4-Heft [er holt es aus dem Esszimmerschrank und zeigt es mir, Anm. S. D.-S.]. Das ist wahrscheinlich die einfachste Methode. Das ist ganz einfach so, dass man praktisch im DIN-A4-Heft … aufschreibt … wann man schlachtet. So, und dann haben wir unsere Schlachttermine. […]“ (Bioland-Landwirt E.)

Im Heft sind sämtliche Kunden vermerkt. Diese ließen sich bei der Fleischabholung für den nächsten Schlachttermin eintragen und würden dann von Landwirt E. angerufen. Bleibt Fleisch übrig, ruft der Biobauer Kunden an, die schon länger kein Fleisch gekauft haben. Es kommt jedoch auch vor, dass Kunden nach Fleisch fragten, und er müsse mitteilen, dass es ausverkauft sei. Der Landwirt verkauft ausschließlich gemischte Packungen ab zehn Kilogramm. Größere Mengen Getreide liefert er an einen nahegelegenen Biomarkt und eine Getreidemühle.

Auch Bioland-Landwirt L. schaltet keine bezahlte Werbung. Zeitungsinserate für diverse Hofveranstaltungen sowie ein Film beim TV-Sender „Arte“ über „Essen und Trinken“ auf dem Hof rentierten sich allerdings.[261]

> „Aber, wir gucken, dass unsere Veranstaltungen, die wir machen, öffentlich werden. Dass die hin und wieder mal in der Zeitung kommen. Es gibt diesen Arte-Film, den ich dir gegeben habe. Der hat uns sehr viele Kunden gebracht.“ (Bioland-Landwirt L.)

Die Produktionsfirma wurde auf Empfehlung des Bioland-Verbands auf sie aufmerksam, nachdem ein Landwirt auf der Schwäbischen Alb, welcher Linsen mithilfe von Pferden anbaut, abgesagt hatte. Verbandswerbung beschränkt sich auf diverse Verzeichnisse:

> „[...] Und wenn wir, wenn wir wirklich mal Werbung machen wollen, dann fahren wir mit unserem Ochsengespann durch die Freiburger Innenstadt ... dann kommt garantiert ein Bild in der Zeitung.“ (Bioland-Landwirt L.)

Insgesamt zeigt sich der Biobauer zufrieden mit der Öffentlichkeitsarbeit, da sie wirksam sei. Zweimal pro Woche beschicken sie gemeinsam mit dem Partnerbetrieb einen Wochenmarkt. Zudem gibt es seit der Hofübernahme im Jahr 2001 „Verkauf ab Hof“. Seit 2008 vertreiben sie ihre Produkte über den neueröffneten Hofladen des Partnerbetriebs, wo neben Wanderern auch Einheimische aller Altersklassen einkaufen.

GbR-Partnerin R. berichtet von der Entwicklung des Hofladens, der sich zunächst in einem kleinen Zimmerchen befand. Schon bald bedurfte es einer Erweiterung und so ist er heute mit erweiterter Produktpalette in einem eigens ausgebauten Raum untergebracht. Der Hof bietet auch „Vesper“ für vorbeikommende Wanderer und Spaziergänger an. Da der Hofladen immer bekannter werde, gelte es, vermehrt Aktionen anzubieten wie beispielsweise eine Weinprobe. Noch laufe alles kostendeckend und ohne Gewinn:

> „Aber ich denk', es ist kostendeckend, aber Gewinn schlagen wir danach auf, wenn es läuft und wenn wir zufrieden sind.“ (Bioland-Landwirtin R.)

---

261 Der Bioland-Verband empfahl den Hof in 2009 auf Anfrage an den Fernsehsender „Arte“, der auf der Suche nach einem geeigneten Hof zum Thema „Wie essen und kochen Leute, die Nahrung in Verkehr bringen“ war.

Naturland

Die Familie von Naturland-Landwirt M. betreibt seit der Umstellung auf ökologischen Landbau einen Hofladen, der sich im alten Kuhstall befindet. Auf den Wochenmarkt geht der Landwirt nicht. Auch Großabnehmer gehören nicht zu seinem Kundenkreis, wobei hier bei den Kartoffeln eine entsprechende Entscheidung anstehe:

> „… Nee, nee. Also, wie es jetzt mit den Kartoffeln weitergeht, da sind wir jetzt am überlegen, wenn man das ein bisschen intensivieren will, ob man da vielleicht an den Großmarkt verkauft oder in, in K. ist ein Verarbeiter, der auch dieses Jahr jetzt mich nachgefragt hat, mal, äh, mal ganz kurzfristig hat der angerufen: er sollte unbedingt Bio-Ware verarbeiten zum Salz- oder Salatkartoffeln oder was weiß ich was. Aber ich habe dann auch keine gehabt. Aber er hat gesagt, wir können ruhig mal drüber schwätzen, weil anscheinend sind Kunden da, die Bio wollen, nicht?" (Naturland-Landwirt M.)

Naturland-Landwirt F. vertreibt sein Hauptprodukt „Milch" über eine Molkerei. Einen Hofladen besitzt die Familie genauso wenig wie einen Stand auf dem Wochenmarkt. In den Anfangsjahren hätten sie versucht, Kohl und Kartoffeln „ab Hof" zu verkaufen. Dies erwies sich jedoch als schwierig, da sich keine Abnehmer für größere Mengen und zu guten Preisen fanden.

Naturland-Landwirt R. verkauft auf einem 50 Kilometer entfernten Wochenmarkt Biohähnchen. Ansonsten vermarktet er hauptsächlich Milch und Milchprodukte. Bei der Fleischvermarktung setzt R. ausschließlich auf das Kleinvieh, da sich der Absatz von Biofleisch bei größeren Tieren über Viehhändler oder Metzgereien nicht lohne. Einen Ausweg sieht der Landwirt einerseits in der Biohähnchen- und Bioputen-Vermarktung, andererseits kaufte er im Jahr 2005 das ehemalige gemeindeeigene Schlachthaus:

> „Das war natürlich schon eine große Investition dazumal. Und dann hat man immer ab Schlachthaus jetzt verkauft. Bis jetzt. So größere Mengen halt, immer so Zehn-Kilo-Pakete oder Fünf-Kilo-Pakete oder wie halt die Leute das gebraucht haben." (Naturland-Landwirt R.)

Leider änderten sich zum Januar 2010 die Richtlinien, und das Schlachthaus musste neu abgenommen werden. Trotz Bedenken seiner Lebensgefährtin nahm der Biobauer erneut Verpflichtungen auf sich:

> „[…] Sie ist nicht so begeistert [seine Lebensgefährtin, Anm. S. D.-S.]. Dann habe ich gesagt: ‚Entweder machen wir es jetzt. Jetzt ist die Mög-

> lichkeit da.‘ Man kann einfach nicht auch immer bloß jammern: Alle anderen zahlen nichts und es ist ja nichts mehr und selbst macht man nichts, gell?‘ […]“ (Naturland-Landwirt R.)

Zeichnet sich bei der Milchviehhaltung keine Verbesserung ab, plant R. eine Reduzierung des Bestands:

> „… Das bringt’s nicht. Ich muss, ich, ich brauch’ Fremd-AK [Fremd-Arbeitskraft, Anm. S. D.-S.] auch und ich will auch für meine AK einen gescheiten Stundenlohn haben. Es kann nicht sein, dass jeder, wo heute kommt, 40, 50 Euro Stundenlohn hat und wir sollten für 5 Euro schaffen, gell?“ (Naturland-Landwirt R.)

Aufgrund der schlechten Milchpreise setzt der Landwirt neuerdings auf die Direktvermarktung von Milchprodukten. Dafür lässt er von einer mobilen Käserei auf seinem Hof Käse herstellen, den er auf dem Wochenmarkt mit Erfolg verkauft:

> „[…] Das kann nicht sein. Und es kann auch nicht sein, dass man eigentlich äh vom Zuschuss lebt oder von den Subventionen und das ganze Jahr schafft man hier umsonst, gell?“ (Naturland-Landwirt R.)

Die Kosten würden stetig ansteigen – ein Grund mehr, warum er damals auf „Bio“ umgestellt hat:

> „[…] Und das ist auch ein bisschen der Grund gewesen, warum dass ich mit dem Bio angefangen habe, weil ich auch gemerkt habe: Die Spritzmittel, die Kunstdünger, alles ist immer teurer, teurer geworden und … Getreide ist immer billiger geworden. Ich mein’, das hat sich jetzt auch wieder ein bisschen geändert. Natürlich ist jetzt das Getreide jetzt, dieses Jahr, dieses Jahr, letztes Jahr war es auch ganz schlecht. Und dieses Jahr ist es jetzt ein bisschen besser. Aber … ja.“ (Naturland-Landwirt R.)

Bis jetzt gehört Werbung nicht zur Vermarktungsstrategie des Biolandwirts. Pläne für die Zukunft gibt es diesbezüglich allerdings:

> „Das mache ich schon noch, Werbung. Sobald das jetzt, weil es jetzt auch noch nicht voll läuft. Weil ich darf noch keine Rinder schlachten oben und Schweine [im Schlachthaus, Anm. S. D.-S.]. Und wenn ich die dann jetzt schlachten gehen darf, mache ich schon Werbung, weil ich wollte dann schon Werbung machen mit dem vollen Programm, nicht zweimal da. Es kostet ja auch alles Geld.“ (Naturland-Landwirt R.)

Naturland-Landwirt V. hat mehrere Vertriebswege für seine Produkte:

> „Tierische Produkte, ist ganz klar, erstmal die Milch. Milch geht ja über's Milchwerk. Dann haben wir ehm … dann haben wir Fleisch. Fleisch läuft über Großhandel. Als Öko … Bullenkälber haben wir gesagt, läuft eigentlich äh mit sieben bis acht Wochen, aber ohne Öko. Da gibt's in dem Sinn keinen Markt … Dann pflanzlicher Bereich verkaufen wir Futtergetreide, was über ist, was wir selbst nicht benötigen an andere Ökobetriebe, wo wir eigentlich anfahren können. Und … äh, Stroh verkaufen wir. Da haben wir auch eigentlich zwei Betriebe, wo wir das eigentlich anbieten […]" (Naturland-Landwirt V.)

Die Direktvermarktung läuft bei der Landwirtfamilie seit jeher nebenher und ohne Werbung. Der Versuch, Tee und ähnliche Produkte abzusetzen, scheiterte mangels Erfolg. Heute verkaufen sie hauptsächlich Kartoffeln und Getreide „ab Hof". Während sie Dinkel aufgrund des hohen Arbeitsaufwands gerade auslaufen lassen, rückt ein neuer Vermarktungsbereich in den Fokus: ihren Wald. Der Absatz von Brennholz sei sehr ordentlich, und 2010 hätten sie erstmals Hackschnitzel verkauft. Der Schwerpunkt des Vertriebs liege jedoch eindeutig auf der Biomilch.

EU-Biolandwirte

EU-Biolandwirt G. wirbt wie einige der anderen befragten Biolandwirte ebenfalls nicht für seine Produkte:

> „Nein. Ich habe ihnen ja den Flyer gegeben, ‚Vereinigung glückliches Weiderind', da bin ich auch noch Vorstand. Wir schlachten 50 Prozent für die Vesperstube und 50 Prozent für Edeka." (EU-Bioland-Landwirt G.)

„Verkauf ab Hof" gibt es keinen. In der Vesperstube besteht jedoch die vielgenutzte Möglichkeit, Fleisch und Wurstwaren zu erwerben, die von der Ehefrau des Landwirts, einer gelernten Fleischereifachverkäuferin, hergerichtet würden.

EU-Biolandwirt W. geht samstags auf den Wochenmarkt. Zudem besteht für Kunden die Möglichkeit, Produkte „ab Hof" zu erwerben. Den Käse der hofeigenen Käserei vermarktet die Familie über Bioläden. Aufgrund des erfolgreichen Produktabsatzes kann der Biobauer auf Werbung verzichten. Der Landwirt bedauert, Kunden teilweise Absagen erteilen zu müssen, da die Nachfrage das Angebot übersteige. Er beschreibt den Aufbau der Käserei als äußerst gelungene Maßnahme:

> „[…] Und haben dann anfangs noch die … meiste Milch an die Molkerei geliefert. Aber dann jedes Jahr weniger, und jetzt äh kaufen wir jedes eine Kuh dazu.“ (EU-Landwirt W.)

Der Erfolg lasse sich auch darauf zurückführen, dass sie die einzigen im Umkreis seien und eine sehr gute Kundschaft hätten, welche regionale Produkte schätze und einen guten Preis dafür bezahle.

EU-Biolandwirt H. vermarktet das Fleisch als 10-Kilogramm-Pakete. Zweimal wöchentlich gibt es selbstgebackenes Brot aus dem Backhäuschen, und die Schwiegermutter verkauft Eier „ab Hof“. Das Brotmehl erwirbt die Biobäuerin allerdings konventionell von einer nahegelegenen Mühle.

EU-Biolandwirt V. hat die Produktpalette des seit 1997 eingerichteten Hofladens kontinuierlich ausgebaut. Als die Milchquote sank, begannen sie unter Mithilfe seiner Schwester, einer Hauswirtschaftsmeisterin, Butter herzustellen, die sich bis heute sehr gut verkauft.

> „Man hat dann immer ein bisschen so aus einer Not hat man eine Tugend gemacht. Und so ist die Sache entstanden mit dieser Direktvermarktung, wo wir heute haben.“ (EU-Biolandwirt V.)

Zur Butter kam in den 1980er Jahren das Produkt „Dosenwurst“ hinzu. Der Wirtschaftskontrolldienst (WKD) wies auf die Bedingungen zur Wurstaufbewahrung hin, die anfänglich in einem Kühlschrank im Hausflur stattfand. Pläne für den Ausbau des Ökonomieteils zum neuen Hofladen bestanden damals bereits. In Zusammenarbeit mit dem WKD wurden diese weiterentwickelt. Heute ist der Laden gesetzeskonform eingerichtet. Zweimal wöchentlich besucht der Landwirt den Wochenmarkt. Er ergänzt seine Produkte mit von seiner Schwester in deren Hofkäserei hergestelltem Käse.

Werbung macht er keine. Kundenakquise erfolgt durch Mund-zu-Mund-Propaganda. Der Versuch einer Beteiligung an einem Bauernladen in der nahegelegenen Kleinstadt scheiterte aus Kostengründen. Die Vermarktung über einen Zwischenhändler ist für V. nicht lukrativ.

Es zeigt sich, dass die befragten Biobauern neben den gängigen Absatzmöglichkeiten „Wochenmarkt“, „Verkauf ab Hof“ und „Hofladen“ neue Ideen entwickeln, um ihre Produkte zu vermarkten.

4.3 Bedeutung und Einfluss der Verbandszugehörigkeit

In diesem Kapitel geht es um die Bedeutung des jeweiligen Verbands sowie der EU-Biokriterien für die befragten Landwirte. Alle vier Verbände arbeiten nach ökologischen Richtlinien, die sich in Details jedoch unterscheiden. Die prägnanteste Ausrichtung findet sich beim Demeter-Verband mit seinem anthroposophischen Profil, beispielsweise durch die Arbeit mit Präparaten. Bioland- und Naturland-Verband geben im Vergleich zu den EU-Richtlinien für ökologische Landwirtschaft strengere Kriterien vor. Beispielsweise ist bei den Verbänden keine „Teilumstellung" des Betriebs auf ökologische Landwirtschaft erlaubt, sondern es müssen alle Betriebszweige umgestellt werden. Auch sind die Vorgaben für den Futtermittelzukauf sowie die erlaubten Zusatzstoffe bei der Produktverarbeitung strenger.[262]

Wie bereits deutlich wurde, bestehen hinsichtlich Naturverständnis und ökologischem Bewusstsein zahlreiche Parallelen zwischen den einzelnen Verbandsmitgliedern. Nun gilt es herauszufinden, ob und wenn ja, was für Unterschiede in der Zusammenarbeit mit den Verbänden bestehen und wie sehr sich die befragten Biobauern mit „ihrem" Verband identifizieren.

4.3.1 Demeter-Verband

Der Demeter-Verband gilt als strengster ökologischer Anbauverband in Deutschland, was die Richtlinien und Vorgaben gegenüber den Landwirten betrifft. Zudem blickt er mit fast 90 Jahren auf die längste Geschichte zurück und verfügt mit seinem Ursprung in der Anthroposophie über eine sehr stark geistig-spirituelle Ausprägung (Kap. 2.3.2). Der von Rudolf Steiner entwickelte „Landwirtschaftliche Kurs" gilt bis heute als theoretische Grundlage für biologisch-dynamische Landwirte und wird beispielsweise in lokalen Arbeitskreisen behandelt. Bereits die Teilnehmer von Steiners Vortragsreihe im Jahr 1924 gründeten im Anschluss den „Landwirtschaftlichen Versuchsring der Anthroposophischen Gesellschaft", um die Vorschläge Steiners in der Realität zu erproben. Steiner selbst war es wichtig, dass seine Lehre nicht als starre Vorgabe interpretiert wird, sondern als Anregung für die praktizierenden Landwirte. Der „Landwirtschaftliche Kurs" ist allen befragten Demeter-Landwirten bekannt. Einige waren oder sind in erwähnten Arbeitskreisen engagiert. Deme-

262 Vgl. hierzu auch die einzelnen Kapitel zu den Verbänden und der EU-Biolandwirtschaft im kulturhistorischen Teil dieser Arbeit.

ter-Landwirt S. umreißt den Nutzen des „Landwirtschaftlichen Kurses“ für die heutigen Demeter-Landwirte:

> „… Also, sagen wir mal so, ich denke, es ist geisteswissenschaftlich recht wenig an diesen Sachen gearbeitet worden. Es sind die Angaben als Rezepte. Dass man daraus dann die individuellen, für die individuellen Höfe und so weiter, in, aus dem Lebendigen raus die Sachen weiterentwickeln kann, da sind wir noch weit weg davon.“ (Demeter-Landwirt S.)

Der Biobauer sieht ganz im Sinne Steiners die Vorträge des „Landwirtschaftlichen Kurses“ als „Rezepte“, die es gilt, auf den jeweiligen Hof anzupassen, um die von Steiner angeregte „Hofindividualität“ herzustellen (Kap. 2.3.2). Dies gestaltet sich nach Ansicht des Demeter-Landwirts durchaus als schwierig. Tatsächlich sind es zahlreiche Teilaspekte eines landwirtschaftlichen Betriebes, die in den acht Vorträgen des „Landwirtschaftlichen Kurses“ behandelt werden und die es gilt, in Einklang zu bringen. Eine Möglichkeit des Austauschs bieten die erwähnten Arbeitskreise zum „Landwirtschaftlichen Kurs“. Demeter-Landwirt S. besucht diesen Lesekreis im nahegelegenen größeren Ort nicht, da er seine wenige Freizeit anders verbringen möchte. Die Demeter-Partner H. und F. besuchen ebenfalls keine Lesekreise, sondern befassen sich hofintern mit den Angaben Steiners. Demeter-Landwirt B. hingegen nutzt die Gelegenheit des monatlich stattfindenden Lesekreises auch nach Jahrzehnten der biologisch-dynamischen Tätigkeit. Auch Demeter-Landwirt G. besuchte jahrelang einen Lesekreis zum „Landwirtschaftlichen Kurs“. Es fällt auf, dass es die zwei älteren Landwirte mit einem Erbhof sind, die sich in ihrer Freizeit außerhalb des Hofs der Lehre Rudolf Steiners widmen.

Neben diesem geistigen Rüstzeug weisen die Demeter-Landwirte gezielt auf den pragmatischen Nutzen in der Zusammenarbeit mit dem Verband hin. Die Verbände sind heutzutage mehr denn je dem Gebot einer stringenten Wirtschaftlichkeit unterworfen. Vermehrt sind junge Mitarbeiter beschäftigt, oftmals Absolventen eines wirtschaftswissenschaftlichen Faches, die vorrangig die Zahlen des Verbands fokussieren. Demeter-Landwirt G. spürt diesen Generationenwechsel seit der Pensionierung seines ehemaligen Beraters:

> „Alles war sehr lieblich [beim ehemaligen Betreuer, Anm. S. D.-S.] … und nett, äh ja man sitzt ein bisschen zusammen und plaudert ein bisschen und so. […] Und mit Ulm, da sind wir jetzt eigentlich schon ‚gut beraten‘ und … da sind natürlich auch junge, kompetente Leute, die halt mit Computer und dem allem umgehen können, und die, und da ist dann halt dann jetzt auch, bekommt man also einen Service von,

von Düngerverordnungen und wo, die können das einem so ausrechnen und ausdrucken. Alles Sachen, die man eigentlich gar keine Zeit hat zum selber machen." (Demeter-Landwirt G.)

Der Biobauer empfindet die Zusammenarbeit mit seiner neuen regionalen Beratungsstelle in fachlicher Hinsicht als positiv. Vom überregionalen Demeter-Bund fühlt sich der Landwirt nach eigener Aussage hingegen „schrecklich im Stich gelassen", da sich dieser in den vergangenen Jahren den neuesten Trends anschlösse. Bis Anfang der 1990er Jahre hätten die hofeigenen Produkte über Reformhäuser und Naturkostläden sowie den Direktverkauf ab Hof noch einen wesentlich besseren Absatz erreicht. 1994 informierte der Verband laut Demeter-Landwirt G. über die Handelsketten-Vermarktung von Demeter-Milch. Während die Verbraucher sowie große Höfe, welche sich einen Getreidezukauf aus Osteuropa leisten könnten, von den Entwicklungen profitierten, litten die kleinen Höfe darunter:[263]

> „[...] Das sind halt jetzt auch die ganzen Preise, weil man da nicht ... nicht mehr etwas Spezielles ist, so, sondern man ist im ganzen Trubel. Es ist EU-Bio, es ist Bioland, es ist, ja, es ist nicht mehr, nicht mehr ... nichts Spezielles mehr." (Demeter-Landwirt G.)

Der Demeter-Verband zielt darauf ab, seine Produkte in „Premium-Qualität" noch besser zu vermarkten. Demeter-Landwirt S. schätzt die Vorteile der Verbandszugehörigkeit:

> „... Also ... ja, es, der Verband ist schon irgendwo notwendig, um ein bisschen so das Spezielle dann rauszuarbeiten und darzustellen ... Auf der anderen Seite, bis auf das, was wir jetzt eben an Großabnehmer abliefern, ... würden wir auch ohne jegliche Verbands-, äh Zugehörigkeit unsere Produkte verkaufen können, weil sie einfach unsere wollen." (Demeter-Landwirt S.)

Der Landwirt hält es für notwendig, die Verbandsarbeit mit Hilfe vieler Menschen zu gestalten, um präsent zu sein. Er selbst arbeite jedoch nicht im Verband mit und opfere seine wenige freie Zeit auch nicht, wie bereits erwähnt, für den monatlichen Arbeitskreis, sondern für persönliche Interessen.

Die Betriebspartner F. und H. stören sich an der weiten Entfernung zur Verbandszentrale in Darmstadt:

263 Das Aussterben kleiner Höfe besteht tatsächlich, bezieht sich jedoch nicht allein auf Demeter-Höfe, sondern stellt ein generelles Problem in der heutigen Zeit der Globalisierung und Expansion dar.

„Genau, wir sind am, am, am, im letzten Ecken der Republik halt. Das heißt, wir können da so was an, an äh Veranstaltungen so angeboten wird, ist immer ein sehr großer Aufwand, da irgendwas wahrzunehmen." (Demeter-Landwirt F.)

Als vorteilhaft hingegen bezeichnet Landwirt F. den Kontakt und den Austausch mit Nachbarbetrieben, die ebenfalls nach biologisch-dynamischen Kriterien wirtschaften. Im Vergleich zu den Kontrollmechanismen des Demeter-Verbands empfindet der Biobauer die zusätzlich notwendige Kontrolle durch die EU als aufwendiger:

„[…] Und die Demeter-Kontrolle ist dann äh … eben, einerseits mehr so ein, so ein Gespräch, wo man äh … mehr so auf einer persönlichen Ebene miteinander über den Hof spricht … und dann sind noch ein paar Punkte, wo ein bisschen was kontrolliert wird, nicht?" (Demeter-Landwirt F.)

Resümee

Bis auf die von einem Demeter-Landwirt angeführte negative Entwicklung der Demeter-Produkte von einst gefragten Nischen-Angeboten hin zu „Massen-Bioprodukten" und das daraus resultierende Absatzproblem für kleinere Höfe, nennen die befragten Landwirte keine inhaltlichen Probleme mit dem Verband. Demeter-Landwirt S. mit größerem Hof wiederspricht sogar der These seines Verbandskollegen und sieht in Demeter-Produkten nach wie vor „Premium-Qualitätsware".

Inhaltliche Angebote des Verbands werden als nützlich empfunden, wenn auch aus Zeitmangel oder logistischen Gründen nicht uneingeschränkt wahrgenommen. Zwei der fünf befragten Demeter-Bauern nehmen an den lokalen Arbeitskreisen zum „Landwirtschaftlichen Kurs" teil, andere befassen sich hofintern mit den Schriften Rudolf Steiners oder empfinden den Austausch mit lokalen Verbandskollegen als Bereicherung. Die einmal jährliche Demeter-Kontrolle wird von keinem einzigen der befragten Landwirte kritisiert, selten thematisiert und als normaler Vorgang empfunden.

Die Frage nach einem möglichen Wechsel zu einem anderen Verband oder dem Wirtschaften nach EU-Biokriterien ergibt sich nicht. Dafür spricht auch das bereits attestierte Naturverständnis und ökologische Bewusstsein aller befragten Demeter-Landwirte, welches tief in der biologisch-dynamischen Landwirtschaft wurzelt (Kap. 4.1.1 und 4.1.3).

4.3.2 Bioland-Verband

Der Bioland-Verband ist heute der größte Anbauverband Deutschlands. Er fand in den 1970er Jahren seinen Weg von der Schweiz aus über Baden-Württemberg in die Bundesrepublik. Der Pioniergedanke von Hans Müller in den 1930er Jahren in der Schweiz basierte in der Erhaltung kleinbäuerlicher Strukturen und der Unabhängigkeit von der steigenden Industrialisierung der Landwirtschaft durch einen möglichst geschlossenen Betriebskreislauf. Einige der befragten Bioland-Landwirte sprechen die Bedeutung eines Betriebskreislaufs von sich aus an. Bioland-Landwirt M. beispielsweise zeigt sich äußerst informiert über die theoretischen Grundlagen seines Verbands. Er sieht wie Müllers Kompagnon Rusch die Bodenlebewesen als „A und O im ökologischen Landbau“ [264].

Ein Kriterium zur Wahl des Bioland-Verbands stellt die Bedingung einer Verbandszugehörigkeit für die Abgabe von sogenannter „Biomilch“.[265] Diese Tatsache motivierte, wie sich im Laufe der einzelnen Interviews herausstellte, einige der befragten Bioland- und Naturland-Landwirte zu einem Verbandsbeitritt. Bioland-Landwirt M. entschied sich während der ersten fünf Jahre seiner ökologischen Landwirtschaft zunächst für „EU-Bio“. Seine Vorstellung, „Marken“ ohne einen Verband zu entwickeln, gelang nicht. Er trat letztlich dem Bioland-Verband bei, um in erster Linie seine Milch als „Biomilch“ zu vermarkten. Von Anfang an missfiel ihm jedoch das „Missionierungsgehabe“[266] genauso wie die verbandsintern vorhandene Einstellung „Wir sind doch die Besten“[267]. Bei den heutigen Verbandsstrukturen bemängelt er die Differenzen zwischen baden-württembergischen Mitgliedern und der restlichen Republik in grundsätzlichen Angelegenheiten:

> „[...] In ... ja, auch so in eine Richtung Wachstum und großbäuerliche Strukturen und kleinbäuerliche Strukturen.“ (Bioland-Landwirt M.)

Beispielsweise stört er sich wie die anderen Bioland-Kollegen an der Gewährung des sogenannten „Hektarrabatts“, welcher Großbetrieben einen größeren Rabatt einräumt als kleinen Höfen.

---

264 Interviewaussage Bioland-Landwirt M. vom 20. Oktober 2010.

265 Die Biolandmilch wird über die „Schwarzwaldmilch GmbH“ (bis 2010 „Breisgau-Milch-AG“) mit Zentrale in Freiburg im Breisgau vermarktet. Weiterführende Informationen vgl. http://freiburg.schwarzwaldmilch.de (Stand 31.07.2015).

266 Interviewaussage Bioland-Landwirt M. vom 20. Oktober 2010.

267 Interviewaussage Bioland-Landwirt M. vom 20. Oktober 2010.

Die Wachstumsstrategien, welche in den Anfängen des Verbands nicht vorgesehen waren, bemängeln alle vier befragten Bioland-Landwirte und beweisen teilweise ihre umfangreiche Kenntnis der Verbandsgeschichte, wie folgende Aussage belegt:

> „Ja, wobei der Müller [gemeint ist Hans Müller, der Begründer des organisch-biologischen Landbaus, Anm. S. D.-S.] halt, das kritisiere ich am Bioland-Verband und habe das auch schon vorgebracht bei Gelegenheiten äh, dass was der Müller im Sinn hatte, das ist ja im Bioland-Verband untergegangen. [...]“ (Bioland-Landwirt E.)

Müllers Anliegen – Biobauer E. spricht hier den Erhalt kleinbäuerlicher Strukturen an – sei nach der deutschen Wiedervereinigung vom Verband verworfen worden. Seither sei alles auf Betriebsvergrößerungen ausgerichtet. Ein Hektarrabatt für Großbetriebe sei eingeführt worden. Während er einen halben Hektar Kartoffeln anbaute, ging es im Osten um 50 Hektar mit Vollernte. Den Grund für diese Entwicklung sieht der Landwirt in den aktuellen Verbandsstrukturen:

> „[...] Es ist leider so, dass Baden-Württemberg hat zwar den Bioland-Verband gegründet, aber hat praktisch die letzte Entscheidungsbefugnis aus der Hand gegeben. Und seit wir eben den Bundesverband haben, der über den Länderverbänden steht, läuft das aus dem Ruder und [...]“ (Bioland-Landwirt E.)

Entweder Baden-Württemberg spalte sich, wie in den vergangenen ein bis zwei Jahren diskutiert, vom Bundesverband ab oder kleinere Betriebe wie sein Hof müssten unter Umständen über einen Verbandswechsel nachdenken.[268] Angesprochen auf ein mögliches Wirtschaften nach EU-Biokriterien bezieht der Landwirt jedoch eindeutig Stellung für eine Verbandszugehörigkeit:

> „[...] Als Erzeuger ist eben EU-Bio ... schon eine Stufe niedriger. Ich stell’ mich da halt auf die ... äh, gleiche Stufe wie äh ... Erzeugnisse, die aus allen Herrenländern kommen und ... äh, es gibt doch eine ganze Anzahl Verbraucher, denen auch die Herkunft noch wichtig ist und die garantieren die Verbände halt dann noch besser.“ (Bioland-Landwirt E.)

Damit teilt er die Ansicht von Bioland-Kollege M. in punkto einer vermarktungsstrategisch notwendigen Verbandszugehörigkeit. Die GbR von Bio-

268 Bis heute (Stand 30.07.2015) hat sich der Bioland-Verband Baden-Württemberg nicht vom Bundesverband abgespalten.

land-Landwirt L. und Bioland-Landwirtin R. besitzt seit 2008 sogar eine Zweitmitgliedschaft beim Demeter-Verband. Dies jedoch nicht aus vermarktungstechnischen Gründen, sondern aufgrund der „sozialen Komponente" beim Demeter-Verband, die Biobauer L. beim Bioland-Verband vermisst:

> „[…] Bei Bioland [ist das] nicht so. Die soziale Komponente lässt sich ja auch nicht abprüfen. Das ist ja schon mehr … ja, geistige Struktur. Aber es wird dahingehend berücksichtigt bei der Demeter-Zertifizierung, dass man jährlich dieses Hofgespräch hat." (Bioland-Landwirt L.)

Den Pachtbetrieb bewirtschaftet L. nach einem ersten verbandslosen Jahr seit 1985 gemäß der Bioland-Richtlinien, wobei seine Familie bei der Gründung der Bioland-Ortsgruppe im Schwarzwald-Baar-Kreis mitgewirkt hatte. Die Ehefrau des Bioland-Landwirts fühlt sich aufgrund ihrer fünfzehnjährigen Tätigkeit für die Ortsgruppe mit dem Bioland-Verband nach wie vor verbunden. Der Landwirt selbst kommt auf Diskrepanzen mit dem Verband zu sprechen:

> „[…] Und … da gab es ein paar Punkte, die uns einfach an Bioland auch genervt haben. Das ist, teilweise sind die auch viel stärker wachstumsorientiert und wollen vor allem große Betriebe an sich binden. Das hängt mit der Professionalisierung der Verwaltung zusammen. Da kommen dann Uniabsolventen, die müssen sich irgendwie rechtfertigen für ihr Gehalt." (Bioland-Landwirt L.)

Die personelle Besetzung des Verbands bemängelte bereits Demeter-Landwirt G. Während dies bei den Demeter-Bauern der einzige Kritikpunkt, geäußert von einem einzigen der befragten Landwirte war, stimmen die Bioland-Landwirte diesbezüglich häufig in ihrer Wahrnehmung überein. So bemängelt Bioland-Landwirt L. wie weitere Bioland-Bauern die degressive Beitragsordnung – gemeint ist der bereits erwähnte „Hektarrabatt" – welche große, ohnehin wirtschaftlich arbeitende Höfe bevorzuge, wohingegen kleine Betriebe darunter leiden würden. Ein Jahr lang gelang es dem Bioland-Verband Baden-Württemberg, sich gegen die neue Beitragsordnung zu stemmen, bevor die Vorgaben des BundesVerbands umgesetzt werden mussten. Darüber hinaus missfallen Landwirt L. die zentralistischen Bestrebungen des Bundesverbands beispielsweise bezüglich Finanzen und Personal.

Durch seine Zweitmitgliedschaft im Demeter-Verband hätte der Hof zwei bis drei Kundenfamilien verloren – „fundamentale Christen", für die der einzige Zugang zum Geist über Gott erfolge und nicht wie von der Anthroposophie vertreten, durch den Menschen selbst. Menschen, die dieses für sich in Anspruch nähmen, seien in den Augen dieser Kunden „Gotteslästerer".[269]

Was den zusätzlichen Aufwand für die Demeter-Kontrolle anbelangt, sei diese überschaubar, was die Aussage von Demeter-Landwirt F. bestätigt, der die Verbandskontrolle als weniger aufwendig empfindet als die EU-Kontrolle. Bioland-Landwirt L. erzählt, die Hofgemeinschaft habe bereits Impulse aus der anthroposophischen Lehre aufgegriffen, wie beispielsweise das Hof-Tagebuch, das mit allen Hofbewohnern nach dem gemeinsamen Frühstück geschrieben werde. Die Mittagspause als gestalterisches Element gehe ebenfalls auf den Demeter-Verband zurück:

> „Haben wir früher nie gemacht. Aber es ist wunderbar, wenn nach dem Essen eine Stunde Ruhe ist, ist fantastisch. Es lohnt sich ... für alle. Und man muss es wirklich auch machen. Das gliedert den Tag." (Bioland-Landwirt L.)

Der Biobauer scheint sehr angetan von den anthroposophischen Elementen. Bioland-Landwirtin R. vom Partnerbetrieb hingegen tat sich mit der Zustimmung zu einer Zweitmitgliedschaft im Demeter-Verband nicht leicht. Sie glaubt nach eigenen Angaben zwar an eine höhere Macht, bezeichnet sich jedoch als „nicht spirituell", weshalb sie zunächst wenig begeistert von einer Zweitmitgliedschaft beim Demeter-Verband war. Sie glaubt an den Einfluss von Naturereignissen auf die Landbewirtschaftung und blickt nun gespannt auf die Präparate-Arbeit ihres Partnerbetriebs. Als für sie als Naturwissenschaftlerin nachvollziehbar empfand sie die bei einem Demeter-Einführungskurs vorgestellten wissenschaftlichen Nachweise und Langzeitversuche.[270] Den organischen Kreislaufgedanken trägt sie ebenfalls mit. Mit den vermeintlich spürbaren „Bildekräften" hingegen kann sie nicht allzu viel anfangen.[271] Grundsätzlich kann sie sich nicht mit dem Demeter-Verband identifizieren. Die Gründe dafür sieht sie einerseits in der sehr geistigen, „spirituellen" Welt der biologisch-dynamischen Landwirtschaft, andererseits in negativen privaten Erfahrungen mit Anthroposophen, die meinten, getreu der Lehre Rudolf

---

269 Weiterführende Literatur zum Thema „Anthroposophie und Christentum" vgl. Fußnote 249.

270 Für weiterführende Informationen zu den Studien des Demeter-Forschungsring vgl.: http://www.forschungsring.de/forschung-entwicklung (Stand 30.07.2015).

271 Die Anthroposophie geht bei den „Bildekräften" von sogenannten „Universalkräften" aus. Weiterführende Literatur: Marti, Ernst: Die vier Äther: Zu Rudolf Steiners Ätherlehre. Elemente – Äther – Bildekräfte. Basel 2010; Schmid, Dorian: Lebenskräfte – Bildekräfte. Methodische Grundlagen zur Erforschung des Lebendigen. Basel 2011.

Steiners zu leben, tatsächlich jedoch gravierende Defizite im zwischenmenschlichen Bereich aufwiesen.

Beim Bioland-Verband kritisiert sie wie ihre befragten Verbands-Kollegen die stark wirtschaftlichen Bestrebungen, wobei sie speziell den Mindestmitgliedsbeitrag anspricht, der es den kleinstrukturierten Betrieben in Baden-Württemberg schwer mache. Dennoch spürt man bei ihren Ausführungen von den eigenen Anfängen eine starke Identifikation mit dem Bioland-Verband:

> „Also ich … hab' bei Bioland ja schon gearbeitet und hab' ein Praxissemester gemacht. Und es waren unheimlich nette Leute und ich hab' mich prima mit denen verstanden und ich kenn' auch viele Biolandbetriebe und Bioland-Landwirte mit denen ich mich auch prima verstehe. Also ich fühle mich schon einfach … Bioland ist so meine Kinderstube von der ökologischen Landwirtschaft." (Bioland-Landwirtin R.)

Resümee

Die befragten Bioland-Landwirte zeigen sich kritischer gegenüber ihrem Verband als die Demeter-Landwirte. Größter Kritikpunkt sind die Wachstumsstrategien, welche Konsequenzen wie eine degressive Beitragsordnung, eine wirtschaftsorientierte Personalpolitik und zentralistische Tendenzen des Bundesverbands nach sich ziehen. Dies alles missfällt den Landwirten im Schwarzwald, da hier nach wie vor kleinbäuerliche Strukturen vorherrschen und diese Betriebsform nicht von der heutigen Verbandsausrichtung profitiert. Es wird deutlich, dass die befragten Biolandwirte mit ihren Klein- bis Mittelbetrieben dem Ideal des Pioniers Müller näher stehen als die aktuelle Wachstumspolitik des Verbands.[272]

4.3.3 Naturland-Verband

Der jüngste Anbauverband ist in Bayern beheimatet. Dennoch gibt es auch in Baden-Württemberg Bauernhöfe, die dem Verband angehören. Es fällt auf, dass alle befragten Naturland-Landwirte zunächst negative Erfahrungen mit dem Bioland-Verband gemacht haben, die im Verlauf dieses Kapitels aufgezeigt werden. Der Naturland-Verband zeichnet sich nach eigenen Angaben durch seinen Einsatz im sozialen Bereich sowie der Aufnahme neuer Themen in die ökologische Landwirtschaft wie „Wald" und „Aquakultur" aus. Im Fol-

272 Der Aspekt „Unabhängigkeit von der Industrie" wird in einem gesonderten Abschnitt behandelt, da die heutigen Globalisierungstendenzen auch die Landwirtschaft betreffen. Vgl. hierzu Kapitel 4.6.1.

genden wird sich zeigen, wie sehr die befragten Landwirte sich mit ihrem jungen Verband identifizieren und wo sie Reibungspunkte sehen.

Naturland-Landwirt M. wechselte 1992 von der EU-Biozertifizierung aufgrund von Absatzproblemen zunächst zum Bioland-Verband. Die gleichen Probleme führten ihn jedoch vom Bioland-Verband im Jahr 2009 zum Naturland-Verband:

> „Äh, ganz einfach. Wir haben uns um einen Verband bemüht oder ja, jeder sagt, er sei gut. ‚Kommst zu uns, zu Bioland und tralala.' Und dann war es aber so: Wir haben immer Probleme gehabt, um unsere Absetzer einigermaßen ordentlich zu verkaufen. Und ... die Rebio, also das ist der, der Handel vom Bioland, die haben es nie fertig gebracht, unsere Viecher ... Ja die waren auch immer so träge, die waren zu unbeweglich [...]" (Naturland-Landwirt M.)

Die Unzufriedenheit mit dem Bioland-Verband führte zu Gesprächen mit dem Naturland-Verband, welcher den gewünschten Viehabsatz garantierte und sich auch in anderen Bereichen äußerst unkompliziert zeigte wie beispielsweise in der Saatgutbeschaffung. Naturland-Kollege F. berichtet von ebensolchen positiven Erfahrungen in der Zusammenarbeit mit dem Verband:

> „ ... Also was der Vorteil ist, was ich jetzt sehe, ist jetzt mit dem Getreide, ja genau. Das haben wir das letzte Jahr jetzt größere Mengen gekauft – Futtergetreide. Das ist ... eigentlich super gelaufen, nicht? Da hast du dann können die Mischung oder das, was du hast wollen, relativ günstig auch kriegen." (Naturland-Landwirt F.)

Der Landwirt vermutet hinter den günstigen Preisen große Betriebe im Bayrischen oder in Ostdeutschland, von denen „Naturland" Getreide abnimmt. Regionalität und kurze Transportwege scheinen für Naturland zweitrangig zu sein. Biobauer F. entschied sich nach vielen Jahren beim Bioland-Verband, dem er aufgrund der Notwendigkeit einer Verbandszugehörigkeit zur Biomilchvermarktung angehörte, im Jahr 2005 aus Kostengründen für den Naturland-Verband. Da sein Hof eine relativ hohe Milchquote aufweise, bezifferte sich der Differenzbetrag zwischen einer Mitgliedschaft im Bioland- oder Naturland-Verband auf 1.500 Euro bis 2.000 Euro. Bei Naturland fühlt er sich eigenen Angaben zufolge seit jeher bestens aufgehoben. Lediglich die vielen Großbauern in den Gremien und im Vorstand empfindet er als negativ, da sie ausschließlich ihre eigenen großbäuerlichen Interessen verträten. In diesem Punkt sieht er bei Bioland einen Vorteil, da dieser teilweise strenger verfahre und noch stärker an kleinbäuerlichen Strukturen festhalte. Wie im vorigen

Abschnitt festgestellt, steht diese Aussage den Beobachtungen der befragten Bioland-Landwirte jedoch entgegen.

Naturland-Kollege R. entschied sich wie Landwirt F. aus Kostengründen und aufgrund von vermeintlich weniger restriktiven Richtlinien wie bei Bioland für Naturland:

> „Warum für Naturland, äh, also … Dazumal ist es so gewesen, ich weiß wie es, jetzt habe ich die, da waren die günstiger im Preis. […] Und dann, was bei Naturland auch noch war, sie sind in den Richtlinien nicht ganz so streng gewesen am Anfang … wie … aber jetzt ist das auch nicht mehr. […]" (Naturland-Landwirt R.)

Im Vergleich zu den Anfangszeiten bei Naturland muss sich der Landwirt heute mit strengeren Anweisungen auseinandersetzen. Sei früher beispielsweise das Enthornen von Kälbern ohne Probleme möglich gewesen, bedürfe es heute einer Sondergenehmigung vom Regierungspräsidium. Einen Vorteil in der Zusammenarbeit mit einem Verband sieht der Landwirt keinen, auch nicht bei der Produktvermarktung, die von seinen beiden Verbandskollegen erwähnt wurde:

> „Haja, kein Vorteil. Auch die Vermarktung, das kannst du alles grad vergessen. Wenn du was hast, brauchen sie nichts, wenn du nichts hast, dann brauchen sie es. So ist es." (Naturland-Landwirt R.)

Der Betrieb von Naturland-Kollege V. schloss sich 1980 noch unter der Leitung seines Vaters zunächst dem Bioland-Verband an. Dieser enttäuschte den heutigen Hofbewirtschafter V. jedoch im Jahr 2004 bei der Umsetzung seines Biogaskonzepts, als Bioland seine Zustimmung zur Biogasanlage unvermittelt widerrief. Der Biobauer wollte danach keinen kompletten Neuanfang und fand bei Naturland das Pendant zu Bioland. Einen Nachteil in der Zusammenarbeit mit dem Verband sieht der Landwirt in dessen Wachstumsbestreben – eine Kritik, die bislang verstärkt bei den Bioland-Landwirten geäußert wurde. Die Naturland-Kollegen F. und M. hingegen zeigen sich von den Geschäftspraktiken ihres Verbands angetan, kommen sie so doch ohne Verzögerung an ihr benötigtes Getreide. Naturland-Landwirt V. sieht darin eine negative Entwicklung:

> „… Wie überall … je weiter, dass es hoch geht, ist die Gefahr da, dass die Bodenständigkeit … äh zum Eigentlichen irgendwo ein bisschen verloren geht. Und das ist in den Verbänden relativ auch sehr stark geprägt. Wenn man heute diese Verbände anguckt, das ist jetzt ja durchgängig dann überall, wenn die Landwirte praktisch dann mehr so, so

überall Überlebensrecht oder so irgendwas äh …" (Naturland-Landwirt V.)

Naturland-Landwirt V. zeigt sich, wie auch einige Bioland-Landwirte, wenig angetan über den Austausch von erfahrenen Verbandsmitarbeitern durch junge, studierte Fachwissenschaftler, die keinen Kontakt zur Basis hätten. Er selbst beteiligt sich jedoch nicht aktiv im Verband, was durch die Entfernung sowieso erschwert sei.[273] Der Biobauer begnügt sich wie Naturland-Kollege M. mit dem Lesen der Verbandsbroschüre und Fachzeitschriften. Naturland-Landwirt F. hingegen sieht in der Entfernung keine Nachteile, da die fernmündliche Beratung gut funktioniere und er Fachtagungen und die Medien zur Meinungsbildung nutze.

Resümee

Drei der vier Naturland-Landwirte wechselten vom Bioland-Verband. Einer aufgrund von Vermarktungsproblemen, einer aus einer Enttäuschung heraus und einer aus Kostengründen. Diese führten den vierten Naturland-Landwirt bereits in der Entscheidungsphase zum Naturland-Verband und nicht zu Bioland.

Bis auf einen Landwirt betonen alle die gute Zusammenarbeit und das flexible Entgegenkommen des Verbands beispielsweise in der Getreidebeschaffung. Landwirt R. schätzte die weniger strengen Richtlinien in den Anfangsjahren seiner Verbandszugehörigkeit, die heute jedoch längst angeglichen seien. Die Verbands-Kollegen F. und M. hingegen erkennen nach wie vor einen großzügigen Umgang mit Regularien und finden Gefallen daran. Dafür nehmen sie eine auf Großbetriebe ausgerichtete Verbandspolitik in Kauf.

Keiner der befragten Naturland-Landwirte erwähnt die weiten Transportwege der nach Bayern verkauften Nutztiere oder die vom Verband aufgekauften Waren aus Osteuropa. Zudem nennt keiner von ihnen den sozialen Aspekt – den fairen Umgang mit Mitarbeitern und Handelspartnern – als wichtiges Kriterium für eine Verbandszugehörigkeit, den Naturland für sich als Alleinstellungsmerkmal unter den Anbauverbänden in Deutschland beansprucht.

Biobauer V. bemängelt als einziger und analog zu den Bioland-Landwirten die Wachstumspolitik des Verbands. Da ebenfalls ein Demeter-Landwirt diese Beobachtungen für seinen Verband anstellt, scheinen expansive Tendenzen ein generelles Phänomen nicht nur der EU-Biolandwirtschaft, sondern auch der ökologischen Anbauverbände darzustellen.

---

273 Hierin stimmt er mit den Demeter-Landwirten F. und H. überein, die aufgrund der Entfernung zur Zentrale in Darmstadt keine aktive Mitarbeit betreiben.

4.3.4 EU-Biokriterien

Das seit 1991 mögliche Wirtschaften nach EU-Biokriterien ist die ökologische Arbeitsweise mit den geringsten Auflagen (Kap. 2.5.2). Die Vermutung liegt nahe, dass es den Landwirten dieser Ausrichtung überwiegend darum geht, staatliche Subventionen abzuschöpfen. Bereits der erste der befragten EU-Biolandwirte scheint diese Annahme zu bestätigen. Nebenerwerbslandwirt G. schloss sich auf Anraten des Landwirtschaftsamtes und zur Abgrenzung von Konkurrenzbetrieben der „Erzeugergemeinschaft Weiderind“ an, bei der er derzeit als Vorstand fungiert.[274] Die Voraussetzung für die Aufnahme in die Erzeugergemeinschaft bestand im Nachweis einer Kontrollstelle:

> „Ja, und, und dann hat es auch geheißen, dann müssen wir uns irgendwie so einer Ding anschließen und dann haben wir da zwei, drei äh, Informationen eingeholt und für die Lacon [Kontrollstelle der EU-Biozertifizierung, Anm. S. D.-S.] haben wir uns entschieden. Ich weiß auch nicht mehr warum. Ich glaube finanziell auch. Sonst schwimmen sie, glaube ich, auch ein bisschen den mittleren Weg. Also ein Mitglied ist wohl ausgetreten. Äh, äh, das, das sind Überzeugte. Die haben gesagt, die prüfen zu wenig scharf.“ (EU-Biolandwirt G.)

Der Landwirt wählte die EU-Biokontrolle aus finanziellen Gründen. Deren Kontrollintensität beschreibt er als moderat und erwähnt in diesem Zusammenhang „Überzeugte“, die eine stärkere Überwachung einforderten und teilweise zu Verbänden mit strengeren Auflagen wechselten. Der befragte Biobauer dagegen scheint nicht von der ökologischen Landwirtschaft überzeugt zu sein. Er begründet das Wirtschaften nach EU-Biokriterien ganz selbstverständlich mit finanziellen Gründen. Inhaltliche Vorgaben scheinen für ihn zweitrangig zu sein. Vielmehr geht es ihm um die möglichst vollständige Ausschöpfung staatlicher Subventionen. So nahm er das bereits erläuterte und 1992 eingeführte „Meka-Programm“ seinerzeit in Anspruch.[275] Eine mögliche Verbandsmitgliedschaft wehrt er kategorisch ab. Auf Nachfrage, ob es beim Demeter-Verband beispielsweise an den anthroposophischen Hintergründen liege, antwortet EU-Biolandwirt G.:

> „Ääh. Ääh, ääh. Nein, nein. Ich habe auch die … bei der ersten Umstellung, das war ja so ein Vertrag für fünf Jahre, wo man das gekriegt

274 Weiterführende Informationen zur Erzeugergemeinschaft Weiderind vgl. Fußnote 244.
275 Weiterführende Informationen zum Meka-Programm vgl. Kapitel 2.1.2.

> hat. Das habe ich wirklich nur gemacht wegen dem Geld. Muss ich schon sagen." (EU-Biolandwirt G.)

Ein weiteres Mal wird die Einstellung des EU-Biolandwirts G. deutlich: Er lässt sich nicht aufgrund einer ökologischen Überzeugung gemäß EU-Biorichtlinien kontrollieren, sondern aus rein finanziellen Gründen.[276]

EU-Biolandwirt W. hingegen wäre gerne Mitglied im Bioland-Verband, noch scheut er aber die strengere Beaufsichtigung:

> „... Äh, also eigentlich wäre ich gern bei Bioland, aber ich hab' im Moment noch das Problem, dass ich meinen Stall umbauen muss und ich möchte jetzt nicht noch jemanden, der mir das dann ständig sagen muss." (EU-Biolandwirt W.)

Bereits jetzt müsse er sich an die Richtlinien der EU-Kontrollstelle halten, wenn er seinen Stall umbaut. Der Bioland-Verband wäre ein zusätzlicher Stressfaktor. Generell erweise sich der notwendige Stallumbau für den kleinen Hof als finanzieller Kraftakt. Gefragt nach den Vor- und Nachteilen in Zusammenarbeit mit der EU-Kontrollstelle, weist der Landwirt auf ein unter allen befragten Biobauern stets geäußertes Problem hin:

> „... Mhm, ja, äh, also eigentlich hab' ich keine Probleme. Schon, also manchmal hab' ich dann schon Probleme, ehm, ... weil es dann eben zu büro-, es ist mir zum, zu bürokratisch, ne? Also ich bemüh' mich wirklich ein, äh, ... sehr, dass ich das alles korrekt und richtig mache, ne?" (EU-Biolandwirt W.)

Die überwiegende Mehrheit der befragten Biobauern, unabhängig von ihrer Verbandszugehörigkeit, kritisiert einen steigenden bürokratischen Aufwand, oft in Verbindung mit Subventionsanträgen oder anderen Formalitäten.

Einige der befragten Landwirte nennen zudem weitere Kritikpunkte in Zusammenhang mit den jährlich stattfindenden Kontrollen. EU-Biolandwirt W. beispielsweise kaufte 2009 eine Kuh von einem Biolandbetrieb mit einem vorschriftsmäßigen Biolandzertifikat. Seine Kontrollstelle verlangte eine erneute EU-Zertifizierung von ihm, obwohl auf dem Biolandzertifikat zusätzlich die EU-Kontrollstelle genannt wurde. Ähnliche Vorkommnisse beschreiben weitere befragte Biobauern – unabhängig davon, zu welchem Verband sie gehören: beispielsweise die Rüge des Demeter-Verbands wegen einer um fünf Tage un-

276 Hierzu passt auch sein überwiegend pragmatisches Naturverständnis und sein wenig tiefgehendes ökologisches Bewusstsein. Vgl. zu diesen Themen die Kapitel 4.1.1 und 4.1.3.

terschrittenen Zwei-Jahres-Frist in der Umstellungsphase eines konventionellen Ackers auf biologisch-dynamische Bewirtschaftung.

EU-Biolandwirtin H. hält die Kontrollen für unproblematisch, da sie ausschließlich Grünland bewirtschafteten. An Futtermitteln kauften sie lediglich Mineralfutter zu, was sie für die Kontrollstelle dokumentieren müssten. Einmal störte sich die Kontrollstelle am Bezug von biozertifiziertem Mineralfutter von einem nicht-biozertifizierten Händler. Für sie unverständlich, da auf dem Eimer das entsprechende Bioetikett angebracht war.

EU-Biolandwirt V. kritisiert die ständig erweiterten EU-Biobestimmungen im Allgemeinen:

> „[...] Und das ist jetzt, ja ... gut gegangen bis jetzt. Und jetzt kommt halt die EU und sagt, gut, also mit Bestimmungen, ... wo meiner Meinung nach zum Teil also an den Haaren herbeigezogen sind. Wenn alle Bauern so wirtschaften täten, hätten wir die größte Hungersnot, wo man sich nur vorstellen könnte." (EU-Biolandwirt V.)

Er nennt die Streichung der Anbindehaltung mit Ausnahme der Kleinerzeugerregelung bei Haltung bis zu 35 Kühen. Auf seinem Hof sei nach diesen Bestimmungen bereits wieder ein Stallumbau notwendig, obwohl die letzte Investition aus dem Umbau von 1997 noch nicht einmal abbezahlt sei. Die Schweine sollten ganzjährig im Freien gehalten werden, was wiederum mit Investitionen verbunden wäre, die sich für den Biobauern nicht rechnen würden. Die Temperaturen im Hochschwarzwald von bis zu minus 25 Grad im Winter seien nicht geeignet für diese Art der Schweinehaltung. Der Landwirt befürchtet, den Hof nicht mehr lange im Biobetrieb halten zu können:

> „[...] Und äh, ja das sind, das sind alles so Faktoren, wo man jetzt so weit ist, dass man sagt: mein Gott, so wie es jetzt grad aussieht, ist bei uns im Betrieb läuft das Bio aus. Also man würd' eventuell wieder aufhören." (EU-Biolandwirt V.)

Er überlegt ernsthaft, aufzuhören. Die Fünf-Jahres-Verpflichtung des Meka-Programms laufe noch ein Jahr, wenn sich bis dahin nichts ändere in den Bestimmungen, werde er wieder zur konventionellen Landwirtschaft wechseln und auf eine extensive Landbewirtschaftung setzen. Seine Ansichten gleichen denen von EU-Biolandwirt-Kollege W., der einen Stallumbau ebenfalls für unsinnig hält und die EU-Kriterien kritisiert.

Resümee

Unter den befragten EU-Biobauern besteht eine eindeutige Tendenz zu finanziellen Motiven. Alle betonen die Vorteile und Notwendigkeit staatlicher Subventionen für die Hofumstellung auf ökologische Landwirtschaft und das Wirtschaften nach diesen Kriterien. Darüber hinaus zeigen sie sich im Vergleich zu den Demeter-, Bioland- und Naturland-Bauern am kritischsten gegenüber den von ihnen gewählten „EU-Biokriterien". Sie äußern bis auf finanzielle Aspekte keine weiteren positiven Gründe für das landwirtschaftliche Arbeiten nach diesen Richtlinien. Vielmehr treten große Bedenken für die künftige Wirtschaftlichkeit kleinstrukturierter Höfe im Schwarzwald auf. Obwohl es keiner der befragten EU-Biolandwirte ausspricht, besteht auch hier die große Sorge vor einer globalisierten Öko-Landwirtschaft, die auch für die eben genannten Schwarzwaldhöfe eine echte Gefahr darstellt.

4.3.5 Ein anderer Verband als Alternative?

Wie stehen die befragten Landwirte zu den jeweils anderen Verbänden? Um diese Frage zu beantworten, geht es im Folgenden darum, wieso die Landwirte gerade „ihren" Verband gewählt haben.

Zwei Demeter-Landwirte kamen zur biologisch-dynamischen Wirtschaftsweise durch Hinweise von Arbeitskollegen, zwei fanden Zugang über den beruflichen Werdegang und ein weiterer über den Einfluss seiner Familie. Bei diesen Landwirten lässt sich durchweg eine hohe Identifikation mit der biologisch-dynamischen Landwirtschaft nachweisen. Kritik am Verband äußert lediglich Demeter-Landwirt G., der einen sehr kleinen Hof bewirtschaftet und von den Vermarktungsstrategien enttäuscht ist. Im Großen und Ganzen jedoch scheinen die Landwirte mit ihrem Verband zufrieden zu sein. Bioland-Landwirt L. besitzt aufgrund der sozialen Ausrichtung des Demeter-Verbands seit zwei Jahren eine Zweitmitgliedschaft. Während die ökologische Bewirtschaftung des Hofs immer feststand, erläutert der Biobauer die späte Mitgliedschaft im Demeter-Verband wie folgt:

> „Weil mich damals [zu Beginn seiner landwirtschaftlichen Tätigkeit, Anm. S. D.-S.] die … weltanschauliche Komponente gestört hat. Ich wollte Landwirtschaft machen und mich nicht irgendwie weltanschaulich festlegen oder informieren. Das war nicht mein Ding. Das hat sich aber geändert … und inzwischen […]" (Bioland-Landwirt L.)

Eine dreimonatige Auszeit nach 25 Jahren Landwirtschaft nutzte der Landwirt für Tagungen und Kurse, um einen anderen Blickwinkel auf das Alltägliche zu bekommen. Unter anderem besuchte er die Demeter-Tagung für Landwirte im schweizerischen Dornach, wo er seiner Meinung nach glaubwürdige Personen traf wie beispielsweise Maria Thun.[277] In dieser Zeit setzte er sich zudem mit Steiners „Landwirtschaftlichem Kurs" auseinander.

> „Also den ‚Landwirtschaftlichen Kurs' schmeiße ich schon seit zehn Jahren gegen die Wand. Aber dann habe ich einen Zugang gefunden und habe ihn gelesen [...]" (Bioland-Landwirt L.)

Der Landwirt sieht sich nun im Rahmen der biologisch-dynamischen Landwirtschaft in der Lage, geistige Zusammenhänge gelten zu lassen, ohne sie selbst zu leben. Immerhin empfindet er heute die Notwendigkeit, einen Hof als lebendigen Organismus zu betrachten, in dem auch die Menschen ein Bestandteil sind.

Biolandbauern sowie Naturland- und EU-Biolandwirte zeigten sich überwiegend skeptisch gegenüber dem biologisch-dynamischen Landbau. Bioland-Landwirt M. arbeitete in der Vergangenheit zwar auf Demeter-Betrieben und hat auch den „Landwirtschaftlichen Kurs" gelesen. Der Demeter-Verband war ihm jedoch in der Argumentation „zu anthroposophisch". Er bezeichnet sich eher als „traditionell" – und naturwissenschaftlich geprägt. Eine nüchterne naturwissenschaftliche Herangehensweise vermisse er bei der biologisch-dynamischen Landwirtschaft.

Bioland-Landwirt E. informierte sich in seiner Umstellungszeit über die verschiedenen Verbände und entschied sich aufgrund der höheren Verbreitung in Baden-Württemberg für den „Bioland-Verband" anstatt für den eher in Bayern angesiedelten „Naturland-Verband". Für die biologisch-dynamische Wirtschaftsweise konnte er sich nicht begeistern, obwohl er die Monatsversammlungen des Demeter-Verbands während seiner Findungsphase besuchte:

> „Und ... ich hab' dann eben praktisch äh, ja also die Demeter hab' ich eben praktisch zu diesen äh, wo äh, äh anthroposophischen Verfahren kein so Bezug. Also da hat mir dann auch, bis heute fehlt mir da so ein bisschen die Überzeugung. Nicht grundsätzlich, aber ich bin der Meinung, dass die homöopathischen Anwendungen von diesen Präparaten, die die Demeter eben haben, die der Steiner damals diesen Landwirten empfohlen hat, dass die eben heute müssten auf die heutige Zeit

277 Genauere Informationen zur Tagung in Dornach vgl. http://www.sektion-landwirtschaft.org (Stand 30.07.2015). Zu Maria Thun vgl. Kapitel 2.3.2.

> angepasst werden. Weil wir haben ja, alle 2000 Jahre kommen wir in ein anderes Sternenbild. Und das war ja im Jahr 2000." (Bioland-Landwirt E.)

Tatsächlich empfahl Steiner seinen „Landwirtschaftlichen Kurs" nicht als starre Vorgabe, sondern als „Rezeptur" für die Landwirtschaft, die es in der Praxis zu erproben gilt. Für die einzelnen Landwirte besteht in Arbeitskreisen und Veranstaltungen die Möglichkeit des Austauschs, welcher eine stetige Weiterentwicklung der biologisch-dynamischen Landwirtschaft initiieren soll. Für viele der befragten Bioland-, Naturland- und EU-Biolandwirte ist jedoch der „spirituelle" Hintergrund das grundlegende Ausscheidungskriterium für ein mögliches Wirtschaften nach biologisch-dynamischen Richtlinien, wie folgende stellvertretende Aussagen belegen:

> „ … Demeter geht uns zu weit. Ja, also. Es, also ich will's nicht abwerten, das …, ich denk', das hat schon seine Berechtigung irgendwie. Auch manchmal so einen kleinen Schritt in die Richtung mit Saatterminen und das Ganze. Das tut man ja auch ein bisschen ausleben. Aber weiter geht nicht. Also da muss ich sagen, äh … da ist bei mir irgendwo eine Hemmschwelle drin." (Naturland-Landwirt V.)

> „Demeter, Demeter äh, das war für mich äh … Demeter wär für mich nichts, weil dann äh, das wieder mit der … Also das wäre für mich dann Horror da mit, mit, mit. Ja, was heißt ein Horror, das hat mich, ja das. Da muss man einen Sud ansetzen und rühren. Dann muss man es wieder ausbringen und ein Horn vergraben. Ja, das war dann schon so … ja, so abergläubisch und tratra und." (Naturland-Landwirt M.)

Auf Nachfrage gesteht der eben zitierte Naturland-Landwirt jedoch, sich „nicht wirklich" mit den Hintergründen des biologisch-dynamischen Landbaus auseinandergesetzt zu haben. Eine Beschäftigung mit Rudolf Steiner oder der Anthroposophie fand nicht statt:

> „Nee, das war für mich äh … ja, ich, ich habe da keinen Zugang dazu. Das. Ja, vielleicht kann man es einfach so sagen. Ja, ich, nee, das war für mich äh … eine andere Welt. Also nicht meine." (Naturland-Landwirt M.)

Neben der anthroposophischen Lebensphilosophie ist es auch der hohe zeitliche Aufwand der Präparate-Arbeit, den einige Landwirte negativ bewerten, wie folgende Aussage veranschaulicht:

> „Nein, also das war für mich gar keine Frage und zwar äh hauptsächlich aus dem Grund, ich, ich fang nicht an mit Kuhhörner vergraben und ...da äh ... Das ist mir ... Also jetzt nicht wegen dem ... Ich-, ich bin auch nicht dieser Meinung, dass Demeter-Produkte besser sind wie die anderen Produkte. Das ist ... die meinen halt äh ... mit dieser, mit dieser, mit dieser Spr- mit dem Spritzmittel, das sie da ansetzen, es ist nachher besser. Das mag auch sein. Ich mag das nicht abstreiten, bloß die Zeit hab' ich gar nicht. Wer wollte das machen? Und wenn du das musst machen lassen und alles, das ... Das bringt's nachher auch nicht." (Naturland-Landwirt R.)

Es wird deutlich, dass im Rahmen einer Demeter-Mitgliedschaft ein hohes Engagement vonnöten ist, zu dem nicht alle Ökolandwirte bereit sind. Dies deckt sich mit dem Naturerleben der befragten Landwirte: Wie dargestellt, beziehen sich die Demeter-Landwirte dabei auf die anthroposophische Weltanschauung (Kap. 4.1.1).

Die Verbandszugehörigkeit zu „Bioland" oder „Naturland" kann von den Richtlinien her auf den ersten Blick möglicherweise als ein Kompromiss zwischen den strengen Demeter-Vorgaben und den weniger strengen EU-Biokriterien erscheinen. Tatsächlich stellt für alle vier vom Bioland-Verband enttäuschten Naturland-Landwirte der jetzige Verband ein Pendant zu Bioland dar. Einige der befragten Bioland- und Naturland-Landwirte gestehen schlichtweg, für den Absatz von Biomilch einen Verband zu benötigen. Auch für die Produktvermarktung sehen viele der befragten Landwirte eine Verbandszugehörigkeit als unabdingbar. Lediglich die beiden GbR-Partner, Bioland-Landwirtin R. und Bioland-Landwirt L. gehören aufgrund tieferer Überzeugung und innerer Verbundenheit ihrem Verband an. Die befragten EU-Biolandwirte dagegen lassen sich ausschließlich aus finanziellen und vermarktungstechnischen Gründen nach den EU-Biokriterien zertifizieren. Einige von ihnen geben an, im Laufe der Jahre durch die ökologische Landwirtschaft ein weitreichenderes Naturverständnis erlangt zu haben. Zahlreiche Landwirte der anderen Verbände klassifizieren die EU-Biokriterien als ungenügend, wie folgende Aussage verdeutlicht:

> „Nein, nein, das war schon, das waren wir ja bevor wir zum Verband gegangen sind und äh ... äh, das ist nichts Ganzes und nichts Halbes. Also, von dem her, bringt's das EU-Bio eigentlich nicht." (Naturland-Landwirt V.)

EU-Biolandwirt W. charakterisiert die drei Verbände des ökologischen Landbaus wie folgt:

> „ … Ja. Ja, ich find', also Bioland ist für mich einfach ein guter Name. Das ist, also Demeter, das ist mir so ein bisschen zu äh … Steiner ist jetzt nicht so unbedingt mein äh … Also ich mag Steiner jetzt überhaupt nicht so. Also so die, es ist so ein bisschen zu arg äh, so, so … zu viel … Humbuk oder ich glaub' dann auch nicht so wirklich dran … Bioland ist für mich jetzt, äh Bioland ist so die zweite, also Demeter, ich find's schon gut, Demeter-Hof find ich schon gut, ne? Also da hat man auch hohe Anforderungen und man, äh ich find das schon gut. Und Bioland ist dann so … die Nummer zwei für mich, ne? Also ich tu halt Demeter-Höfe noch vor Bioland, nicht? Und Naturland ist dann so … kurz danach." (EU-Biolandwirt W.)

4.4 Spuren der Lebensreformbewegung

Die Lebensreformbewegung um die Wende vom 19. zum 20. Jahrhundert gilt mit ihren Forderungen nach einem natürlichen, naturnahen Leben unter anderem als Ausgangspunkt des ökologischen Landbaus.[278]

Dieses Kapitel behandelt die für diese Studie wesentlichen Aspekte der Lebensreformbewegung: „Zurück zur Natur", Arbeit an der frischen Luft und am Licht, Selbstversorgung und Vegetarismus.[279] Im Folgenden werden diese in Zusammenhang mit der Einstellung der befragten Biolandwirte gebracht.

4.4.1 „Zurück zur Natur"

Die Lebensreformbewegung gilt als Gegenbewegung zur Mitte des 19. Jahrhunderts beginnenden Industrialisierung und Technisierung. Ihr liegt ein Naturverständnis zugrunde, das von einer reinen, „vorindustriellen" Natur im Gegensatz zum neu entstandenen und interpretierten Moloch „Großstadt"

---

278 Wie bereits im Theorieteil aufgezeigt werden konnte, entwickelte sich aus der Lebensreform keine bis heute organisierte ökologische Wirtschaftsweise wie es sich beim Demeter- und Bioland-Verband darstellt. Vgl. hierzu Kapitel 2.3.1.

279 Die Vorstellung einer alternativen Lebensweise und Gesellschaft, wie sie bei den Landreformern anzutreffen war, findet sich in abgewandelter Form in weiteren kulturhistorischen Bestrebungen wie der 1968er-Bewegung und ihren Nachfolgebewegungen. Deshalb erhält die Thematik ein gesondertes Kapitel namens „Vision einer alternativen Lebensweise und Gesellschaft". Vgl. hierzu Kap. 4.6.3.

ausgeht. Die Lebensreformer suchten die Nähe zu dieser idyllisierten Natur und einige von ihnen gründeten Landkommunen, um ein Leben in und mit der Natur zu genießen.

Wie bereits in Kapitel 2.3.1 erwähnt, dienten die Schlagworte „Zurück zur Natur" den Lebensreformern als Motivation zur Erlangung eines möglichst naturnahen Lebens. Es war eine Antwort auf die als bedrohlich empfundene Industrialisierung. Der Mensch sollte sich seiner eigenen Natur bewusster werden und ein besonderes Körpergefühl entwickeln. So geht beispielsweise die Freikörperkultur auf die Lebensreformbewegung zurück. Durch eine ausgewogene Vollwertkost sollte der Mensch gesund bleiben oder im Fall einer Krankheit wieder genesen. Zudem propagierten Anhänger der Lebensreformbewegung eine stärkere Einbindung in die Natur. Getreu der Aussage Nietzsches „[...] wir selber sind Natur, [...]"[280] bilden Mensch und Natur eine Einheit.

Diese Denkansätze teilen die befragten Biobauern größtenteils nicht. Wie die Auswertung zum Thema „Natur" ergeben hatte, bezieht sich das Naturverständnis der Landwirte überwiegend auf eine „Natur" als Kulturlandschaft, die sie durch ihre Arbeit mitgestalten (Kap. 4.1.1). Die Ansicht einer reinen, unberührten Natur existiert nicht, da sich die Bauern bewusst sind, durch ihre tägliche landwirtschaftliche Arbeit in den natürlichen Prozess des irdischen Wachstums einzugreifen.

Was halten die befragten Landwirte von den Schlagworten „Zurück zur Natur"? Während diese für die Anhänger der Lebensreform durch und durch eine positive Bedeutung besaßen, gelten sie heute eher als Spöttelei gegenüber ökologischer Landwirtschaft. Ökolandbau wird von Seiten der rein wirtschaftlich ausgerichteten Großkonzerne und auch den konventionellen Landwirten nicht selten als Rückschritt angesehen, da bei dieser Art des Anbaus auf vermeintliche Fortschritte wie chemisch-synthetische Hilfsmittel verzichtet und stattdessen auf vorindustrielle Arbeitsweisen wie die Fruchtfolge und den Kreislaufgedanken gesetzt wird.

Wie gehen die heutigen Biolandwirte mit dieser spöttischen Kritik um? Zeigen sie Verständnis oder erleben sie sich möglicherweise als Gegenbewegung zur Industrialisierung der heutigen Landwirtschaft wie sich die Lebensreformer gegenüber der damaligen Industrialisierung erlebten? Die folgende Auswertung geht diesen Fragen nach.

Tatsächlich zeigen sich die Biobauern in der Mehrheit nicht einverstanden mit der Kritik, ökologischer Landbau sei ein Rückschritt, ein „Zurück zur

280 Colli, Giorgio/Montinari, Mazzino (Hg.): Nietzsche, Friedrich: Sämtliche Werke. Bd. 2, München/Berlin/New York 1980, S. 696.

Natur", statt Fortschritt. Gerade einmal drei der 17 befragten Landwirte zeigen Verständnis für diese Sichtweise: zwei EU-Biolandwirte und ein Demeter-Landwirt.

Die beiden „einsichtigen" EU-Biolandwirte zeigen viel Verständnis gegenüber der konventionellen Landwirtschaft:

> „Ja, weil es äh als wieder äh, ich finde, es ist egal, was gemacht wird, es ist immer in eine Richtung übertrieben. Erst, erst ist gar nichts äh Bio gewesen oder ökologisch und, und jetzt gibt es wieder Leute, die meinen äh man müsste fünfzig Jahre zurück gehen, gell? Äh ja … das geht einfach nicht. Wir müssen auch mit der Zeit mitgehen, aber, aber, aber im Weg bleiben." (EU-Biolandwirt G.)

Der Landwirt wünscht sich einen „goldenen Mittelweg", für Extreme – in welche Richtung auch immer – hat er nichts übrig. Technische Neuerungen gehören für ihn unweigerlich zur gesellschaftlichen Entwicklung. Diese Sicht befürwortet auch sein Berufskollege W.:

> „Jaja, das … äh. Das sind, sind ja ein-, einfach auch tolle Errungenschaften, ne? Also … Äh, dieser Dünger, ne? Wobei man eben früher auch völlig äh lax mit den ganzen Sachen umging, nee? Also auch mit Spritzmittel, ne? Man hatte dann so eine alte Spritze, die überall ist die, die Soße äh … gelaufen und, und äh man konnte das dann überhaupt nicht irgendwie dosieren, wie man es wollte." (EU-Biolandwirt W.)

Der Biobauer zeigt Verständnis für die Elterngeneration, für die Dünger und Spritzmittel eine „Errungenschaft" darstellte, die den Ernteertrag enorm steigerte. Die anderen befragten Landwirte zeigen sich bei Weitem nicht so verständnisvoll wie die eben zitierten. Demeter-Landwirt S. ist der Kritik gegenüber ebenfalls zwar aufgeschlossen und vergleicht den Biolandbau in der Tat mit vorindustrieller Landwirtschaft, bezieht seine biologisch-dynamische Wirtschaftsweise in diesem Fall jedoch nicht in den Biolandbau allgemein mit ein:

> „[Die Kritik, Anm. S. D.-S.] ist berechtigt. Also der normale Biolandbau ist für mich nichts anderes, wie das, was man seit Jahrtausenden macht, mit halt ein bisschen modernerer Technik. Ist für mich kein wirklich neuer Ansatz." (Demeter-Landwirt S.)

Der Demeter-Bauer sieht im allgemeinen Biolandbau keine Neuerung bis auf „ein bisschen modernere Technik. Im Gegenzug bezeichnet er jedoch die biologisch-dynamische Landwirtschaft als „innovativen Ansatz", da bei dieser auf einer „ganz anderen Ebene“ gearbeitet werde als bei den anderen ökologischen Landbauweisen. Mehrere Male im Gespräch äußert sich der Landwirt zu den Vorzügen des Demeter-Landbaus. Er spricht die Dreigliederung des sozialen Systems nach Rudolf Steiner an, wenn es um das Leben in einer Hofgemeinschaft geht.[281] Zudem berichtet er bei der Frage nach seinem Naturverständnis von „Naturwesen“ und „Erdenleben“, die ein wesentlicher Bestandteil der anthroposophischen Naturauffassung Rudolf Steiners sind.[282]

Auch Demeter-Kollege G. kontert die Kritik mit Hinweisen auf die Anthroposophie:

> „Ha … nein … wir sind ja … also wenn man jetzt an das Geistige glaubt … äh … kommen wir auf die Erde, um uns zu erden. Also das heißt: Wir müssen, wir müssen da im Grunde genommen mit dem Lebendigen lernen umzugehen und daran zu arbeiten. Mit den Mitmenschen, ja, die ja alle, die Probleme, das sind, mit jedem Mitmenschen kommt noch ein Problem. Wo wir auf ihn zugehen müssen.“ (Demeter-Landwirt G.)

Der Intellekt der heutigen Menschen lasse eine Erdung nicht mehr so leicht zu wie früher. Zuviel Intellekt führe dazu, dass Angelegenheiten zerredet anstatt angepackt würden. Ein „Zurück zur Natur“ als Rückschritt statt Fortschritt lässt der Biobauer nicht gelten:

> „Zurück zur Natur, nein, wir mü-, nein wir müssen … Nein, weil Fortschritt ist Natur! Die Natur äh ja, eben wir müssen ja an der Natur im Grunde genommen immer noch lernen, dass die Natur, dass die Natur … äh … erhalten bleibt … und daran müssen wir lernen, dass es, dass wir sie gesund erhalten.“ (Demeter-Landwirt G.)

„Natur“ als für den Menschen lebensnotwendiges und damit unabdingbares Element der Erde, von der es zu lernen gilt, und die zu erhalten ist. Der Biobauer sieht in der ökologischen Landwirtschaft wie bereits die Lebensreformer vor gut 100 Jahren keinen Rückschritt, sondern ein positives Arbeiten im Einklang mit der Natur und auch für die Natur und schlussendlich auch für den Menschen.

Bislang wurde deutlich, dass alle vier Demeter-Landwirte über ein tief in der biologisch-dynamischen Lehre verwurzeltes Naturverständnis verfügen (Kap. 4.1.1). Eine negative Interpretation der Formel „Zurück zur Natur“ lassen zwei dieser Landwirte deshalb für die Demeter-Landwirtschaft nicht zu.

---

281 Weiterführende Literatur zur Dreigliederung des sozialen Systems vgl. Fußnote 133.
282 Weiterführende Literatur zum Thema „Naturwesen“ und „Erdenleben“ vgl. Fußnote 221.

Wie stellen sich die weiteren Biolandwirte zu einer negativen Konnotation der Schlagworte „Zurück zur Natur". Können und wollen sich die heutigen Biobauern mit der vorindustriellen Landwirtschaft identifizieren wie es die Lebensreformer vorsahen? Ist dies in unserer fortschrittlichen Zeit vielleicht gar nicht mehr notwendig? Mit welchem Selbstverständnis gehen sie ihrer ökologischen Wirtschaftsweise in unserer modernen Industriegesellschaft nach?

EU-Biolandwirtin H. hält beispielsweise missbilligenden Blicken selbstsicher stand:

> „Ich weiß halt, dass es diese Kritik gibt und dass wir sicher auch so von manchen Leuten im Ort so ein bisschen vielleicht belächelt werden. Aber da stehen wir eigentlich drüber [...]" (EU-Biolandwirtin H.)

Die Nebenerwerbslandwirtin empfindet die ökologische Wirtschaftsweise definitiv nicht als Rückschritt, sondern als Alternative, bei der man immer wieder auf die Natur schaue:

> „Also, ich gehe jetzt zum Beispiel auch wieder ganz anders über die Weide und guck' halt mal, was da wächst und so." (EU-Biolandwirtin H.)

Mit wachem Auge durch ihr Areal geht sie jedoch weniger aus einem ökologischen Bewusstsein heraus als vielmehr zur Erkennung etwaiger „Probleme" des naturnahen Wirtschaftens wie Unkrautbewuchs, den sie nicht einfach wie die konventionellen Kollegen mit Spritzmitteln bearbeiten könnte. Eine besondere Aufmerksamkeit gegenüber ihrem Arbeitsumfeld – der Natur – sehen auch weitere Biolandwirte als notwendig an. In der ökologischen Landwirtschaft einen Rückschritt zu sehen, ist Demeter-Landwirt H. zu oberflächlich:

> „... Ist ganz äußerlich betrachtet ... Wenn man es selbst betreibt, merkt man, dass das hochanspruchsvoll ist ... und äh ... auch höchste Wachheit erfordert." (Demeter-Landwirt H.)

Im Vergleich mit manchen Industrie- und Handwerksbetrieben sieht der Agrarbiologe einen landwirtschaftlichen Betrieb als deutlich komplexer an. Sein Kompagnon F. weitet diesen Vergleich auf konventionelle Betriebe aus:

> „Ja ... auch also, ich finde eben auch, die, die Biobetriebe, die haben einfach viel höhere Anforderungen an das ..., also um ein Produkt herzustellen, was gleichwertig oder was etwas hochwertig ist, [...] weil es einfach viel weniger Hilfsmittel gibt, nicht? Also als konventioneller Landwirt kann ich auf viele Dinge zurückgreifen. Wenn ich das Un-

kraut hab', spritz' ich das weg, dann hab' ich das Problem schon mal weg." (Demeter-Landwirt F.)

Die beiden eben zitierten Landwirte sehen nicht wie Demeter-Landwirt S. allein im biologisch-dynamischen Landbau eine Innovation, sondern in der gesamten ökologischen Landwirtschaft, da deutlich höhere Anforderungen bestehen – ohne Einsatz von Pestiziden und Dünger. Tatsächlich belegt eine wissenschaftliche Untersuchung den durchschnittlich höheren Arbeits- und Personalaufwand in der Umstellungsphase ökologischer Betriebe. Dieser erhöhte Aufwand lasse erst allmählich wieder nach.[283] Die Studie nennt mehrere mögliche Einflussfaktoren auf das Ausmaß der Arbeitsbelastung. So beispielsweise mögliche Veränderungen in der betrieblichen Organisation sowie notwendige bauliche Maßnahmen in der Umstellungszeit. Einen langfristigen Aufwand stellen neu eingeführte Produktionszweige wie Gemüseanbau, Viehhaltung oder Direktvermarktung dar. Auch unterliegt die Aufbereitung der Ware in der ökologischen Landwirtschaft häufig strengeren Richtlinien als in der konventionellen Landwirtschaft.

EU-Biolandwirt V. kommt auf die Industrie zu sprechen, welche er als Kritikerin des ökologischen Anbaus ausmacht. Die von der Bevölkerung erwarteten kostengünstigen Bioprodukte seien nur mit entsprechenden Großbetrieben herzustellen, die wiederum von Großkonzernen protegiert würden. Kleinbetriebe könnten hier nicht mehr mithalten.

Kritik an ökologisch wirtschaftenden Großbetrieben wird bei den Biolandwirten im Verlauf der Gespräche immer wieder deutlich. Die daraus entwickelte These, die befragten Biolandwirte akzeptierten eher konventionelle Kleinbetriebe als industriell geführte große Biobetriebe, bestätigt sich stets aufs Neue.

Mit kritischen Äußerungen konfrontiert, verweisen die Ökolandwirte wiederholt auf wissenschaftliche Studien, die der Biolandwirtschaft eine große Fortschrittlichkeit attestierten. Tatsächlich bestätigt eine aktuelle Metastudie der University of California in Berkeley der ökologischen Landwirtschaft lediglich um rund 19,2 Prozent niedrigere Erträge als in der konventionellen Landwirtschaft.[284] Die Studie wertet Daten aus 115 veröffentlichten Vergleichs-

---

283 Vgl. Rantzau, Rudolf/Freyer, Bernhard/Vogtmann, Hartmut (Hg.): Umstellung auf ökologischen Landbau. Schriftenreihe des Bundesministeriums für Ernährung, Landwirtschaft und Forsten, Reihe A: Angewandte Wissenschaft 389, Bonn 1990.

284 Ponisio, Lauren C. u. a. (Hg.): Diversification practices reduce organic to conventional yield gap. Berkeley/Kalifornien. Zur Online-Veröffentlichung vom Dezember 2014 vgl. folgende Homepage: http://rspb.royalsocietypublishing.org/content/282/1799/20141396 (Stand 24.07.2015).

studien aus, die zu einer Spanne der Ertragsvorsprünge des konventionellen Landbaus gegenüber dem ökologischen Landbau von 20 bis 180 Prozent kommen. Die Metastudie hingegen schloss Erträge aus einfacher Subsistenzwirtschaft in Entwicklungsländern aus, um ein unverfälschtes Ergebnis zu erhalten. Sie schreibt dem Biolandbau zudem bei konsequenter Einhaltung von Fruchtwechsel und gemischtem Anbau eine Steigerung des Ertrags zu, so dass sich der Abstand zum konventionellen Anbau auf acht bis neun Prozent verringern könnte. Der ökologische Landbau stellt somit eine vollwertige Alternative dar. Zu diesem Schluss kommen auch die neuesten Weltagrarberichte.[285]

Generell zeigen sich die Biolandwirte äußerst informiert über aktuelle Diskurse im Agrarwesen. Bioland-Landwirt M. ist sich sicher, die Aussage „Zurück zur Natur" als Rückschritt anzusehen, sei aufgrund wissenschaftlicher Ergebnisse nicht mehr haltbar und selbst bei konventionellen Kollegen nicht mehr vorhanden:

> „ … Äh … also ich glaub', sowas können ja eigentlich nur noch Leute sagen, die äh die Entwicklung des ökologischen Landbaus nicht mitgekriegt haben oder das nicht, äh nicht wahrnehmen oder so." (Bioland-Landwirt M.)

Bioland-Kollege E. verweist auf kontroverse wissenschaftliche Meinungen zur möglichen Welternährung durch die ökologische Landwirtschaft. Er ist der Meinung, die öffentliche Gewichtung dieser Studien beeinflusse wesentliche gesellschaftliche Entscheidungen:

> „Und, ich denke mal, es ist, wie vieles in unserer modernen Welt, eine Sache der Information. Viele politische Entscheidungen, viele Wahlen werden eben entschieden durch eben Informationen, die die Bevölkerung mehr oder weniger liest oder hört … die Informationen können halt so oder so sein." (Bioland-Landwirt E.)

Aufschluss über die tatsächlich divergent argumentierenden Studien zur Welternährung gab oben zitierte Untersuchung. Dennoch behält der Biolandwirt recht: Je nach Informationsmedium können die Meinungen der Menschen unterschiedlich ausfallen.

---

285 Zukunftsstiftung Landwirtschaft (Hg.): Wege aus der Hungerkrise. Die Erkenntnisse und Folgen des Weltagrarberichts: Vorschläge für eine Landwirtschaft von morgen. Berlin 2013.

Bioland-Landwirtin R. geht einen Schritt weiter als ihre beiden Verbandskollegen und erkennt in der Entwicklung der konventionellen Landwirtschaft zeitversetzte Parallelen zur Geschichte des ökologischen Landbaus:

> „Mhm. Allerdings, es ist ja auch so, dass wir beobachten können, dass es in der konventionellen Landwirtschaft immer mehr Vorschriften gibt, die früher ehm total, also die früher nur bei den Bios so waren, vorgeschrieben waren und wo sich alle lächerlich, äh lustig gemacht haben drüber. Und die Erfahrung einfach zeigt von dieser tollen Industrialisierung, dass es gar nicht zukunftsfähig ist, ne?" (Bioland-Landwirtin R.)

Gegenüber der „tollen Industrialisierung" zeige sich die ökologische Landwirtschaft durchaus als Zukunftsmodell. Tatsächlich bestätigen diese These oben genannte Studien und Berichte.

Naturland-Landwirt M. ist der Meinung, der ökologische Landbau könnte bei entsprechendem Interesse und Unterstützung von Politik und Großkonzernen heute bereits weiter entwickelt sein:

> „[...] Dann ... also ich will jetzt nicht sagen, man kann nicht ans Konventionelle rankommen. Klar, ich meine, die Chemie ist dann immer noch ein Hilfsmittel. Aber man könnte, man könnte weiter sein. Man könnte besser sein. Ne? Wir sind jetzt bei der, beim halben Ertrag von den Konventionellen. Das ist immer noch ein bisschen so ein Maß. Also ich meine, man könnte, man könnte auch Zweidrittel sein." (Naturland-Landwirt M.)

Die zitierte Metastudie bescheinigt der ökologischen Landwirtschaft ein Ertragsdefizit von lediglich 19,6 Prozent gegenüber der konventionellen Landwirtschaft und somit einen deutlich besseren Wert als Naturland-Landwirt M. Es mag sein, dass seine Meinung auf einer der negativ ausfallenden Studien beruht.

Für die Zukunft sieht der Biobauer zwar theoretisch bei entsprechender Unterstützung durchaus das Potential einer ökologischen Ertragssteigerung, in der Praxis jedoch stoppe der industrielle Filz eine solche Entwicklung:

> „ ... Ich weiß nicht wie die ... wie die Verbindungen von den, von den Obersten halt sind, nicht? Von dem BASF-Chef mit dem, mit dem Amazone-Chef halt miteinander Golf spielt und der sagt: ‚Wenn du gute Spritzen baust, dann kriegst du halt auch so viel, weil wir kön-

nen dann Spritzmittel verkaufen.'[286] Dann wird das nicht anders werden und so ist das immer. Die spielen doch alle Golf miteinander. So jetzt mal im Sinnbild, im Sinnbild äh gesprochen, nicht?" (Naturland-Landwirt M.)

Naturland-Kollege V. zeigt sich nicht ganz so pessimistisch. Er teilt die Meinung der Demeter-Landwirte H. und F. und geht wie diese von einer immer fortschrittlicheren Wirtschaftsweise des Biolandbaus aus. Auch er lässt die Kritik, das ökologische Prinzip „Zurück zur Natur" sei ein Rückschritt, nicht gelten:

> „ ... Ähm ... Ich find' ... äh, die Kritik ... ist eigentlich wahrscheinlich von Leuten, wo ... wo nichts wissen. Also wenn man es jetzt genau überlegt, sag' ich jetzt: Äh ... der Schritt ist eigentlich weiter wie die anderen." (Naturland-Landwirt V.)

Die konventionellen Kollegen würden stur nach Lehrbuch arbeiten, wobei der Erkenntnisgewinn gegen Null gehe, da keine praktischen Erfahrungswerte in die Arbeit einflössen. Bei der ökologischen Landwirtschaft sei das Gegenteil der Fall:

> „[...] Wenn ich aber das andere im Prinzip anwende, dann muss ich sagen: ‚Ok, hoppla, was passiert, wenn ich das dann anwende und wie lange reguliert sich das?' Also aus dem Grund muss ich sagen, äh, ich bin der Zeit voraus. Ganz klar. Nicht hinterher." (Naturland-Landwirt V.)

Auch Naturland-Kollege R. vertritt die Meinung, ökologischer Landbau erfordere ein wesentlich präziseres Arbeiten als die konventionelle Wirtschaftsweise, da beispielsweise Unkraut nicht einfach mit Pestiziden entfernt werden dürfe, sondern die Ackerbestellung einen hohen Aufwand und Geschick erfordere.

Die überwiegende Mehrheit der befragten Landwirte sieht im ökologischen Landbau nach wie vor eine positive Weiterentwicklung und keinen Rückschritt. Gründe sind einerseits die oftmals genannte besondere Aufmerksamkeit gegenüber der Natur, andererseits interne Entwicklungen und Erfahrungswerte auf die zwei Landwirte hinweisen:

---

286 Bei BASF handelt es sich um den weltweit größten Chemiekonzern, der unter anderem für die Landwirtschaft und Pharmazie tätig ist. Amazone ist eine Großfirma für Landwirtschaftstechnik. Weiterführende Informationen zu den Firmen vgl. deren Homepages: http://www.basf.de (Stand 24.07.2015) und http://www.amazone.de (Stand 24.07.2015).

„… Aber man, man, man arbeitet ja auch da dran … Ich weis noch, am Anfang wusste man auch noch nicht, wie stellt man jetzt Flächen, die man neu dazu kriegt, wie stellt man die am günstigsten um, am besten um. Jetzt weis man genau, wie man die umstellt, damit das auch klappt, weil man hat ja auch spezielle Maschinen dazu." (Demeter-Landwirt B.)

„… Ha nein. Man kann ja die Technik jetzt nutzen, wo man jetzt zur Verfügung hat und das Wissen, wo ja auch all mehr wird, nicht, im Biolandbau, ehm … Dann kommen wir mittlerweile an Erträge hin, die … zum Teil Grünland gar nicht mehr so weit … mh, unten sind, also im Vergleich zum Konventionellen." (Naturland-Landwirt F.)

Die Landwirte könnten die „Urproduktion"[287] für die Umwelt positiv beeinflussen. Die Lebensreformer propagierten eine möglichst unberührte Natur, die nicht durch technischen Fortschritt beeinflusst werden sollte. In diesem Punkt unterscheiden sich die heutigen Biolandwirte deutlich von den damaligen Landreformern, Ernährungsreformern oder Vegetariern. Biobauer F. bringt es mit folgender Äußerung auf den Punkt:

„Ich bin jetzt kein … ganz großer Ideologe, wo jetzt, äh alles nur direktvermarkten und äh … alles nur grün und so, das nicht. Schon auch, wie gesagt, gewisse Dinge nutzen, den technischen Fortschritt oder … ja bestimmte Sorten kann man ruhig auch, wo fortschrittlich sind dann, nicht? Ohne Gentechnik natürlich." (Naturland-Landwirt F.)

Wie die meisten seiner Kollegen setzt Biobauer F. auf eine Symbiose zwischen Ökologie und Fortschritt. In seiner Einstellung zur Wirtschaftlichkeit eines Biobetriebs divergiert seine Meinung allerdings mit der mehrheitlichen Ansicht seiner Kollegen, die sich gegen ökologische Großbetriebe aussprechen. Er hält eine gewisse Betriebsgröße für höhere Umsätze durchaus für tragbar:

„ […] aus wirtschaftlichen Gründen, dass man, sagen wir …, dass … und auch, dass die Lebensmittel dann … auch im Discounter von mir aus stehen. Also ich bin nicht dann der jetzt, wo nur … im, äh, Naturkostladen, für den produzieren möcht', nicht? Ist halt meine Einstellung da, nicht?" (Naturland-Landwirt F.)

287 Vgl. zum Begriff „Urproduktion" Kapitel 1.5.1.

Die Lebensreformer legten Wert darauf, ihre Lebensmittel über Naturkostläden zu vertreiben, um ihre Einstellung von gesunder Ernährung in die Gesellschaft zu tragen.

Resümee

13 der 17 befragten Biolandwirte sprechen sich gegen die Annahme aus, ökologische Landwirtschaft sei ein Rückschritt. Sie äußern sich überwiegend positiv zu ihrer Wirtschaftsweise, die viele von ihnen im Gegensatz zum konventionellen Landbau als innovativ empfinden. Kritisiert werden Großkonzerne und deren Lobbyarbeit. Diese benachteilige und bremse speziell die ökologische Landwirtschaft in kleinbäuerlicher Struktur.

Ein verklärtes „Zurück zur Natur" wie es die Lebensreformer in Landkommunen und anderen Rückzugsbereichen als Gegenbewegung zur Industrialisierung lebten, sucht man bei den befragten Biolandwirten vergebens. Sie plädieren für eine Symbiose von ökologischer Landwirtschaft und technischer Modernisierung. Die Biobauern sehen ihre tägliche Arbeit als einen seriösen Beruf an, der sich längst etabliert hat. Die Lebensreformer hingegen versuchen die Realität zu verdrängen. Dies dürfte ein Grund dafür gewesen sein, dass sich aus ihrer Landbaureform keine eigenständige, organisierte Wirtschaftsweise entwickelte und bis heute weiterlebt wie dies beim Demeter-Verband und beim Bioland-Verband der Fall ist, deren Wurzeln in die 1920er respektive 1930er Jahre zurückgehen. Bei der 1968er-Bewegung hat sich gezeigt, dass für die Etablierung einer neuen Idee nicht ausschließlich Aktionismus, sondern ebenfalls gesellschaftliche Organisationen und politische Institutionen notwendig sind (Kap. 2.4.1).

4.4.2 „Frische Luft und Licht"

Die Lebensreformer suchten die Nähe zur Natur und hielten sich bevorzugt im Freien auf. Sie strebten nach einer Selbstreform jedes Einzelnen, die zu gesamt-gesellschaftlichen Veränderungen führen sollte. Der Aufenthalt an der frischen Luft und am Licht war ihnen in diesem Zusammenhang sehr wichtig, um ein eigenes Körpergefühl zu entwickeln und sich selbst erfahren zu können. Wie die befragten Biobauern zu dieser Einstellung stehen, soll im Folgenden geklärt werden.

Demeter-Landwirt H. arbeitet heute überwiegend im Büro, erinnert sich jedoch an prägende Jahre im Außenbereich nach seinem Studium:

„[…] Das hat wirklich auch, wie soll ich sagen, intensiv? Ehm … menschenbildend gewirkt … Das hab' ich wirklich ganz stark erlebt." (Demeter-Landwirt H.)

Die Arbeit im Außenbereich als menschenbildende Tätigkeit lässt sich durchaus vergleichen mit dem „Programm" der Lebensreformer. Auch Betriebspartner F. betont den starken Einfluss der Natur auf die innere Befindlichkeit:

„ … Ja, das ist wahrscheinlich ein ganz wichtiger Punkt, nicht? Also, das … das … das, das beflügelt den Geist und den Bezug zu der Natur halt enorm, nicht? Wie wenn man nur theoretisch müsst'. Es gibt so Leut', wo das halt müssen, nicht? Aber ich, für mich wär's schwer, nicht?" (Naturland-Landwirt F.)

Einerseits empfindet der Landwirt die Arbeit im Freien als „geistige Nahrung", andererseits erzielt sie einen positiven Einfluss auf die individuelle Naturbeziehung. Für die Lebensreformer sollte ein „Leben in Luft, Sonne und Freiheit […] zur zweiten Natur des Menschen"[288] werden. Auch die befragten Landwirte messen diesen Komponenten eine hohe Bedeutung bei, wie die folgende Aussage eines ehemaligen Zimmermanns und heutigen Biobauern bestätigt:

„[…] Als Zimmermann hat man auch mal irgendwo in einem Keller unten gearbeitet … […]. Für mich sind das alles ganz armselige Kreaturen, die in so einem Kaufhaus arbeiten, den ganzen Tag in einem künstlichen Licht und dann noch die Leute kommen zum Ramschen und ja." (Demeter-Landwirt G.)

Übertragen auf die Zeit der Lebensreformbewegung dürften die damaligen Fabrikarbeiter für die Anhänger der Lebensreform solch „armselige Kreaturen" gewesen sein. Zwar erkannten die Lebensreformer die missliche Lage der Fabrikarbeiter, beschäftigten sich aber vor allem mit der lebensreformerischen Selbsterziehung ihres eigenen Standes, der bildungsnahen Mittelschicht. Lediglich die Ernährungsreformer setzten sich dafür ein, die Arbeiterschaft über gesunde Ernährung aufzuklären.[289]

Neben der „frischen Luft" erfuhr die Sonne als gesundheitsstiftendes Element eine besondere Stellung innerhalb der Lebensreformbewegung. So wurden in der Naturheilkunde zu Genesungszwecken Kuren an der Sonne verschrieben. Diesen Aspekt erwähnt lediglich ein EU-Biolandwirt, indem er die

288 Grober 2001, S. 582.
289 Vgl. hierzu Kapitel 2.3.1.

Sonne als sein „Lebenselixier" bezeichnet. Er beschreibt seine Stimmungslage im nebligen Herbst aufgrund der fehlenden Sonnenstrahlen als „ungemütlich" für seine Mitmenschen. Dies hat jedoch weniger mit dem Beruf zu tun, sondern ist eine Typenfrage.

Die Anhänger der Lebensreform beendeten vielmals ihre berufliche Laufbahn und widmeten sich vollständig ihrer persönlichen Entwicklung im Einklang mit der Natur.[290] Die befragten Biobauern hingegen betreiben Landwirtschaft als Erwerbstätigkeit. Es fällt jedoch auf, dass diejenigen unter ihnen, die früher einem anderen Beruf nachgegangen sind, ihren jetzigen Arbeitsplatz schätzen, wie folgende Aussage unterstreicht:

> „Also frische Luft gerne, Arbeit muss nicht so viel sein. Ja, wir sind grundsätzlich den ganzen Tag draußen. Wir sind gerne draußen. Äh, ich wollte nicht drin arbeiten. Ich habe schon, ich habe ja, ich war ja schon berufstätig." (Naturland-Landwirt M.)

Demeter-Landwirt B. setzt seine landwirtschaftliche Tätigkeit gar mit einer gewissen „Freiheit" gleich – neben Sonne, Licht und Luft ein weiteres wesentliches Element der Lebensreformbewegung:

> „Ja, die ist schon wichtig ... Wie soll man sagen? ... Als Landwirt ist ja grad das Tolle dabei: Man hat jeden Tag was anderes. Man hat keinen Druck mehr ... von oben, man muss irgendwas machen." (Demeter-Landwirt B.)

Damit spielt er an die Erwartungshaltung in seinen früheren Beruf als Lehrer an. Damals schon empfand er die nachmittägliche Arbeit auf dem elterlichen Hof als Ausgleich zum Schulbetrieb.

Neben einem Gefühl der „Freiheit" spielt für viele Landwirte „frische Luft" eine große Rolle im Vergleich zu ihren früheren Tätigkeiten. Bioland-Landwirtin R. genießt die Arbeit an der frischen Luft und am Licht. Sie ist froh, früher nur Teilzeit gearbeitet zu haben – und dies in einem „schönen, alten Holzgebäude"[291]:

> „[...]. Also das war jetzt nicht das Extreme, dass ich im Dunkeln ins Büro bin und im Dunkeln wieder raus bin. [...] Also das könnte ich mir nicht vorstellen. Vor allen Dingen in so einem Betonklotz, wo du schon reinkommst und die Luft ist fürchterlich." (Bioland-Landwirtin R.)

290 Vgl. Barlösius 2001, S. 68.

291 Interviewaussage Bioland-Landwirtin R. vom 23. November 2010.

Ein Berufskollege geht noch einen Schritt weiter – ganz im Sinne der Lebensreformbewegung. Diese kritisierte die zunehmende Industrialisierung mit ihren großen Fabrikhallen. EU-Biolandwirt W. erinnert sich an ein Fabrikpraktikum. Bereits nach zwei Wochen stand für ihn fest: ölige Finger, Neonlicht und Lärm sind keine Berufsumgebung für ihn. Wohingegen er sich mit seinem heutigen „Arbeitsplatz" rundum zufrieden zeigt:

> „Nee, ich kann das auch richtig schätzen, dass ich auch einen Arbeitsplatz hab', wo ... wo ich denk': ‚Ah, ist doch richtig toll ..., dass ich ja jetzt hier laufen darf.' Ne?" (EU-Biolandwirt W.)

Die Landwirte, die neben der Landwirtschaft einem Nebenerwerb nachgehen oder den Betrieb im Nebenerwerb führen, beschreiben die Arbeit an der frischen Luft und am Licht als Ausgleich zu ihrer sonstigen Tätigkeit. Bioland-Landwirt E. sieht eindeutig seine Tätigkeit in der Industrie als „Arbeit" an, von seinem landwirtschaftlichen Nebenerwerb spricht er als „Hobby":

> „Und zu Hause arbeite ich eigentlich nicht. Obwohl ich da auch Samstag, Sonntag mein Hobby ausübe." (Bioland-Landwirt E.)

Andere Landwirte sind sich durchaus bewusst, dass sie die Landwirtschaft nur im Nebenerwerb oder neben einer Teilzeitstelle außer Haus ausüben können, da die Arbeitsbelastung sonst zu groß wäre. Stellvertretend für diese Einstellung berichtet ein EU-Biolandwirt:

> „Ich bin Elektromeister. Aber ich arbeite im Büro den ganzen Tag. Und, wenn ich jetzt auf dem Bau wäre zehn Stunden, dann könnte ich das abends ... dann wäre es zu viel. Aber ich komme jetzt am Abend heim, aus dem Büro raus, und ich freue mich eigentlich da noch im Sommer vier Stunden was zu machen. [...] Ich meine, andere gehen halt joggen oder Fahrradfahren, gell? Aber das ist bei mir höchstens, sagen wir, wenn wir ein paar Tage Urlaub haben oder so." (EU-Biolandwirt G.)

Biobauer G. lässt sich gut mit Bioland-Landwirt E. vergleichen, der die Tätigkeit auf seinem Nebenerwerbshof als „Hobby" ansieht. Die Mischung aus geteilten Arbeitsstellen scheint für manche Landwirte ideal zu sein. Die Lebensreformer, im Speziellen die Landreformer, verschrieben sich komplett den Reformbestrebungen und gaben ihre erlernte Tätigkeit auf.

Resümee

Die Vorliebe der Lebensreformer für ein „Arbeiten an der frischen Luft und am Licht“ deckt sich mit den Antworten der ökologisch wirtschaftenden Landwirte. Lediglich ein befragter Biobauer weist darauf hin, sich auch gerne mal im Innenbereich aufzuhalten. Er begründet dies mit dem nebligen Herbstwetter zum Zeitpunkt des Interviews. Im Sommer – bei von den Lebensreformern als positiver Einfluss gesehenen Sonnenstrahlen – halte auch er sich lieber draußen auf.

Die Biolandwirte, die einer zusätzlichen Erwerbstätigkeit in geschlossenen Räumen nachgehen, schätzen die Arbeit an der frischen Luft und am Licht als willkommenen Ausgleich, ebenso jene, die in anderen Berufen tätig waren, welche in Gebäuden ausgeübt werden.

4.4.3 Selbstversorgung

Ein wesentliches Ziel der Landreformer war, sich weitestgehend selbst zu versorgen, primär durch viehlosen Gartenbau. Viehlos deshalb, weil die Reformer Tiere als Lebewesen ansahen und durch eine vegetarische Ernährung schützen wollten.

Die befragten Landwirte hingegen halten alle Nutztiere. Für die überwiegende Mehrheit ist Selbstversorgung nach eigenen Angaben wichtig. Keiner von ihnen lebt jedoch komplett als Selbstversorger. Lediglich EU-Biolandwirt W. bezieht Lebensmittel nach eigener Einschätzung mit seiner Familie zu 80 Prozent aus der Selbstversorgung. Die GbR-Partner Bioland-Landwirt L. und Landwirtin R. bringen es nach eigenen Angaben auf 70 bis 80 Prozent. Teilweise besitzen die Biobauern keinen eigenen Bauerngarten oder betreiben nur großflächigen Gemüseanbau, so dass sie wie Demeter-Landwirt B. und Bioland-Landwirt M. Obst und Gemüse für den Hofladenverkauf vom Großhändler beziehen. Überwiegend schätzen die Biolandwirte die Vielfalt ihrer eigenen Produkte. Demeter-Landwirt G. entschädigt diese sogar ein Stück weit für den Verzicht auf Urlaub und ein „großes Gehalt“:

> „ … Äh … das ist schön. Wenn man halt die Anke, das Brot, ’s Gutzeli, die Wurst, den Käse, den Frischkäse, die Milch …und dann noch das Gemüse ein bisschen aus dem Garten hat und das eigene Obst.“ (Demeter-Landwirt G.)

Die Lebensreformer legten großen Wert auf gesunde Lebensmittel und deren umweltfreundliche Herstellung. Dies war eine Reaktion auf die sich parallel entwickelnde industriell hergestellte Nahrung. Noch heute findet sich diese Motivation bei den meisten befragten Biolandwirten. Bioland-Landwirtin R. hebt im Zusammenhang mit der Selbstversorgung den gesundheitlichen und umweltfreundlichen Aspekt ihrer hofeigenen Produkte hervor. Der Hofladen biete zusätzlich einen Raum zur Verbraucheraufklärung, die Produkte verfügten über eine bessere Ökobilanz als weit gereiste Bioprodukte im Biosupermarkt. Eine ausschließliche Selbstversorgung hingegen hält die Bioland-Landwirtin in der heutigen Zeit jedoch für schwierig:

> „Schon eigentlich. Ne? Aber es ist … schwierig. Also, ich würd sagen, wir nähern uns so … wenn ich jetzt ins Regal blicke, da ist schon, das sind die zugekaufen Sachen: Gewürze, Öle, Zucker und sowas, nee? Also das ist schon zugekauft, aber … ich glaub', die Grundnahrungsmittel außer jetzt Gemüse und Obst sind schon selbst … 80 Prozent ungefähr.“ (Bioland-Landwirtin R.)

Naturland-Landwirt R. möchte über die Herkunft seiner Produkte Bescheid wissen, gesteht auf Nachfrage jedoch, dass sich ein eigener Bauerngarten bei den heutigen Obst- und Gemüsepreisen im Supermarkt nicht mehr lohne. Die von ihm genannten 50 bis 60 Cent für einen Salat können nur für konventionelle Ware gelten. Der Landwirt erzählt in diesem Zusammenhang, gelegentlich Biolebensmittel zu kaufen, weil „man aufm Markt ist.“[292] Einkaufen im Discounter passe nicht zum eigenen Verkaufsstand auf dem Wochenmarkt. Ihm liegt daran, seine dortigen Kollegen zu unterstützen. Nur zum Einkaufen würde er die Strecke von rund 30 Kilometern jedoch nicht auf sich nehmen.

Die befragten Biobauern schätzen ihre hofeigenen Produkte in erster Linie aufgrund der Qualität und der umweltfreundlichen Herstellungsweise. Einen weiteren Aspekt nennt die Ehefrau von EU-Biolandwirt W., dessen Familie sich nach eigenen Angaben zu 80 Prozent selbstversorge: Frau W. erfreut sich an ihrem großen Bauerngarten und findet in der dortigen Arbeit Entspannung. Diese Aussage deckt sich mit der Meinung der Landwirte, die in ihrer landwirtschaftlichen Tätigkeit einen Ausgleich zu ihrer Haupterwerbstätigkeit sehen und sie als „Hobby“ bezeichnen wie beispielsweise EU-Biolandwirt E. Viele Altersgenossinnen von Frau W. hätten mit „Gärtnern“ aufgehört und suchten sich Hobbies wie „Mountainbike fahren“, da sich der Aufwand für einen Bauerngarten bei den Lebensmittelpreisen angeblich nicht mehr lohne. Familie W. spare tatsächlich durch die Obst- und Gemüseernte erhebliche Ausgaben, was in Relation zu ihrem vergleichsweise geringen Einkom-

292 Interviewaussage Naturland-Landwirt R. vom 08. November 2010.

men stehe. Es fällt auf, dass die Bekannten der Landwirtin analog zu Biobauer R. aufgrund der heutigen Obst- und Gemüsepreise keinen Bauerngarten mehr betreiben.

Es gibt jedoch auch Biobauern, denen die Selbstversorgung nicht so wichtig ist. Naturland-Landwirt F. beispielsweise würde höchstens in Krisenzeiten darauf zurückgreifen:

> „[...] Aber im Moment ... Vielleicht kommt es noch, ja. Vielleicht ... wird das eher wieder, wenn einmal die ganz-, vielleicht gibt es doch einmal eine Krise wieder, mh. Ich trau' dem Ding noch nicht so. Dieser ganzen Geschichte. Dann wird's wieder wichtiger. Im Moment ... eher nicht so, nicht?" (Naturland-Landwirt F.)

Demeter-Landwirt H.s Einstellung zur Selbstversorgung hat sich nach eigenen Angaben im Laufe der Jahre stark verändert:

> „Am Anfang war so ... äh, wo meine Familie auch noch jung war, war es uns irgendwie sehr wichtig. Aber jetzt ... hat sich das eigentlich so, hat sich die Frage irgendwie erübrigt. Wegen dem Hof, weil wir so viel Zeug selbst haben. Aber gleichzeitig ist das, was wir selbst eben ja auch für so viele andere Menschen da haben. Ja, ist eigentlich kein Thema mehr." (Demeter-Landwirt H.)

Auch Demeter-Landwirt S. sieht sich nicht als Selbstversorger. Er freue sich über die Produkte, die es auf dem Hof gibt und das seien dank der eigenen Gärtnerei einige. Er sieht jedoch keine Notwendigkeit, Strukturen zu ändern, nur um Selbstversorger sein zu können.

Für Demeter-Landwirt F. ist Selbstversorgung ein „kleines Nebenprodukt".[293] Es sei hofintern zwar alles vorhanden, jedoch sei ein reiner Selbstversorgungsbetrieb nicht sein Ziel.

Bei den Lebensreformern dominierte der viehlose Gartenbau die Selbstversorgungsbestrebungen, da sie auf eine vegetarische Vollwertkost setzten. Auch bei den befragten Biolandwirten avancierte der Bauerngarten zum beliebtesten Element der Selbstversorgung. Dies trifft auch bei den Landwirten zu, welche „Selbstversorgung" nicht über alles stellen, wie Bioland-Landwirt M., der Produkte für seinen Hofladen vom Großmarkt zukauft:

> „Ah ... teilweise. Wir haben keine umfassende Selbstversorgung. Eher so, was wir hier in der Direktvermarktung haben, das ... verkonsumie-

293 Interviewaussage Demeter-Landwirt F. vom 17. November 2010.

ren wir, konsumier' ich halt auch selbst. Äh Wurst, Fleisch, Eier." (Bioland-Landwirt M.)

Für eine „Rundumversorgung" fehlten die traditionellen Strukturen eines Familienbetriebs wie beispielsweise ein Bauerngarten. Auch Naturland-Landwirt M. findet Selbstversorgung „teilweise" wichtig. Solange seine Eltern den Hausgarten noch betreuten, nehme er die Ernte dankend an. Für die Zukunft jedoch sieht er einen anderen Weg:

> „Also, wir haben uns jetzt angewohnt: was man nicht selbst hat, man macht da kein großes Heckmäck, weil meine Frau, die ist noch äh in der Buchhaltung tätig. Die schafft noch einen halben Tag. Und sie ist keine Gärtnerin und ich bin es dann auch nicht. [...] Dann macht man in der Zeit eine ordentliche Arbeit und nimmt die zehn Euro und kauft beim Kollegen. [...] Ha, dann kauft man halt da einen Kopf Kraut und zwei Paprika und drei Gurken und." (Naturland-Landwirt M.)

Resümee

Die Mehrheit der befragten Biobauern hält eine Selbstversorgung auch heute noch für wichtig. Bei genauerer Betrachtung fällt jedoch eine unterschiedliche Herangehensweise auf den jeweiligen Höfen auf. Eine viehlose Selbstversorgung mit überwiegendem Gartenbau betreibt keiner der befragten Landwirte. Die Lebensreformer propagierten darüber hinaus ein Leben in einer Landkommune mit gegenseitiger Unterstützung und Unabhängigkeit von der Außenwelt. Dieses Ideal verfolgen ausschließlich die Partnerbetriebe der Biolandwirte L. und R. mit ihrem Selbstversorgungsgrad von 60 bis 80 Prozent. Zudem arbeiten sie gelegentlich mit einem Ochsengespann wie zu Zeiten der Lebensreformbewegung und träumen von einer alternativen Gesellschaft. Ansonsten sind es vermehrt Bauern von Erbhöfen, die sich über eine eigene Ernte freuen, sich jedoch nicht als reine Selbstversorger sehen und dies nachweislich auch nicht sind.

Für viele der Befragten Landwirte ist Selbstversorgung lediglich ein „positiver Nebeneffekt" ihres Berufs wie bei der Hofgemeinschaft der Demeter-Landwirte F. und H., deren Gartenbewirtschaftung als soziales Projekt mit psychisch und körperlich beeinträchtigten Menschen einen festen Bestandteil des Demeter-Betriebs darstellt.

4.4.4 Vegetarismus

Vegetarismus fungierte innerhalb der Lebensreformbewegung als eigenständige Gruppierung. In ihren Ernährungsvorhaben gingen deren Anhänger weiter als die Teilbewegung der Ernährungsreformer, welche sich lediglich für eine fleischarme Ernährung einsetzte. Die Lebensreformer im Allgemeinen sprachen sich für eine vollwertige Ernährung als gesunde Lebensform aus. „Landreform" meinte in erster Linie viehlosen Gartenbau zur vegetarischen Selbstversorgung. Die von mir befragten Landwirte halten, wie bereits erwähnt, allesamt Nutztiere auf ihren Höfen. Der Haltung von Nutztieren dürfte im Sinne einer Kreislaufbewirtschaftung der Fleischverzehr zugrunde liegen.

Tatsächlich befindet sich unter den befragten Landwirten nur ein einziger, der angibt, sich „überwiegend vegetarisch" zu ernähren – und dies aus gesundheitlichen Gründen mit kleinen Zugeständnissen an den Fleischgenuss:

> „... Ich lebe vegetarisch! Aber das hat einen anderen Hintergrund. Das hat einen gesundheitlichen Hintergrund. Ich lebe nicht wirklich vegetarisch. Ich habe äh, so Probleme mit den, mit den Gelenken, Ellenbogen und Ding. Und das hat dann eskaliert im Winter und hat dann geeitert. Und dann haben wir müssen notoperieren. Und dann ist das Problem, Gicht sagt ihnen was. Das war ja nicht nur Gicht, aber ... das läuft auf purinhaltige äh Lebensmittel raus." (Naturland-Landwirt M.)

Bereits die Lebensreformer und hier im Speziellen die Vertreter der Naturheilkunde, Ernährungsreformer und Vegetarier verwiesen auf Zivilisationskrankheiten wie Gicht und Rheuma hin, die auf Fleischkonsum zurückzuführen seien. Die Naturheilkundler verordneten deshalb bei bestimmten Krankheitsbildern Fleischverzicht. Heute sind es nicht mehr nur Heilpraktiker, die dies empfehlen. Auch die Schulmediziner plädieren bei bestimmten Diagnosen für einen reduzierten Fleischkonsum oder einen Fleischverzicht und dies vielmals mit positiven Folgen. Auch Naturland-Landwirt M. verspürt seit der Ernährungsumstellung eine deutliche Linderung seiner Beschwerden. Vegetarier aus ethischer Überzeugung ist er jedoch nicht. Bei Grillfesten greift er auf den Spieß mit den wenigsten Fleischstücken oder das Salatbüffet zurück, gelegentlichem Wurstverzehr ist er nicht abgeneigt:

> „[...] Ich esse auch mal eine Scheibe Salami, aber ich esse jetzt halt grundsätzlich keine Leberwurst oder keine Schwarzwurst. Das ist dann doof. Das braucht man nicht mit Gewalt machen. Aber ganz vegetarisch muss es nicht sein. Ist auch nach meinem Dafürhalten eine Mo-

> deerscheinung … eigentlich medizinisch äh sinnlos … Das richtige Maß halt.“ (Naturland-Landwirt M.)

Diesbezüglich fällt ihm ein durchaus bedenkenswerter Vergleich zwischen ökologischer und konventioneller Landwirtschaft ein:

> „Das richtige Maß. So wie bei Bio und Konventionell. Dummerweise gibt es zwischendrin nichts. Entweder Vollgas oder Bio. Aber dass man jetzt sagen könnte: ‚Ok, da stehe ich jetzt schlecht. Gülle habe ich keine mehr, machen wir nicht fünfzig Kilo N, machen wir halt zwanzig Kilo N. Einmal. Und gut ist.‘ Nicht? So was. Aber das ist, das ist doof bei uns. Nicht?“ (Naturland-Landwirt M.)

Fleischgenuss in Maßen und „Bio“ in Maßen – mit dieser Einstellung verhält sich Landwirt M. wie viele seiner Kollegen diametral zu den Anhängern der Lebensreformbewegung, die extremer auf ihren Vorstellungen beharrten. Landwirt M. findet in seinem Naturland-Kollegen F. einen „Verbündeten“. Dieser lebt zwar nicht vegetarisch, kann sich eine vegetarische Lebensweise jedoch vorstellen. Zumal sich seine Frau aufgrund von Rheuma fleischlos ernährt und damit wie Landwirt M. ihre Beschwerden lindern konnte. Auch Landwirt F. selbst nimmt nach eigenen Angaben relativ wenig Fleisch zu sich. Gänzlich darauf verzichten möchte er derzeit nicht. Wenn es aus bestimmten Gründen sein müsste, wäre es für ihn allerdings in Ordnung. In diese Richtung argumentieren weitere Landwirte. Sie leben zwar nicht vegetarisch, können sich dies aber durchaus vorstellen:

> „… Wenn's sein müsste, könnte ich mir das schon vorstellen. Wenn's eine gute Köchin oder einen guten Koch gibt, dann kann man das, äh … klappt das, glaube ich, ganz gut.“ (Demeter-Landwirt F.)

Bei mäßigem Fleischkonsum sieht Landwirt F. jedoch keine Notwendigkeit vegetarisch zu leben. Demeter-Landwirt S. und Demeter-Landwirt B. sind der gleichen Meinung. Die anderen beiden Demeter-Kollegen G. und H. erläutern ihre Einstellung mit dem Kreislaufgedanken. Landwirt G. kann sich nach eigenen Angaben sehr gut vorstellen, vegetarisch zu leben. Er sieht seinen Fleischkonsum jedoch als Teil eines natürlichen Kreislaufs an:

> „[…] Also einfach als normaler, als selbstverständlicher Kreislauf. Ich habe männliche Kälber und … die kann ich nicht alle großziehen, die muss ich schlachten.“ (Demeter-Landwirt G.)

Auch für Bioland-Landwirtin R., die sich in ihrer Jugend aus Gründen des Tierschutzes vegetarisch ernährte, gehört Fleischverzehr mittlerweile zu einem sinnvollen natürlichen Kreislauf:

> „[...] Fleisch essen ist ... also grad wenn man jetzt Demeter betrachtet, da sind ja Wiederkäuer vorgeschrieben, weil die auch die Milch erzeugen, der den Kreislauf in, in der Landwirtschaft schließt. Also dieser organische Kreislauf ist ja unheimlich wichtig auch." (Bioland-Landwirtin R.)

Demeter-Landwirt H. stimmt in seiner Einstellung größtenteils damit überein. Auch er lebte ein paar Jahre vegetarisch. Er kann sich dies auch durchaus vorstellen, jedoch hielte er die Tiere auf dem Hof für die Fleischproduktion und Düngerlieferung. Die Wiederkäuer sorgten zudem dafür, die Landschaft offen zu halten, was ein wichtiges Argument für den maßvollen Fleischkonsum sei:

> „[...] So, also ich möcht', ich würd' auf keinen Fall dem Vegetarismus eine tierfreie Landwirtschaft unterordnen. [...] Also ehm, wenn ... ein, zwei Fleischmahlzeiten pro Woche könnte die ganze Landwirtschaft, die ganze Landwirtschaft in Europa so aussehen wie bei uns. Also eine extensive Haltung, keine Massentierhaltung. So, einfach in einem gesunden Verhältnis von Tierhaltung und Fläche und Düngebedarf." (Demeter-Landwirt H.)

Mit seiner Meinung, zugunsten des Vegetarismus nicht auf Tiere in der Landwirtschaft zu verzichten, widersetzt sich der Landwirt den einstigen Vorgaben der Lebensreformer, die ausschließlich eine viehlose Landbewirtschaftung propagierten. Der Agrarbiologe ist der Ansicht, ein reduzierter Fleischkonsum ermögliche europaweit die Umstellung auf eine extensive Landwirtschaft. Tatsächlich würde ein weltweit eingeschränkter Fleischkonsum die Massentierhaltung begrenzen und Futteranbaufläche für Nahrungsmittelanbau frei machen.[294]

Der Weltagrarbericht aus dem Jahr 2009 enthält die These, nach der eine globale Einschränkung des Fleischkonsums die Welternährungslage deutlich verbessern würde. Unter Berufung auf die Vereinten Nationen wird betont, dass „die Kalorien, die bei der Umwandlung von pflanzlichen in tierische Lebensmittel verloren gehen, theoretisch 3,5 Milliarden Menschen ernähren"[295] könnten. Eine Reduktion des Fleisch- und Milchkonsums in den Industriestaaten sowie deren Begrenzung in den Schwellenländern ist für die Ernäh-

---

294 Vgl. zur Massentierhaltung Kapitel 4.6.1.
295 Vgl. Zukunftsstiftung Landwirtschaft Berlin 2009, S. 25.

rungssicherung äußerst wichtig, ebenso wie die Schonung des Klimas und der natürlichen Ressourcen. Zu diesem Ergebnis kommt auch der Ernährungswissenschaftler Toni Meier in seiner Dissertation „Umweltwirkungen der Ernährung auf Basis nationaler Ernährungserhebungen und ausgewählter Umweltindikatoren"[296], in der er den Einfluss verschiedener Ernährungsformen auf die Umwelt untersucht. Je weniger Fleisch und tierische Produkte verzehrt werden, desto geringer ist die Umweltbelastung mit klimaschädlichem Kohlendioxid (CO^2), wobei jedoch Veganer die schlechteste Wasserbilanz erzielen.

Neben den Landwirten, die bereits früher vegetarisch lebten oder sich eine vegetarische Lebensweise vorstellen können, gibt es durchaus solche, die sich dagegen aussprechen. Für Bioland-Landwirt M. beispielsweise ist eine vegetarische Lebensweise unvorstellbar. Mäßiger Fleischgenuss wirke sich positiv auf die Welternährung und Flächenfreihaltung aus. Hiermit stimmt er indirekt oben zitiertem Demeter-Landwirt H. zu. M. gibt zudem die Bedeutung des Fleischverzehrs für Nutztierhalter zu bedenken:

> „[...] und ich, ich bin ja auch Tierhalter, äh ... äh ... da fallen automatisch in der Milchkuhhaltung auch dann die weibl-, äh die männlichen Tiere an. Die gemästet werden von den Tierhaltern und von anderen ... äh, und die Schweine als Wiederverwerter und das Huhn als Suppenhuhn." (Bioland-Landwirt M.)

Es wird deutlich, dass die bisher zitierten Biobauern einen durchdachten Fleischkonsum als sinnvoll für den landwirtschaftlichen Kreislaufgedanken erachten. Dem schließt sich auch EU-Biolandwirtin H. an. Sie bringt darüber hinaus einen weiteren Aspekt der Tierhaltung in die Diskussion ein:

> „... Ehm ... also wo ich ehrlich gesagt ein Problem damit habe, also wenn ich halt äh, sehr an dem Tier, ich mein', ich habe ja auch eine Bindung an das Tier. Also da muss ich schon immer aufpassen. Bei uns hat auch jedes Tier einen Namen. Wenn ich dann als: ‚Naja, das ist jetzt praktisch der Louis auf dem Teller.' Also ist dann schon manchmal grenzwertig." (EU-Biolandwirtin H.)

Die persönliche Beziehung zu den Nutztieren auf einem Bauernhof stellt für den einen oder anderen Biolandwirt eine emotionale Hürde im Zusammenhang mit der Fleischproduktion dar. Dennoch sprechen sie sich alle für das Schlachten aus, vor dem Hintergrund einer artgerechten Tierhaltung und ei-

---

296 Meier, Toni: Umweltwirkungen der Ernährung auf Basis nationaler Ernährungserhebungen und ausgewählter Umweltindikatoren. Halle 2013.

ner schonenden Schlachtung der Tiere. EU-Biolandwirtin H. verweist auf die monetäre Notwendigkeit:

> „Ja. Und ich denke, dass jetzt einfach nur für ja … äh just for fun, ich meine, irgendwo müssen wir ja auch ein bisschen was verdienen dran." (EU-Biolandwirtin H.)

Genauso sieht es auch der häufig sehr nüchtern antwortende Naturland-Landwirt R. Eine vegetarische Lebensweise kommt für ihn nicht in Betracht:

> „Nein, nein, nein. Das wäre nichts für mich. Weil ich schon auch dieser Meinung bin: Wenn man den Kreislauf will, muss man das Fleisch halt auch einfach essen. Ich mein' äh … Du kannst auch nicht bloß ein Tier halten wegen der Milch und nachher auf Deutsch gesagt verschießen und, und, und, und nutzlos sein. Ich mein', darum heißt es ja auch ‚ein Nutztier'." (Naturland-Landwirt R.)

Es gibt vereinzelt Biobauern, die sich aus Gründen des Genusses gegen eine vegetarische Lebensweise aussprechen. So kann sich EU-Biolandwirt G. dies überhaupt nicht vorstellen, da er nach eigener Aussage zu gerne Wurst esse:

> „[…] Oder so eine Schlachtplatte oder so. Aber, äh, äh, ich esse schon nur einen Salat, gell. Das gibt es schon, gell? Oder Prägel oder irgendwie so etwas. […]" (EU-Biolandwirt G.)

Ergänzend meint der Biobauer, rinderzüchtende Landwirte seien beim Vegetarismus „verkehrt am Platz". Schließlich seien sie auf den Verzehr des Fleisches angewiesen.

Fleisch galt über Jahrhunderte hinweg als „Kraftlieferant". Harte, körperliche Arbeit war bis vor wenigen Jahrzehnten für den größten Teil der Menschheit lebensnotwendig. Für den heutigen vergleichsweise bewegungsarmen Durchschnittsmenschen stellt die energiereiche Fleischkost keine Notwendigkeit mehr dar. Bioland-Landwirt E. ist jedoch nach wie vor der Meinung, wer körperlich schwer arbeite, müsse Fleisch zu sich nehmen. Er gesteht jedoch ein, dass es auch anders ginge. Lediglich die vegane Lebensweise lehnt er ab:

> „[…] Ich weiß, dass es auch anders geht, ja. Aber ich bin es halt so gewohnt. Also ich hab' aber nichts gegen Vegetarier und äh, eigentlich sehe ich die, die vegan leben ein bisschen kritisch. Weil die verursachen oftmals, so denke ich, dem Gesundheitswesen und der Allgemeinheit mehr Kosten wie nötig wäre. Weil ein bisschen Fleisch ist ja manchmal auch gesund. Ja." (Bioland-Landwirt E.)

Die Aussage, Veganer verursachen Mehrkosten für die Gesellschaft, demonstriert die Meinungsvielfalt zu diesem Thema. Tatsächlich ist Veganismus derzeit im Trend und wird viel diskutiert.[297] Die 1993 veröffentlichte „Epic-Oxford-Studie", eine der größten Ernährungserhebungen mit mehr als 500.000 Teilnehmern aus zehn europäischen Ländern untersuchte den Zusammenhang zwischen Ernährung und chronischen Krankheiten.[298] Tatsächlich wirkt sich eine fleischlose Ernährung positiv auf die Gesundheit aus, wobei auch unter Veganern und Vegetariern weitverbreitete gesundheitsfördernde Aspekte wie Bewegung und Alkohol- sowie Tabakverzicht eine Rolle spielen. In einzelnen Bereichen jedoch weisen Veganer einen erhöhten Erkrankungsfaktor auf, beispielsweise können sie unter Umständen leichter Osteoporose entwickeln.

EU-Biolandwirt V. möchte nicht auf Fleisch verzichten, beschäftigt sich jedoch mit der Tötung der Tiere:

> „Weil ich eine fleischfressende Pflanze bin. [...] Früher ja, wenn man äh die Kirche grad als Katholik zurück guckt, ja, dort sind die Schafe geschächtet worden. Dort hat man ihnen als auf gut deutsch die Gurgel durchgeschnitten. Sind verzehrt worden. Was ich persönlich kein bisschen äh für gut halten tu'. Für was gibt's heutzutag' die modernen äh Tötungsmöglichkeiten?" (EU-Biolandwirt V.)

Da der Landwirt Fleisch vermarktet, würde er selbstverständlich häufig schlachten. In den Schlachthäusern denke er sich oft, was es für ein Aufwand war, das Tier großzuziehen. Er gesteht, dass man sich mit Sicherheit an jedes Tier gewöhnt habe und ist damit mit EU-Biolandwirtin H. einer Meinung. Andererseits sage er sich, das Tier habe ein schönes Leben gehabt und sei tierfreundlich ins Schlachthaus transportiert worden. Diese Meinung teilt auch Naturland-Landwirt R., der sich für einen schonenden Umgang mit den Tieren vor und bei der Schlachtung ausspricht.

EU-Biolandwirt V. betont die Bedeutung eines natürlichen Kreislaufs. Dieses Konzept vertreten nahezu alle befragten Ökolandwirte:

> „Und wenn man die Bibel zurück guckt. Es ist ja immer, äh ... es war, es war einfach immer so. Es ist einfach der Kreislauf der Natur. So wie wir auf die Welt kommen und auch irgendwann einmal gehen müs-

---

297 Vegane Kochbücher überschwemmen derzeit den Kochbuchmarkt, vegane Lebensmittel finden sich nicht mehr ausschließlich in Fachgeschäften oder Biomärkten, sondern vermehrt auch in gewöhnlichen Supermärkten. Die vegane Ernährungsweise, die derzeit in der Gesellschaft große Beachtung findet, wäre eine eigene Arbeit wert. Sie kann hier nicht ausführlich behandelt werden.

298 Ergebnisse der Epic-Oxford-Studie sind auf folgender Homepage online abrufbar: http://www.epic-oxford.org/epic-europe-publications (Stand 26.08.2015).

sen, äh, wann fängt denn das Sterben an? Das Sterben fängt im Grund genommen mit dem Geborenwerden an. Das ist einfach nun mal so, gell?“ (EU-Biolandwirt V.)

Resümee

Nur ein befragter Landwirt lebt aus rein gesundheitlichen Gründen überwiegend „vegetarisch“.

Eine fleischlose Ernährung können sich mehrheitlich die Biobauern vorstellen, welche einem Verband angehören. Dies lässt vor dem Hintergrund ihres Naturverständnisses vermuten, dass sie sich eingehende Gedanken um „Natur“ und „Umweltschutz“ machen. Tatsächlich reflektieren sie den Fleischkonsum mit hoher Sensibilität. Viele Biolandwirte verorten den Fleischkonsum im Rahmen eines natürlichen Kreislaufs.

4.5 Einfluss der gesellschaftlichen und politischen Ereignisse nach dem Zweiten Weltkrieg

4.5.1 1968er-Bewegung und die Bewegungen der 1970er Jahre

Wie in Kapitel 2.4.1 dargestellt wurde, entstand die 1968er-Bewegung als Reaktion auf gesellschaftliche Gegebenheiten der Nachkriegszeit in Deutschland. Themen in Zusammenhang mit der ökologischen Landwirtschaft standen damals noch nicht an. Vielmehr ging es um ein Aufbegehren gegen Gewalt, Autorität und Konservatismus. Es waren die sich in den 1970er Jahren auf die 1968er-Bewegung folgenden Bürgerrechtsbewegungen, welche auch ökologische Themen wie „Umweltschutz“ und die Gefahr der Atomkraft aufgriffen.

Die ersten Ökolandwirte der 1970er und 1980er Jahre werden aufgrund ihrer alternativen Erscheinung oft mit der 1968er-Bewegung und nachfolgenden Gruppierungen in Zusammenhang gebracht. In Kapitel 2.4.1 konnte jedoch dargestellt werden, dass die Ereignisse der 1960er Jahre in Deutschland – Studentenbewegung, Außerparlamentarische Opposition und Gegenbewegung zur Notstandsgesetzgebung – keine unmittelbare Relevanz für die Ökolandwirtschaft aufweisen. Die ersten Biolandwirte gehörten teilweise der Umweltschutzbewegung der 1970er Jahre an. Der Verband „Demeter“ besteht in Deutschland bereits seit 1928 und der „Bioland-Verband“ seit 1971. „Naturland“ wurde erst 1982 gegründet und die EU-Biokriterien existieren seit 1991.

Zunächst stellt sich die Frage, wie die befragten Biolandwirte – je nach Jahrgang – die 1968er-Bewegung und ihre Nachfolgeerscheinungen erlebt und wahrgenommen haben und – wenn sie jüngeren Jahrgangs sind – wie sie zu den damaligen gesellschaftlichen Umbrüchen stehen. Zudem richtet sich der Blick auf mögliche Parallelen zwischen den Bewegungen der 1960er und 1970er Jahre sowie der Entwicklung des Berufsbilds „Biobauer".[299] Zunächst kommen die in den Bewegungen engagierten Biolandwirte zu Wort, gefolgt von reinen Sympathisanten und abschließend Skeptiker und Gegner.

Demeter-Landwirt H. ist Jahrgang 1960. Für die aktive Teilnahme an der 1968er-Bewegung ist er somit zu jung. Er engagierte sich jedoch in seiner Jugend in der Anti-Atomkraft-Bewegung und bei diversen Umweltschutzorganisationen:

> „[…] in der Anti-AKW-Bewegung und äh für WWF und, oder was weiß ich alles. BUND das war dann das nächste … und, von daher … ist das eigentlich … ja, also das war so, so ein bisschen noch 68er-Zeit, oder? Also bei mir jedenfalls. 68, da war ich acht Jahre. Hab' das grad so anfänglich mitbekommen. Aber das hat in einem gelebt. Ob man wollte oder … das war einem gar nicht bewusst so. Aber das hat einfach wirklich intensiv in einem gelebt. Dass eigentlich da äh, die ganze jüngere Generation einfach sensibel geworden ist, auch für Zerstörungen … der Umwelt und der Erde." (Demeter-Landwirt H.)

Der 1963 gegründete „WWF Deutschland" und der 1971 entstandene „BUND" faszinierten den heutigen Agrarbiologen[300]:

> „[…] Und die Zeitungen waren, waren voll davon. Das habe ich aufgesaugt wie ein, wie ein Schwamm damals." (Demeter-Landwirt H.)

Bioland-Landwirt M. ist 1953 geboren und kam während seiner Internatszeit in den 1960er Jahren mit alternativen Schüler- und Studentenbewegungen in Kontakt:

> „[…] Bin auch damals äh zum Internat, ins Internat gegangen, einige Jahre, sechs Jahre … mh … dann bin ich rein geraten in die äh … ganze Schüler-/Studentenbewegung und so was." (Bioland-Landwirt M.)

Eine aktive Teilnahme an der 1968er-Bewegung weist der Landwirt aufgrund seines damaligen Alters allerdings zurück. Die Geschehnisse verbreiteten sich

299 Dies deshalb, da, wie bereits erwähnt, Biobauern nach wie vor oft mit den alternativen Bewegungen in Verbindung gebracht werden.
300 Vgl. zu „WWF Deutschland" und „BUND" Kapitel 2.4.2.

durch die Medien in der Gesellschaft. Biobauer M. bestätigt, über die Ereignisse durch das Fernsehen informiert worden zu sein. Die 1968er-Bewegung war eine internationale Bewegung mit länderspezifischen Ausprägungen (Kap. 2.4.1).

Viele Anhänger der 1968er-Bewegung in Deutschland lehnten sich gegen das moralisch und autoritär geprägte gesellschaftliche und familiäre Leben auf. Häufig propagierten sie, wie bereits die Lebensreformer, hier im Speziellen die Landreformanhänger Anfang des 20. Jahrhunderts, ein alternatives Leben in Kommunen.

Unter den befragten Landwirten findet sich dieser Impuls teilweise noch immer. Eben zitierter Bioland-Landwirt M. erzählt, dass er nach dem Studium und seiner landwirtschaftlichen Ausbildung gerne in einer Hofgemeinschaft gelebt und gearbeitet hätte. Aus persönlichen Gründen – seine damalige Lebensgefährtin war nicht zu einem Ortswechsel bereit – wählte er letztlich doch eine klassische Lebensform und übernahm einen Pachtbetrieb.

Im 1953 geborenen Bioland-Kollegen L. wirkt die 1968er-Bewegung noch bis heute nach:

> „Ja, ja, das war halt der Traum der 60er Jahre. Das spielt schon eine Rolle. Der ist auch noch nicht ganz ausgeträumt. Wir haben einen Selbstversorgungsgrad von circa 60 Prozent." (Bioland-Landwirt L.)

Die Bürgerrechtsbewegungen Anfang der 1970er Jahre zählt der Landwirt zu den 1968er-Geschehnissen dazu.[301] Er beteiligte sich auch an Demonstrationen – und ist damit mit Demeter-Landwirt H. der einzige befragte Biobauer, welcher sich aktiv am damaligen Geschehen beteiligte.

Bioland-Landwirtin R. ist Jahrgang 1978 und somit deutlich jünger als die genannten gesellschaftlichen Bewegungen. Ähnlich wie ihr „Geschäftspartner", Bioland-Landwirt L., kann sie der 1968er- und deren Nachfolgebewegungen persönlich noch sehr viel abgewinnen:

> „Ja, dieses Umdenken ne? Ja, dieses … ehm, leben und leben lassen. Also was, was ich auch hier total … oder nein, nicht hier … mein Traum ist ja irgendwann. […] Was ich in der Abi-Zeitschrift mal geschrieben hab', nämlich: Ein Selbstversorger-Hof mit Bauwagen-Kommune und Künstlern und Handwerkern. Ne? Also so ein eigenes Dorf aufm Hof, quasi. […]" (Bioland-Landwirtin R.)

---

301 Wissenschaftlich gesehen sind sie strukturiertere Nachfolgebewegungen der 1968er-Bewegung. Vgl. Kapitel 2.4.1 und 2.4.2.

Die Biobäuerin träumt von einer Tauschgesellschaft. Auf ihrem Hof würden viele Freunde für einen Lohn aus Naturalien mithelfen. Begeistert berichtet sie von Bekannten, die bei dem von ihr veranstaltetem „Brunch auf dem Bauernhof"[302] Ponyreiten angeboten sowie Ziegen für einen Streichelzoo mitgebracht hätten. Diese Vorstellung von einem Leben ohne Geld als Zahlungsmittel kommt der Vorstellung der Landreform-Kommunen sehr nahe, die ein von Landwirtschaft und Handwerk dominiertes Leben anstrebten. Auch der Traum einer kompletten Selbstversorgung war in den Lebensreformern tief verwurzelt. Auch die „68er" waren offen für solche Lebensentwürfe. „Selbstversorgung" und „Tauschgesellschaft" bestehen bis heute in mehr oder weniger ausgeprägten Formen.[303] Unter den von mir befragten Ökolandwirten leben lediglich fünf in unterschiedlich organisierten Hofgemeinschaften, davon die zwei eben zitierten Bioland-Partner, zudem Bioland-Landwirt M., Demeter-Landwirt S. sowie einer der beiden Demeter-Landwirte, welche als Geschäftspartner gemeinsam einen Hof unterhalten.[304]

Auch andere befragte Landwirte sympathisieren mit den Forderungen der 1968er-Bewegung. Naturland-Landwirt V. war damals noch ein Kind, bezieht die Zeitgeschehnisse jedoch unmittelbar auf seine innere Einstellung:

> „ … Ehm … also zu dieser Zeit eigentlich gar nichts. Aber von unserer Einstellung her, äh, man muss sich schon … distanzieren ist falsch ausgedrückt. Man muss schon einen Punkt finden und sagen: ‚Äh, jetzt können mich die anderen mal gern haben.' Also den Punkt, den muss man als Öko vielleicht eher finden und äh, da suchen wir aber immer noch. […] Etwas, was … was sonst keiner macht, wo man sagt: ‚Die Spinner!' und letztendlich … Aber ich denk', wenn man das, nur irgendetwas findet oder noch dahinter steht, dann sagen sie auch Spinner, weil wir natürlich noch melken. Aber man findet es irgendwo doch genial. […]" (Naturland-Landwirt V.)

Er verknüpft seine Vorstellungen von einer „verrückten Idee" mit den neuen Denkweisen der 1960er und 1970er Jahre – und scheint sich und sein Tun ebenfalls ein wenig als „Gegenbewegung" zu sehen:

---

302 „Brunch auf dem Bauernhof" ist eine einmal jährlich stattfindende Veranstaltung auf verschiedenen Bauernhöfen im Naturpark Südschwarzwald. Vgl.: http://www.naturpark-suedschwarzwald.de/essen-trinken/brunch-auf-dem-bauernhof (Stand 31.07.2015).

303 Heute leben in den USA beispielsweise die Amische. In der Bundesrepublik Deutschland gibt es verschiedene Gruppierungen, die in Wohngemeinschaften und Kommunen leben. Die Ansicht der befragten Landwirte zu diesem Thema findet sich in Kapitel 4.6.3.

304 Einer von ihnen lebt, wie bereits erwähnt, mit seiner Familie nicht auf dem Hof.

„Da muss ich echt sagen: Von der Einstellung her ... geht's schon in diese Richtung, ja. Also da äh ... sind wir nicht ganz immer im großen Haufen." (Naturland-Landwirt V.)

Der Biolandwirt fühlt sich als etwas Besonderes. Seine frühere Haltung gegenüber der Anti-Atomkraft-Bewegung war wie bei einigen anderen der befragten Landwirte, die den elterlichen Hof übernommen haben, durch die konservative Einstellung der Eltern geprägt. Heute jedoch hält er es für dringend notwendig, gegen die Machenschaften der Politik und Konzerne vorzugehen. Eine aktive Teilnahme an heute noch stattfindenden Aktionen strebt er jedoch nicht an.

Die 1968er-Bewegung und ihre Nachfolgebewegungen setzten durch ihr Aufbegehren gegen den vorhandenen Konservatismus neue Impulse im gesellschaftlichen Leben, was auch einige der befragten Landwirte anerkennen. Stellvertretend hierfür kann die Aussage des 1963 geborenen EU-Biolandwirts W. angeführt werden:

„Ah, es wurden einfach ganz viele alte Zöpfe abgeschnitten. Also ... und daraus entstand eben auch diese Bio- und Ökobewegung, ne? ... Und ganz viele Sachen haben sich einfach dadurch, das, das Denken hat sich verändert in allen Köpfen. Jetzt nicht nur in den 68ern. Es wurden einfach auch andere Sachen thematisiert und, und äh angesprochen. Und ... hat, war sicher ein sehr nötiger Anstoß auch diese Bewegung." (EU-Biolandwirt W.)

Während EU-Biobauer W. die Verdienste der 1968er und ihrer Nachfolgebewegungen schätzt und andere Landwirte sich aktiv an den Aktionen beteiligt hatten oder damit sympathisierten, gibt es auch Landwirte, die den damaligen Geschehnissen neutral bis ablehnend gegenüber stehen – und dies unabhängig von ihrem jeweiligen Alter. Wissenschaftliche Abhandlungen zur 1968er-Bewegung führen die damaligen Geschehnisse auf die Wirtschaftswunderjahre in Deutschland zurück.

Auch Demeter-Landwirt S., Jahrgang 1961 und ohne Verbindung zur 1968er-Bewegung, führt die Entwicklung auf die Wirtschaftswunderjahre zurück:

„Das war damals für mein Empfinden der Gegenschlag zum deutschen Wirtschaftswunder. Wo einfach das eine Extrem das andere erzeugt hat. Ist für mich ja ... so träumerisch ein bisschen mehr." (Demeter-Landwirt S.)

Er selbst hat für sich einen anderen Weg gefunden, um sich für eine bessere Gesellschaft einzubringen:

> „Ja … da kann ich nur sagen: Ich, ich bin genauso dagegen … Und ich finde, wenn Leute das Bedürfnis haben, sich da einzusetzen, finde ich das gut. Ich für mich äh, handhab' das so, dass ich versuch', in einer positiven Weise, in eine positive Richtung zu arbeiten und meine Energie da einzusetzen, als Energie in Verhinderungen einzusetzen, … die halt dann doch ja … letztendlich fragliche Resultate haben." (Demeter-Landwirt S.)

Der Demeter-Landwirt betonte im Interview bereits mehrfach die positiven Auswirkungen der biologisch-dynamischen Wirtschaftsweise auf die Erde und ihre Ressourcenschonung. Für die soziale Balance innerhalb seiner Hofgemeinschaft setzt der Biobauer auf das Prinzip der „Dreigliederung des sozialen Systems"[305] nach Rudolf Steiner. Bei dieser Gliederung koordiniert nicht der Staat als zentrale Stelle das gesellschaftliche Leben, sondern drei überwiegend autonome, selbst verwaltete Einheiten: Dem „Geistesleben" unterliegen Bildung, Kultur, Religion und Wissenschaft, dem „Rechtsleben" Gesetze und demokratische Regeln und dem „Wirtschaftsleben" Produktion, Handel und Konsum.

Das soziale Engagement von Demeter-Landwirt S. bezieht sich ausschließlich auf seine Hofgemeinschaft. Bei Bioland-Landwirt E. hingegen, der während den 1960er und 1970er Jahren mit der Arbeit auf dem elterlichen Hof ausgelastet war und die damaligen gesellschaftlichen Vorkommnisse nur am Rande registrierte, entstand erst durch die Umstellung auf ökologische Landwirtschaft ein Bewusstsein für gesellschaftliches Engagement im Bereich „Umweltschutz":

> „Eigentlich seit ich Bio dann mehr mit auch, mit solchen Leuten zusammen komm' über den Bio … Verband zum Beispiel und so. Aber … äh, ich war noch nie für Atom. Wir haben da ja nicht weit in Schweiz ein Atomkraftwerk, weil wegen der Strahlenbelastung und alles. Ich bin bis jetzt in meinem Leben auch nie an einer größeren Demonstration gewesen gegen Atom. Ich bin aber dankbar, dass es so Leute gibt. […] Ich kann mir schon vorstellen, dass ich jetzt äh, wenn ich ein bisschen mehr Zeit hab', dass ich dann auch irgendwo gegen …, wenn es gegen Atom geht, dass ich da auch mal … friedlich demonstriere." (Bioland-Landwirt E.)

---

305 Weiterführende Literatur zum Thema „Dreigliederung des sozialen Systems" vgl. Fußnote 133.

Für seine Zukunft, in der er beruflich kürzer treten möchte, kann er sich somit ein soziales Engagement durchaus vorstellen. Bisher lag seine Priorität komplett auf der Erhaltung und Gestaltung des eigenen Hofs und der Weitergabe dieser Fähigkeiten an seine Kinder – ähnlich wie bei Demeter-Landwirt S., der ebenfalls das Wirken auf seinem Hof hervorhebt. Auch bei EU-Biolandwirtin H. hat sich erst in den vergangenen Jahren ein Umweltbewusstsein entwickelt:

> „Also ich denke, man hat natürlich schon eine Verantwortung für die Umwelt und man sollte schonend mit den Ressourcen umgehen. Aber das hat sich eigentlich erst so in den letzten Jahren bei uns entwickelt. Also auch dadurch, dass mein Mann ja Energie- und Wärmetechnik gemacht hat, ehm, haben wir jetzt diverse andere Sachen auch noch umgestellt.[306] […]" (EU-Biolandwirtin H.)

Einige der befragten Biolandwirte stehen der 1968er-Bewegung mit deren teilweise gewalttätigen Protesten eher skeptisch gegenüber.

> „Nee, im Gegenteil. Eh-, mmh, nee, hat für mich eher einen negativen Touch diese Geschichte. Das sind die Extremen, wo … zu extrem und das, das, das, das geht mal kurz hoch die, die Welle und, aber das, das … wir denken immer eigentlich ein bisschen äh langfristig und nachhaltiger und … und auch irgendwo ein bisschen vernünftiger, so denk' ich, nicht? Also, die sind für mich eher ein abschreckendes Beispiel so." (Naturland-Landwirt F.)

Die „68er"-Skeptiker unter den Biolandwirten benutzen vielfach den Begriff „extrem" für dieses Kapitel der deutschen Geschichte. Dabei sind einerseits die Aktivitäten innerhalb der Protest-Bewegungen gemeint, andererseits auch die gesellschaftlichen Verhältnisse vor 1968. Der Umschwung „von einem Extrem ins Andere" war für Demeter-Landwirt G. eine logische Konsequenz:

> „ […], dass man halt dann von einem Extrem, ja von dem Prüden … ins Extreme geht, halt dann in das Nackte und ins ganz Offene … Ja, das musste ja so irgendetwas geben, dass es so zustande gekommen ist, die Bewegung." (Demeter-Landwirt G.)

306 Die Familie heizt komplett mit Holz aus dem eigenen Wald und betreibt eine Photovoltaikanlage. Auch viele Lebensmittel hätten sie unter anderem durch den großen Hausgarten selbst. Die Bäuerin denkt, was sie für eine gesunde Umwelt beitragen könnten, täten sie auch.

Einzelne Landwirte wie Naturland-Landwirt R. zeigen sich auch völlig unbeeinflusst von der 1968er-Bewegung und deren Nachfolgeströmungen. Naturland-Landwirt R. beispielsweise sieht auch im Atomstrom durchaus positive Aspekte:

> „Nein. Mein Leben beeinflusst nicht. Ich bin jetzt auch nicht, kein An-, kein Atomgegner, weil ich bin auch der Meinung, es haben ja auch alle davon profitiert, gell?" (Naturland-Landwirt R.)

Atomgegner dürften in den Augen dieses Biolandwirts keine Elektrogeräte besitzen und müssten mit Fahrrad und Dynamo Strom erzeugen oder sollten teuren Ökostrom kaufen.

EU-Biolandwirt G. nahm zwar Notiz von den Ereignissen der 1960er Jahre, befasste sich jedoch nicht damit. Die Anti-Atomkraft-Bewegung kommentiert er auf eine abfällige Art und Weise:

> „Jaja, hat man, hat man schon alles … In Wyhl unten und so, aber … da denke ich: ‚Die Scheiß-Demonstranten!' Haja, da ist man vielleicht äh, zwanzig Jahre alt gewesen, da hat man andere Interessen gehabt. Braucht es auch." (EU-Biolandwirt G.)

Die beiden eben zitierten Landwirte bewirtschaften je einen kleineren Erbhof. Im Verlauf der Interviews äußern sie immer wieder rein finanzielle Gründe, die zu einer Umstellung des Hofs auf eine ökologische Wirtschaftsweise geführt hatten. Ein tiefergehendes Naturverständnis ist bei keinem der beiden nachweisbar (Kap. 4.1.1).

Einige Biobauern verbindet nichts mit der 1968er-Bewegung, sie sprechen sich jedoch gegen Atomkraft aus:

> „Ja gut, 68er-Bewegung weniger … aber äh, Atomkraft schon ein Gegner davon … ja. wo man einfach denkt: ‚Ja, man hat jetzt selbst vier Kinder.' Grad dazumal wo das war mit Tschernobyl." (EU-Biolandwirt V.)

Der Biolandwirt führt Krebserkrankungen teilweise auf den Reaktorunfall in Tschernobyl im Jahr 1986 zurück. Er berichtet von Jägern, die ihm von der Verstrahlung einheimischer Wildtiere erzählt haben. Die Mehrheit der Biolandwirte lehnt Atomkraft ab und begrüßt den geplanten Atomausstieg in Deutschland.

Resümee

Es wird deutlich, dass kein einziger der befragten Biolandwirte in der 1968er-Bewegung selbst aktiv war. Lediglich zwei von ihnen engagierten sich in Anti-Atomkraft- oder Umweltschutzbewegungen der 1970er Jahre. Es handelt sich um Demeter-Landwirt H. und Bioland-Landwirt M., die Parallelen in ihrem Lebenslauf aufweisen. Sie haben beide bereits in Großstädten gelebt und studiert. Ihr tiefergehendes Naturverständnis sehen sie als selbstverständlich für den ökologischen Landbau an.

Das Klischeebild des alternativ denkenden und handelnden Biobauern mit langen Haaren und Wollpullover, das vielerorts gleichgesetzt wird mit den Anhängern der 1968er-Bewegung, bewahrheitet sich in Bezug auf die befragten Biolandwirte nicht. Bis auf die oben genannten zwei sowie drei weitere Sympathisanten stehen diese Vorkommnissen der 1960er und 1970er Jahre neutral bis eindeutig ablehnend gegenüber.

Festzuhalten ist hingegen eine überwiegende Ablehnung der befragten Biolandwirte von Atomkraft. Bis auf zwei EU-Biolandwirte und einen Naturland-Landwirt sprechen sich die Bauern für das Abschalten von Atommeilern und die Umstellung auf regenerative Energien aus. Das Thema „Atomkraft" hat seit den 1970er Jahren nichts an Aktualität eingebüßt, wobei über die Jahrzehnte der Einsatz von regenerativen Energien deutlich gestiegen ist.

Wie bereits im Kapitel zum „Naturverständnis" wird auch beim Thema „1968er-Bewegung und Bürgerrechtsbewegungen der 1970er Jahre" deutlich, dass die Verbandsmitglieder von Demeter und Bioland tiefergehende Aussagen zu den Themen treffen, wohingegen dies bei den Naturland-Landwirten und EU-Biolandwirten lediglich in Einzelfällen der Fall ist. Die überwiegende Mehrheit dieser Landwirte nimmt nur kurz Stellung oder kritisiert sogar die Atomkraftgegner der 1970er Jahre mit wenig reflektierten Aussagen wie beispielsweise: „Ah, da denke ich: Scheiß-Demonstranten!" Es bestätigt sich noch einmal, dass die Demeter- und Bioland-Bauern über ein allumfassenderes ökologisches Verständnis verfügen als die eher profitorientierten Naturland- und EU-Biobauern.

Nachdem die Verbundenheit der befragten Biolandwirte mit den Geschehnissen der 1960er und 1970er Jahre nicht wirklich vorhanden ist, beschäftigt sich der folgende Abschnitt mit dem Einfluss der politischen Partei „Die Grünen" auf die befragten Biolandwirte.

4.5.2 Politische Partei „Die Grünen"

Die Partei der Grünen zog 1983 als Oppositionspartei in den Bundestag ein. Nach der sozialen Bewegung der 1968er Jahre, die in den 1970er Jahren in strukturiertere Nachfolgebewegungen mündete, finden Themen wie „Umweltschutz" und „Gleichberechtigung" durch die Partei der Grünen eine politische Aktivierung. Es ist bis heute die Partei, welche sich am intensivsten für die Landwirtschaft und enger gefasst den ökologischen Landbau einsetzt (Kap. 2.4.3). Daraus lässt sich folgern, dass unter den befragten Landwirten zahlreiche Wähler der Grünen oder zumindest Sympathisanten der Partei zu finden sind. Bei der Frage, wie sie zur Politik der Grünen stehen, bewahrheitet sich größtenteils die Tatsache, dass in Deutschland über Wahlentscheidungen nicht offen gesprochen wird. Sehr häufig lautet die Antwort auf die Frage nach einer Identifizierung mit der Politik der Grünen „teilsteils". Genauere Erklärungen folgen meist auch auf Nachfrage nicht.

Tatsächlich befürwortet lediglich ein Demeter-Landwirt ausdrücklich die Politik der Grünen. Er geht jedoch nicht näher auf einzelne Themen ein und betont, sich nicht aktiv für die Partei zu engagieren. Darüber hinaus geben zwei Bioland-Landwirte an, früher mit der Partei sympathisiert zu haben, sich aber heute nicht mehr identifizieren zu können. Gegenüber Bioland-Landwirt M. führe ich auf seine Antwort, er könne sich heute nicht mehr mit den Grünen identifizieren, die Frage genauer aus: Die Grünen werden aufgrund ihrer Entstehungsgeschichte oftmals mit der „Ökobewegung" in Verbindung gebracht (Kap. 2.4.3). Ist die Partei keine Unterstützung für die Biobauern mit ihren Forderungen und Förderungen? Bioland-Landwirt M. zögert, schließlich spricht er der Partei durchaus zu:

> „Klar nee, also … was jetzt Umwelt- äh politik angeht, haben die … haben die Grünen und sie sind ja da heute noch äh die Partei, die ehm … ja das als Schwerpunkt hatte und, und äh, stark äh … forciert hat, dann auch irgendwie Kompetenzen da in dem Bereich. Ganz sicherlich. Und danach dann auch die Hauptunterstützer auf, auf äh … ja das Umfeld zurückgreifen." (Bioland-Landwirt M.)

Von 2001 bis 2005 leitete mit Renate Künast eine Politikerin der Grünen das neuformierte Bundesministerium „Ernährung, Landwirtschaft und Verbraucherschutz". Zuvor existierte ein „Ministerium für Ernährung und Landwirtschaft". Der Bereich „Verbraucherschutz" kam aufgrund des gestiegenen gesellschaftlichen Bewusstseins für die eigene Gesundheit hinzu, nachdem Skandale wie „BSE" und „Maul- und Klauenseuche" die deutschen Verbraucher verunsicherten. Künast setzte sich vehement für die ökologische Landwirtschaft und gegen eine Industrialisierung der Landwirtschaft ein. Sie sprach sich für einen Anteil der ökologischen Landwirtschaft an der landwirtschaftlichen Produktion von 20 Prozent bis zum Jahr 2020 aus.[307] Heute liegt der Marktanteil in Deutschland bei rund 4 Prozent und das Ziel von Künast scheint in den kommenden fünf Jahren unerreichbar.

Dennoch honorieren die befragten Landwirte das Engagement der Grünen-Politikerin. Nach Ansicht von Biobauer M. erreichte die Partei „Die Grünen" erst mit dem Amtsantritt von Renate Künast im Jahr 2001 politische Wirksamkeit. Damals sei der ökologische Landbau jedoch bereits etabliert gewesen. Die Politikerin hätte jedoch noch einmal einen wichtigen Beitrag für den endgültigen Durchbruch des ökologischen Landbaus gegeben:

> „ … Das hat natürlich noch einmal so einen Schub gegeben. Kann man natürlich darüber streiten, ob das dann alles so sinnvoll war und äh … ja, klar." (Bioland-Landwirt M.)

Die Frage nach dem „Sinn" bezieht sich auf die Subventionen, die bevorzugt ökologische Großbetriebe erhalten und dadurch vermehrt die ökologische Landwirtschaft zu einem industriellen Ausbau führen. Diese Tatsache wird häufig von den befragten Biolandwirten kritisiert. Gründe, weshalb Biobauer M. die Partei mittlerweile nicht mehr wählt, lägen in anderen Politikfeldern wie der Rüstungs- und Kriegspolitik der rot-grünen Koalition. Immerhin seien die Grünen die Partei seiner Generation gewesen und damals eindeutig in der „linken Ecke" verortet, was er nicht vergisst. Die erste rot-grüne Bundesregierung erfüllte die Erwartungen des Landwirts jedoch nicht. Dies deckt sich mit der oft geäußerten These, die Grünen hätten sich im Laufe der Jahre „angepasst" und seien mittlerweile fest mit der politischen Machtstruktur verwachsen.

Neben Bioland-Landwirt M. ist es Bioland-Kollegin R., die sich nicht mehr mit der Politik der Grünen identifizieren kann. Sie ist mit Jahrgang 1978 die jüngste Interviewpartnerin unter den befragten Ökolandwirten und war in der Jugend ehrenamtlich für Umweltschutzverbände tätig. Auf Nachfrage beschreibt sie ihre Kritik an der heutigen Parteipolitik:

> „Also früher … ich hab' damals noch nicht so viel mitgekriegt. Aber damals, als sie noch nicht an der ersten Regierung waren, da waren die noch viel … alternativer auch, ne? Also jetzt laufen sie ja auch in fetten Autos oder so was … Und früher waren sie so richtig schon eher revo-

---

307 Vgl. Schmidt/Jasper 2001, S. 153.

lutionär. Dann kamen sie mit langen Haaren und was weiß ich und anderen Klamotten und … und auch richtig Kontra gegeben. Ja und jetzt, ist es halt dieses Wischi-Waschi, um wieder in die Regierung zu kommen.“ (Bioland-Landwirtin R.)

Auch diese Biobäuerin wirft den Grünen vor, heute nur noch nach der Macht zu streben. Diese Meinung wird durch die wissenschaftliche Forschung untermauert. Der Politikwissenschaftler Joachim Raschke beschreibt die Partei als anfängliche „Protest- und Sammlungspartei“[308], deren heutige Wahlergebnisse von starker politischer Ausstrahlung zeugten.

Ebenso zeigt sich Bioland-Landwirt L. unzufrieden mit der Politik der Grünen und verweist auf seine eigene politische Arbeit. Als Parteiloser gehört er dem Ortschaftsrat seines Dorfes an. Außerdem engagiert er sich in der Friedensbewegung „Internationaler Versöhnungsbund deutscher Zweig“[309], wo er sechs Jahre dem Vorstand angehörte:

> „[…] Das ist für mich so ein bisschen das Geistesfutter, was ich durch die praktische Tätigkeit auch brauche. Vor 20 Jahren war es für mich interessant, etwas zu tun, was nicht unmittelbar mit Landwirtschaft zu tun hat.“ (Bioland-Landwirt L.)

Neben dem geistigen Ausgleich zur praktischen landwirtschaftlichen Tätigkeit begrüßt der Landwirt das deutliche Bekenntnis der Friedensbewegung zur Gewaltfreiheit:

> „[…] Und eigentlich DIE Organisation ist, die sich am klarsten zur Gewaltfreiheit bekennt. Alle anderen sagen: Vorrang zur Wiederverteidigung, aber das ist mir zu wenig.“ (Bioland-Landwirt L.)

EU-Biobauer G. kann sich absolut nicht mit der Partei der Grünen identifizieren – nicht einmal mit deren Umweltschutzpolitik:

> „Ha, der [Umweltschutzgedanke, Anm. S. D.-S.] ist ja maßlos überzogen. Die wollen alles äh Energie aus Wasserkraft und aus Wind und wenn irgendwo etwas gebaut wird, dann sind sie dagegen. Wie jetzt beim Hornbergbecken. Es tut aber keinem weh, das Ding. Atomkraftwerk wollte ich jetzt auch nicht nebendran. Die, die in der Schweiz reichen, aber äh ja.“ (EU-Biolandwirt G.)

308 Raschke 1991, S. 21.

309 Weiterführende Informationen zu dieser seit 1914 bestehenden Friedensbewegung vgl.: https://www.versoehnungsbund.de (Stand 30.07.2015).

Ein weiterer Landwirt hat sich bewusst gegen politisches Engagement entschieden. Es handelt sich um Demeter-Landwirt H., der seine Energie gezielt für die ökologische Landwirtschaft und die Weiterentwicklung der Hofgemeinschaft mit ihrer sozialen Ausrichtung einsetzt:

> „Hab' ich mich eines Tages bewusst entschieden, dass ich das, dass, dass ich mich nicht auf diesen Weg begebe. [...] Aber da habe ich mich wirklich eines Tages bewusst entschieden, dass ich das auf anderem Wege irgendwie ausüben möchte." (Demeter-Landwirt H.)

Diese Haltung teilt Demeter-Landwirt S., der sich gegen ein Engagement in der Anti-Atomkraft-Bewegung und für die Weiterentwicklung seiner Hofgemeinschaft ausspricht.

Bis jetzt lag der Fokus in diesem Kapitel auf den Ökolandwirten, die sich klar für oder gegen die Partei der Grünen aussprechen. Die überwiegende Mehrheit der befragten Landwirte jedoch kann sich immerhin „teilweise" mit dem Programm der Grünen identifizieren oder honoriert deren Einsatz für die ökologische Landwirtschaft. Diese Biobauern beschreiben die Partei als ehemalige alternative Opposition und heutige etablierte politische Kraft.

Die Biobauern erkennen, dass die anfänglich rein „grünen" Themen wie „Ökologie" und „Umweltschutz" mittlerweile längst zur allgemeinen politischen und gesellschaftlichen Agenda zählen. EU-Biolandwirt W. beispielsweise kann sich „größtenteils" mit der Politik der Grünen identifizieren. Viele Denkansätze der Grünen würden aber mittlerweile auch von CDU und SPD vertreten. Andere Anliegen der Grünen empfindet EU-Biolandwirt W. als „überzogen", weshalb er in Betracht zieht, sie bei der nächsten Wahl nicht mehr zu wählen. Er spricht in diesem Zusammenhang an, dass das „Grünen-Thema Ausgleichsfläche" zwischenzeitlich soweit geht, dass Flächen aufgekauft würden, ohne die beteiligten Landwirte zu fragen.[310] Abschließend findet er dennoch versöhnliche Worte mit der Partei:

> „[...] Aber grundsätzlich äh, grundsätzlich hat jede äh ... haben die ganz gute Sachen in unsere Politik und dann auch in unsere äh in unsere Gesellschaft gebracht." (EU-Biolandwirt W.)

310 Die sogenannte „Ausgleichszulage" soll Landwirte in benachteiligten Regionen wie beispielsweise Berggebieten bei der dauerhaften Nutzung der ihnen zur Verfügung stehenden Flächen unterstützen, um so die Landschaft zu erhalten und eine nachhaltige Bewirtschaftung zu fördern.

Andere Landwirte gestehen den Grünen ebenfalls interessante Ansätze zu, beschreiben die Partei im Allgemeinen jedoch als „extrem", was sie meist aber auf die Zeit als „alternative Oppositionspartei" beziehen:

> „Also … sie … sie sind schon irgendwo fortschrittlich …, aber dann auch wieder in manchen Dingen … mh, ein bisschen zu verbohrt, nicht? … oder zu, wie soll ich sagen? … Ja, da sind jetzt zu, zu Radikale oder zu Extreme dabei wieder und das ha, schade, schade, schade. Für Landwirtschaft, denke ich, manche Dinge schön, trifft's dann, passt schon." (Naturland-Landwirt F.)

Als „extrem" beurteilten viele der befragten Biolandwirte auch schon die Bewegungen der 1960er und 1970er Jahre (Kap. 4.5.1).

Naturland-Landwirt F. wünscht sich eine schwarz-grüne Koalition, was sich mit der politischen Grundhaltung einiger seiner Kollegen deckt, die auf dem elterlichen Hof aufgewachsen sind und diesen heute bewirtschaften: Die Grünen fungieren als Fürsprecher einer ökologischen Landwirtschaft, erscheinen jedoch auf anderen Themenfeldern wie der Sozialpolitik zu „unkonventionell" oder „alternativ" für die ländliche Bevölkerung. Tatsächlich besteht die Wählerschaft der Grünen mehrheitlich aus der in Städten lebenden, gebildeten Mittelschicht (Kap. 2.4.3). Auch bei den befragten Landwirten fällt auf, dass diejenigen, die nicht einer bäuerlichen Familie entstammen, in einer Stadt aufgewachsen sind oder studiert haben, sich differenzierter zu politischen Themen äußern. Stellvertretend für andere würde EU-Biolandwirt V. am liebsten von jeder Partei die für ihn passenden Bestandteile wählen und zusammensetzten:

> „Dann gäb's was, wo ich könnt' mit ruhigem Gewissen wählen und könnt' sagen: ‚Das ist mein Ding.' Gell? Aber es hat jede Partei, jede Partei hat sein Positives und sein, sein Negatives." (EU-Biolandwirt V.)

Für EU-Biobauer V. erfüllen „Die Grünen" eine Ausgleichsfunktion, „damit die anderen nicht zweimal machen, was sie wollen."[311] Eine Regierungsverantwortung der Grünen sieht der Landwirt grundsätzlich nicht als Fehler. Dennoch seien sie ihm teilweise zu „extrem" aufgetreten. Den Wechsel „von einem Extrem ins andere" empfindet er als unsinnig und spricht sich für den goldenen Mittelweg aus.

Demeter-Landwirt G. hingegen schätzt besonders die Rolle der Grünen als Oppositionspartei:

311 Interviewaussage EU-Biolandwirt V. vom 10. November 2010.

> „… Jaa, man kann, sie können halt auch nicht, die können halt auch nicht gegen die Industrie und gegen die Macht, können die … Es ist gut und recht, wenn jemand da ist, der immer ein bisschen Contra gibt. […]“ (Demeter-Landwirt G.)

Deutlich wird immer wieder der Bezug zur eigenen Lebenswelt, wie folgende zwei Zitate zeigen. Der gesamtgesellschaftliche Blick kommt dabei häufig zu kurz:

> „… Ehm … teilweise schon, ja … Also gut finde ich, dass halt jetzt diese Photovoltaik-Sache jetzt in der letzten Zeit, wo das hier gefördert wurde. […] Und sicher damals von der Frau Künast haben wir ja auch sehr profitiert. Einfach, dass diese Biosache auch gefördert wurde.“ (EU-Biolandwirtin H.)

> „Ja, das war am Anfang schon so, dass die äh, uns am Anfang haben sie schon stark unterstützt. Die Ortsverbände hier waren ja alles Grüne. Die haben bei uns dann eingekauft, haben uns auch geholfen bei der Feldarbeit am Anfang … Das stimmt schon.“ (Demeter-Landwirt B.)

Auffallend ist, dass alle Naturland-Landwirte – auch bei unterschiedlicher individueller Wahrnehmung des politischen Geschehens – die Arbeit der Grünen als wichtig für den ökologischen Landbau einstufen:

> „Ja, das ist äh, ich bin jetzt nicht äh, Grünenpartei-Wähler, aber äh, es ist gut, dass die Grünen dabei sind und … dass überhaupt mal ein äh Thema auch eine ökologische Seite äh diskutiert wird, ne? Weil sonst würde ja nur übers Geld diskutiert werden. Und so wird wenigstens, wird wenigstens äh, ökologisch mitdiskutiert, ne?“ (Naturland-Landwirt M.)

Dank den Grünen sei man „heute so weit, wie man ist.“[312] Politiker müssten mit überspannten Forderungen an der Erreichung ihrer Ziele arbeiten, da stets Abstriche und Kompromisse zu akzeptieren seien. Wenn die Partei wieder regieren würde, sei deshalb auch nicht alles von heute auf morgen besser. Damit schließt er sich der Meinung von Demeter-Landwirt G. an:

> „[…] Dann wäre halt was anderes wieder schlechter. Aber dass das äh so … für mich wäre ein Drittel, ein Drittel wäre gut. Also nicht nur

312 Interviewaussage Naturland-Landwirt M. vom 03. November 2010.

acht oder zehn Prozent. So ein Drittel, ne? Ja, also denke ich, würde schon etwas bringen.“ (Naturland-Landwirt M.)

Der Landwirt wünscht sich noch etwas mehr politischen Einfluss der Grünen, obwohl er explizit äußert, kein Grünen-Wähler zu sein. Letzteres betont auch Naturland-Kollege R.:

> „Ja, sagen wir mal so: Bei den Grünen, ich bin jetzt kein spezieller Grüner, aber ich bin der Meinung, die Grünen haben noch den meisten Bezug zur Landwirtschaft. […]“ (Naturland-Landwirt R.)

Er selbst hatte bereits Besuch von Politikern der Grünen auf seinem Hof und empfindet bei ihnen im Vergleich zu anderen Parteien mehr Unterstützung für landwirtschaftliche Belange im Allgemeinen und ökologische im Speziellen. Unter anderem würden die Grünen sich gegen die industrielle Massenproduktion einsetzen. Einerseits betont Naturland-Landwirt R., dass die Biolandwirte diese Unterstützung benötigen, andererseits gesteht er, selbst nicht politisch aktiv zu sein:

> „[…] dass ich jetzt da … muss ich ganz ehrlich sagen, mir ist das auch ein bisschen egal, was sie machen. Ändern tue ich da eh nichts.“ (Naturland-Landwirt R.)

Auffallend: Auch EU-Biolandwirt G. beispielsweise zeigte keinerlei Interesse an Demonstrationen gegen Atomkraft und die Demeter-Landwirte H. und S. stecken ihre Energie in die Arbeit auf dem Hof anstatt in politische Aktivitäten.

Naturland-Landwirt V. hebt die hohe Bedeutung eines politischen Gegengewichts durch die Partei der Grünen hervor. Er kann sich im Vergleich zu anderen Parteien am ehesten mit deren Politik identifizieren, was nicht heißt, dass er alles ungeprüft gut heißt:

> „Also, blind links hinterher rennen: nein. Es gibt auch Sachen, wo man nur denken muss: ‚Also jetzt haben sie auch wieder was los.‘ Aber letztendlich äh, ganz klar, so eine politische Gegenbewegung braucht man. […]“ (Naturland-Landwirt V.)

Heute sei die Partei „Die Grünen“ definitiv nicht mehr als radikale Gegenbewegung anzusehen, sondern als komplett etablierte Partei der Mitte. Dem Biobauern gefallen jedoch die klaren Stellungnahmen der Grünenpolitiker zur ökologischen Landwirtschaft im Gegensatz zu den Zugeständnissen anderer Parteien gegenüber der großindustriellen konventionellen Landwirtschaft:

„Also das muss man schon ganz klar sagen: Also da sind wir eigentlich schon ganz klar auf der Ökowelle und passt.“ (Naturland-Landwirt V.)

Resümee

Wie eingangs erwähnt, gestaltet sich ein Gespräch über politische Themen mit der überwiegenden Mehrheit der befragten Landwirte als schwierig, da keiner seine Meinung offen und detailliert kundtun möchte. Die überwiegende Mehrheit der Biobauern kann sich „teilsteils“ mit der Politik der Grünen identifizieren.

Die meisten Landwirte sind sich dem Einsatz der Partei für die ökologische Landwirtschaft bewusst.

Generell lassen sich zwei Gruppen unter den befragten Landwirten ausmachen: Die eine Gruppe zeigt keinerlei Interesse an der Partei „Die Grünen“. Diese Landwirte engagieren sich entweder gar nicht politisch oder wenn, dann in einer anderen Partei. Eine zweite, etwas größere Gruppe identifiziert sich mit der Partei auf bestimmten politischen Feldern, zu denen landwirtschaftliche und ökologische Themen zählen.

4.6 „Biobauer heute“

4.6.1 Arbeiten zwischen Tradition und Moderne

Ein zentrales Thema dieser Arbeit ist die Entwicklung der Landwirtschaft – auch der ökologischen – in den vergangenen 100 Jahren, die sich mit den Begriffen „Industrialisierung“, „Technisierung“, „Modernisierung“, „Intensivierung“ und „Globalisierung“ charakterisieren lässt. Der ökologische Landbau setzt hier andere Schwerpunkte. Der Verzicht auf chemisch-synthetische Düngemittel und Pestizide ist dabei gewiss der gravierendste Unterschied. Doch wie weit hält auch die Biolandwirtschaft Schritt mit den Innovationen der konventionellen Landwirtschaft?

Bereits die Frage nach einer inhaltlichen Nähe der Biobauern zur Lebensreformbewegung führte zu dem Ergebnis, dass die Mehrheit der befragten Biobauern in ihrem Schaffen keinen Rückschritt, sondern einen fortschrittlichen Ansatz erkennt. Ökologische Landwirtschaft zu Beginn des 21. Jahrhunderts bedeutet für sie nicht eine Verklärung vorindustrieller Zeit, wie dies bei den Lebensreformern der Fall war, sondern ein Zukunftsmodell zum Erhalt der Landwirtschaft und zur Ernährungssicherung der Weltbevölkerung.

In diesem Kapitel geht es um die grundlegende Einstellung der befragten Landwirte zu ihrem Status innerhalb der Landwirtschaft. Besondere Berücksichtigung finden zentrale landwirtschaftliche Themen wie „Unabhängigkeit von der Industrie", „Erhalt der bäuerlichen Lebenswelt", „Arbeiten mit dem Pflug", „ökologisches Saatgut" sowie „Massentierhaltung".

Unabhängigkeit von der Industrie

Viele der befragten Biolandwirte streben nach einer Unabhängigkeit von der Industrie, indem sie auf ein geschlossenes Kreislaufsystem und somit einen autarken Hof abzielen:

> „Das ist ganz wichtig für mich. Ich finde auch, dass man. Ich brauche ja eigentlich bloß den Strom. Den Strom erzeugen wir demnächst auch bald selber dann. Dann brauchen wir noch den Diesel. Sonst brauchen wir eigentlich nichts mehr." (Demeter-Landwirt B.)

> „Ganz klar. Also die Industrie bringt mir nichts. Ja. Also, ganz klar, wenn ich äh, sagen kann: ‚Ich brauch' euch nicht!', das ist genial." (Naturland-Landwirt V.)

> „Also es wäre mir schon sehr wichtig, aber ich merke halt einfach, das ist arbeitsmäßig nicht zu schaffen. Ich mein', ich habe schon manchmal den Wunsch, ja, einfach nichts einkaufen zu müssen. So, manchmal ein Mittagessen auf den Tisch bringen nur wirklich mit eigenen Zutaten. Aber das funktioniert nicht äh." (EU-Biolandwirtin H.)

Diese Vorstellung eines unabhängigen Betriebs kam bereits beim Thema „Selbstversorgung" zum Ausdruck. Naturland-Landwirt F. nennt die angestrebte Unabhängigkeit von der Industrie als wichtiges Motiv für die Umstellung auf ökologische Landbewirtschaftung:

> „Das, das ist ganz schlimm, jaja, das, das, das, das darf man also nicht. Du bist ja dann ein Gefangener, ein Sklave, wenn du da immer mit machst, was … Das war eigentlich auch ein Grund, warum wir damals ja umgestellt haben schon. […] Man darf, man darf sich da nicht also zu fest … vereinnahmen lassen, nicht?" (Naturland-Landwirt F.)

Großkonzerne drängen die konventionellen Landwirte in eine Abhängigkeit, da ihr gezüchtetes Saatgut patentiert ist und sie zugleich die entsprechenden chemischen Hilfsmittel wie Dünger und Pestizide anbieten. Die Biobauern sind diesbezüglich rein theoretisch zwar außen vor, registrieren diese Entwicklungen in der konventionellen Landwirtschaft jedoch mit großer Sorge.

EU-Biolandwirt W. plädiert deshalb dafür, kritisch und achtsam gegenüber der Großindustrie zu sein:

> „[...] Weil ich bin der Überzeugung, dass unsere Lehrbücher alle von äh BASF und äh solchen Firmen geschrieben werden ... und ehm, die wollen einfach verkaufen.“ (EU-Biolandwirt W.)

EU-Bioland-Kollege E. stellt ein Bedürfnis nach Autonomie eher bei ökologischen Landwirten fest als bei konventionell wirtschaftenden Kollegen. Tatsächlich gehen vor allem Naturland-Landwirt F. und Naturland-Landwirt V. auf diesen Aspekt ein und verweisen auf ihre Beteiligung an Biogasanlagen, die durch eine selbständige Stromerzeugung einen Schritt in die Unabhängigkeit bedeuteten.

Mit Unabhängigkeit von der Großindustrie meinen die befragten Landwirte überwiegend Industriesparten, die Produkte wie beispielsweise Düngemittel für die Landwirtschaft vertreiben. Es gibt jedoch auch Landwirte, welche die Industrie als wichtige Garanten für Arbeitsplätze sehen und für sinnvoll erachten. Die Industrie schafft Arbeitsplätze, schafft bessere Lebensbedingungen und vereinfacht den Alltag der Menschen – ist in einer westlichen Industrienation eine Unabhängigkeit von industriell gefertigten Produkten überhaupt möglich? Bioland-Landwirt L. verneint dies vehement und erläutert dies am Beispiel der Feldarbeit mit Ochsen:

> „So können wir nicht leben. Also, wir können, haben da so gedankliche Ansätze, indem wir zum Beispiel probieren, mit Ochsen zu arbeiten, aber, aber das ist eine Fertigkeit, die wir parat behalten, die wir am Leben erhalten, aber die landwirtschaftlich eigentlich keine Bedeutung hat. [...]“ (Bioland-Landwirt L.)

Das Pflügen mit den Ochsen, das in der Gegend früher typisch war, stehe bei der Hofarbeit längst nicht mehr im Vordergrund. Es sei eher ein beiläufiges „Spielbein“, tatsächlich nutzt die Hofgemeinschaft alle Errungenschaften einer digitalen Gesellschaft:

> „[...] Aber nicht mit diesem Ernst, dass ich das hier herausstellen würde jetzt. Wir fahren Auto und unsere Kinder sitzen am Computer.“ (Bioland-Landwirt L.)

Auch andere Biobauern haben nichts gegen Maschinen und moderne Arbeitswelten:

„… ja, die Industrie. Die Leute müssen Arbeit haben, sonst sind sie nicht zufrieden. Und die Industrie hat halt jetzt über Hand genommen, indem dass man halt jetzt meint, man muss jeden Tag zehn Millionen Autos produzieren.“ (Demeter-Landwirt G.)

„Ohne Industrie? Wie muss ich dann mein Heu machen, wenn ich keine Rundballenpresse habe und keinen Kreiselheuer. Mit der Sense wieder?“ (EU-Biolandwirt G.)

Den Einwand, manche Leute wollten mit der Sense arbeiten, kontert der Landwirt trocken:

„Jaja, es gibt sie. Das sind meistens solche, die es noch nie gemacht haben.“ (EU-Biolandwirt G.)

Resümee

Es wird deutlich, dass die heutigen Biolandwirte im Hier und Jetzt leben. Keiner von ihnen möchte mehr mit der Sense arbeiten und alle von ihnen fahren Auto. Naturland-Landwirt M. bringt es auf den Punkt:

„ … Ha, das sind wir ja eigentlich auch nicht [unabhängig von der Industrie, Anm. S. D.-S.]. Wir haben die Maschinen und Kraftstoffe und Baumaterial und das brauchen wir alles. […] Wirklich verzichten können wir auf Dünger und Spritzmittel.“ (Naturland-Landwirt M.)

Arbeiten mit dem Pflug

Der Verzicht auf Dünge- und Spritzmittel unterscheidet neben der artgerechten Tierhaltung die ökologische von der konventionellen Landwirtschaft dar. Was die Bodenbearbeitung anbelangt, ist das „Pflügen“ ein vieldiskutiertes Thema innerhalb der ökologischen Landwirtschaft. Im Folgenden geht es um die Einstellung der befragten Biobauern zum „Pflügen“.

Das Lockern der Erdschichten gehört seit jeher zur landwirtschaftlichen Tätigkeit. Die Arbeit mit dem mechanischen Pflug entwickelte sich ab 1850 mit dem sogenannten „Dampfpflug“. In den 1920er und 1930er Jahren kamen leichte Traktoren auf den Markt, die einen mechanischen Pflug über den Acker ziehen konnten.[313]

313 Weiterführende Informationen zum Pflügen vgl.: Krombholz, Klaus/Bertram, Hasso und Wandel, Hermann: 100 Jahre Landtechnik – von Handarbeit zu High-Tech in Deutschland. Frankfurt 2009.

Die Landreformer um die Wende des 19. zum 20. Jahrhunderts lehnten jegliche technische Neuerung ab und hielten sich an das Pflügen mit Zugtieren.

Die ökologisch wirtschaftenden Landwirte sollen schonend mit dem Boden umgehen und der ökologische Landbau ist nach wie vor intensiv auf der Suche nach Alternativen zum Pflug. In der konventionellen Landwirtschaft hingegen ist „Pflügen" ohne Vorgaben erlaubt. Hierauf bezieht sich jedoch gerade die Kritik des ökologischen Landbaus, dessen Vertreter sich um bodenschonende Alternativen zum Pflügen wie beispielsweise das Arbeiten mit einem sogenannten „Grubber" oder einem „Häufelpflug" sehr bemühen. Die Kritik am Arbeiten mit dem mechanischen Pflug entzündet sich in erster Linie an der Schädigung des Bodens und seiner Lebewesen, welche die Bodenfruchtbarkeit langfristig zerstört. Weitere Kritikpunkte sind mögliche Bodenerosionen, Grundwassergefahren und umweltschädliche Emissionen, vor allem durch die Notwendigkeit eines leistungsstarken Traktors zur Bewältigung der schweren Umgrabe-Arbeit auf dem Acker.

Diese Argumente lassen vermuten, dass die ökologisch wirtschaftenden Landwirte sich gegen das Arbeiten mit dem mechanischen Pflug aussprechen und selbst auf mögliche Alternativen zurückgreifen. Lediglich bei den EU-Biolandwirten liegt es nahe, aufgrund der laxeren Vorgaben eine andere Haltung gegenüber dem konventionellen Pflügen vorzufinden.

Beim Pflügen werden die Bodenschichten vermischt. Dieser Vorgang unterscheidet sich je nach den örtlichen Bodengegebenheiten. Ein eher sandiger Boden benötigt weniger starke Eingriffe zur Durchmischung der Erde als ein festerer oder eher steiniger Boden. Die einzelnen Landwirte sind gut beraten, ihre Böden genau zu kennen:

> „[…] weil nämlich jeder Boden ist anders. Jede, wir haben hier auf dieser Fläche schon mehrere Bodentypen. Und ähm, da gehört einfach dazu, dass man, nicht immer, aber in gewissen Abständen muss der Pflug einfach wieder drüber. Man wird einfach nicht Herr von dem Unkraut, mit Wurzelunkräutern und allem. Und man sieht, es wächst einfach dann besser." (Demeter-Landwirt B.)

> „Das spielt bei schweren Böden eine Rolle. Wir haben sehr leichte, sehr sandige Böden. Und das Bodenleben, das ist sehr durchlässig. Also das bietet ganz … und außerdem können wir nicht tiefer als 15 Zentimeter pflügen, dann kommen die dicken Steine." (Bioland-Landwirt L.)

Für die beiden Biobauern beeinflusst die Bodenbeschaffenheit entscheidend die Form der Bodenbearbeitung. Diesen Aussagen schließt sich Bioland-Landwirtin R. an. Sie fügt hinzu, selbst zwar keinen Ackerbau zu betreiben, vom Partnerbetrieb jedoch zu wissen, dass das Pflügen aufgrund des Unkrauts unumgänglich sei.

Es kommt zum Ausdruck, dass alle drei Landwirte die Arbeit mit dem Pflug als selbstverständlich ansehen. Die Verbandszugehörigkeit scheint dabei keine ausschlaggebende Rolle zu spielen, da es sich um einen Demeter- und zwei Bioland-Landwirte handelt, beides Verbände mit strengen Vorgaben auch in Bezug auf das Pflügen.

Einige der befragten Landwirte testen Alternativen zur Arbeit mit dem Pflug. Keiner von ihnen hat jedoch bis jetzt einen adäquaten Ersatz gefunden. Demeter-Landwirt G., der in diesem Zusammenhang betont, kein gelernter Landwirt zu sein, unternahm in seiner 20-jährigen landwirtschaftlichen Tätigkeit verschiedene Versuche, unter anderem die Bodenbearbeitung mit dem sogenannten „Grubber", der die Bodenschichten nicht ganz so tief angreift wie der Pflug. Doch auch dieser Landwirt greift regelmäßig auf den Pflug zurück, um das Unkraut zu beseitigen. Ebenso verfahren die Demeter-Bauern F. und H., die sich zwar sehr kritisch über den Pflug äußern, aber immer noch auf der Suche nach einer passenden Alternative sind:

> „Ja, also wir haben auf, wir suchen da … also wir pflügen im Moment noch ganz klassisch alles. Äh … ist auch wieder, ja ist einfach ein System, wo man weiß, äh wie es funktioniert … Alternativen haben wir jetzt mal, haben wir im Herbst oder im Sommer mal den, den Häufelpflug gehabt." (Demeter-Landwirt F.)

Mit dem „Häufelpflug" wird versucht, die Bodenschichten „irgendwo hin zu häufen"[314], anstelle wie mit der konventionellen Methode tief umzugraben. Die Anschaffung des Geräts sei jedoch eine finanzielle Frage, die Nutzung basiere dann auf reinem „Können".

Bioland-Landwirt M. setzt zur Unkrautbekämpfung ebenfalls teilweise den Pflug ein. Die nicht wendende Bodenbearbeitung im ökologischen Landbau empfindet der Biobauer jedoch als nahezu ideal. Er arbeitete von Anfang an mit einem „Schichtengruber", dessen Funktionsweise er bereits zu Berliner Studentenzeiten in einer Zeitschrift entdeckte.

Es scheint, die befragten Biobauern nutzen die technischen Errungenschaften unserer Zeit und vernachlässigen dabei die aus ökologischer Sicht schwerwiegenden Kritikpunkte wie drohende Unfruchtbarkeit der Böden, Erosionsschäden oder Umweltverschmutzung durch eingesetzte Maschinen.

314 Interviewaussage Demeter-Landwirt F. vom 17. November 2010.

Demeter-Landwirt S. verdeutlich die selbstverständliche Nutzung des Pflugs in der ökologischen Landwirtschaft, indem er einen früheren pfluglos arbeitenden Hofbewirtschafter als „Fanatiker“ bezeichnet. Er selbst betont die Vorteile des Pflugs:

> „Also, wir haben hier eine Zeit gehabt, wo wir ganz pfluglos gearbeitet haben, wir haben Zeiten gehabt, wo wir fast ausschließlich gepflügt haben. Ich denk', man sollte das … völlig undogmatisch, betriebsindividuell sehen, weil es hat alles seine Wirkungen und ja … auch der Pflug hat nicht nur negative Wirkungen.“ (Demeter-Landwirt S.)

Einen weiteren Grund für die Nutzung des Pflugs besteht in der Vernichtung des Unkrauts. Wie Bioland-Landwirtin R. bezweifelt auch Bioland-Kollege E., Landwirtschaft aufgrund der nötigen Unkrautbekämpfung ohne Pflug betreiben zu können. Er setzt auf den richtigen Zeitpunkt und eine geringe Bodentiefe.

EU-Landwirt V. kommt direkt vom Pflügen zum Interviewtermin auf seinem Hof und bestätigt die Ansicht seiner Kollegen:

> „Also … ja, wie, wie man sagt: Den goldenen Mittelweg suchen. Äh, im Biobereich … ohne pflügen … ich wüsst' nicht, wie das funktionieren sollt'.“ (EU-Biolandwirt V.)

Pflügen als Ausgleich zur fehlenden Verwendung von chemisch-synthetischen Unkrautvernichtungsmitteln ist eine gängige Praxis unter den befragten Landwirten. Während die Demeter-Landwirte und Bioland-Landwirte sich mit wenigen Ausnahmen durchaus kritisch gegenüber der Arbeit mit dem Pflug äußern, sind einige der Naturland-Landwirte und EU-Biolandwirte weniger skeptisch gegenüber dieser Art der Bodenbearbeitung und finden gar Gefallen daran, wie folgende Aussagen veranschaulichen:

> „Also wir fahren gerne mit dem Pflug.“ (Naturland-Landwirt M.)

Auf Nachfragen zur Gefährdung der Bodenlebewesen beim Pflügen beharrt der Naturland-Landwirt auf seiner Meinung, zumal das Pflügen aufgrund seiner Jahrtausende alten Tradition nicht das Schlechteste sein könne und wirklich gute Alternativen bis heute fehlten.

> „Ich bin ein Freund vom Pflügen. Erstens mache ich es gerne und … ja, bei uns, also bei uns da oben … kann's auch ohne Pflug nicht werden. Wir werden dem Unkraut nicht Herr.“ (Naturland-Landwirt M.)

Diesem Argument schließen sich die weiteren drei Naturland-Kollegen an. Landwirt F. sieht zusätzlich die hohen Kosten für die Anschaffung einer Alternative, er gesteht jedoch die negativen Auswirkungen des Pflugverfahrens auf die Bodenlebewesen ein. Zeitweise verzichten die Naturland-Landwirte auf den Pflug oder setzten Alternativen wie den „Grubber" ein. Neben Naturland-Landwirt M. erklärt auch EU-Biolandwirt W. seine Vorliebe für das Pflügen:

> „Ah, da bin ich echt der Urkonventionelle. Ich hab' das jetzt Letztens umgepflügt und ich hab' mir dann überlegt, ob ich jetzt anrufen soll, ob ich das überhaupt darf. Also ich wusste es einfach nicht. Aber ich … ich muss einfach äh … kucken, dass ich mit dem Unkraut irgendwie zu äh, dass ich das irgendwie in Griff krieg'. […] Das mach' ich total gern mit dem Pflug, so in der Erde wühlen, ne?" (EU-Landwirt W.)

Resümee

Die Demeter- und Bioland-Landwirte äußern sich sehr kritisch zum Thema „Pflügen in der ökologischen Landwirtschaft" und greifen je nach Möglichkeit auf Alternativen zurück. Die Naturland- und EU-Biolandwirte zeigen sich wesentlich weniger kritisch gegenüber der Arbeit mit dem Pflug. Was nach Meinung der befragten Landwirte für die Arbeit mit dem Pflug in der ökologischen Landwirtschaft spricht, ist seine Wirksamkeit bei der Unkrautbekämpfung. Insgesamt befürworten wesentlich mehr der befragten Landwirte die Arbeit mit dem Pflug und auch diejenigen, welche dieser kritisch gegenüber stehen, schließen sie nicht gänzlich aus. Die Zeiten „pflugloser Fanatiker", wie es sie noch zu Zeiten der Lebensreformbewegung, aber auch zu Pionierzeiten der ökologischen Landwirtschaft nach dem Zweiten Weltkrieg gab, scheinen endgültig vorbei zu sein.

Ökologisches Saatgut

Ein weiteres vieldiskutiertes Thema unter ökologischen Landwirten ist die Aufzucht von eigenem Saatgut. Bis heute stellt die Aufzucht von ökologischem Saatgut eine Nische dar, nicht vergleichbar mit der Produktion von konventionellem Saatgut. Es gibt nur wenige Firmen, die sich der Aufzucht und dem Vertrieb von ökologischem Saatgut widmen wie beispielsweise die Bingenheimer Saatgut AG, die Saatgut in Demeter-Qualität liefert.[315] Zudem fehlt es innerhalb der Verbände und bei den Biobauern selbst an Initiativen zur Erweiterung des Angebots oder zur eigenen Aufzucht, obwohl dies einen weiteren

315 Weiterführende Informationen: http://www.bingenheimersaatgut.de (Stand 30.08.2015).

Schritt in Richtung Unabhängigkeit von der Industrie bedeuten würde. Lediglich der Demeter-Verband nimmt hier eine Ausnahmestellung ein, da er sich intensiv um biologisch-dynamische Saatgutzucht kümmert. Es ist deshalb davon auszugehen, dass die befragten Demeter-Landwirte dieses Vorhaben selbstverständlich unterstützen oder sogar selbst Saatgut herstellen. Bei den anderen Landwirten dürfte zumindest eine Sensibilität gegenüber diesem Thema bestehen, zumal vermehrt die Thematik „Gentechnik" in den Fokus der Landwirtschaft gerät. Demeter-Landwirt B. verweist sogleich auch auf die Aktivitäten seines Verbands:

> „Und wir haben dieses Jahr ja schon wieder einen Versuch bei uns … mit ganz vielen … Dinkelsorten, Weizensorten, Roggensorten … und die man dann nebeneinander auf kleinen Streifen sieht. Und vergleichen kann. Ganz toll … und dann ist es auch wieder so, mit dem Saatgut sowieso, soweit wie möglich nimm' ich immer eigenes Saatgut … […] Nimmst einfach ein bisschen davon weg, von dem was wir ernten. Ist ja ganz logisch. Wie vor 1000 Jahren auch. Da haben sie ein bisschen vom Gewinn weggenommen und dann haben sie es wieder gesät. Und so machen wir es immer noch." (Demeter-Landwirt B.)

Da sich das eigene Saatgut jedoch mit der Zeit abnutze, sei der Demeter-Landwirt zusätzlich auf die fortschrittliche Saatgutentwicklung eines professionellen Züchters angewiesen. Gerade Weizen erweise sich anfällig für Krankheiten und Pilze. Dieser Umstand lasse eine eigene Zucht zeitaufwendig erscheinen. Roggen und Dinkel hingegen vermehrt der Biobauer seit 20 Jahren selbst. Auch Demeter-Landwirt S. baut seit 30 Jahren eigenes Saatgut an, was er durchaus für sinnvoll hält und einen Vergleich mit der Tierzüchtung anstellt, bei der konventionelle Züchtungen nicht zur weiteren Verwendung in biologischen Betrieben geeignet seien.

Die Demeter-Landwirte H. und F. hingegen entwickeln kein eigenes Saatgut. Sie arbeiten im Gemüsebau mit der Saatgutorganisation „Bingenheimer Saatgut AG" zusammen.

> „[…] Und das äh … das sind eigentlich Betriebe, die mit traditionellen … äh … Forschungsmetho-, oder äh Züchtungsmethoden arbeiten und da eigentlich auf, immer mehr aufm Weg sind, äh … gute Sorten … zu züchten, die für uns äh … gut sind." (Demeter-Landwirt F.)

Der Demeter-Bauer lehnt es ab, Saatgut von Firmen zu kaufen, die weltweit tätig sind oder ihre Produkte in großem Stil inklusive Düngemittel und Spritzmittel vermarkten. Er ist froh um die Alternative mit dem „Bingenheimer Saatgut". Ebenso gäbe es im Getreideanbau biologisch-dynamische Initiativen, die zwar noch in den Anfängen steckten, sich jedoch zu Sorten entwickelten, „die einigermaßen was taugen"[316].

Es gibt also bei den Demeter-Landwirten unterschiedliche Sichtweisen. Die einen züchten ihr Saatgut selbst, die überwiegende Mehrheit kauft jedoch zu. Die verbandsinternen und auch externen Bestrebungen zur Entwicklung ökologischen Saatguts sehen die Demeter-Landwirte als überaus sinnvoll und ausbaufähig an.

Nun stellt sich die Frage, wie die anderen Biobauern zum Thema ökologisches Saatgut stehen. Bioland-Landwirt L. mit Zweitmitgliedschaft im Demeter-Verband kauft zwar Kleegras zu, er baut jedoch nach eigenen Angaben seit nahezu 20 Jahren Dinkel neu an und befasst sich zusätzlich mit dem Anbau von Roggen. Der Partnerbetrieb von Bioland-Landwirtin R., die die Entwicklung von eigenem Saatgut gutheißt, erhält seit knapp zehn Jahren ebenfalls das Saatgut von Partner L. und baut es an. Mittlerweile findet gelegentlich ein Austausch von Aussaatkörnern zwischen den beiden Höfen statt.

Die Tatsache, dass auch im Bereich des Saatguts nach wie vor große Konzerne marktführend sind, sehen einige der befragten Landwirte sehr kritisch. Bioland-Landwirt E. kauft deshalb nach Möglichkeit ökologisches Saatgut zu und sieht in dessen Entwicklung weiteres Potential:

> „Äh, ich halt das für wichtig, dass die großen Saatgutfirmen hier … praktisch auch von ökologischer Seite her praktisch äh Konkurrenz kriegen […]" (Bioland-Landwirt E.)

Naturland-Landwirt V. geht einen Schritt weiter und beschränkt sich nicht auf den reinen Zukauf von Saatgut. Er hält hofeigenes, selbst gezüchtetes Saatgut für unverzichtbar, da die Konzerne nicht ihre besten Sorten für die Landwirtschaft auf den Markt brächten, sondern Sorten, die den Landwirt abhängig machten von weiteren Produkten des Anbieters.

> „ … Muss man haben [eigenes Saatgut, Anm. S. D.-S.]. Äh, wir haben es vorher schon angesprochen gehabt: Die Pharmaindustrien, die Konzernen äh haben ein anderes Denken. […]" (Naturland-Landwirt V.)

Auch die Naturland-Kollegen R. und F. kaufen einerseits zwar das Saatgut zu, setzen daraufhin jedoch auf eigenen Nachbau von einmal gekauftem Saatgut, wie folgende Zitate verdeutlichen:

316 Interviewaussage Demeter-Landwirt F. vom 17. November 2010.

„Ich tu viel, äh, ich tu halt immer jedes Jahr ein paar Zentner kaufen. Und dann mach' ich halt den Nachbau nachher. Also ich kauf' nicht immer das gesamte Getreide neu." (Naturland-Landwirt R.)

„[...] Ich mach' jetzt, kaufen wir wieder Saatgut bei allen Früchten, nicht? Außer Nachbau mal, Getreide mal, für die nächsten zwei Jahre. Und dann ... nee, kein Thema für uns." (Naturland-Landwirt F.)

Weniger kritische Landwirte kaufen Saatgut aus konventionellen Züchtungen zu und befassen sich weder mit eigener Zucht noch einer Nachzucht. Dazu gehört beispielsweise Bioland-Landwirt M. Er begrüßt es allerdings, wenn Kollegen sich mit der Entwicklung von ökologischem Saatgut auseinandersetzen:

„Gut, das hab' ich, ist gut, wenn das halt Leute machen, sich da engagieren und so. Äh, ich bin halt jetzt nicht engagiert." (Bioland-Landwirt M.)

Naturland-Landwirt M. ist die Entwicklung von eigenem, biologischem Saatgut zu aufwendig und bei seiner Ackerfläche zu arbeitsintensiv.

Resümee

Das Thema „ökologisches Saatgut" sehen die befragten Biolandwirte unabhängig von ihrem jeweiligen Verband sehr unterschiedlich. Selbst unter den Demeter-Landwirten, deren Verband eine Vorreiterstellung bei der Entwicklung von ökologischem Saatgut einnimmt, divergieren die Meinungen: Zukauf des Saatguts, eigene Nachzucht bis hin zu hofinterner Saatgutzucht. Die Bioland-Landwirte nehmen ebenfalls unterschiedliche Positionen zum Thema ein, wobei sie weniger affin gegenüber eigenen Versuchen sind als die Demeter-Landwirte. Bei den Naturland-Landwirten fällt auf, dass sie allesamt zwar Saatgut zukaufen, dann aber auf die eigene Nachzucht setzen.

Die befragten EU-Biolandwirte verfügen über keinerlei Kenntnisse, was die Entwicklung von eigenem Saatgut anbelangt, da zwei von ihnen Saatgut zukaufen ohne sich mit der Thematik zu beschäftigen und zwei keinen Ackerbau betreiben.

Massentierhaltung

Tiere sind fester Bestandteil der Landwirtschaft. Ohne Nutztiere wäre eine Fleischerzeugung nicht vorstellbar. Zudem tragen sie auf einem Hof zum natürlichen Kreislauf bei, indem sie natürlichen Dünger liefern. In den vergangenen Jahrzehnten hat sich jedoch die „Massentierhaltung“ vornehmlich in konventionellen Großbetrieben durchgesetzt. Viele Tiere auf engstem Raum garantieren eine Ertragssteigerung. Das einzige Risiko aus wirtschaftlicher Sicht bilden Tierseuchen und Krankheiten. BSE, Maul- und Klauenseuche oder Vogelpest bezeichnen die negative Seite der Massentierhaltung.

In der ökologischen Landwirtschaft gehört eine „artgerechte Tierhaltung“ zu den Standards. Die Flächen in Stall, Auslauf und auf der Weide lassen den Tieren mehr Freiraum als in der konventionellen Viehhaltung.

Der Weltagrarbericht von 2009 unterstützt diese Art der Tierhaltung:

> „An veränderten Konsumgewohnheiten führt kein Weg vorbei. Wie radikal wäre eigentlich angesichts der fatalen Folgen für Klima, Umwelt, Gerechtigkeit und die eigene Gesundheit eine Rückkehr zum Sonntagsbraten unserer Großeltern? Sie täte nicht nur unserer Gesundheit, der Lebensmittelsicherheit und der Umwelt gut. Der respektvollere Umgang mit Nutztieren, der in einem grotesken Gegensatz zu unserem Verhältnis zu Haustieren steht, wäre auch dem Wohlergehen der Tiere zuträglich; und damit auch unserer eigenen Selbstachtung. Denn wir müssten beim Griff ins Kühlregal weder die unerträglichen Zustände in modernen Fleischfabriken verdrängen noch die zu ihrer Aufrechterhaltung nötige Vernichtung von Wäldern und Aufheizung des Klimas.“[317]

Wie stehen die befragten Biobauern der „Massentierhaltung“ gegenüber. Allein aufgrund ihrer Wirtschaftsform sollten sie diese ablehnen, wenn nicht aus ethischen Gründen gar verurteilen. Bereits die Aussage von Demeter-Landwirt G. bestätigt diese Vermutung:

> „... Ja, äh ... da sieht man ja, was passiert: BSE, Hühnerpest, äh, Schweinepest bei der Massentierhaltung und ja, und was man dann halt auch isst, ist man, ist man. Und wenn halt ein Tier in Angst und Stress großgezogen wird und in Angst, in Todesangst geschlachtet wird dann, ja dann kannst du dir ja vorstellen, was, was du dann nachher isst. Es braucht eine Entwicklung von jedem Menschen [...]“ (Demeter-Landwirt G.)

Der Landwirt spricht hier zwei Problemfelder der Massentierhaltung an: durch Platzmangel verbreitete Krankheiten und Seuchen unter den Tieren sowie das mitunter qualvolle Sterben durch industrielle Schlachtung, der häufig lange Transporte vorausgingen.

---

317 Zukunftsstiftung Landwirtschaft 2009, S. 25.

Tatsächlich begünstigt die Tierhaltung auf engstem Raum das Entstehen und die Ausbreitung von Krankheiten unter den Tieren und die Übertragung auf den Menschen wie beispielsweise die Rinder-Seuche „BSE". Auch die aufkommende Antibiotika-Resistenz durch deren prophylaktische Gabe steht vermehrt in der gesellschaftlichen Kritik:

> „… Ja, gut was soll ich dazu sagen? Ja, na, klar, äh, das kann nicht sein, dass irgendwo zigtausend Tiere auf, auf engstem Raum äh zusammengepfercht äh gehalten werden. […]" (EU-Biolandwirt V.)

Andererseits würden die Landwirte dazu gedrängt, da sie kaum etwas verdienten. Er führt die Skandalbeispiele „BSE" und „Kälbermast durch Hustensaft" an. Diese Art der Tierhaltung heiße er nicht gut, dennoch müsste die Entlohnung steigen, um die bestehenden Verhältnisse zu ändern. Andernfalls würden die Skandale zunehmen.

Auch Bioland-Landwirt E. verweist in punkto „Massentierhaltung" auf die bekannten Tierseuchen. Er bezeichnet die Intensivtierhaltung drastisch als „ein Übel für die Menschheit"[318]. Sämtliche Hygienevorschriften, die in den Industrieländern – vorneweg Deutschland – stets verschärft würden, böten keinen ausreichenden Schutz vor Krisen, wie am Beispiel „BSE" deutlich geworden sei. Für die Gesundheit des Menschen sei die Erhaltung kleinbäuerlicher Betriebe viel wichtiger als die Verschärfung von Hygienevorschriften. Auch industrielle Fertigung sollte seiner Ansicht nach eher wieder als Handwerk betrieben werden.

> „[…] weil … die Menschen können das auf lange Sicht gar nicht kalkulieren, die Gefahren, die die Massentierhaltung und die Konzentration von der Verarbeitung mit sich bringt." (Bioland-Landwirt E.)

Demeter-Landwirt S. sieht den industriellen Aspekt als gegeben und fasst die unter den Demeter- und Bioland-Landwirten gängige Meinung wie folgt zusammen:

> „Da kann ich nur sagen: das Materialistische, wirtschaftliche Denken rein auf die Landwirtschaft angewendet, ist logisch, dass das rauskommt. Gehen wir aber vom Lebendigen und vom … ja … vom, vom Lebewesen aus, kann man ein Tier einfach nicht so behandeln […]" (Demeter-Landwirt S.)

---

318 Interviewaussage Bioland-Landwirt E. vom 13. Oktober 2010.

Das Tier sei ein Lebewesen – nicht nur ein Haus- oder Nutztier. Ein „inniges Verhältnis" wird gewöhnlich Haustieren und ihren Besitzern zugeschrieben. Die Vermutung liegt nahe, dass bei der Massentierhaltung eine solche Beziehung nicht existiert, da die Tiere keine „Bezugspersonen" in Form eines Bauern, einer Bäuerin oder deren Helfern, wie sie die Tiere auf einem kleinstrukturierten Hof kennen, vorfinden können. Gerade auf kleinen bis mittelgroßen ökologischen Höfen mit artgerechter Tierhaltung deutet viel auf ein persönliches Verhältnis zwischen Nutztier und Landwirt. EU-Biolandwirt W. kommt beim Thema „Massentierhaltung" umgehend auf seine Viehhaltung zu sprechen:

> „ … Äh, ja, also ich hab' eigentlich ein recht äh persönliches Verhältnis zu meinen Tieren. Äh, und, und bei einer Massentierhaltung geht das eben nicht, äh, weil man ja so eine. Also ich denk', das geht schon noch bis äh 200 Tiere oder so, kann man das auch noch haben. Aber irgendwann, denk' ich, ist es dann nur noch eine, ist es dann nur noch ein Wirtschaftsfaktor, Tiere äh, Futtereinsatz, äh Schlacht- … Preis. Also es ist dann nur noch ein, ein, ein Marktgegenstand eigentlich. Es ist, es ist dann nicht mehr's Leben, das Lebewesen oder so, das […]" (EU-Biolandwirt W.)

EU-Landwirtin H. erläutert die artgerechte Tierhaltung auf ihrem Hof:

> „Ja. Also wir haben jetzt hier die ursprüngliche Rasse. Das ist also das Vorderwälder Rind. Das ist also ein Rind, was hier ursprünglich genau hier in der Gegend beheimatet ist. […] Und ja, wenn es halt zur Vermarktung kommt, dann schauen wir einfach auch darauf, dass die, also dass es halt für das Tier so schonend wie möglich geht. Also kurze Wege und […]" (EU-Biolandwirtin H.)

Die Landwirtin berichtet lange über ihre Tierhaltung und die Vorzüge für ihre Tiere, die sich auf der Weide „wunderbar" entwickeln könnten. Es sind jedoch nur diese beiden EU-Biolandwirte, die das innige Verhältnis zu ihren Tieren hervorheben und sich von der Intensivtierhaltung distanzieren.

Einen weiteren Aspekt des Themas „Massentierhaltung" stellt der Vergleich zwischen Klein- und Großbetrieben dar, wobei es keine Rolle spielt, ob diese ökologisch oder konventionell geführt werden.

> „Ja, da … mhm … Der Graben, der sich durch die verschiedenen Landbausysteme zieht, verläuft nicht nur zwischen konventioneller und biologischer Landwirtschaft, sondern er verläuft zwischen einer pro-

> duktionsorientierten, wirtschaftlich optimierten Landwirtschaft und einer bäuerlichen Landwirtschaft. […]“ (Bioland-Landwirt L.)

Der Landwirt gibt an, mit den benachbarten konventionellen Landwirten mehr Gemeinsamkeiten zu haben als mit einem ökologisch geführten 3.000-Hektar-Betrieb in Mecklenburg-Vorpommern:

> „[…] Wo der Hof auch keinen Lebensstandort für eine Familie bietet, sondern der eben preisgünstig wohl zertifizierte Biowaren auf den Markt bringt, aber der das soziale Umfeld eigentlich nicht berücksichtigt.“ (Bioland-Landwirt L.)

Naturland-Landwirt M. vergleicht „Massentierhaltung“ mit „Ackerbau“ und kommt zu der Erkenntnis:

> „ … Ja, das ist dasselbe Problem wie beim Acker: Es geht nicht. […] Massentierhaltung ist halt wieder preisgesteuert. […]“ (Naturland-Landwirt M.)

Der weltweiten Steigerung des Fleischkonsums ist nach Meinung des Landwirts nur durch Massentierhaltung zu begegnen. Neben diesen Statements für artgerechte Tierhaltung gibt es auch Biobauern, die sich nicht strikt gegen Massentierhaltung aussprechen.

Artgerechte Tierhaltung ist für Bioland-Landwirt M. zwar ein Merkmal ökologischer Landwirtschaft, obwohl sein Hof aufgrund der Größe von Außenstehenden schon als „Fabrik“ bezeichnet worden sei. Auch bei meiner Hofbesichtigung fiel mir die Masse der Hühner auf. Für den Biobauern sind Kompromisse bei der Viehhaltung aufgrund wirtschaftlicher Zwänge teilweise notwendig. Die Tiere müssten eine bestimmte Leistung erbringen und die Unterbringung sei teilweise beengt. Andererseits entfalle seit Längerem die Anbindehaltung für Rinder.

Für Naturland-Landwirt F. muss das Verhältnis der Fläche von Stall, Auslauf und Weide zu den Tieren stimmig sein. Bei ausreichend Platz spreche auch nichts gegen beispielsweise 400 Kühe „im Osten“:

> „Es muss halt … zusammenpassen. Für, sagen wir, einen kleinen Biobetrieb oder einer, wo das, sind wir vielleicht auch schon Massentierhaltung mit 80 Kühen, nicht? Ich weiß es nicht, wie der das sieht.“ (Naturland-Landwirt F.)

Ein weiterer Naturland-Landwirt bezieht somit nicht eindeutig Stellung gegen „Massentierhaltung“. Naturland-Landwirt R. dagegen argumentiert eindeutig:

„ … Ja gut, wenn man Bio ist, dann ist man ja da nicht dafür. Das ist ganz klar. Sonst … bräuchtest du nicht Bio machen, gell?“ (Naturland-Landwirt R.)

Bei den Biohähnchen behaupte sich der Preisunterschied am Markt. Seine Kunden akzeptierten einen Kilopreis von 9,50 Euro anstatt 2,50 bis 3 Euro für ein Kilogramm konventionelles Geflügelfleisch. Ansonsten sieht er wie Naturland-Kollege M. die einzige Möglichkeit, den weltweit steigenden Fleischbedarf durch niedrige Preise und somit Massentierhaltung zu befriedigen.
EU-Landwirt G. spricht sich gegen Massentierhaltung aus – mit einer kleinen Einschränkung:

„Nein, ääh, für das bin ich nicht. Ich bin schon ein bisschen, dass man da ein bisschen schaut. Dass sie, egal welches Tier das ist, das ein bisschen vernünftig aufpassen. […] Aber diese Bioverbände, die übertreiben schon wieder in manchen Dingen.“ (EU-Biolandwirt G.)

Resümee

Auch wenn ökologisch wirtschaftende Bauern sich für eine artgerechte Tierhaltung einsetzen sollten, da sie zu den Prinzipien dieser Landbauform gehört, sprechen sich nicht alle der befragten Biolandwirte gegen die Massentierhaltung aus.

Während die Demeter- und Bioland-Landwirte überwiegend fundiert gegen die Intensivtierhaltung argumentieren, sind es ein weiteres Mal vorwiegend die Naturland- und EU-Biobauern, welche mit dem Verweis auf die „Wirtschaftlichkeit“ eine „Massentierhaltung“ nicht gänzlich ablehnen. Auch wenn sie selbst diese nicht praktizieren, wird ihr Verständnis für Massentierhaltung aufgrund des Verbraucherverhaltens und des Preisgefälles deutlich.

Aufschlussreich ist, dass wieder einmal der Vergleich zwischen kleinstrukturierten Höfen und Großbetrieben, unabhängig von der Bewirtschaftungsform, genannt wird. Es ist festzuhalten, dass kleine konventionelle Höfe von einigen der befragten Biolandwirten nicht so kritisch hinterfragt werden wie ökologische Großbetriebe.

Erhalt der bäuerlichen Lebenswelt

Während die Landreformer der Lebensreformbewegung ein naturnahes Leben in Landkommunen anstrebten und die Pioniere des biologisch-dynamischen Landbaus während der 1920er und 1930er Jahren den schonenden Umgang mit natürlichen Ressourcen auf ihren Gutshöfen fokussierten, ging es den schweizerischen Bioland-Pionieren Müller und Rusch neben einer ökologischen Wirtschaftsweise vorrangig um den Erhalt der bäuerlichen Lebenswelt. Sie setzten sich für die Weiterführung kleinstrukturierter Höfe sowie deren Unabhängigkeit von der Industrie ein, die nach dem Ersten Weltkrieg vermehrt auch die Landwirtschaft als „Macht" für sich ausmachten.

Wie wichtig ist der Erhalt der bäuerlichen Lebenswelt für die heutigen Biobauer im Naturpark Südschwarzwald? Vorab ist festzuhalten, dass den befragten Landwirten im Schwarzwald der Erhalt kleiner Betriebe gegenüber landwirtschaftlichen Großbetrieben sehr wichtig ist. Wie viel liegt ihnen darüber hinaus jedoch an einer herkömmlichen bäuerlichen Lebensweise?

Divergenzen in der Einstellung zur bäuerlichen Lebenswelt könnten möglicherweise zwischen den Landwirten bestehen, die einen Erbhof bewirtschaften und jenen mit einem Pachtbetrieb oder gekauftem Hof, da Letztere nicht über Gebühr mit ihrem dörflichen Umfeld verwurzelt sein dürften. Tatsächlich spricht sich die überwiegend Mehrheit der befragten Landwirte für die Erhaltung der bäuerlichen Lebenswelt aus. Oft wird der Begriff „bäuerliche Lebenswelt" wie selbstverständlich mit dem Begriff „Traditionen" gleichgesetzt, wie folgende Aussagen bestätigen:

> „Oh ja, Tradition ist im Grunde nach wichtig … weil wenn Tradition verloren geht, geht, auch, geht auch, das geht, ja, geht halt viel, ja … das Wissen verloren … Weil auf der Tradition beharrt Wissen." (Demeter-Landwirt G.)

> „Eigentlich … eigentlich all mehr. Wird eigentlich all wichtiger. Muss ich sagen … Dass es nicht verloren geht. Grad so Traditionen." (EU-Biolandwirt V.)

> „Traditionen meinen sie, ja … das Alte pflegen oder wie … Heimatabend oder? […] Wir haben ja auch ein Matratzenlager. Und das Matratzenlager, das haben wir ausgeschmückt mit den ganzen alten landwirtschaftlichen Geräten, die wir halt hatten." (EU-Biolandwirt G.)

> „Eigentlich ist es uns sehr oder schon arg wichtig, ja, Traditionen … jaaa … Also wir, äh … wir, wir produzieren jetzt auch unsere eigenen Lebensmittel zu, zu 80 Prozent selbst hier auf dem Hof, ne?" (EU-Biolandwirt W.)

Die zitierten Biobauern verstehen unter dem Begriff „Tradition" schlichtweg das überlieferte Wissen voriger Generationen, aber auch gesellschaftliche Ereignisse im Ort wie das „Chilbifest" und das „Chilbifeuer" im Oktober, zu denen die Zugezogenen keinen Bezug hätten.[319] Ein weiterer Zusammenhang besteht für EU-Biolandwirt W. zwischen „bäuerlicher Lebenswelt“ und der Selbstversorgung durch hofeigene Produkte, wie dies früher bei den Bauernfamilien mit Ackerbau, Viehzucht und Bauerngarten der Fall war. Auch die „Familie“ subsummieren einige Biobauern unter den Begriff „Tradition“. In der bäuerlichen Lebenswelt bis Mitte des 20. Jahrhunderts lebten die Familien tatsächlich meist noch in mehreren Generationen unter einem Dach.[320] Die große Bedeutung der „Familie“ kommt heute nach wie vor bei den befragten Landwirten zum Ausdruck und zwar besonders bei denen, die mit ihren Eltern und Kindern auf dem Hof leben:

> „… Also die … die Werte sollten wieder ein bisschen zu Recht gerückt werden. […] Also das ist ein bisschen verrückt, find' ich, also das ist jetzt nicht mehr so, äh, wie's sollte sein. Also die Werte … sind verschoben, nicht?“ (Naturland-Landwirt F.)

Einen sinnvollen „Wert“ stellt für den Biobauer eine intakte „Familie“ dar, in der jedes Mitglied, vor allem die heranwachsenden Kinder, Halt fänden. Er zeigt sich äußerst zufrieden mit der Entwicklung seiner zwei Kinder sowie dem Alltag einer Großfamilie, bestehend aus drei Generationen. Auch Naturland-Kollege V., der ebenfalls auf seinem Hof mit drei Generationen lebt, nennt den Erhalt der bäuerlichen Lebenswelt gerade in Hinblick auf seine drei Kinder als wichtiges Anliegen:

> „… Ja … also, die (Kinder, Anm. S. D.-S.) sollen den Bezug haben. Ja, das ist uns wichtig und wir hoffen, dass wir ihn auch mitgeben können. Sollen wissen, dass es eigentlich nichts für selbstverständlich gibt und letztendlich, was da geleistet wird, eigentlich eben auch, nachher honoriert wird. […]“ (Naturland-Landwirt V.)

In einem landwirtschaftlichen Betrieb ließen sich Leistung und Gegenleistung sowie erzielte Ergebnisse relativ gut nachvollziehen, als Beispiel führt er das Säen und das Ernten seiner Produkte an. Es ist Landwirt V. ein Anliegen, dies vorzuleben. Zumal es beschämend sei, wie wenig Kindergarten- und Schul-

319 „Tradition“ ist ein zentrales Thema der Europäischen Ethnologie/Volkskunde, das in dieser Arbeit nicht eigenständig behandelt werden kann. Aktuelle Literatur zum Thema „Kultur und Tradition“ siehe: Hirschfelder, Gunther: Kultur im Spannungsfeld von Tradition, Ökonomie und Globalisierung: die Metamorphosen der Weihnachtsmärkte. In: Zeitschrift für Volkskunde 110 (2014), S. 1-12.

320 Das Thema „Familie im Wandel der Zeit“ wäre eine eigene Arbeit wert. Weiterführende Literatur: Weber-Kellermann, Ingeborg (Hg.): Die Familie. Eine Kulturgeschichte der Familie. Frankfurt a. M. 1996 sowie dies.: Die deutsche Familie. Frankfurt a. M. 1996.

kinder bei Hofführungen an Verständnis und Wissen mitbrächten. Ähnlich äußert sich auch Demeter-Landwirt G. mit Blick auf die Waldorfschüler, die bei ihm ihr Landwirtschaftspraktikum in der neunten Klasse absolvieren und heute bei weitem weniger wüssten als noch zu Beginn der 1990er Jahre. Ein Verlust aufgrund der sich verändernden Lebensverhältnisse? Dieser Vermutung stimmen die beiden Landwirte uneingeschränkt zu. Sie bemängeln die Schnelllebigkeit und Oberflächlichkeit unserer Zeit, was speziell den Kindern zu schaffen mache.

Selbst der kinderlose Naturland-Landwirt R. bezieht die Frage nach dem Erhalt der bäuerlichen Lebenswelt ebenfalls auf die „Familie" und weiter noch auf die Dorfgemeinschaft. Letztere sieht er einem bedenklichen Wandel unterworfen:

> „Haja, das ist einem schon wichtig und das schätzt man ja also auch. Das ist ja schon recht. Bloß äh, wissen Sie, früher, wo ich aufgewachsen bin, waren 90 Prozent von den Kindern so. Im Dorf. Und heut' ist es umgekehrt. Heut' sind es vielleicht noch fünf Prozent oder drei Prozent vom Dorf. [...]" (Naturland-Landwirt R.)

Er habe früher mit seinen Geschwistern stets auf dem Hof mitarbeiten müssen. Heute hingegen seien Kinder nicht mehr in den Maßen in den Betrieb eingebunden:

> „[...] Also weil vielleicht auch die Eltern, ich mein', das wär' vielleicht bei mir auch so. Du kannst das auch von einem Kind fast nicht verlangen, weil das ist ja einfach schon nicht richtig. Und drum sage ich auch, sollte einfach so viel drin sein, dass du für die Arbeit, die du machst, auch kannst jemanden bezahlen." (Naturland-Landwirt R.)

Ein Blick auf die Geschichte der Kindheit beweist ein gestiegenes Bewusstsein für die Anliegen der Kinder. Heute leben in einer Familie im bundesweiten Durchschnitt lediglich 1,47 Kinder, wohingegen früher stets mehrere Kinder einer Familie angehörten. Gerade die bäuerlichen Familien waren auf jede Arbeitskraft angewiesen und bestanden teilweise trotz hoher Kindersterblichkeit oftmals aus zehn und mehr Kindern. Diese Mithilfe auf dem Hof existiert heute weitestgehend nicht mehr. Kinderarbeit als solche ist längst verboten.

Nicht nur die Familien sind kleiner geworden, sondern die Dorfgemeinschaft im Allgemeinen stirbt vielerorts aus. Diese Tendenzen erleben die Biobauern bei ihrer alltäglichen Arbeit. Umso wichtiger ist Naturland-Landwirt M. der Erhalt der bäuerlichen Lebenswelt:

„… Ehm, wichtig. Das braucht auch so viel nicht so sein wie früher. Ich meine, das regelt sich ja automatisch. Bei uns im Dorf ist jetzt, gut, wir sind eine relativ kleine Gemarkung. Aber ganz alleine ist auch doof. Also wenn, wenn man dann gar niemanden mehr trifft. […]" (Naturland-Landwirt M.)

Die älteren Landwirte erzählten, früher hätte man stets jemanden auf dem Feld zum „schwätzen" angetroffen. Heute sei dies in seiner kleinen Gemarkung nicht mehr der Fall.

Es hat sich gezeigt, dass die Biobauern auf Erbhöfen dem Erhalt einer „bäuerlichen Lebenswelt" positiv gegenüber stehen, einerseits aus familiären Gründen – die „Familie" besitzt für sie einen sehr hohen Stellenwert – andererseits aufgrund des Wissensverlusts heutiger Kinder, dem es gilt, entgegenzutreten.

Wie stehen nun aber die Landwirte, die in einer außerfamiliären Hofgemeinschaft leben, dem Erhalt einer „bäuerlichen Lebenswelt" gegenüber? Sie sind alle nicht in der Dorfgemeinschaft aufgewachsen und gelten als sogenannte „Zugezogene". Bioland-Landwirtin R. stellt der „Dorfgemeinschaft" kein gutes Zeugnis aus:

„Ja, das zu leben und weiterzugeben ist klar schon wichtig. Aber ich glaub', wieso jetzt ich so … Es gibt ja die Landfrauen und da war ich mal dabei. Und die Landfrauen hier sind unheimlich zerstritten und unheimlich arrogant teilweise und eh, da habe ich gesagt: ‚Nee … nicht mit mir.'" (Bioland-Landwirtin R.)

Die Landfrauen würden auch die „traditionellen Feste" wie beispielsweise „Erntedank" im Oktober organisieren. Sich selbst hingegen bezeichnet die Biobäuerin als „nicht so traditionell"[321] und auch nicht als „typische Hauswirtschafterin".[322]

Bioland-Landwirt M. hat sich für einen Weg außerhalb der Dorfgemeinschaft entschieden, um sich für den Erhalt der „bäuerlichen Lebenswelt" einzusetzen. Der Biobauer sieht im „Bund Deutscher Milchviehhalter e.V." (BDM) ein geeignetes Forum.[323] Der BDM setzt sich zwar vorrangig für einen fairen Milchpreis ein, jedoch auch für den Erhalt kleinerer landwirtschaftlicher Betriebe:

---

321 Interviewaussage Bioland-Landwirtin R. vom 23. Oktober 2010.
322 Interviewaussage Bioland-Landwirtin R. vom 23. Oktober 2010.
323 Weiterführende Informationen zum BDM vgl.: http://www.bdm-verband.org (Stand 30.07.2015).

„… Ja, durchaus. Ich bin ja äh … Mitglied im BDM. Und äh … das hat alles ja ein Ziel … der Erhalt … von, von den vielen Betrieben, den Arbeitsplätzen und soll halt allen möglich sein, die es machen wollen. Wirklich wollen eigentlich Landwirt … Landwirt zu sein, bleiben zu dürfen und so.“ (Bioland-Landwirt M.)

Das oft propagierte Modell „Wachsen oder Weichen“ hinterfragt der Bioland-Landwirt mit großer Skepsis. Er lobt den BDM, der für ihn mehr darstellt als eine reine Interessensvertretung zur Erlangung eines höheren Milchpreises:

„[…] Der hat also grad in seinen sozialpolitischen und entwicklungspolitischen Ansätzen … Es gibt wirklich ein ausgefeiltes, gesellschaftspolitisches Programm, eine Art Vorstellung. Also, ehm … was halt irgendwie auch so ein Modell sein könnte. Also es ist schon eine Form von anders Wirtschaften in einer kapitalistischen Welt äh, der Gedanke, dass man halt irgendwie entschleunigen muss.“ (Bioland-Landwirt M.)

Selbstverständlich sei die Existenzsicherung unabdingbar, stetes Wachstum hingegen nicht. Bei vielen seiner BDM-Kollegen stoße er auf die Tendenz, die Produktion zurück zu fahren und sich stattdessen für umweltpolitische Themen und für die Verbraucher einzusetzen. Letztlich sei dies ein ursprünglich bäuerliches Denken. Die Expansion in Drittmärkte und Entwicklungsländer oder Osteuropa – er nennt hier im speziellen Russland – sieht der Biobauer wie viele seine Kollegen äußerst kritisch. Auch die Politik der Europäischen Union in diesem Zusammenhang missfällt ihm:

„Also die äh, Exportstrategien, die dann ja auch immer wieder von der EU angeheizt worden sind, auch finanziert worden sind … Äh … der Milchpulverexport oder der Butterexport nach, nach Russland nach der Wende, das war ja immer äh durch EU-Mittel gestützt und forciert und so. Was dann in so einem Land dazu führt, dass die … eigene Milchproduktion zusammenbricht und so.“ (Bioland-Landwirt M.)

Der Bioland-Landwirt beantwortet die Frage nach dem Erhalt der bäuerlichen Lebenswelt nicht wie viele seiner Kollegen mit den Schlagwörtern „Familie“ und „Dorfgemeinschaft“, sondern im Sinne des BDM. Der Biobauer arbeitet wie drei der befragten Demeter-Landwirte in einer Hofgemeinschaft und spricht sich dennoch für den Erhalt der bäuerlichen Lebenswelt aus. Besagte drei Demeter-Landwirte hingegen plädieren weit weniger engagiert für einen

Erhalt der bäuerlichen Lebenswelt. Landwirt F. weist auf die negativen Aspekte hin:

> „Eigentlich eher weniger. Weil ich eben auch nicht aus der Landwirtschaft komme und eigentlich diese bäuerliche Lebenswelt eigentlich gar nicht kenne. Oder so wie sie jedenfalls traditionell äh … gelebt wurde. Nicht? Ich komme eher aus dem städtischen oder wenn auch kleinstädtischen Bereich. Aber da … lebt natürlich eine ganz andere Kultur. […] Und ich äh hab' auch viele junge Landwirtssöhne gesehen bei, wie schwer die das im Prinzip nehmen, mit diesem Schicksal zu recht zu kommen, äh eigentlich den Betrieb weiterführen zu müssen. Manche … machen das dann, die können es irgendwann ergreifen und manche leiden aber auch da drunter und wollen es eigentlich nie richtig machen, nicht?" (Demeter-Landwirt F.)

Die Hofübernahme von den Eltern als schwieriges Schicksal, da es oftmals nicht der Berufswunsch sei, und oft die großen Erwartungen der Eltern enttäuscht würden – so sieht Demeter-Landwirt F. die bäuerliche Lebenswelt, aus der er selbst nicht entstammt. Viele der befragten Landwirte, die den elterlichen Hof übernommen haben, taten dies jedoch aus freien Stücken und äußern sich heute positiv über ihre Berufswahl.

Aus Sicht von Demeter-Bauer S. ist die ursprüngliche bäuerliche Kultur in den letzten 100 Jahren zerstört worden. Gründe hierfür sieht er zum Teil in der Industrialisierung der Landwirtschaft, zum Teil aber auch bei den Bauern selbst:

> „[…] Und auf der anderen Seite, weil … viele Bauern irgendwo … wie soll ich das jetzt sagen … nur eine Tradition weitergegeben haben und nicht wirklich aktiv an einer Weiterentwicklung der bäuerlichen Kultur gearbeitet haben. […] Und es sah in jedem Bauernhof-Wohnzimmer immer mehr gleich aus und so weiter. […]" (Demeter-Landwirt S.)

Der Strukturwandel verlange nun einmal nach einer Auseinandersetzung mit der Industrialisierung und der unternehmerischen Seite des Berufs „Landwirt", wobei ein Bauer nie vergessen dürfe, dass er es mit „Lebendigem" zu tun habe. Demeter-Landwirt S. spricht sich für eine neue bäuerliche Kultur aus, die alle aktuellen Aspekte der Landwirtschaft berücksichtigt. Den ausschließlich wirtschaftlich orientierten Betrieben, die für ihn jedoch „tot" und „leer" seien, stellt der Biobauer kleine Familienbetriebe als positives Beispiel gegenüber, deren Modell aber leider am Aussterben sei:

„... Jetzt, wie kriegen wir das irgendwo in einen gesunden ... Zusammenhang? Und dadurch entsteht meiner Ansicht nach eine bäuerliche Kultur. Und da stehen wir mittendrin." (Demeter-Landwirt S.)

Resümee

Der zuletzt zitierte Landwirt bringt die schwierige Lage der kleinbäuerlich strukturierten Landwirtschaft in der heutigen Zeit auf den Punkt. Die Forderung nahezu aller befragten Biobauern lautet: der Erhalt kleiner Betriebe, von denen es vor allem im Schwarzwald viele gibt, muss vor der Industrialisierung der Landwirtschaft stehen.

4.6.2 Leben in der Stadt – eine mögliche Vorstellung?

Ende des 19. Jahrhunderts existierten im Schwarzwald viele sogenannte „Sommerfrischen". Mehrere Wochen verbrachten Familien aus der Stadt ihre Ferien auf dem Lande. Der Aufenthalt in der „Natur" bedeutete aber zu dieser Zeit nicht ausschließlich Kompensation. Die ländliche Umgebung stellte auch einen Zufluchtsort dar, um dem Alltag in den Städten zu entfliehen. Naturkult und das Freizeitdenken des 19. Jahrhunderts entfalteten sich vorwiegend innerhalb des städtischen Bürgertums. In der urbanisierten Industriegesellschaft zersplitterte sich „der Mensch zwischen Teilwelten und neuen Polaritäten, zwischen Arbeit und Freizeit, Außenwelt und Familie, Produktion und Reproduktion."[324] Das Bürgertum selbst begriff sein Naturgefühl nicht als Flucht, sondern als „natürliches Gefühl". In dieser romantischen Naturauffassung spielte die einsame Wildnis eine bedeutendere Rolle als besiedelte ländliche Gegenden. Im Gegenzug siedelte die ländliche Bevölkerung im Zuge der Industrialisierung in die Städte. Viele erhofften sich durch die Fabrikarbeit ein komfortableres Leben.

Im Gegensatz dazu waren die Anhänger der Lebensreformbewegung um die Wende vom 19. zum 20. Jahrhundert bemüht, ein naturnahes Leben zu führen. Speziell die Landreformer versuchten dies durch den Aufbau ihrer Landkommunen zu erreichen.

Die anthroposophischen Landwirte der 1920er Jahre lebten bereits auf großen Gutshöfen, vorwiegend im Osten Deutschlands. Ein Leben auf dem Land war aufgrund dieser Situation meist vorgegeben.

---

324 Löfgren, Orvar: Natur, Tiere und Moral. Zur Entwicklung der bürgerlichen Naturauffassung. In: Jeggle, Utz u. a. (Hg.): Volkskultur in der Moderne. Probleme und Perspektiven empirischer Kulturforschung. Reinbek bei Hamburg 1986, S. 122-144, 130.

Bioland-Pionier Müller ging es in den 1930er Jahren noch um die Erhaltung kleinbäuerlicher Strukturen.

Heute propagieren die einzelnen Verbände der ökologischen Landwirtschaft keine bestimmte Lebensweise mehr.

Die Biobauern agieren in Bezug auf ihre Lebens- und Wohnumstände eigenverantwortlich. Doch allein der Betrieb einer Landwirtschaft gibt automatisch ein bestimmtes Lebensumfeld vor. So leben bis auf einen alle der befragten Landwirte auf einem Bauernhof. Lediglich Demeter-Landwirt H., der überwiegend für die Vermarktung der hofeigenen Produkte zuständig ist, lebt mit seiner Familie in der benachbarten Kleinstadt.

Bei einigen der befragten Biolandwirte lassen sich Leitmotive der Lebensreformbewegung nachweisen. Viele schätzen nach wie vor die Arbeit an der frischen Luft und am Licht (Kap. 4.4.2). Es stellt sich daher die Frage, ob die Biobauern sich überhaupt ein Leben in der Stadt vorstellen können.[325]

Tatsächlich kann sich lediglich ein einziger Biobauer ein Leben in der Stadt ohne Vorbehalte vorstellen. Bioland-Landwirt M. ist neben den Bioland-Kollegen L. und R. sowie Demeter-Landwirt H. einer von vier unter den befragten Biobauern, die bereits in einer Großstadt gelebt haben. Aufgewachsen auf dem elterlichen Bauernhof, wohnte er nach dem Abitur elf Jahre in Berlin. Er ist sich nach wie vor sicher, wäre er nicht Landwirt, würde er immer noch in einer Stadt leben – ohne die Natur zu vermissen. In Berlin wusste er sich bereits zu helfen:

> „Also … dann ist man halt rausgefahren.“ (Bioland-Landwirt M.)

Sobald er Sehnsucht nach der Natur verspürte, gönnte er sich eine Auszeit in der Umgebung von Berlin. Ansonsten schien es ihm in der Großstadt an nichts zu fehlen. Wie verhält es sich bei den verbleibenden 16 Biobauern? Die Auswertung erlaubt eine Einteilung in Biobauern, die ein Stadtleben einmal ausprobieren würden und solche, die es sich absolut nicht vorstellen können.

Der Hof von Demeter-Landwirt F. und H. liegt unweit einer Kleinstadt. Biobauer F. ist zudem in einer Kleinstadt aufgewachsen. Das Leben in solch einem Umfeld ist er gewohnt. Dem Großstadtleben gegenüber zeigt er sich auf Nachfrage zwar nicht abgeneigt, würde es zunächst jedoch lieber einmal ausprobieren:

> „Vorstellen könnte ich mir das. Wie es nachher dann wär', weiß ich nicht. Ich hab's ja noch nicht ausprobiert.“ (Demeter-Landwirt F.)

325 Beispielsweise haben mehrere Biobauern studiert und dementsprechend bereits in einem städtischen Umfeld gelebt. Vier von ihnen sind in einer Stadt aufgewachsen.

EU-Biolandwirt W. gibt zu, gelegentlich vom Großstadtleben zu träumen:

> „[…] Ich würd' dann schon noch irgendwie eine richtig, eine richtig große Stadt halt nach Berlin oder nach … also da träum' ich davon, ne? Einfach mal ausprobieren, wie es ist […]“ (EU-Biolandwirt W.)

Der Biobauer führt seinen Wunsch darauf zurück, dass er noch nie den elterlichen Hof für längere Zeit verlassen hatte und deshalb gerne einmal ein Leben in einem anderen Umfeld kennenlernen würde.

Ein „Versuch“ mit Abbruchoption ist für die beiden eben zitierten Landwirte ein reizvoller Gedanke.

Demeter-Landwirt H. und Bioland-Landwirt L. sind beide in einer Großstadt geboren – der eine in Zürich, der andere in Freiburg im Breisgau und beide haben studiert. H. lebt in einer nahegelegenen Kleinstadt statt auf dem Bauernhof und steht dem Großstadtleben offen gegenüber – wenn auch nur auf Zeit:

> „[…] Es würde mich reizen, das mal irgendwie da eine Zweitwohnung zu haben oder sowas. Also mal einfach äh, mal einen Sommer lang oder so.“ (Demeter-Landwirt H.)

Auch Bioland-Landwirt L. kann sich vorstellen, vorübergehend in einer Stadt zu leben. Die Frage, ob er sich eine Rückkehr in seine Geburtsstadt Freiburg vorstellen kann, verneint er:

> „Als Stadt ist Freiburg schon sehr schön, aber ich vertrag' das Klima da unten auch nicht.“ (Bioland-Landwirt L.)

Für den Biobauern müsste es aus gesundheitlichen Gründen eine höher oder nördlicher gelegene Stadt sein als Freiburg.

„Zeitweise“ lautet die Antwort von Demeter-Landwirt H. und Bioland-Landwirt L. auf die Frage nach dem Leben in einer Stadt. Wie für Demeter-Landwirt F. und EU-Biolandwirt W. wäre für sie die Möglichkeit zur Rückkehr in das ländliche Umfeld wichtig.

Die Mehrheit der befragten Landwirte jedoch kann sich ein Leben in der Stadt aus unterschiedlichen Gründen nicht vorstellen. Bioland-Landwirtin R. beispielsweise ist in Stuttgart aufgewachsen, hat in Nürtingen studiert und kann sich inzwischen nicht mehr vorstellen, in einer Stadt zu leben. Selbst wenn es gar nicht anders ginge, würde sie das Leben in einer Innenstadt ausschließen:

> „[…] Wenn es jetzt so ein bisschen am Rand ist mit Häuschen und Gärtchen schon eher." (Bioland-Landwirtin R.)

Die Biobäuerin bleibt jedoch dabei, am liebsten auf dem Land zu leben. Darin stimmt sie mit Bioland-Kollege E. überein. Dieser kann sich zwar rein theoretisch ein Stadtleben vorstellen, bevorzugt jedoch eindeutig das dörfliche Milieu:

> „Also … ich bin jetzt keiner, der … also ich, ich leb' natürlich lieber hier. Ich seh' das so als Privileg, dass ich hier wohnen darf und leben darf, gell? Aber ich würd jetzt auch nicht umkommen in der Stadt. […] Dann müsste man halt auf dem Balkon Tomaten ziehen. Das wär' für mich durchaus drin. Inzwischen gibt es äh Stadtbewohner, die haben auf dem Hochhaus oben zehn Bienenvölker, nicht? Gibt's alles. Man kann überall leben, wenn man will, ne?" (Bioland-Landwirt E.)

An Ideen zu einem möglichst naturnahen Dasein in der Stadt mangelt es dem Biobauern nicht. Dennoch sieht er das Leben auf dem Land als „Privileg" an. Dieses deutliche Statement trifft auf die überwiegende Mehrheit der befragten Biolandwirte zu. Sie betonen immer wieder im Lauf der Interviews ihre Freude an der Nähe zur Natur. So verwundert es nicht, dass sich die meisten von ihnen kein Leben in der Stadt vorstellen können. Zu ihnen gehören die Demeter-Landwirte B. und G. B. wurde in seinem Wohnort geboren, dort ist er aufgewachsen und dort hat er ständig gelebt. G. hat den großelterlichen Hof übernommen, auf dem er schon als Kind viel Zeit verbracht hatte. Für ihn ist ein Stadtleben nicht denkbar:

> „Hä, was will ich in der Stadt? Ich kann mich doch in der Stadt nicht mit der Erde verbinden." (Demeter-Landwirt G.)

In dieser Aussage wird ein weiteres Mal deutlich, wie wichtig die Natur – in diesem Fall in Form von Erde, von Boden – für die befragten Landwirte ist. Es existieren weitere Gründe, weshalb die Biobauern das Landleben dem Leben in der Stadt vorziehen. Die Naturland-Landwirte können sich allesamt kein Stadtleben vorstellen und nennen dafür unterschiedliche Beweggründe, wie die folgenden Interviewpassagen verdeutlichen:

> „Weil mir gefällt das da nicht. Mir hat das noch nie gefallen. Ich gucke gerne mal eine Stadt an. Ich bin da gerne mal, ja, aber leben nicht. […]. Äh, das ist eben der Grund, dass wir in der oberen Wohnung sind, dass man zum Fenster raus sieht. Und nicht gleich die nächste Wand kommt. Das ist, ja, ja das ist furchtbar." (Naturland-Landwirt M.)

„... Ich mein' gut, da hast du halt auch die Enge. Und der, der, der, die Weite zum, zu der Natur, die ... das, das tät mir eigentlich fehlen, nicht? Also ... auch gut, ... gut, wenn man mal älter ist ok, nicht? Müsste vielleicht schon mal so sein. Aber [...]" (Naturland-Landwirt F.)

„... Weil ich das, ich, weil ich, wenn ich mal in einer Stadt bin, bin ich froh, wenn ich wieder daheim bin. [...]. Das ist mir ein zu großer Trubel und äh." (Naturland-Landwirt R.)

„... Ich müsste nein sagen. [...]. Wenn ich jetzt wählen könnte zwischen äh ... Schwarzwald oder Freiburg, dann würd' ich wahrscheinlich sagen: ‚Ich nehm' den Schwarzwald' [...]" (Naturland-Landwirt V.)

Auch die EU-Biolandwirte stimmen in ihren Aussagen bis auf den bereits zitierten Biobauern W. überein: Ein Leben in der Stadt ist unvorstellbar. Landwirtin H. gleicht in ihrer Aussage Naturland-Landwirt F. Beiden würde in der Stadt die Enge zu schaffen machen. Einen kleinen Vorteil am Stadtleben sieht die Bäuerin dennoch, wie sie ausführt:

„Ja. Gut, ich denke mir, ich würde halt einfach so die Weite vermissen. Einfach so. Die Wiese, das Grüne, das Ländliche würde ich schon vermissen. Ich meine, was ich andererseits hier manchmal vermisse, ist halt diese Infrastruktur. Ich mein, ich brauch' halt ein Auto. Es geht gar nicht anders." (EU-Biolandwirtin H.)

Auch EU-Biolandwirt V. liebt das naturnahe Landleben, wohingegen ihn ein Leben in der Stadt einengen würde:

„Auf gar keinen Fall. Ich sag's heut' noch vielmals, wenn wir unterwegs sind mit dem Auto und ich seh' die oder im Fernseh', es ist ja egal, wenn sie da bringen Berlin, die Plattenbauten oder so oder ich unterwegs bin mit der Frau und, und man fährt dann an so einem Hochhaus vorbei ... und stellt sich das vor, man ist da drin in diesen vier Wänden. Also ich tät verrückt werden, glaub' ich, wirklich auf gut Deutsch gesagt. Ich bin immer ein Landkind gewesen, äh. Ich könnt' mir auch nichts anderes vorstellen." (EU-Biolandwirt V.)

Die Verbundenheit mit dem ländlichen Lebensumfeld hängt auch damit zusammen, wie derjenige Biobauer aufgewachsen ist. EU-Biolandwirt G. findet dazu die passenden Worte:

„Hä, weil ich es nicht gewohnt bin. Nein, leben wollte ich nicht in der Stadt.“ (EU-Biolandwirt G.)

Resümee

Die beiden Demeter-Landwirte, die den elterlichen Hof übernommen haben, können sich ein Stadtleben nicht vorstellen. Alle vier Naturland-Landwirte, die ebenfalls die elterlichen Höfe bewirtschaften, möchten nicht mit einem Leben in der Stadt tauschen. Von den EU-Biolandwirten ist es lediglich einer, der gelegentlich von einem Großstadtleben träumt, dies aber wenn, dann erst einmal ausprobieren wollte. Die anderen drei EU-Biolandwirte sind sich einig, auf dem Land am richtigen Platz zu sein. So geht es auch zwei Bioland-Landwirten. Ein Bioland-Landwirt kann sich einen temporären Aufenthalt in der Stadt vorstellen und gleicht damit einem Demeter-Landwirt. Lediglich ein Bioland-Landwirt, der mit elf Jahren Großstadtleben die meisten Jahre außerhalb eines ländlichen Umfelds nachweisen kann, wäre zu einem Wechsel des Lebensraums wieder bereit.

4.6.3 Vision einer alternativen Lebensweise und Gesellschaft

Der Begriff „Vision“ leitet sich vom Lateinischen „visio“ (Erscheinung, Anblick) ab und unterliegt im deutschen Sprachgebrauch mehreren Bedeutungen im engeren, wie beispielsweise „eine religiöse Erscheinung“, und im weiteren Sinn, wie beispielsweise „das innere Bild einer Vorstellung“, meist auf die Zukunft bezogen.[326] Letztere findet in dieser kulturwissenschaftlichen Arbeit Verwendung, um zu klären, ob und wenn ja, in welcher Form die befragten Biolandwirte die „Vision“ einer alternativen Lebensweise und Gesellschaft entwickeln. Die Vision einer alternativen Lebensweise sieht der Agrarhistoriker Gunther Vogt eng mit dem Berufszweig „Ökologische Landwirtschaft“ verbunden.[327] In der Geschichte des ökologischen Landbaus lassen sich diese Visionen mehrfach nachweisen, beispielsweise bei den Landreformern zu Beginn des 20. Jahrhunderts (Kap. 2.3.1) oder unter den Anhängern der gesellschaftlichen Bewegungen der 1960er und 1970er Jahre (Kap. 2.4.1 und 2.4.2).

Im Folgenden werden die Einstellung der Biolandwirte zum Thema „Vision einer alternativen Lebensweise und Gesellschaft“ untersucht. Dies geschieht vor dem Hintergrund der Geschichte des ökologischen Landbaus

326 Weiterführende Informationen zur Begrifflichkeit vgl. http://www.duden.de/rechtschreibung/Vision#Bedeutung (Stand 15.03.2015).

327 Vgl. hierzu Vogt 2001, S. 312.

sowie gebündelt nach inhaltlichen Überschneidungen, die während der Auswertung erkennbar wurden.

Biobauern mit einer erkennbaren Vision

Was die Vision einer alternativen Lebensweise und einer alternativen Gesellschaft anbelangt, ist zunächst festzuhalten, dass drei der fünf befragten Demeter-Landwirte in einer nicht-familiären Hofgemeinschaft leben oder arbeiten. Es handelt sich um Demeter-Landwirt S. sowie die Geschäftspartner H. und F., die zu zweit einen Hof unterhalten, wobei H. mit seiner Familie in der naheliegenden Kleinstadt wohnt. Diese drei Demeter-Landwirte scheinen aufgrund ihrer Wohn- und Arbeitsform prädestiniert dafür zu sein, für sich eine „Vision" entwickelt zu haben. In der Tat kommt Demeter-Landwirt S. ohne Umschweife auf seine Weltsicht zu sprechen:

> „ … Mhhh … ja … aber, das wird was Umfangreicheres, wenn wir das anschneiden. Oder sagen wir mal so: Für mich ist die momentane kulturelle Situation, die im 20. Jahrhundert entstanden ist, […] eigentlich nur noch ein Nachlaufen von irgendwelchen Sachen, aber eigentlich eine völlig … tote Angelegenheit. Und alles, was an Politik groß gearbeitet wird, das, da kommt ja letztendlich nichts bei raus." (Demeter-Landwirt S.)

Der Landwirt stört sich an der „festgefahrenen" Politik sowie am Diktat der Wirtschaft in den westlichen Demokratien. Er bringt seine Wahrnehmungen mit Rudolf Steiners Lehre von der „Selbsterziehung" in Zusammenhang und zieht für sich entsprechende Schlüsse:

> „Ich für mich sehe irgendwo den Ansatz, da es im Großen im Moment nichts eigentlich zu ändern gibt. Und für mich der Ansatz eigentlich bei jedem Einzelnen liegt, so dass das zwischenmenschliche Verhältnis, was letztendlich eigentlich auch das Grundlegende von allem, von aller Kultur ist, dass das irgendwo kultiviert wird. Und aus diesem raus letztendlich auch die Kultur und die Politik und so weiter wieder ergriffen und verwandelt wird." (Demeter-Landwirt S.)

Jeder Einzelne müsse zunächst sein Verhalten reflektieren und sich zum Positiven verändern, was dann wiederum auf die gesamte Gesellschaft wirke. Diese von Steiner empfohlene „Selbsterziehung" weist Parallelen zur von der Lebensreformbewegung angestrebten Selbstreform jedes Individuums auf, die zur Umgestaltung der Gesellschaft beitrage (Kap. 2.3.1). Demeter-Landwirt S. versucht, in diesem Sinne im Kleinen zu beginnen. So besteht sein Ziel zunächst einmal hofintern in der Bildung einer stabilen Gemeinschaft nach den Vorgaben Rudolf Steiners.

Bioland-Landwirt L. bezieht sich beim Thema „Vision" ebenfalls auf die Aussagen Steiners. Seit 2008 besitzt er eine Zweitmitgliedschaft im Demeter-Verband. Die Vision einer alternativen Lebensweise und Gesellschaft lässt sich seiner Ansicht nach mit der Dreigliederung des sozialen Systems nach Steiner in Zusammenhang bringen, ein für ihn in-sich geschlossenes System.[328] Sich selbst und seine Frau bezeichnet der Landwirt als „Utopisten":

> „[…] Das heißt … Utopisten heißt, die Dinge unabhängig von ihrer globalen Wirksamkeit, die sich bieten, nutzen zu wollen … ohne … jetzt wirklich den Erfolgsmaßstab anzulegen." (Bioland-Landwirt L.)

Utopie bedeutet aus dem altgriechischen übersetzt „Nicht-Ort". Utopisten verfolgen demnach eine unreale Gesellschaftsordnung unabhängig von kulturellen Gegebenheiten.

Laut Bioland-Landwirt L. bedarf es vieler kleiner Schritte, um die Welt zu verbessern. Allein der Kauf von fairem Kaffee reiche dazu nicht aus:

> „[…] Und was auch dazu gehört, ist, dass wir einfach auch viele Leute, die entweder Orientierung suchen oder einfach nur gucken, was hat es mit der Landwirtschaft auf sich … […] Oft sind das ausgebrannte Pädagogen … Und letztes Jahr hatten wir einen Arzt, der war acht Wochen hier. Der sollte eine Reha machen nach einem Burnout und er hat für sich beschlossen: Was ihm fehlt ist Bodenhaftung. Nach acht Wochen Schweinestall ausmisten konnte er zurück in seinen Beruf als Arzt. […]" (Bioland-Landwirt L.)

Einen kleinen Schritt zu einer besseren Welt bedeutet für Bioland-Landwirt L. die Unterstützung hilfsbedürftiger Menschen, die durch die Arbeit in der Landwirtschaft wieder zu sich selbst finden.

Bioland-Landwirt M. bezieht die Frage nach einer Vision auf die eigene Lebensgeschichte:

> „ … Ja, da, da gibt's ja verschiedene Ebenen … also wo ich herkomme eigentlich, ist ja schon irgendwie … auch die, die linke Ecke vertreten. Also, von daher denke ich ganz oft eigentlich immer noch äh, ich brauch' da eigentlich nicht viel dem abschwören, mh." So als Grundorientierung oder so … ist das für mich halt immer noch wichtig. […]" (Bioland-Landwirt M.)

328 Weiterführende Literatur zum Thema „Dreigliederung des sozialen Systems vgl. Fußnote 133.

Seine grundsätzlich soziale Einstellung kollidiere mit der mittlerweile gängigen These, Landwirte seien reine Unternehmer. Ein wichtiger Grund für seine Berufswahl war die damalige Hochkonjunktur von Betriebsgemeinschaften, bei denen neben dem ökologischen auch der soziale Aspekt zum Tragen kam. Der Landwirt schwärmt von dieser alternativen Lebensform. Für ihn bliebe sie jedoch ein Traum, da er erst mit 33 Jahren eine landwirtschaftliche Ausbildung absolvierte und sich die Betriebsgemeinschaften meist schon früher aus studentischen Gruppen heraus entwickelt hatten. Landwirt M. weist einige Parallelen zum Bioland-Kollegen L. auf: Beide studierten, wenn auch unterschiedliche Fächer, beide fühlen sich mit der 1968er-Bewegung und deren Nachfolgebewegungen verbunden und beide sprechen sich für alternative Lebensformen aus. Der einzige Unterschied besteht darin, dass M. der Auffassung ist, bereits seiner Einstellung gemäß zu leben, während es für den selbsternannten Utopisten L. nach eigener Meinung nach wie vor ein weiter Weg dorthin ist, der nur mit kleinen Schritten erreicht werden könnte.

Seine GbR-Partnerin, Bioland-Landwirtin R., hat ähnliche Vorstellungen von einer alternativen Lebensweise und Gesellschaft. Sowohl sie als auch Bioland-Landwirt L. möchte bedürftigen Menschen helfen. Bioland-Landwirtin R. erwähnte bereits an anderer Stelle die Vorzüge einer Tauschgesellschaft. Diese Form des Zusammenlebens tauge ihrer Ansicht nach als „Vision“, was sie auf Nachfrage bestätigt:

> „Genau. Und zum Beispiel: Ich hab' keine Ahnung, ob ich jemals eine Rente krieg'. Eben, was ich vorhin gesagt hab': Ich, ich lebe jetzt. Ich weiß nicht, wie alt ich werd'. Ich brauch' jetzt nicht ... Wenn ich jetzt jemandem was Gutes tun kann. [...]“ (Bioland-Landwirtin R.)

Der Landwirtin ist es wichtig, Grundlagen für die Zukunft der Menschen zu erhalten. Gutes zu tun, bedeutet für sie in finanzieller Hinsicht beispielsweise, Geld mittels zinsloser Darlehen Verwandten und Freunden zur Verfügung zu stellen, anstatt es auf einer Bank zu horten.

Biobauern mit gesamtgesellschaftlichen Visionen

Zahlreiche Landwirte entwickeln gesellschaftliche Visionen, die sie jedoch nicht auf ihr eigenes Handeln beziehen. Bioland-Landwirt E. verfolgt für sich persönlich das Ziel, nur noch vier bis fünf Stunden am Tag außer Haus arbeiten zu müssen. Gleichzeitig reflektiert er gesellschaftliche Visionen:

> „[...] indem man kein Militär mehr braucht ... und äh, ... ja, indem man halt auch äh, sagen wir mal, äh ... der, der ..., die, die umweltzer-

störenden Wohlstandsauswüchse, die wir haben, praktisch äh irgendwie äh geregelt bringt. Weil es kann ja nicht sein, dass Menschen, die keine Kinder haben, also … Lebensgemeinschaften, Ehepaare, dass die im Jahr zwei- bis dreimal mit dem Flugzeug Weltreisen machen, Urlaub machen. Und ich erleb' das auch da, wo ich arbeite: Andere, die Kinder haben, wo ein Ehepartner arbeiten gehen kann, dass die dann schon bald gucken müssen, wie sie durchkommen … und da ist eben noch vieles nicht richtig. […]" (Bioland-Landwirt E.)

Aus seiner Sicht muss die Politik mehr für die „kleinen Leute" tun. Er geht damit weniger von einer Gesellschaftsveränderung durch das Individuum aus, und bezieht diese „Vision" auch nicht auf sich selbst.

Ähnlich verhält es sich bei den beiden Demeter-Betriebspartner H. und F. Das Thema „Vision einer alternativen Lebensweise und Gesellschaft" amüsierte sie sichtlich. Auf die Frage, ob sie solch eine Vision hätten, antwortet Landwirt H.:

> Jein … so also vielleicht weil ja …. ich möcht' nicht unbedingt die äh … die Industrie- und Dienstleistungsgesellschaft abschaffen." (Demeter-Landwirt H.)

Entwicklungsbedürfnis und Entwicklungszustand des heutigen Menschen verlangten nach einer solchen Gesellschaft. Die Vision des Landwirts zielt auf einen näheren Stellenwert der Landwirtschaft innerhalb der Industrie- und Dienstleistungsgesellschaft, da die Landwirtschaft unsere Lebensgrundlage liefere. Er sieht es als Aufgabe der Menschen, die Landwirtschaft als Gegenpol zu Industrie und Dienstleistung zu begreifen und aufzuwerten, ohne diese zu vereinnahmen:

> „[…] Und … äh, der Gegenpol darf eben auch nicht, das ist und das ist das Entscheidende: die Landwirtschaft darf eben auch nicht industrialisiert werden, sonst ist alles auf der einen Seite. Sonst ist alles nur Abbau der Erde, des, des sozusagen der Lebensgrundlage. Das wird aber in der, in der Landwirtschaft immer so verstanden, dass dort Aufbau stattfindet, das wo anders Abbau, was abgebaut werden kann." (Demeter-Landwirt H.)

Demeter-Landwirt H. sieht diese Gedanken nicht als alternative Träumerei, sondern als Voraussetzung für den Fortbestand des menschlichen Lebens. Sein Kompagnon F. fügt hinzu:

> „Landwirtschaft wird eben heute in, fast überall wie in der Industrie betrieben, ne? Das ist, es gibt kaum Menschen, die noch ... äh, mit ihren Händen sozusagen äh Kontakt haben mit der Erde, oder auch Landwirte gibt's kaum, nicht? Sondern die hocken halt aufm Traktor drauf und äh, kommen eigentlich nicht mehr auf den Boden." (Demeter-Landwirt F.)

Auf ihrem Demeter-Hof würden sie versuchen, Landwirtschaft unter Beteiligung von Menschen zu betreiben, die wiederum in Kontakt mit dem Boden, den Tieren und den Pflanzen kämen. Dieses Erlebnis führe unweigerlich zu einem anderen Umgang mit der Erde, was heute vielerorts fehle. Die Vision einer gesellschaftlichen Aufwertung naturnaher Landwirtschaft versuchen die beiden Demeter-Landwirte auf ihrem Betrieb zu realisieren.

Biobauern, welche die Gesellschaft durch direktes Handeln beeinflussen

Einige Landwirte entwickeln für sich keine „Vision", beabsichtigen jedoch dennoch, die Gesellschaft zu beeinflussen, wie Demeter-Landwirt B. erklärt:

> „Ja, ich beeinflusse die Gesellschaft ja ... durch mein Tun. Hier rundum. Ah, ich bin einfach sozusagen, ich zeige ihnen, dass es bei uns genauso wächst wie bei ihnen. Nur ohne dass ich keinen Einsatz habe, ich habe keinen Einsatz an Chemie, keine Kunstdünger und [...]" (Demeter-Landwirt B.)

Der Demeter-Landwirt sieht sich durch die Bestrebungen des Landwirtschaftsamts, kleine Betriebe zur Umstellung zu bewegen, in seinem Wirken bestätigt. Er hat das Gefühl, dass seine Mitmenschen sich doch langsam aber sicher von den Vorteilen ökologischer Wirtschaftsweise überzeugen lassen:

> „Ja, ohne Zusätze. Also dann, das zeigt doch, dass sie umdenken. Es geht natürlich vielleicht Generationen, bis es soweit ist. Aber man merkt doch so langsam: Oh hoppla, es geht." (Demeter-Landwirt B.)

Der Landwirt sieht seinen Einfluss auf die Gesellschaft in der Anregung zum Umdenken. Eine „alternative" Lebensweise strebt er nicht an. Ganz traditionell führt er einen Familienbetrieb, bei dem mehrere Generationen unter einem Dach leben und arbeiten.

Demeter-Kollege G. sieht seinen Beitrag für die Gesellschaft im Vorleben bestimmter Eigenschaften wie „Fleiß", „Ausdauer" und „Genügsamkeit":

> „Ja, ich kann nur vorleben. Ich habe jetzt meinen Kindern vorgelebt, dass man halt einfach von morgens 6.00 Uhr bis nachts um 10.00,

> 11.00 gearbeitet hat und eigentlich im Grunde genommen keine Ferien hatte, wie andere, die Schulkollegen […]" (Demeter-Landwirt G.)

Seine Ausführungen lassen auf einen harten und entbehrungsreichen Arbeitsalltag schließen. Das Desinteresse seiner Kinder an einer Hofübernahme und die wenigen Rückmeldungen auf sein Pachtinserat erklärt er sich mit den unattraktiven Arbeitszeiten. Für ihn sei die landwirtschaftliche Tätigkeit ein Lebensimpuls, dem er nun zwanzig Jahre intensiv nachgegangen sei. Künftig wolle er deutlich weniger arbeiten und dafür reisen. Eine gesellschaftliche „Vision" lässt sich bei Landwirt G. nicht nachweisen. „Familie" und „Arbeit" scheinen bei ihm wesentliche Lebenskoordinaten zu sein.

Naturland-Landwirt F. erwähnt zwar ebenfalls das „Vorleben", geht jedoch einen Schritt weiter und bezieht wie Demeter-Landwirt B. das eigene Umfeld, aber auch die gesamte Gesellschaft als Adressat mit ein:

> „Ich denk', das kann man nur, indem man es vorlebt, nicht? Im Kleinen, zum Beispiel in einer Familie, kann man als Vater, Mutter vorleben für die Kinder und irgendwann fruchtet es, wenn's auch manchmal schwierig ist. Je nach dem Pubertät, Alter und so weiter. […]. Und so ist es dann auch … wenn man den Betrieb so und so führt, nach so und so Richtlinien oder Ideologien, äh macht's doch was, nicht? Das zieht Kreise und wenn's dann auch langsam ist vielleicht. Aber ich bin ja nicht alleine, das sind ja mehrere dann immer wieder und das, das wirkt." (Naturland-Landwirt F.)

Biobauern mit einem gezielte Anliegen anstelle einer Vision

> „Mmh, nee, nee, nee. Äh … also so, wenn ich sie richtig verstehe, so in einer Lebensgemeinschaft im Wald oder …? Nein, absolut nicht." (Naturland-Landwirt M.)

Naturland-Landwirt M. kommt bei der Frage nach einer „Vision" umgehend ein gängiges Klischeebild von alternativen Lebensformen in den Sinn. Er selbst sieht sich nicht als jemanden, der die Gesellschaft durch ökologische Landwirtschaft beeinflussen oder verändern will. Allerdings nennt er als Motivation, den Verzicht auf chemische Substanzen voranzutreiben:

> „ … Nee, äh … Die Zivilisation, so wie sie jetzt ist äh, finde ich ja schon in Ordnung. Weil ich äh genieße es ja auch, mit dem Auto irgendwo hinfahren zu können. Und äh, da ein Ökotyp bin ich nicht, der mit den Sandalen rumläuft und so. Was mir am Herzen liegt ist,

äh, dass man wegkommt von der Chemie, medizinisch wie auch ernährungsmäßig. Dass man einfach ... mehr, mehr auf die, ja auf Bio, auf der Bioschiene sich engagiert auch insgesamt. Die Forschung und so." (Naturland-Landwirt M.)

Somit lebt auch in Naturland-Landwirt M. eine „Vision", wenn auch keine mit einem gesamtgesellschaftlichen Anspruch, sondern einem gezielten Anliegen.

Auch sein Naturland-Kollege V. will nicht in großem Rahmen wirken, sieht sich allerdings dennoch als „Aufklärer" in Zusammenarbeit mit Kindergärten und Schulklassen, die er bei Hofführungen über landwirtschaftliche Zusammenhänge aufklärt.

Der Landwirt beabsichtigt jedoch nicht, seine Kräfte für gesellschaftliche Umbrüche aufzubrauchen. Seiner Ansicht nach erreiche man damit nichts.

Auch die befragten EU-Biolandwirte wollen die Welt nicht verändern:

> „Nein, nein, will ich nicht. Will ich nicht, will ich nicht. Jaja. Ich habe eine Bedienung, die so eingestellt ist. Die muss ich ab und zu ein bisschen zurückhalten. [...]" (EU-Biolandwirt G.)

Auf Nachfrage erläutert EU-Biolandwirt G. die Einstellung seiner Angestellten als „Selbsterzeuger" Wieder einmal wird deutlich, wie sehr sich dieser Landwirt gegenüber vermeintlichen „Biobauern" abzugrenzen versucht.

EU-Biolandwirt W. und EU-Biolandwirtin H. haben ebenfalls keine Motivation, gewachsene Strukturen aufzubrechen:

> „ ... Nee. Nee, ich denk' nicht. Ich denk', das ist eher für mich persönlich ist das ok. Aber ich möcht' das jetzt nicht irgendwie ... äh ... ehm, ich s-, ich denk' jetzt nicht, dass ein, einer, der es anders macht, dass der das schlechter macht oder dass der das nicht ... ja, also ich hab' da jetzt keine [...]" (EU-Biolandwirt W.)

> „Also ich denke, da sind wir schon relativ konservativ, mein Mann und ich. Es ist halt ein Familienbetrieb und ähä." (EU-Biolandwirtin H.)

EU-Biolandwirt V. kritisiert auf die Frage nach einer „Vision" eine von ihm wahrgenommene „Mitnahmementalität" in Deutschland:

> „ ... Gesellschaft verändern ... äh, vielleicht noch zufriedener sein, mit dem, was man hat ... Ich sag' immer: In Deutschland sind sie immer ein bisschen so, äh ... Sie sähen nicht, sie ernten nicht und der Staat ernährt sie doch. Wo gibt's das?" (EU-Biolandwirt V.)

Seiner Ansicht nach klafft in Deutschland die Schere zwischen „Arm und Reich“ immer weiter auseinander. Auch die Unzufriedenheit wachse trotz großem Wohlstand. Er selbst nennt keine Aktivitäten, die auf das Gemeinwohl zielen.

Resümee

Die befragten Biolandwirte lassen sich in vier verschiedene Gruppen einteilen. Die erste umfasst vier Biobauern mit einer visionären Grundhaltung. Es handelt sich um Demeter-Landwirt S., Bioland-Landwirt L., Bioland-Landwirtin R. und Bioland-Landwirt M. Die genannten „Visionen“ beziehen sich alle auf eine alternative Wohn- und Lebensform in direktem Zusammenhang mit der ökologischen Wirtschaftsweise.

Die zweite Gruppe umfasst drei Landwirte – Bioland-Landwirt E. und die beiden Geschäftspartner Demeter-Landwirt F. und H. – die für sich jeweils eine gesamtgesellschaftliche „Vision“ jedoch ohne direkten Bezug auf den eigenen Biobauernhof oder das unmittelbare Umfeld entwickelt haben.

Eine weitere Gruppe mit den zwei Demeter-Landwirten B. und G. sowie Naturland-Landwirt F. eint die Überzeugung, die Gesellschaft durch unmittelbare Handlungen – dem Ausüben ökologischer Landwirtschaft – zu beeinflussen. Durch ihre Arbeit und die sichtbaren Erfolge würden die Mitmenschen sensibilisiert und zum Nachdenken oder sogar Umdenken angeregt.

Bei den Mitgliedern der letzten Gruppe aus den verbleibenden sieben Landwirten – die drei Naturland-Landwirte M., R. und V. sowie alle vier EU-Biolandwirte – lässt sich zwar keine visionäre Haltung feststellen, dafür punktuell spezifische Anliegen, die durchaus auf eine Verbesserung des Gemeinwohls zielen.

Auffallend ist die Zusammensetzung der vier Gruppen, bezogen auf die jeweilige Verbandszugehörigkeit der Biobauern:

Alle vier Bioland-Landwirte leben ein Stück weit einen visionären Gedanken. Dies mag erstaunen, da gerade Bioland-Pionier Müller sich für den Erhalt konservativer Gesellschaftsstrukturen einsetzte. Dieses Ziel ist allein bei Bioland-Landwirt E. erkennbar, der konkrete Vorstellungen zu einem faireren gesellschaftlichen Zusammenleben äußert.

Eine weitere geschlossene Gruppe bilden die vier EU-Biolandwirte, die keine gesellschaftlichen Visionen entwickeln. Sie leben alle auf Erbhöfen und legen Wert auf ein traditionelles Familienbild. Unkonventionelle Wohnformen liegen ihnen fern. Allerdings engagieren sich zwei von ihnen für spezifische Anliegen, die letztlich auch dem Gemeinwohl dienen.

Die Demeter-Landwirte finden sich in zwei unterschiedlichen Gruppen wieder: Zwei von ihnen, die Geschäftspartner F. und H., entwickelten eine gesamtgesellschaftliche Vision. Die beiden Biobauern B. und G., die jeweils einen Erbhof bewirtschaften, sind der Ansicht, durch ihr Handeln die Gesellschaft bereits zu beeinflussen. Alle vier machen sich somit Gedanken zur gesellschaftlichen Entwicklung.

Von den Naturland-Landwirten befindet sich F. in der Gruppe mit eben genannten Demeter-Landwirten. Er teilt ihre Ansicht, durch Vorleben die Gesellschaft bereits zu beeinflussen. Bei den anderen drei Naturland-Landwirten lassen sich keine visionären Denkansätze feststellen.

Es wird in diesem Kapitel ein weiteres Mal deutlich, dass die Demeter- und Bioland-Landwirte den einzelnen Interviewthemen sehr reflektiert begegnen, während die überwiegende Mehrheit der Naturland-Landwirte sowie die EU-Biolandwirte sich allenfalls punktuell mit gesellschaftlichen Fragen beschäftigen.

4.6.4 Biobauer – ein „Traumberuf"?

In diesem abschließenden Kapitel zur Auswertung und Interpretation der Interviews steht die Frage im Mittelpunkt, ob „Biobauer" für den jeweiligen Landwirt ein Traumberuf darstellt. Warum üben Menschen im 21. Jahrhundert den Beruf „Biolandwirt" aus? Landwirtschaftliche Tätigkeit bedeutete schon immer harte körperliche Arbeit – Technisierung und Industrialisierung mögen bisweilen die Arbeitsprozesse vereinfachen, komplett ablösen können sie die menschliche Arbeitskraft in der Landwirtschaft bis dato nicht. Die Richtlinien der ökologischen Wirtschaftsweise erfordern nachweislich einen höheren Einsatz der Bauern als in der konventionellen Landwirtschaft. Wenig Freizeit, wenig Lohn, selten Urlaub, eine niedrige Rente und ein geringes soziales Prestige bilden weitere negative Eigenschaften des Berufsbilds „Landwirt". Das folgende Kapitel widmet sich der Frage, inwieweit „Biobauer" für die befragten Landwirte trotz aller genannten Widrigkeiten einen Traumberuf darstellt.

Früher regelte das Erbrecht die Verantwortung der Kinder für den Hof der Familie. Heute sind die überwiegend kleinen bis mittelgroßen Höfe im Südschwarzwald oft vom Verfall bedroht, da keines der Kinder den Hof übernehmen möchte. Dennoch gibt es auch Nachkommen, die diese Aufgabe auf sich nehmen. Unter den Interviewpartnern befinden sich immerhin elf Landwirte, die den elterlichen oder großelterlichen Hof bewirtschaften. Mögliche Gründe hierfür könnten sein, dass diese Landwirte entweder durch familiären Druck, wegen einer intensiven Heimatverbundenheit oder aufgrund eines Berufswunschs, der möglicherweise durch das alltägliche Vorleben der Eltern oder Großeltern geprägt wurde, zu der Entscheidung gelangten, die Höfe zu übernehmen.

Bei den anderen sechs Biobauern, die einen Hof gekauft oder gepachtet haben, liegt die Vermutung nahe, dass sie von ihrem Beruf begeistert sind und diesen aufgrund einer inneren Überzeugung und einer hohen Motivation gewählt haben. Diese Annahme wird durch die Tatsache gestützt, dass die ökologische Landwirtschaft neben den oben genannten Nachteilen einer landwirtschaftlichen Tätigkeit strengeren Bewirtschaftungsvorgaben und erschwerten Bedingungen wie höhere Investitions- und Betriebskosten gekoppelt mit in der Regel geringeren Erträgen unterworfen ist. Zudem waren diese sechs Landwirte keinem familiären Druck zu einer Hofübernahme ausgesetzt, und die Höfe befinden sich nicht in ihren Heimatorten.

Den elterlichen Hof übernahmen ein Demeter-Landwirt, ein Bioland-Landwirt, alle vier Naturland-Landwirte sowie alle vier EU-Biolandwirte. Ein Demeter-Landwirt übernahm den großelterlichen Hof, der zuvor von seinem Onkel bewirtschaftet worden war. Drei Demeter-Landwirte kauften Höfe. Die restlichen drei Landwirte pachten ihre Höfe. Die folgende Auswertung beschäftigt sich zunächst mit Biobauern, die einen Hof geerbt haben.

Biobauern mit Erbhof

Zufrieden mit Berufswahl

Beide Demeter-Landwirte, die einen Hof von der Familie übernahmen, hatten zunächst einen anderen Beruf erlernt. Biobauer B. war Grundschullehrer, Landwirt G. Zimmermann. Beide möchten heute keinen anderen Beruf als den des Landwirts mehr ausüben. Landwirt B. arbeitete bereits neben seiner Lehrertätigkeit nachmittags auf dem elterlichen Hof mit, was er als Ausgleich empfand:

> „Das hat sich prima ergänzt. Ich habe mich immer dran erinnert, früher, ganz früher war das ja auch so: Der Lehrer hatte seinen Garten … (…) hatte wahrscheinlich einen Garten, einen großen. Ich weiß nicht, vielleicht noch Vieh oder sonst was. Aber … und so habe ich mir das auch vorgestellt. Und es hat ja, es hat gut gepasst einfach. Ich bin, mittags war ich dann total auf einem anderen Feld. Morgens in der Schule. Morgens konnte ich mich eigentlich körperlich ausruhen […]" (Demeter-Landwirt B.)

Morgens geistige Arbeit, nachmittags körperliche Arbeit. Dies ging, bis der Tod des Vaters eine Hofübernahme unausweichlich werden ließ, um den Betrieb weiterzuführen. Heute – 30 Jahre nach der Hofübergabe – ist Demeter-Landwirt B. mit seiner Berufswahl mehr als zufrieden. Er genießt die Arbeit auf dem Hof, erhält Unterstützung von seiner Frau und den drei erwachsenen Kindern.

Demeter-Kollege G. übernahm im Jahr 1981 und als gelernter Zimmermann den zwischenzeitlich von seinem Onkel geführten großelterlichen Hof. Einen anderen Beruf möchte er nicht mehr ausüben. Nach 25 Jahren Landwirtschaft befasste er sich dennoch unlängst mit seinem erlernten Beruf:

> „ [...]. Ich habe jetzt einmal drei Tage geschnuppert bei einem Kollegen als Zimmermann. Und es ist, äh, ja, es ist halt nicht mehr Zimmermann. Es ist halt dann, eben es hat halt mit dem Handwerk schon weniger zu tun wie vor zwanzig Jahren.“ (Demeter-Landwirt G.)

Diese Beschäftigung mit seinem früheren Beruf lässt sich möglicherweise auf die bevorstehende Umstrukturierung des Hofs zurückführen. Derzeit ist der Landwirt auf der Suche nach einem Nachfolger, da er sich allmählich von der körperlichen Arbeit verabschieden und sich verstärkt der Vermarktung widmen sowie die gewonnene Freizeit für Reisen nutzen möchte. Der Biobauer steht somit vor einer beruflichen Veränderung. Mehrfach lies er jedoch während des Interviews erkennen, dass er aus Leidenschaft und freiwillig Landwirt geworden sei. Die Frage, ob es sein Traumberuf ist, beantwortet er sachlich und deutet den Wunsch nach einer Veränderung an:

> „ ... Ja es ist halt, es ist ein Ziel. Man hat ein Ding ... Also ich kann mir jetzt eben auch noch vorstellen, dass, die Produkte zu vermarkten und eben nicht nur Landwirt, sondern halt einfach ... Unternehmer, der die Produkte, ja die eigenen Produkte, die man herstellt, das noch ein bisschen zu präsentieren. Kundschaft gewinnen und uns präsentieren. Einfach sich öffnen. Einen größeren Horizont bekommen. Jetzt hat man das gelernt auf dem Boden und kann das und kann von Hand melken und man kann pflügen und es wächst etwas. [...] Oder vielleicht auch mal in eine Stadt gehen, nach Hamburg oder ans Meer, aber nur für die Ferien.“ (Demeter-Landwirt G.)

Die beiden Demeter-Landwirte mit Erbhof blicken auf ein erfülltes Leben als ökologischer Landwirt zurück. Während Biobauer B. nach wie vor mit Leidenschaft seinen Beruf betreibt, sucht Landwirt G. nach einem Pächter seines Hofs, um sich anderen Aufgaben zu widmen.

Anderer Beruf – geknüpft an bestimmte Vorstellungen

Im Folgenden geht es um die Landwirte, welche sich einen anderen Beruf vorstellen können. Dieser müsste jedoch bestimmte Kriterien erfüllen. Für Bioland-Landwirt E., der einen kleinen Nebenerwerbshof bewirtschaftet und dessen Haupteinnahmequelle in der Erwerbstätigkeit als Arbeiter in einer nahegelegenen Fabrik liegt, käme nur eine Tätigkeit mit Naturkontakt in Betracht:

> „Also, ich weiß nicht, ob ich jetzt, wenn ich jetzt nochmals jung wäre, ob ich dann … Ich weiß nicht, ob ich dann … Also ich würd' wahrscheinlich schon wieder einen grünen Beruf haben. Vielleicht Gärtner oder was oder … […]. Aber, also Landwirt hat mich ausgefüllt, ja. Also mehr wie alles andere, ja. Es ist so vielseitig und mit Homöopathie im Stall und bei den Tieren und alles. Also ich … ich wär' jetzt nicht der Mensch, der ich jetzt bin ohne meinen Beruf, ja. Das ist ganz sicher so." (Bioland-Landwirt E.)

Naturland-Kollege R. nennt wie Bioland-Landwirt E. ganz bestimmte Kriterien, die ein anderer Beruf erfüllen müsste:

> „[…] Aber ich bräuchte einen Beruf, wo, wo mit Tieren wär'. Also wo … überhaupt mit Umgang mit Tieren oder weil […]" (Naturland-Landwirt R.)

Der Landwirt war vor rund 20 Jahren für zwei Jahre auf dem Landwirtschaftsamt tätig. Im Büro wartete er täglich auf den Feierabend, um auf den heimischen Hof zurückzukehren, da ihn die Tätigkeit als Sachbearbeiter „langweilte". Zu seinen Hobbies zählen heute die Schafzucht und die Ausbildung von Hütehunden:

> „Nein, das jetzt nicht unbedingt, aber äh … ich, das ist auch ein bisschen mein Hobby noch. Und ich hab' auch noch, eben wir haben Schafe noch. Und dann habe ich noch Hütehunde, und dann tue ich jetzt auch noch ein bisschen Hütehunde ausbilden, oder? Und das mache ich eigentlich so auch noch ein bisschen gern so. Das ist einfach mein Hobby, ja." (Naturland-Landwirt R.)

Auch für Naturland-Landwirt V. steht fest: Eine reine Bürotätigkeit wäre ebenfalls nicht sein Fall:

> „… Äh, [einen anderen Beruf ausüben, Anm. S. S.] könnt' ich wahrscheinlich schon. Müsste halt äh … gewisse Sachen haben. Was …

denkbar wäre, irgendwas mit Holz. Äh, diese Richtung müsste es dann gehen." (Naturland-Landwirt V.)

EU-Biolandwirt G. nennt ebenfalls die Holzwirtschaft als mögliches Berufsfeld außerhalb der Landwirtschaft. Seine Haupteinnahmequelle ist derzeit eine Teilzeitstelle als Elektromeister. Auf seinem Hof sorgt heute schon – neben der Rinderzucht – der eigene Wald für Einnahmen:

> „Ach so. Ja, es gäbe schon noch Sachen, die mir Spaß machen. […] Mit Holz im Wald, in die Richtung. Das mache ich eh auch noch. Jedes Jahr ziemlich Brennholz. Ein paar Hundert Steer, die ich noch verkaufe." (EU-Biolandwirt G.)

Es gibt unter den fünf Biobauern, die sich einen anderen Beruf vorstellen können, lediglich einen, der weder Gärtnerei, Waldarbeit noch die Arbeit mit Tieren als mögliche Berufsfelder außerhalb der Landwirtschaft nennt. Naturland-Landwirt F. beginnt seine Überlegungen zur Thematik mit einer allgemeinen Einschätzung der Hofübernahmen:

> „Das müsst', muss einfach möglich sein. Ob man jetzt … Es gibt viele, die machen was anders. Die wären vielleicht bessere Landwirte wie manch anderer, wo das einfach von früher, von Geburt an, schon machen muss. Wir, ich bin halt da jetzt als Landwirt geboren. Aber, ich denk', dass ich was anderes auch machen könnt'." (Naturland-Landwirt F.)

Auf die Frage nach alternativen Berufssparten gesteht der Biobauer, sich diesbezüglich noch nie Gedanken gemacht zu haben und kommt nach langem Überlegen zu der Erkenntnis, sich eine Tätigkeit als Verwalter oder ähnliches vorstellen zu können. Die Tatsache, dass er sich noch nie mit einem Berufswechsel befasst hat, zeigt die hohe Identifikation mit seiner aktuellen Tätigkeit. Der Hinweis, er sei „ein geborener Landwirt", deutet darauf hin, dass er seinen Beruf als „Schicksal" begreift. Tatsächlich war es über Jahrhunderte lang üblich, dass zumindest ein Kind den Hof übernahm. Heute finden sich immer weniger Bauernsöhne und Bauerntöchter, die die Höfe ihrer Eltern weiterführen.

Zusammenfassend lässt sich feststellen, dass sich die Landwirte, welche sich einen anderen Beruf vorstellen könnten, nahezu alle an eine Tätigkeit in Bezug zur Natur denken.

Alternativer Berufswunsch vorhanden

Naturland-Landwirt M. verabschiedete sich mit Übernahme des elterlichen Hofs, dessen Erhalt dadurch gesichert war, von seinem ursprünglichen Berufswunsch:

> „... Äh ... wenn ... mein größter Wunsch war, eben ich wollte ja mal Maschinenbau studieren. Und dann in Zusammenarbeit mit der Landwirtschaft äh im Maschinenbau tätig sein. Also landwirtschaftliche Maschinen zu konstruieren. Sei das jetzt für Bio oder auch für Konventionell. [...]" (Naturland-Landwirt M.)

Der Biobauer schwärmt noch immer vom Landmaschinenbau, den er im Verlauf des Gesprächs „mein inneres Ding" nennt. Auf die Frage, ob sich der scheinbar stark verankerte Wunsch zukünftig doch noch erfüllen lässt, verweist auch Landwirt M. auf das Problem einer Hofnachfolge:

> „Man weiß es nicht. Also wenn ich jetzt einen Mitarbeiter oder ein Familienmitglied hätte, das sagt: ‚Ok, ich mache den Betrieb' [...]" (Naturland-Landwirt M.)

Auch bei EU-Biolandwirtin H. bestehen berufliche Wünsche abseits der Landwirtschaft. Die studierte Ökotrophologin und gelernte Bürokauffrau arbeitet schon heute nebenberuflich in der kaufmännischen Abteilung des Handwerksbetriebs ihres Ehemanns. Die Frage, ob sie sich generell einen anderen Beruf als Landwirtin vorstellen kann, wird bejaht:

> „... Ehm, ... ich bin da grad schon ein bisschen am nachdenken. Jetzt grad halt so eine Problematik. Jetzt haben wir keinen Schlachter und jetzt ist Lohnsteuer und Einkommenssteuer [...]" (EU-Biolandwirtin H.)

Sie frage sich öfters, ob sich der ganze Aufwand einer Landwirtschaft überhaupt lohne. Zumal man ständig gebunden sei. Ihre Ausführungen erinnern an Demeter-Landwirt G., der seinen Hof umstrukturiert, um für sich die körperliche Arbeit deutlich zu reduzieren und unabhängiger von der Landwirtschaft leben zu können. Während sich Demeter-Landwirt G. verstärkt der Produktvermarktung widmen möchte, kann sich EU-Biolandwirtin H. eine „normale" Arbeitsstelle im Angestelltenverhältnis vorstellen. Auf die Frage, ob sie oder ihr Mann sich vorstellen könnten, mit dem Nebenerwerbshof aufzuhören, werden unterschiedliche emotionale Bindungen an den Hof deutlich:

„Also ich glaub', mein Mann weniger wie ich. Also, ja, ich denke, er ist halt einfach mehr verbunden, weil es halt […]" (EU-Biolandwirtin H.)

Der Ehemann sei mehr mit dem Hof verbunden, da er diesen von seinen Eltern übernommen hatte. Sie selbst möchte definitiv die schwere körperliche Arbeit nicht so lange auf sich nehmen.

Traumberuf „Bio-Bauer"

Für zwei EU-Biolandwirte erscheint die Vorstellung eines anderen Berufs vollkommen abwegig. EU-Biolandwirt V. ist nach eigenen Aussagen „mit Leib und Seele" Landwirt und wollte schon von klein auf den Hof der Eltern übernehmen. Durch eine regelmäßige Weiterentwicklung des Hofs wie beispielsweise durch den Aufbau eines Hofladens überstand der Hof auch schwierige Zeiten.

Auch für EU-Biolandwirt W. ist „Landwirt" schon immer sein „Traumjob", obwohl es aufgrund des sehr kleinen Hofs nicht immer einfach war. Durch originelle Ideen lässt sich nach Ansicht des Biobauern die Vielfalt eines Hofs stets ausweiten. Ohne den Aufbau einer Käserei im Jahr 1999 wäre die Situation damals schwierig geworden.

Beide Biobauern arbeiten mit kreativen Einfällen an der Erhaltung der Höfe ihrer Eltern. Hervorzuheben ist, dass beide Landwirte nicht eine „Biolandwirtschaft", sondern generell „Landwirtschaft" als solche ausüben wollen.

Resümee

Es wurde deutlich, wie sehr die Biolandwirte mit Erbhöfen auch mit diesen verbunden sind. Die beiden Demeter-Landwirte blicken auf ein erfülltes Berufsleben als Biobauern zurück. Während der eine durch die Mitarbeit seiner Kinder entlastet wird, strukturiert der andere seinen Hof zu einem Pachtbetrieb um. Zwei EU-Biolandwirte können sich absolut keinen anderen Beruf als den des „Landwirts" vorstellen, bestehen jedoch nicht auf eine Biolandwirtschaft. Immerhin fünf Landwirte können sich vorstellen, einen anderen Beruf auszuüben. Dieser muss jedoch im weitesten Sinn mit „Natur" zu tun haben. Lediglich einer kann sich eine Tätigkeit als kaufmännischer „Verwalter" vorstellen. Nur für zwei Biobauern wären auch Berufsbilder, die nichts mit Landwirtschaft oder Natur zu tun haben, eine Option: Naturland-Landwirt M. träumt nach wie vor von einem Maschinenbau-Studium und EU-Biolandwirtin H. kann sich generell viele Tätigkeitsfelder vorstellen. Sie hängt nicht so sehr am Hof wie ihr Mann, der ihn von seinen Eltern übernommen hatte.

Biobauern mit Pachtbetrieb oder gekauftem Hof

Anderer Beruf vorstellbar

Demeter-Landwirt S. bewirtschaftet seit nunmehr über 30 Jahren ein großes Hofgut. Bereits sein Vater absolvierte eine landwirtschaftliche Lehre auf einem ökologischen Betrieb, entschied sich anschließend jedoch für einen Beruf in der Wirtschaftsbranche. Landwirt S. ging den umgekehrten Weg und studierte zunächst einige Semester Wirtschaftswissenschaften, bevor er eine landwirtschaftliche Lehre absolvierte. Einen anderen Beruf kann er sich durchaus vorstellen. Derzeit ist er zufrieden mit seinem Leben und Arbeiten auf dem Hof. Sollte sich das ändern, fühlt er sich zu einem Berufswechsel problemlos in der Lage:

> „ … Wenn ich die Notwendigkeit sehen würde … auf jeden Fall." (Demeter-Landwirt S.)

Diese Einstellung findet sich auch bei Demeter-Landwirt F.: Wäre ein Berufswechsel nötig, würde dies für ihn nach eigener Aussage kein Problem darstellen. Er fügt allerdings hinzu, einen anderen Beruf zunächst ausprobieren zu wollen.[329] Dies dürfte sich im Ernstfall als schwierig erweisen. Es ist davon auszugehen, dass der Landwirt bei wirklichem Bedarf den Beruf umgehend wechseln würde, da er eine Familie zu versorgen hat. Die Frage, was für einen Beruf er sich vorstellen könnte, mündet für den Landwirt in dem Gedanken, wie sich eine geregelte Beschäftigung bis vier Uhr nachmittags wohl anfühlen würde:

> „Dann gehe ich in meine Wohnung oder zu meiner Familie oder was auch immer. Und äh, dann hab' ich damit erst mal nichts zu tun. […] Manchmal erscheint das so wie eine Befreiung, wenn's gerade sehr äh … schwierig oder drückt, genau. Und zu anderen Zeiten mag man's auch nicht missen, nicht?" (Demeter-Landwirt F.)

Demeter-Landwirt H. verbrachte etliche Berufsjahre in der wissenschaftlichen Abteilung des Goetheanums in Dornach bei Basel, einer von Rudolf Steiner gegründeten anthroposophischen Einrichtung. Auf seinem Hof ist H. heute für das Marketing und den Vertrieb zuständig. Er verbringt deshalb die meiste

329 Ein „Ausprobieren-wollen" äußert der Demeter-Landwirt auch in Hinblick auf ein mögliches Leben in einer Stadt, vgl. Kapitel 6.6.2.

Zeit im Innenbereich. Einen Berufswechsel kann er sich vorstellen, wobei das Berufsfeld sich nicht ändern würde:

> „[…] Alternativ, also alternativ würde für mich nicht heißen Versicherungsmakler oder äh, äh […]“ (Demeter-Landwirt H.)

Der Landwirt interessiert sich beispielsweise für ökologische Projekte in großen Firmen und Banken, sieht jedoch aufgrund seines Alters von 49 Jahren seine weitere berufliche Laufbahn als vorgegeben an. Er zeigt sich mit seinem bisherigen Werdegang als durchaus zufrieden und hegt derzeit keine Veränderungswünsche:

> „Ja … aber das hätt', da hätten die Weichen schon viel früher gestellt werden müssen, ne? So. Das ist ganz klar. Also, ich hab' kein Bedürfnis irgendwie zu wechseln […]“ (Demeter-Landwirt H.)

Es liege jedoch in der Natur des Menschen, dass sich seine Vorlieben ständig ein bisschen wandeln und weiterentwickeln. In Bezug auf den Hof kann er sich etwa vorstellen, dass dieser später ein Lehr- oder Ausbildungsbetrieb werde oder für die Förderung der Biolandwirtschaft im Landkreis tätig sei.

Traumberuf „Bio-Bauer“

Während die bisher zitierten Landwirte, die einen Hof gepachtet oder gekauft haben, eine geradlinige Berufslaufbahn im Bereich der ökologischen Landwirtschaft nachweisen können, gibt es auch solche, die auf Umwegen zu ihrem jetzigen Beruf gelangten. Zu ihnen gehört Bioland-Landwirt M., der eine lange berufliche Entscheidungsphase hinter sich hat. Nachdem der ältere Bruder den elterlichen Hof in Norddeutschland übernommen hatte, studierte M. mehrere Semester Geschichte und Politik auf Lehramt in Berlin. Nach verschiedenen Tätigkeiten auf Bauernhöfen ließ er sich mit 33 Jahren doch noch zum Landwirtschaftsmeister ausbilden und arbeitet seit 1995 auf einem Pachtbetrieb. Obwohl er zunächst den Lehrerberuf ergreifen wollte, kann er sich heute nicht mehr vorstellen, etwas anderes als Landwirt zu sein:

> „Mhh … ja … oder auch das Arbeiten in der Natur oder auf dem Acker oder das Wachsen sehen und dann vor allem halt mit dem Aufwachsen hier. Das ist schon … ja, ist eigentlich der Traumberuf, kann man sagen.“ (Bioland-Landwirt M.)

Bioland-Landwirt M. hat sich seinen Kindheitstraum erfüllt und ist auf Umwegen doch noch Landwirt geworden. Für ihn ist es sein Traumberuf. Auch Bioland-Kollege L. kann sich nicht vorstellen, einen anderen Beruf auszuüben:

> „Das kann schon sein. Ich, dass ich, also ich habe es nie bereut. Ich mache es immer noch gerne oder wieder gerne. Zwischendurch war ich ja mal ziemlich fertig. Als ich diese Sabbatzeit dann gemacht habe." (Bioland-Landwirt L.)

Für Bioland-Landwirtin R. müsste ein anderer Beruf eine Tätigkeit „draußen" sein. Für ihren Pachtbetrieb hat sie ein neues Konzept im Kopf:

> „Also … mh, Landwirtschaft mach' ich schon sehr gerne. Aber ich kann mir auch vorstellen, jetzt eben in Richtung diese Schulbauernhof-Geschichte zu gehen. Dass es aufgeteilt ist. Dass ich jetzt zum Beispiel drei Tage die Woche noch melke und drei Tage die Woche Klassen hier rumführe oder so. Also nicht ganz, ganz weg. Glaub' ich nicht. […]" (Bioland-Landwirtin R.)

Sie möchte noch viel kennenlernen, ist sich jedoch ziemlich sicher, im landwirtschaftlichen Bereich zu bleiben:

> „[…] Aber ich glaub' die Landwirtschaft … ja, ich denk', wenn man die so arbeitsintensiv und zeitintensiv betreibt, dann hat es einem gepackt. Also zumindest so Teilbereiche, dass die noch weiterhin, auch wenn ich wo anders wär'." (Bioland-Landwirtin R.)

Resümee

Die Biobauern mit Pachtbetrieb oder gekauftem Hof lassen sich in zwei Gruppen einteilen: Landwirte, die zwar überaus zufrieden sind mit ihrer Berufswahl, sich aber bei Bedarf auch einen anderen Beruf vorstellen könnten und solche, die mit der Landwirtschaft ihren Traumberuf gefunden haben. Die erste Gruppe besteht aus den drei Demeter-Landwirten, die, wenn es notwendig wäre, einen anderen Beruf ergreifen würden. Die zweite Gruppe besteht aus den drei Bioland-Landwirten mit Studium, welche in der Landwirtschaft nach eigenen Angaben ihren Traumberuf gefunden haben.

Zusammenfassend lässt sich festhalten, dass die überwiegende Mehrheit der befragten Biobauern sehr gerne im ausgeübten Beruf arbeitet.

5 Fazit

Im gesellschaftlichen Gedächtnis ist bis heute vielerorts das Klischeebild des Biobauern als alternative Erscheinung mit langen Haaren, „Wollpullover", „Biosandalen" und einer Abneigung gegenüber allem Konservativen und Traditionellen. Diese Vorstellung wurzelt überwiegend in den alternativen Bewegungen nach dem Zweiten Weltkrieg: Sowohl die 1968er-Bewegung als auch die Nachfolgebewegungen der 1970er Jahre und die politische Partei „Die Grünen" bestanden mehrheitlich aus einer links-alternativen Klientel, die in der Tat rein äußerlich die oben genannten Merkmale aufwies. Fotografische Darstellungen von Anhängern der Lebensreformbewegung zeigen bereits um die Wende vom 19. zum 20. Jahrhundert diese Attribute. Eine gedankliche Verbindung des noch heute bestehenden Klischeebilds der Biolandwirte mit früheren Ökopionieren und alternativen Persönlichkeiten der zweiten Hälfte des 20. Jahrhunderts könnte vermuten lassen, heutige Biobauern leben immer noch in alternativen Strukturen wie die Landreformer vor über 100 Jahren, sympathisieren mit der 1968er-Bewegung sowie den Bürgerrechtsbewegungen der 1970er Jahre und wählen die Partei „Die Grünen".

Diese Annahmen werden durch die Auswertung der Interviews und Beobachtungen auf den Biobauernhöfen nahezu durchgängig wiederlegt. Lediglich Bioland-Landwirt L. entspricht mit seiner äußeren Erscheinung – „Strickpullover", „Schlabberhose" und „ausgetretene Schuhe" sowie „gestrickte Mütze" – am ehesten der klischeehaften Vorstellung eines Biobauern. Seine alternative Lebenseinstellung sowie das Arbeiten mit einer Hofgemeinschaft, die sich zu 60 bis 80 Prozent selbst versorgt, untermauern das Bild des nahezu „typischen Biobauern".

„Kriterien" eines solchen Klischeebauern finden sich bei den weiteren 16 befragten Biolandwirten jedoch allenfalls in Ansätzen. So gehen die vier Naturland-Landwirte und vier EU-Biobauern überwiegend aus rein finanziellen Gründen einer ökologischen Wirtschaftsweise nach. Bei ihnen lassen sich keine Visionen einer alternativen Lebensweise oder einer alternativen Gesellschaft feststellen (Kap. 4.6.3). Sie leben vielmehr eher konventionell und angepasst. Dies lässt sich auch darauf zurückführen, dass alle acht einen Erbhof bewirtschaften, mit dem sie sehr verwurzelt sind. Auch wenn sie sich überwiegend gegen den Willen der eigenen Eltern für die ökologische Landwirtschaft entschieden, scheinen sie doch geprägt von deren konservativen Grundprinzipien. Wie erwähnt, wurden die Hofumstellungen nicht aus innerer Überzeugung vorgenommen, sondern aufgrund wirtschaftlicher Belange.

Die Bioland- und die Demeter-Landwirte hingegen wirtschaften mehrheitlich aus inneren Beweggründen ökologisch, wobei die Demeter-Bauern eng mit der anthroposophischen Lehre Rudolf Steiners verbunden sind. Auch die Bioland-Landwirte wissen viel über die Geschichte ihres Verbands sowie seinen Pionieren und stufen Aspekte wie „Umweltschutz“ als selbstverständlich für den ökologischen Landbau ein (Kap. 4.1.1). Unter den neun befragten Landwirten dieser beiden Verbände arbeiten sechs – drei Bioland-Landwirte und drei Demeter-Landwirte – in einer Hofgemeinschaft. Die anderen drei bewirtschaften einen Erbhof. Davon sind zwei Demeter-Landwirte der Ansicht, durch ihre Arbeit die Gesellschaft positiv zu beeinflussen. Lediglich Bioland-Landwirt E. mit Erbhof entwickelt eine gesamtgesellschaftliche Vision, die nichts mit seiner Arbeit zu tun hat (Kap. 4.6.3).

Ein abschließender Blick auf die Interviewauswertung fasst die Ergebnisse der vorliegenden Studie vor dem Hintergrund der Geschichte der „Bio-Bewegung“ zusammen.

Bei den befragten Landwirten lassen sich Motive der Lebensreformbewegung nachweisen (Kap. 4.4). Alle schätzen die Arbeit an der frischen Luft sowie eine gesunde Ernährung, Letztere jedoch nicht in Form vegetarischer Vollwertkost, wie sie einst die Ernährungsreformer anstrebten und propagierten. Lediglich ein Biobauer ernährt sich nach eigenen Angaben „vegetarisch“ und dies aus gesundheitlichen Gründen und mit gelegentlichen Ausnahmen. Die überwiegende Mehrheit der befragten Landwirte lobt zwar die Selbstversorgung. Bis auf drei Ökobauern, die einen Selbstversorgungsgrad von 60 bis 80 Prozent aufweisen, sehen sie die Selbstversorgung jedoch lediglich als positiven Nebeneffekt und nicht wie die Landreformer einst als Schwerpunkt an. Der Vorstellung des Lebens in einer ländlichen Kommune, wie es die Landreformer propagieren, stehen die befragten Landwirte zurückhaltend gegenüber. Lediglich für Biolandwirtin R. wäre eine „Tauschgesellschaft“ ein reizvolles Modell (Kap. 4.6.3). Immerhin leben oder arbeiten sechs von 17 befragten Biobauern in einer Hofgemeinschaft. Ein gravierender Unterschied zu den Lebensreformern, im Speziellen den Landreformern, besteht neben dem Fleischgenuss in der Viehhaltung. Kein einziger der Biobauern möchte einen viehlosen Landbau betreiben, wie dies bei den Landreformern zu Beginn des 20. Jahrhunderts üblich war. Alle halten Nutztiere auf ihrem Hof und sehen diese mehrheitlich als wichtigen Bestandteil des ökologischen Kreislaufgedankens. Während die Lebensreformer die Formel „Zurück zur Natur“ vehement anwendeten und in diesem Sinne gegen die zunehmende Industrialisierung kämpften, begrüßen die befragten Biolandwirte die in ihrem Rahmen anwendbaren technischen Neuerungen und Modernisierungen.

Keiner der befragten Landwirte war Teil der 1968er-Bewegung (Kap. 4.5.1). Teilweise ist dies dem Alter geschuldet, jedoch verneinen auch die in den 1950er Jahren geborenen Biobauern eine aktive Teilnahme an der Bewegung. Ein einziger – Demeter-Landwirt H. – spricht vom „Geist der 1968er", der damals in den Menschen lebte und ihn selbst animierte, den Nachfolgebewegungen während der 1970er Jahre zu folgen. Zudem erwähnt Bioland-Landwirt M. die Teilnahme an Bürgerrechtsbewegungen in den 1970er Jahren. Die wenigsten der Interviewten sympathisieren jedoch mit den Geschehnissen gegen Ende der 1960er Jahre, einige lehnen sie gar ausdrücklich ab. Ähnlich verhält es sich beim Umgang mit der Partei „Die Grünen": Kein befragter Landwirt ist Parteimitglied, selbst ihre Wählerstimme geben sie nicht automatisch den „Grünen" (Kap. 4.5.2). Lediglich der Einsatz in den Bereichen „Landwirtschaft" und „Ökologie", insbesondere der ehemaligen Umweltministerin Renate Künast zu Beginn der 2000er Jahre wird gelobt. Ansonsten ist der allgemeine Tenor unter den Biobauern: die Partei entwickelte sich von einer alternativen politischen Gegenbewegung zu einer machtorientierten „Elitepartei". Ein anderes Meinungsbild ergibt sich zur Anti-Atomkraft-Bewegung der 1970er Jahre. Die überwiegende Mehrheit spricht sich gegen Atomkraftwerke aus und hält eine Gegenbewegung diesbezüglich nach wie vor für sinnvoll (Kap. 4.5.1).

Neben der Erkenntnis, dass die heutigen Biolandwirte mit dem nach wie vor vielerorts gängigen Klischeebild wenig gemein haben, deckt die vorliegende Arbeit deutliche Unterschiede zwischen den Pionieren des ökologischen Landbaus und den heutigen Biobauern auf. So wurde aufgezeigt, dass die befragten Biolandwirte sich keinesfalls selbstverständlich mit der 1968er-Bewegung oder deren Nachfolgebewegungen sowie der Politik der Grünen identifizieren. Somit lässt sich resümieren, dass die heutigen „Biobauern" ihren Beruf gesellschaftlich etabliert und weiterentwickelt haben. Dies trifft selbst für jene befragten Landwirte zu, die sich bereits während der 1980er Jahre der ökologischen Landwirtschaft widmeten. Sie alle greifen technische Neuerungen gerne auf. Selbst der Biobauer, der am ehesten dem Klischee entspricht, Bioland-Landwirt L., spannt den Ochsen ausschließlich noch für Vorführungen vor den alten Pflug.

Diese Entwicklung weist durchaus Parallelen zur Parteigeschichte der Grünen auf. Die Partei etablierte sich über die Jahrzehnte von einer „alternativen" und provokanten Opposition zu einer gesellschaftlich anerkannten Regierungspartei. Ebenso entwickelte sich der Berufsstand des „Biobauern" zu einem in der Gesellschaft überwiegend akzeptierten Beruf.

Doch auch unter den befragten Biobauern bestehen gravierende Unterschiede: „DEN“ Biobauern gibt es nicht. Allein die Verbandszugehörigkeit führt zu differenzierten Herangehensweisen, die im Folgenden kurz zusammengefasst werden.

Demeter-Landwirte

Bei den Demeter-Landwirten lässt sich ein ausgeprägtes, von der Anthroposophie beeinflusstes „Naturverständnis“ nachweisen (Kap. 4.1.1). Über das Thema „Umweltschutz“ hinaus beschäftigen sie sich mit Themen wie „Naturwesen“ und „Lebenskräfte“. Der hofinterne Kreislaufgedanke ist ein zentrales Element. Mit der Politik der Grünen erklären sie sich „nur teilweise“ einverstanden. Sie sehen die Entwicklung zu einer etablierten „Machtpartei“ durchaus skeptisch. Neben diesen Gemeinsamkeiten bestehen wiederum vielfältige Unterschiede zwischen den einzelnen Demeter-Landwirten. Es ist keine homogene Gruppe erkennbar. Allein die Lebensläufe gleichen sich nicht. Vier von ihnen haben studiert, einer auf Lehramt, zwei sind Agraringenieure, ein anderer ist Agrarbiologe. Der fünfte – ein gelernter Zimmermann – brachte sich seine landwirtschaftlichen Fähigkeiten selbst bei. Auch der Kontakt zum ökologischen Landbau kam in verschiedener Weise zustande (Kap. 4.1.3).

Bioland-Landwirte

Für alle befragten Bioland-Landwirte gehören die drei Bereiche „Natur, Umweltschutz und Nachhaltigkeit“ automatisch zur ökologischen Landwirtschaft dazu (Kap. 4.1.1). Mehr als die Hälfte der befragten Bioland-Landwirte lebt in einer Hofgemeinschaft. Dies spiegelt sich auch in den Lebenseinstellungen wider: Die meisten fanden aufgrund eines ernsthaften Interesses zur ökologischen Landwirtschaft. Eine Gemeinsamkeit unter den vier Bioland-Landwirten stellt ihre Kritik am Verband und dessen Entwicklungstendenzen dar (Kap. 4.3.2): „Bioland“ entferne sich von den ursprünglichen Zielen wie beispielsweise der Erhaltung kleinbäuerlicher Strukturen und setze zunehmend ausschließlich auf wirtschaftliches Wachstum. Es wächst der Unmut über die Übervorteilung gerade der kleinen Betriebe, wie sie im Schwarzwald dominieren, durch den eingeführten „Hektarrabatt“.

Naturland-Landwirte

Drei der vier Naturland-Landwirte wechselten unabhängig voneinander – alle enttäuscht vom Bioland-Verband und auf der Suche nach flexibleren Lösungen für ihre hofeigenen Vorhaben – zum in Bayern beheimateten Naturland-Verband. Der vierte Naturland-Landwirt entschied sich bereits in der Findungsphase aus Kostengründen gegen den Bioland-Verband und für „Naturland". Alle vier bewirtschaften einen Erbhof, auf dem sie aufgewachsen und mit dem sie dementsprechend verwurzelt sind. Die Vision einer alternativen Lebensweise und Gesellschaft liegt ihnen fern (Kap. 4.6.3). Sie leben alle in konservativer Manier mit mehreren Familien-Generationen unter einem Dach. Teilweise ist durchaus eine stärkere Profitorientierung als bei den Demeter-Landwirten und Bioland-Landwirten erkennbar.

EU-Biolandwirte

Die EU-Biolandwirte wirtschaften durchgehend aus finanziellen Gründen nach den EU-Biorichtlinien. Sie äußern dies ganz offen und sehen neben den Subventionen auch vermarktungsstrategische Vorteile im EU-Biosiegel. Alle vier bewirtschaften einen Erbhof. Bis auf die eingeheiratete Biobäuerin H. sind sie mit ihren Höfen verbunden und leben wie die Naturland-Landwirte ein „klassisches" Familienleben. Die Vision einer alternativen Lebensweise und Gesellschaft lässt sich bei keinem nachweisen (Kap. 4.6.3).

Neben diesen verbandsinternen Unterschieden, lassen sich weitere feststellen. Allein die Bewirtschaftung eines Erbhofs oder eines Pachthofs wirkt sich auf die Persönlichkeiten der Landwirte aus. Die Landwirte der Erbhöfe präsentieren sich sehr heimatverbunden, dementsprechend können sie sich nur schwer ein Leben in der Stadt vorstellen. Weltoffener zeigen sich hier die Biobauern mit Pachthof. Eine Rolle in diesem Zusammenhang spielt auch die Schulbildung. Bauern mit einem höheren Schulabschluss wagten nahezu alle den Gang in die Fremde, sei es in der Lehre oder später.

Bei all den Unterschieden gibt es eine zukunftsweisende Gemeinsamkeit: Die befragten Landwirte sprechen sich allesamt gegen ökologische Großbetriebe aus, die vornehmlich in Ostdeutschland und über die Grenzen hinaus in Osteuropa zu finden sind. Alle machen sich stark für den Erhalt kleinstrukturierter Höfe, wie sie im Naturpark Südschwarzwald vorherrschen. Die Biobauern stellen in diesem Zusammenhang sogar die ökologische Ausrichtung hintenan und sind sich einig: lieber ein kleiner konventioneller Betrieb als ein überdimensionierter Ökohof.

Damit sind sie eins mit der derzeit aufkommenden Kritik an den Subventionen für ökologische Landwirtschaft, die darauf abzielt, auch kleine konventionelle Betriebe zu unterstützen.

Die Haltung der Biolandwirte veranschaulicht die aktuelle Problematik der ökologischen Landwirtschaft: Biolebensmittel sollen für jedermann erschwinglich und verfügbar sein, was unweigerlich eine Massenproduktion zur Folge hat. Diese vieldiskutierte Thematik wird in Zukunft Gesellschaft, Politik und nicht zuletzt die betroffenen Landwirte selbst beschäftigen, ebenso die Frage, ob die Weltbevölkerung ausschließlich mit Lebensmitteln aus ökologischer Landwirtschaft ernährt werden könnte.

Die Unterstützung der ökologischen Landwirtschaft durch die Europäische Union seit den 1990er Jahren, welche sich im EU-Biosiegel manifestierte, und die mittlerweile breite Akzeptanz biologischer Lebensmittel verhalf der ökologischen Landwirtschaft zu gesellschaftlichem Ansehen und Respekt. Einschneidende Ereignisse wie die Rinderseuche „BSE" oder die Vogelgrippe beschleunigten diese Entwicklung, welche dazu führte, dass die befragten Biolandwirte – dies ist eine weitere Erkenntnis dieser Arbeit – über das (Selbst-)Bewusstsein verfügen, in einem geachteten Beruf zu arbeiten. Die Zeiten, in denen sie gegen massive Vorurteile ankämpfen mussten, sind längst vorbei.

Dieses Selbstbewusstsein ist vonnöten, zumal neue Herausforderungen warten: die Behauptung des Berufsbilds gegenüber neuen Bewirtschaftungsformen wie „Urban-Gardening" und „Inhouse-Gardening", welche wie die Ernährungsformen „Vegetarismus" und „Veganismus" überwiegend von einer städtischen Bevölkerung aufgegriffen werden.[330] Es handelt sich dabei jedoch immerhin um die Bevölkerung der Zukunft, da nach neuesten Prognosen bis zum Jahr 2050 knapp 70 Prozent der Weltbevölkerung in Städten leben werden. Der klassische Beruf des Landwirts in ländlichen Regionen könnte vor diesem Hintergrund an Ansehen einbüßen.

Zum Zeitpunkt der Abfassung dieser Arbeit jedenfalls bleibt festzuhalten: „Biobauer" ist ein mittlerweile etablierter Beruf, der seinen Vertreterinnen und Vertretern einiges abverlangt: ein niedriges Einkommen, hohen körperlichen Einsatz sowie nicht selten regelmäßig wiederkehrende Zukunftsängste. Für die Mehrheit der befragten Biolandwirte steht dennoch fest: Biobauer ist ihr „Traumberuf".

330 Vgl. zu den Begriffen „Inhouse-Gardening" und „Urban-Gardening" Fußnote 25.

Literatur

Achilles, Walter: Landwirtschaft in der Frühen Neuzeit. München 1991.

Assion, Peter/Brednich, Rolf W.: Bauen und Wohnen im deutschen Südwesten. Dörfliche Kultur vom 15. bis zum 19. Jahrhundert. Stuttgart 1984.

Assion, Peter: Nord-Süd-Unterschiede in der ländlichen Arbeits- und Gerätekultur. In: Wiegelmann, G. (Hg.): Nord-Süd-Unterschiede in der städtischen und ländlichen Kultur Mitteleuropas. Münster 1985, S. 251-263.

Baltzer, Eduard: Die natürliche Lebensweise 1. Teil: Der Weg zur Gesundheit und sozialem Heil. Nordhausen 1867.

Baltzer, Eduard: Die natürliche Lebensweise 2. Teil: Die Reform der Volkswirtschaft vom Standpunkte der natürlichen Lebensweise, Nordhausen 1867.

Baltzer, Eduard: Die natürliche Lebensweise 3. Teil: Briefe an Virchow über dessen Schrift „Nahrungs- und Genußmittel", Nordhausen 1868.

Baltzer, Eduard: Die natürliche Lebensweise 4. Teil: Vegetarianismus in der Bibel, Nordhausen 1872.

Bannach, Klaus: Anthroposophie und Christentum: eine systematische Darstellung ihrer Beziehungen im Blick auf neuzeitliche Naturerfahrungen. Göttingen 1998.

Barlösius, Eva: Naturgemäße Lebensführung – zur Geschichte der Lebensreform um die Jahrhundertwende. Frankfurt a. M. 1997.

Barlösius, Eva: Die Propheten und ihre Gefolgschaft. Lebensläufe und sozialstrukturelle Charakterisierung. In: Buchholz, Kai/Latocha, Rita/Peckmann, Hilke/Wolbert, Klaus (Hg.): Die Lebensreform. Entwürfe zur Neugestaltung von Leben und Kunst um 1900, Bd. 1. Darmstadt 2001, S. 67-69.

Baumann, Werner/Moser, Peter: Bauern im Industriestaat. Agrarpolitische Konzeptionen und bäuerliche Bewegungen in der Schweiz 1918–1968. Zürich 1999.

Baumgarten, Karl: Das deutsche Bauernhaus. Eine Einführung in die Geschichte vom 9. bis zum 19. Jahrhundert. (2. Aufl.) Neumünster 1985.

Baumhauer, Joachim F.: Hausforschung. In: Rolf W. (Hg.): Grundriß der Volkskunde. Einführung in die Forschungsfelder der Europäischen Ethnologie. Berlin 2001, S. 101-131.

Baumgartner, Judith: Ernährungsreform – Antwort auf Industrialisierung und Ernährungswandel. Ernährungsreform als Teil der Lebensreform am Beispiel der Siedlung und des Unternehmens Eden seit 1893. Frankfurt 1992.

Bausinger, Hermann: Zur Problematik des Kulturbegriffs. In: Fremdsprache Deutsch 1 (1980), S. 57-69.

Bedal, Konrad: Historische Hausforschung. Eine Einführung in Arbeitsweise, Begriffe und Literatur (Beiträge zur Volkskultur in Nordwestdeutschland, 8). Münster 1978.

Bick, Hartmut: Grundzüge der Ökologie, Stuttgart 1998.

Brednich, Rolf W./Schneider, Annette/Werner, Ute (Hg.): Natur – Kultur. Volkskundliche Perspektiven auf Mensch und Umwelt (32. Kongress der Deutschen Gesellschaft für Volkskunde in Halle vom 27.9. bis 1.10.1999). Münster 2001.

Brückner, Wolfgang (Hg.): Falkensteiner Protokolle. Frankfurt a. M. 1971.

Brüggemann, Beate/Riehle, Rainer: Das Dorf. Über die Modernisierung einer Idylle. Frankfurt a. M./New York 1986.

Carson, Rachel: Der stumme Frühling. München 1963 (engl. 1962, Übersetzung: Margret Auer).

Colli, Giorgio/Montinari, Mazzino (Hg.): Nietzsche, Friedrich: Sämtliche Werke. Bd. 2, München/Berlin/New York 1980.

Damaschke, Adolf: Die Bodenreform und die Lösung der Wohnungsfrage. Stuttgart 1906.

Damaschke, Adolf: Die Bodenreform. Grundsätzliches und Geschichtliches zur Erkenntnis und Überwindung der sozialen Not. Jena 1920.

Deissner, Vera: Menschen im biologischen Landbau – Erhebungen auf Bio-Höfen in der Pfalz. Mainzer kleine Schriften zur Volkskultur, Bd. 2. Mainz 1991.

Dimitropoulos, Georgios: Zertifizierung und Akkreditierung im Internationalen Verwaltungsverbund. Tübingen 2012.

Dorer, Bernhard: Wälderleben. Geschichte und Geschichten der Landwirtschaft im Hochschwarzwald im Wandel der Zeit. Freiburg i. Br. 2012.

Ellenberg, Heinz: Bauernhaus und Landschaft in ökologischer und historischer Sicht. Stuttgart 1990.

Ennen, Edith/Janssen, Walter: Deutsche Agrargeschichte. Vom Neolithikum bis zur Schwelle des Industriezeitalters. Wiesbaden 1979.

Falter, Markus/Klein, Jürgen: Der lange Weg der Grünen. München 2003.

Farkas, Reinhard: Alternative Landwirtschaft/Biologischer Landbau. In: Krebs, Diethart/Reulecke, Jürgen (Hg.): Handbuch der deutschen Reformbewegungen 1880–1933. Wuppertal 1998, S. 301-313.

Farkas, Reinhard: Biologischer Landbau, Siedlungen, Landkommunen, Genossenschaften. In: Buchholz, Kai/Latocha, Rita/Peckmann, Hilke/Wolbert, Klaus (Hg.): Die Lebensreform. Entwürfe zur Neugestaltung von Leben und Kunst um 1900, Bd. 1. Darmstadt 2001, S. 407-409.

Fischer, Rätus: Der andere Landbau. Zürich 1982.

Freilichtmuseum Neuhausen ob Eck (Hg.): Kleine Schriften. Die Seele der Landwirtschaft. Zur Geschichte der Viehwirtschaft seit dem Mittelalter (Begleitheft zur Ausstellung). Neuhausen ob Eck 1990.

Freilichtmuseum Neuhausen ob Eck (Hg.): Kleine Schriften. Agrarromantik und Erzeugungsschlacht zur Landwirtschaft im „3. Reich" (Begleitheft zur Ausstellung). Neuhausen ob Eck 1991.

Friedrichs, Jürgen: Methoden empirischer Sozialforschung. Opladen 1990.

Gebhard, Torsten/Sperber, Helmut: Alte bäuerliche Geräte aus Süddeutschland. (2. Aufl.) München/Bern/Wien 1978.

Geertz, Clifford: Dichte Beschreibung. Beiträge zum Verstehen kultureller Systeme. Frankfurt a. M. 1990.

Gerndt, Helge: Die Alpen als Kulturraum. In: Schönere Heimat 85 (1996), S. 170-179.

Gerndt, Helge: Studienskript Volkskunde, Eine Handreichung für Studierende. München 1997.

Gerndt, Helge: Zielorientierungen oder: Wie viele Kulturbegriffe braucht die Volkskunde als empirische Kulturwissenschaft? In: Fröhlich, Siegfried (Hg.): Kultur – Ein interdisziplinäres Kolloquium zur Begrifflichkeit. Halle (Saale) 2000, S. 215-226.

Gilcher-Holtey, Ingrid: Die 68er-Bewegung. Deutschland – Westeuropa – USA. München 2001.

Gilcher-Holtey, Ingrid (Hg.): 1968. Vom Ereignis zum Mythos. Frankfurt a. M. 2008.

Greverus, Ina-Maria: Kultur und Alltagswelt. Eine Einführung in Fragen der Kulturanthropologie. München 1978.

Grober, Ulrich: Die drei Säulen der Nachhaltigkeit, In: Buchholz, Kai/Latocha, Rita/Peckmann, Hilke/Wolbert, Klaus (Hg.): Die Lebensreform. Entwürfe zur Neugestaltung von Leben und Kunst um 1900, Bd. 1. Darmstadt 2001, S. 581-583.

Grunewald, Armin/Kopfmüller, Jürgen: Nachhaltigkeit. Frankfurt a. M./New York, 2006.

Gunder, Rahel: Frau stellt ihren Mann. Frauen in der Landwirtschaft – Bäuerinnen? (Lizenziatsarbeit in Form eines Videofilms mit Begleitheft). Zürich 2006.

Gunter, Valerie J./Harris, Craig K.: Noisy Winter: The DDT Controversy in the Years before Silent Spring. Rural Sociology 63, 2 (1998), S. 179-198.

Gyr, Ueli: Kulturale Alltäglichkeit in gesellschaftlichen Mikrobereichen. Standpunkte und Elemente zur Konsensdebatte. In: Burckhardt-Seebass, Christine (Hg.): Zwischen den Stühlen fest im Sattel? Eine Diskussion um Zentrum, Perspektiven und Verbindungen des Faches Volkskunde. Göttingen 1997, S. 13-19.

Haas, Harald: Rudolf Steiner. Sich selbst erziehen: Das Geheimnis der Gesundheit. Basel 2014.

Harich, Josef: Wandel und Entwicklungsperspektiven der Landwirtschaft im Hochschwarzwald. Ansatzpunkte und Gestaltung einer regional differenzierten Agrarstrukturpolitik. Freiburg i. Br. 1973.

Hartig, Nana: Menschen im Garten. Gartenerfahrungen als Spiegel mythischen Denkens. Freiburg i. Br. 2004.

Hauser-Schäublin, Brigitta: Von der Natur in der Kultur und der Kultur in der Natur. Eine kritische Reflexion dieses Begriffspaares. In: Brednich, Rolf W./ Schneider, Annette/Werner, Ute (Hg.): Natur – Kultur. Volkskundliche Perspektiven auf Mensch und Umwelt (32. Kongress der Deutschen Gesellschaft für Volkskunde in Halle vom 27.9. bis 1.10.1999). Münster 2001, S. 11-20.

Hirschfelder, Gunther: Kultur im Spannungsfeld von Tradition, Ökonomie und Globalisierung: die Metamorphosen der Weihnachtsmärkte. In: Zeitschrift für Volkskunde 110 (2014), S. 1-12.

Hugger, Paul: Volkskundliche Gemeinde- und Stadtforschung. In: Brednich, Rolf W. (Hg.): Grundriß der Volkskunde. Einführung in die Forschungsfelder der Europäischen Ethnologie. Berlin 2001, S. 291-309.

Ilien, Albert: Dorfforschung als Interaktion. Zur Methodologie dörflicher Sozialforschung. In: Hauptmeyer, Carl-Hans/Henckel, Heinar/Ilien, Albert/Reinecke, Karsten/Wöbse, Hans Hermann (Hg.): Annäherungen an das Dorf. Geschichte, Veränderung und Zukunft. Hannover 1983, S. 59-112.

Ilien, Albert/Jeggle, Utz: Leben auf dem Dorf. Zur Sozialgeschichte des Dorfes und zur Sozialpsychologie seiner Bewohner. Opladen 1978.

Innenministerium Baden-Württemberg (Hg.): Landesentwicklungsplan vom 22.06.1971. Stuttgart 1972, S. 13. Zitiert nach:

Jauch, Liane/Römer, Marie-Luise (Hg.): Das soziale System. Leipzig 1988.

Jeggle, Utz: Kiebingen. Eine Heimatgeschichte. Zum Prozeß der Zivilisation in einem schwäbischen Dorf. Tübingen 1977.

Karmasin, Helene: Die geheime Botschaft unserer Speisen. Was Essen über uns aussagt. München 1999.

Kaschuba, Wolfgang: Einführung in die Europäische Ethnologie. München 1999.

Katscher, Leopold: Soziale und andere interessante Gemeinwesen. Dresden 1906.

Klauer, Bernd: Was ist Nachhaltigkeit und wie kann man eine nachhaltige Entwicklung erreichen? In: Zeitschrift für angewandte Umweltforschung, Jg. 12, Heft 1(1999), S. 86-97.

Knipping, Franz: Rom, 25. März 1957 – Die Einigung Europas. München 2004.

Kofahl, Daniel: Die Komplexität der Ernährung in der Gegenwartsgesellschaft – Soziologische Analyse von Kultur- und Natürlichkeitssemantiken in der Ernährungskommunikation. Kassel 2014.

König, René: Grundformen der Gesellschaft. Die Gemeinde. Hamburg 1958.

Köstlin, Konrad: Kultur als Natur – des Menschen. In: Brednich, Rolf W./Schneider, Annette/Werner, Ute (Hg.): Natur – Kultur. Volkskundliche Perspektiven auf Mensch und Umwelt. (32. Kongress der Deutschen Gesellschaft für Volkskunde in Halle vom 27.9. bis 1.10.1999). Münster 2001, S. 1-10.

Kowal, Sabine/O'Connell Daniel C.: Zur Transkription von Gesprächen. In: Flick, Uwe/von Kardoff, Ernst/Steinke, Ines (Hg.): Qualitative Forschung. Ein Handbuch. Reinbek bei Hamburg 2010, S. 437-447.

Kraushaar, Wolfgang: Die RAF und der linke Terrorismus. Hamburg 2006.

Kretzschmar, Robert/Rehm, Clemens/Pilger, Andreas: 1968 und die Anti-Atomkraft-Bewegung der 1970er-Jahre. Überlieferungsbildung und Forschung im Dialog. Stuttgart 2008.

Kropotkin, Peter: Landwirtschaft, Industrie und Handwerk. London 1898.

Kroeber, Alfred Louis/Kluckhohn, Clyde: Culture: A critical review of concepts and definitions. New York 1952.

Krombholz, Klaus/Bertram, Hasso/Wandel, Hermann: 100 Jahre Landtechnik – von Handarbeit zu High-Tech in Deutschland. Frankfurt 2009.

Kuckhermann, Ralf: Die Konstituierung von Natur und Kultur in der Tätigkeit. Überlegungen zum Verhältnis von Tätigkeitspsychologie und Humanökologie. In: Seel, Hans-Jürgen/Sichler, Ralph/Fischerlehner, Brigitte (Hg.): Mensch – Natur. Zur Psychologie einer problematischen Beziehung. Opladen 1993, S. 40-59.

Kugler, Walter: Einführung in die Anthroposophie: Ausgewählte Texte. Basel 2006.

Kugler, Walter: Rudolf Steiner und die Anthroposophie: Eine Einführung in sein Lebenswerk. Basel 2010.

Kuntz, Andreas: Tendenzen volkskundlicher Handwerks- und Geräteforschung. In: Hessische Blätter für Volks- und Kulturforschung 14/15 (1982/83), S. 150-165.

Landesstelle für Museumsbetreuung Baden-Württemberg und Arbeitsgemeinschaft der regionalen ländlichen Freilichtmuseen Baden-Württemberg (Hg.): Zöpfe ab, Hosen an! Die Fünfzigerjahre auf dem Land in Baden-Württemberg. Tübingen 2002.

Lear, Linda J.: Rachel Carson's Silent Spring. Environmental History Review 17, 2 (1993), S. 23-48.

Lehmann, Albrecht: Autobiographische Methoden. Verfahren und Möglichkeiten. In: Ethnologia Europaea 11 (1979/1980), S. 36-54.

Lehmann, Albrecht: Erzählstruktur und Lebenslauf. Autobiographische Untersuchungen. Frankfurt a. M. 1983.

Lent, Walter: Die ländlichen Siedlungsgenossenschaften, ihre Entstehung, ihre Entwicklung, ihre Probleme. Berlin 1932.

Liebig, Justus von: Die organische Chemie in ihrer Anwendung auf Agricultur und Physiologie. Braunschweig 1840.

Linse, Ulrich: Zurück, o Mensch, zur Mutter Erde. Landkommunen in Deutschland 1890–1933. München 1983.

Löfgren, Orvar: Natur, Tiere und Moral. Zur Entwicklung der bürgerlichen Naturauffassung. In: Jeggle, Utz/Korff, Gottfried/Scharfe, Martin (Hg.): Volkskultur in der Moderne. Probleme und Perspektiven empirischer Kulturforschung. Reinbek bei Hamburg 1986, S. 122-144.

Lüders, Christian: Beobachtungen im Feld und Ethnographie. In: Flick, Uwe/von Kardoff, Ernst/Steinke, Ines (Hg.): Qualitative Forschung. Ein Handbuch. Reinbek bei Hamburg 2010, S. 284-401.

Mannhard, Wilhelm/Patzig, Hermann: Mythologische Forschungen. Hildesheim/Zürich/New York 1998.

Marti, Ernst: Die vier Äther: Zu Rudolf Steiners Ätherlehre. Elemente – Äther – Bildekräfte. Basel 2010.

Mason, Stephen F.: Geschichte der Naturwissenschaft in der Entwicklung ihrer Denkweisen. Stuttgart 1991.

Mayring, Philipp: Qualitative Inhaltsanalyse. Flick, Uwe/von Kardoff, Ernst/Steinke, Ines (Hg.): Qualitative Forschung. Ein Handbuch. Reinbek bei Hamburg 2010, S. 468-475.

Meier, Toni: Umweltwirkungen der Ernährung auf Basis nationaler Ernährungserhebungen und ausgewählter Umweltindikatoren. Halle 2013.

Meuser, Michael/Nagel, Ulrike: ExpertInneninterviews – vielfach erprobt, wenig bedacht. Ein Beitrag zur qualitativen Methodendiskussion. In: Bogner, Alexander/Littig, Beate/Menz, Wolfgang (Hg.): Das Experteninterview. Opladen 2002, S. 71-83.

Meuser, Michael/Nagel, Ulrike: Vom Nutzen der Expertise. In: Bogner Alexander/Littig, Beate/Menz, Wolfgang (Hg.): Das Experteninterview. Opladen 2002, S. 257-272.

Möller, Alfred: Der Dauerwaldgedanke. Heidelberg 1923.

Mohr, Bernhard/Schröder, Ernst-Jürgen: Landwirtschaft des Hohen Schwarzwaldes – Beispiel Hinterzarten. Vom Wandel einer Agrar- zu einer Erholungslandschaft im 19. und 20. Jahrhundert. Konstanz 1996.

Moser, Peter: Der Stand der Bauern. Bäuerliche Politik, Wirtschaft und Kultur gestern und heute. Frauenfeld 1994.

Nishida, Makoto: Strömungen in den Grünen (1980–2003). Eine Analyse über informell-organisierte Gruppen innerhalb der Grünen. Münster 2006.

Nohl, Arnd-Michael: Interview und dokumentarische Methode. Anleitung für die Forschungspraxis. Wiesbaden 2006.

Odum, Eugene P.: Fundamentals of Ecology. Philadelphia 1971.

Oppenheim, Franz: Siedlungsgenossenschaft. Versuch einer positiven Überwindung des Kommunismus durch Lösung des Genossenschaftsproblems und der Agrarfrage. Jena 1896.

Owen, Robert: A New View Of Society. Essays on the Formation of Human Character. o. O. 1813.

Owen, Robert: The Book of the New Moral Society. o. O. 1844.

Pachinger, Marianne: Chancen für ein neues Rollenbild und Selbstverständnis der Biobäuerinnen und neuere Entwicklungen in der Landwirtschaft. Fallbeispiele aus dem Mühlviertel (unveröffentlichte Diplomarbeit). Wien 1993.

Pflieger, Klaus: Die Rote Armee Fraktion – RAF. Baden-Baden 2011.

Planck, Ulrich: Dorfforschung im Deutschen Reich und in der Bundesrepublik Deutschland. In: Zeitschrift für Agrargeschichte und Agrarsoziologie 22 (1974), S. 146-178.

Planck, Ulrich: Die Stellung von alternativ wirtschaftenden Landwirten in ihrer sozialen Umwelt. In: Bach, Hans (Hg.): Pro und Contra alternative Landwirtschaft. Graz 1984, S. 9-41.

Ponisio, Lauren C. u.a. (Hg.): Diversification practices reduce organic to conventional yield gap. Berkeley/Kalifornien. Onlineveröffentlichung Dezember 2014: http://rspb.royalsocietypublishing.org/content/282/1799/20141396 (Stand 24.07.2015).

Pölzer, Tino: Die biologische Landwirtschaft als alternative Anbauform. Eine Untersuchung der Entwicklung landwirtschaftlicher Betriebe in der Oststeiermark und die Erarbeitung erforderlicher Voraussetzungen für einen wirtschaftlichen Erfolg der alternativen Anbaumethoden (unveröffentlichte Diplomarbeit). Graz 2001.

Rantzau, Rudolf/Freyer, Bernhard/Vogtmann, Hartmut (Hg.): Umstellung auf ökologischen Landbau. Schriftenreihe des Bundesministeriums für Ernährung, Landwirtschaft und Forsten, Reihe A: Angewandte Wissenschaft 389. Bonn 1990.

Raschke, Joachim: Krise der Grünen. Bilanz und Neubeginn. Frankfurt a. M. 1991.

Raschke, Joachim: Die Zukunft der Grünen. Frankfurt a. M. 2001.

Rieken, Henrike: Konventionell oder ökologisch? Beratung von (Jung-) Landwirten bei Umstellungsentscheidungen. Gießen 2011.

Riesen, René: Die Schweizerische Bauernheimatbewegung – die Entwicklung von den Anfängen bis 1947 unter der Führung von Hans Müller, Möschberg/ Grosshöchstetten. Bern 1972.

Rohkrämer, Thomas: Lebensreform als Reaktion auf den technisch-zivilisatorischen Prozess. In: Buchholz, Kai/Latocha, Rita/Peckmann, Hilke/Wolbert, Klaus (Hg.): Die Lebensreform. Entwürfe zur Neugestaltung von Leben und Kunst um 1900, Bd. 1. Darmstadt 2001, S. 79-81.

Röhrich, Lutz: Lexikon der sprichwörtlichen Redensarten. Bd. 3: Homer – Nutzen. Freiburg/Basel/Wien 1994.

Rothschuh, Karl: Naturheilbewegung, Reformbewegung, Alternativbewegung. Stuttgart 1983.

Rousseau, Jean Jacques: Emile oder über die Erziehung. Amsterdam 1762.

Rousseau, Jean Jacques: Du contrat social ou principes du droit politique. Amsterdam 1762.

Rucht, Dieter: Die Ereignisse von 1968 als soziale Bewegung: Methodologische Überlegungen und einige empirische Befunde. In: Gilcher-Holtey, Ingrid (Hg.): 1968. Vom Ereignis zum Mythos. Frankfurt a. M. 2008, S. 153-171.

Rusch, Hans-Peter: Der Kreislauf der lebendigen Substanz. In: Allgemeine Homöopathische Zeitung 197, 5-6 (1952), S. 65-74.

Rusch, Hans Peter: Bodenfruchtbarkeit – Eine Studie biologischen Denkens. Heidelberg 1968.

Schaumann, Wolfgang: Der wissenschaftliche und praktische Entwicklungsweg des ökologischen Landbaus und seine Zukunftsaspekte. In: Siebeneicher, Georg E. (Hg.): Geschichte des ökologischen Landbaus. Bad Dürkheim 2002, S. 11-58.

Scheucher-Fastl, Maria-Agnes: „Man muaß wirklich olls kennan". Frauen in der Landwirtschaft: 1945 bis heute (unveröffentlichte Diplomarbeit). Graz 1997.

Schilli, Hermann: Das Schwarzwaldhaus. (4. Aufl.) Stuttgart 1982.

Schmid, Dorian: Lebenskräfte – Bildekräfte. Methodische Grundlagen zur Erforschung des Lebendigen. Basel 2011.

Schmidt, Götz/Jasper, Ulrich: Agrarwende oder die Zukunft unserer Ernährung. München 2001.

Schmidt-Lauber, Brigitta: Das qualitative Interview oder: Die Kunst des Reden-Lassens. In: Göttsch, Silke/Lehmann, Albrecht: Methoden der Volkskunde. Positionen, Quellen, Arbeitsweisen der Europäischen Ethnologie. Berlin 2007, S. 169-188.

Schönbohm, Wulf: Die 68er: politische Verirrungen und gesellschaftliche Veränderungen. In: Vogel, Bernhard/Kutsch, Matthias (Hg.): 40 Jahre 1968. Alte und neue Mythen – Eine Streitschrift. Freiburg i. Br. 2008, S. 16-30.

Schulze, Eberhard: Deutsche Agrargeschichte: 7500 Jahre Landwirtschaft in Deutschland. Aachen 2014.

Seidl, Alois: Deutsche Agrargeschichte. Frankfurt a. M. 2006.

Siuts, Hinrich: Bäuerliche und handwerkliche Arbeitsgeräte in Westfalen. Münster 1982.

Sievers, Rudolf: 1968. Eine Enzyklopädie. Frankfurt a. M. 2004.

Spernol, Boris: Notstand der Demokratie. Der Protest gegen die Notstandsgesetze und die Frage der NS-Vergangenheit. Essen 2008.

Steiner, Rudolf: Wie erlangt man Erkenntnisse höherer Welten. Basel 1909.

Steiner, Rudolf: Die Geheimwissenschaft im Umriss. Basel 1910.

Steiner, Rudolf: Die Dreigliederung des sozialen Organismus, 1. Jg. (1919) Heft 1-15.

Steiner, Rudolf: Der Landwirtschaftliche Kurs. Geisteswissenschaftliche Grundlagen zum Gedeihen der Landwirtschaft. Breslau 1925.

Sterzel, Dieter (Hg.): Kritik der Notstandsgesetze – Mit dem Text der Notstandsverfassung. Frankfurt a. M. 1968.

Ströker, Elisabeth: Denkwege der Chemie – Elemente ihrer Wissenschaftstheorie. Freiburg, 1967.

Teuteberg, Hans Jürgen/Wiegelmann, Günter: Unser täglich Kost. Geschichte und regionale Prägung. Münster 1986.

Thun, Maria: Anbauversuche über Zusammenhänge zwischen Mondstellungen im Tierkreis und einzelnen Kulturpflanzen. Mit einer statistischen Nachprüfung der Ergebnisse. Darmstadt 1963.

Tolksdorf, Ulrich: Nahrungsforschung. In: Brednich, Rolf W. (Hg.): Grundriß der Volkskunde. Einführung in die Forschungsfelder der Europäischen Ethnologie. Berlin 2001, S. 239-254.

Trepl, Ludwig: Allgemeine Ökologie, Bd. 1: Organismus und Umwelt. Frankfurt a. M. 2005, S. 13-23.

Tschofen, Bernhard: Herkunft als Ereignis: local food and global knowledge. Notizen zu den Möglichkeiten einer Nahrungsforschung im Zeitalter des Internet. In: Österreichische Zeitschrift für Volkskunde 103 (2000), S. 309-324.

Ulmer, Renate: Ernährungsreform und Vegetarismus. In: Buchholz, Kai/Latocha, Rita/Peckmann, Hilke/Wolbert, Klaus (Hg.): Die Lebensreform. Entwürfe zur Neugestaltung von Leben und Kunst um 1900, Bd. 2. Darmstadt 2001, S. 529-530.

Van der Linden, Marcel: 1968: Das Rätsel der Gleichzeitigkeit. In: Kastner, Jens/Mayer, David (Hg.): Weltwende 1968? Ein Jahr aus globalgeschichtlicher Perspektive. Wien 2008, S. 23-37.

Vogt, Gunther: Entstehung und Entwicklung des ökologischen Landbaus im deutschsprachigen Raum. Bad Dürkheim 2000.

Weber-Kellermann, Ingeborg: Die deutsche Familie. Frankfurt a. M. 1996.

Weber-Kellermann, Ingeborg: Die Familie. Eine Kulturgeschichte der Familie. Frankfurt a. M. 1996.

Wentzel, Stefanie: Der Einfluss langjähriger Applikation von Biogasgüllen auf die Bodenfruchtbarkeit. Kassel 2014.

Wieviorka, Michel: 1968 und der Terrorismus. In: Gilcher-Holtey, Ingrid: 1968. Vom Ereignis zum Mythos. Frankfurt a. M. 2008, S. 363-376.

Witzel, Andreas: Verfahren der qualitativen Sozialforschung – Überblick und Alternativen. Frankfurt a. M./New York 1982.

Wunder, Heide: Die bäuerliche Gemeinde in Deutschland. Göttingen 1986.

Wurzbacher, Gerhard: Das Dorf im Spannungsfeld industrieller Entwicklung. Untersuchungen an den 45 Dörfern und Weilern einer westdeutschen ländlichen Gemeinde. Stuttgart 1954.

Zahn, Lola (Hg.): Eine neue Auffassung von der Gesellschaft: Ausgewählte Texte. Berlin 1989.

Zukunftsstiftung Landwirtschaft (Hg.): Wege aus der Hungerkrise. Die Erkenntnisse und Folgen des Weltagrarberichts: Vorschläge für eine Landwirtschaft von morgen. Berlin 2013.

Allgemeine Broschüren und Zeitschriften

Aid-Infodienst (Hg.): Ökologischer Landbau. Grundlagen und Praxis (Informationsbroschüre). Bonn 2006.

Kindel, Constanze: Zurück zu den Wurzeln, S. 90-97. In: GEOkompakt. Gesunde Ernährung. Nr. 42 (2015).

Naturpark Südschwarzwald e. V. (Hg.): Einkaufen beim Bauern. Feldberg 2009.

Naturpark Südschwarzwald e. V. (Hg.): Naturparkplan für den Naturpark Südschwarzwald. Leitfaden für eine nachhaltige, natürliche Entwicklung der Naturparkregion. Feldberg 2003.

Internetquellen

http://de.statista.com/statistik/daten/studie/5419/umfrage/anzahl-der-betriebe-im-oekologischen-landbau-in-deutschland (Stand 14.05.2015)

http://www.agrarheute.com/bio-anbauverbaende-2011 (Stand 31.07.2015)

http://www.amazone.de (Stand 24.07.2015)

http://www.badische-bauern-zeitung.de/aus-meka-wird-fakt (Stand 30.07.2015)

http://www.basf.de (Stand 24.07.2015)

http://www.bbu-online.de (Stand 30.07.2015)

http://www.bdm-verband.org (Stand 26.07.2015)

http://www.bgbl.de/xaver/bgbl/start.xav?start=//*[@attr_id=%27bgbl155031.pdf%27]#__bgbl__%2F%2F*[%40attr_id%3D%27bgbl155s0565.pdf%27]__1438264539402 (Stand 29.07.2015)

htp://www.bingenheimersaatgut.de (Stand 30.08.2015).

http://www.bioforumschweiz.ch (Stand: Juli 2014)

http://www.bioland.de/infos-fuer-verbraucher/bioland-adressen.html (Stand 31.07.2015)

http://www.bioland.de/ueber-uns.html (Stand 14.05.2015)

http://www.bioland.de/ueber-uns/richtlinien.html (Stand 30.07.2015)

http://www.bioland.de/ueber-uns/sieben-prinzipien.html (Stand 15.05.2015)

http://www.bio-mit-gesicht.de (Stand 26.08.2014)

http://www.bmel.de/DE/Landwirtschaft/Nachhaltige-Landnutzung/Oekolandbau/_Texte/EG-Oeko-VerordnungFolgerecht.html (Stand 08.05.2015)

www.bmel.de/DE/Tier/Tiergesundheit/Tierseuchen/_texte/BSE.html (Stand 29.07.2015)

http://www.boelw.de (Stand 20.07.2015)

http://www.bund.net (Stand 22.06.2015)

http://www.bund.net/themen_und_projekte/nachhaltigkeit/ (Stand: 18.11.2014)

http://www.bund.net/themen_und_projekte/nachhaltigkeit/nachhaltigkeitsstrategie (Stand 19.07.2015)

http://www.demeter.de/fachwelt/landwirte/richtlinien/gesamtausgabe (Stand 30.07.2015)

http://www.demeter.de/verbraucher/landwirtschaft/unsere-hoefe (Stand 31.07.2015)

http://www.demeter.de/verbraucher/ueber-uns/unsere-mitglieder (Stand 14.05.2015)

http://www.demeter.de/verbraucher/ueber-uns/was-ist-demeter/unterschied-von-bio-zu-demeter (Stand 22.06.2015)
http://www.d-g-v.org.de (Stand 15.05.2015)
http://www.dipbt.bundestag.de/doc/btd/14/068/1406890.pdf (Stand 19.07.2015)
http://www.duden.de/rechtschreibung/Anthroposophie (Stand 29.07.2015)
http://www.duden.de/rechtschreibung/Vision#Bedeutung (Stand 15.03.2015)
http://www.eden-eg.de (Stand 31.07.2015).
http://www.enzyklo.de/Begriff/Biotop (Stand 22.11.2014)
http://www.epic-oxford.org/epic-europe-publications (Stand 26.08.2015)
http://www.eselsmuehle.com (Stand 30.07.2015)
http://eur-lex.europa.eu/legal-content/DE/TXT/?uri=URISERV:xy0023 (Stand 20.07.2015)
http://www.forschungsring.de/forschung-entwicklung (Stand 30.07.2015).
http://www.gepa.de (Stand 27.08.2014)
http://www.goetheanum.org/ (Stand 09.11.2014)
http://www.greenpeace.de (Stand 22.06.2015)
http://www.gruene.de/ueber-uns/1991-1993.html (Stand 30.07.2015)
http://www.hotelmoeschberg.ch (Stand: Mai 2015)
http://www.ifoam.bio (Stand 20.07.2015)
http://www.junges-weiderind.de/ (Stand 20.07.2015)
http://www.koeblergerhard.de/Fontes/RoemVertrEWG1957.htm (Stand 20.07.2015)
http://www.landwirtschaft-mlr.baden-wuerttemberg.de/pb/,Lde/Startseite/Dienststellen/Fachschulen (Stand 20.07.2015).
http://www.mlr.badenwuerttemberg.de/fileadmin/redaktion/mmlr/intern/dateien/publikationen/Broschueren_MEKA_III.pdf (Stand 20.07.2015)
http://www.naturland.de/de/verbraucher/einkauf-auf-dem-hof.html (Stand 31.07.2015)
http://www.naturland.de/de/naturland/naturland-international.html (Stand 14.05.2015)
http://www.naturland.de/30JahreNaturland (Stand 27.08.2014)
http://www.naturland.de/leitbild (Stand 27.07.2014)
http://www.naturland.de/netzwerk (Stand 27.07.2014)
http://www.naturland.de/öko-ist-mehr-als-bio (Stand 27.08.2014)
http://www.naturland.de/richtlinien (Stand 27.07.2014)
http://www.naturland.de/de/naturland/richtlinien/228-naturland/naturland-e-v/richtlinien/richtlinien-erzeugung/553-erzeugung.html (Stand 30.07.2015)
http://www.naturland.de/de/naturland/wer-wir-sind.html (Stand 14.05.2015)
www.naturland.de/zertifizierung (Stand 27.08.2014)
http://www.naturpark-suedschwarzwald.de/essen-trinken/brunch-auf-dem-bauernhof (Stand 31.07.2015).
http://www.naturpark-suedschwarzwald.de/essen-trinken/direktvermarkter (Stand 31.07.2015).
http://www.naturpark-suedschwarzwald.de/Naturpark/Naturparke/naturparke-deutschland (Stand 29.07.2015)
http://www.naturpark-suedschwarzwald.de/naturpark-suedschwarzwald (Stand 19.07.2015)
http://www.sektion-landwirtschaft.org (Stand 30.07.2015).
http://www.soel.de (Stand 20.07.2015)

http://www.spiegel.de/einestages/das-ende-der-talare-a-948827.html (Stand 29.07.2015)

http://www.spiegel.de/politik/deutschland/der-ruecktritt-andrea-fischer-wirft-hin-mit-stil-a-111473.html (Stand 07.07.2015)

http:// www.statistik.baden-wuerttemberg.de (Stand 15.05.2015)

http://www.umweltzeichen.de/4.1.htm#4-1-4%20Das%20deutsche%20%C3%96ko-Pr%C3%BCfzeichen (Stand 14.05.2015)

https://www.uni-kassel.de/fb11agrar (Stand 30.07.2015)

http://www.uni-kassel.de/fb11agrar/forschung/promotion/promotionen.html (Stand 31.07.2015)

https://www.versoehnungsbund.de (Stand 30.07.2015)

http://www.weltbevoelkerung.de/aktuelles/details/show/details/news/weltbevoelkerung-waechst-bis-2050-staerker-als-angenommen.html (Stand 29.07.2015)

http://www.weltbevoelkerung.de/suche.html?tx_solr[q]=stadtbev%C3%B6lkerung (Stand 29.07.2015)

http://www.wwf.de (Stand 22.06.2015)

http://www.zv.uni-leipzig.de/service/presse/nachrichten.html?ifab_modus=detail&ifab_id=5150 (Stand 30.07.2015)

Anhang

Abbildung 1: Naturpark Südschwarzwald – das Forschungsgebiet

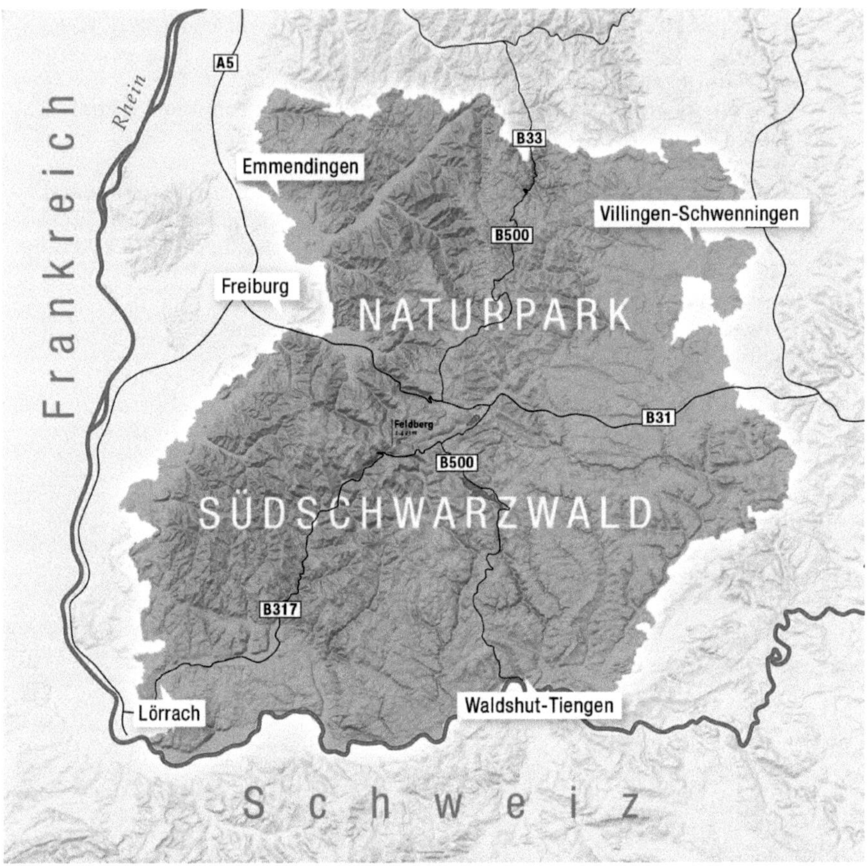

Abbildung 2: Übersichtstabelle 1 zu den Biobauern

Angaben zur Person

Name	Jahrgang	Familienstand	Berufsausbildung
Demeter			
Demeter-Bauer B.	1951	verh., 3 erw. Kinder	Grundschullehrer, Landwirt = Autodidakt
Demeter-Bauer F. Betrieb mit:	1969	verh., 2 Kinder	gelernter Landwirt, Dipl. Agrarwissenschaftler
Demeter-Bauer H.	1959	verh., 2 Kinder	Dipl. Agrarbiologe
Demeter-Bauer G.	1961	verh., 5 Kinder	Zimmermann, Landwirt = Autodidakt
Demeter-Bauer S.	1961	geschieden, 4 erw. Kinder	Wirtschaftswissenschaften ohne Abschluss, Landwirtschaftsmeister
Bioland			
Bioland-Bauer E.	1952	verw., in 2. Ehe, 4 Kinder	Landwirtschaftsmeister
Bioland-Bauer L. GbR-Partner von R.	1953	verh. in 2. Ehe, 9 Kinder	Dipl. Agraringenieur
Bioland-Bauer M.	1953	ledig, keine Kinder	Lehramtsstudium (Politik, Geschichte) Staatsexamen Landwirtschaftsmeister
Bioland-Bäuerin R. GbR-Partnerin von L.	1978	ledig, 1 Kind	Dipl. Agraringenieur (FH)
Naturland			
Naturland-Bauer F.	1959	verh., 3 Kinder	Landwirtschaftsmeister
Naturland-Bauer M.	1968	verh., 2 Kinder	KFZ-Meister, staatl. anerk. Landwirt
Naturland-Bauer R.	1969	ledig, keine Kinder	gelernter Landwirt
Naturland-Bauer V.	1967	verh., 3 Kinder	staatl.gepr.Agrarbetriebswirt
EU-Bio			
EU-Biobauer G.	1956	verh., 3 Kinder	Elektromeister, Landwirt = Autodidakt
EU-Biobäuerin H.	1966	verh., 2 Kinder	Dipl.Ökotrophologin, Bürokauffrau
EU-Biobauer V.	1966	verh., 4 Kinder	staatl.gepr.Agrarbetriebswirt
EU-Biobauer W.	1963	verh., 3 Kinder	gelernter Landwirt

Abbildung 3: Übersichtstabelle 2 zu den Biobauern

Angaben zum Hof

Name	Hofart	Hofgröße	Hofübernahme	Hofumstellung auf ökol. LW
Demeter				
Demeter-Bauer B.	Erbhof, Haupterwerb	110 ha	1987	1981 (von B. initiiert, Hof noch unter Leitung Vater)
Demeter-Bauer F. Betrieb mit:	Pachtbetrieb Haupterwerb	100 ha	2004	2004
Demeter-Bauer H.	Pachtbetrieb Haupterwerb	100 ha	2004	2004
Demeter-Bauer G.	Erbhof Haupterwerb	4,5 ha	1980	1987
Demeter-Bauer S.	gekauft Haupterwerb	150 ha	seit 1984 auf Hof	Hof war schon zuvor beim Demeter-Verband
Bioland				
Bioland-Bauer E.	Erbhof Nebenerwerb	16 ha	1980	1991
Bioland-Bauer L. GbR-Partner von R.	Pachtbetrieb, Haupterwerb	25-30 ha	1984	1984
Bioland-Bauer M.	Pachtbetrieb, Haupterwerb	100 ha	1995	bis 2000 EU-Bio seit 2000 Bioland
Bioland-Bäuerin R. GbR-Partnerin von L.	Pachtbetrieb, Haupterwerb	23 ha	2010	schon zuvor Bioland
Naturland				
Naturland-Bauer F.	Erbhof, Haupterwerb	90 ha	1992	ab 1992 Bioland seit 2005 Naturland
Naturland-Bauer M.	Erbhof, Haupterwerb	100 ha	1992	ab 1990 Bioland seit 2009 Naturland
Naturland-Bauer R.	Erbhof, Haupterwerb	110 ha	1987	2000
Naturland-Bauer V.	Erbhof, Nebenerwerb	52 ha	2001	Vater war schon bei Bioland seit 2004 Naturland
EU-Bio				
EU-Biobauer G.	Erbhof, Nebenerwerb	40 ha	1986	1991
EU-Biobäuerin H.	Erbhof Nebenerwerb	25 ha	1994	2002
EU-Biobauer V.	Erbhof, Haupterwerb	105 ha	1984	1991
EU-Biobauer W.	Erbhof, Haupterwerb	10 ha	1984	1992

Abbildung 4: Leitfaden (2 Seiten)

Zur Person: Jahrgang, Berufsausbildung, Familienstand, Konfession

1. Hof- und Familiengeschichte

Wie groß ist der Hof? Land: Acker und Gemüse, Tiere, Stallungen
Seit wann in Familienbesitz? Wann übernommen?
Wurde der Hof im Laufe der Jahre umgebaut/verändert?
Wie viele Personen leben hier?
Wie viele Mitarbeiter beschäftigen Sie?

2. Lebensgeschichte

Wie empfanden Sie Ihre Kindheit/Jugend auf dem Hof? (bei Erbhöfen)
Wann und warum entwickelte sich ein Bewusstsein für ökologische Landwirtschaft?
Begriffe: Natur, Umweltschutz, Nachhaltigkeit, Massentierhaltung
- Können Sie sich vorstellen, vegetarisch zu leben?

Wie wichtig ist Ihnen die Arbeit an der frischen Luft und am Licht?
Verbindungen zur 1968-Bewegung?
Umweltbewegungen der 1970er Jahre? Anti-AKW?
- Was denken Sie über diese Bewegungen?

Können Sie sich mit den Grünen/der Politik identifizieren?
- Was finden Sie wichtig daran?

Stichwort: Vision einer „alternativen“ Lebensweise und Gesellschaft“?

3. Entstehung Biobauernhof

Wann wurde umgestellt?
Wieso wurde umgestellt?
- Wer/was gab den Ausschlag dazu?
- Wie kam die vorige Generation damit klar?

Ist es nicht eher ein „Zurück zur Natur“, also ein Rückschritt statt Fortschritt?
Stichworte: „Erhalt der bäuerlichen Lebenswelt“ und „Unabhängigkeit von der Industrie“
Ist Selbstversorgung wichtig für Sie?

4. Verband

Wieso haben Sie sich für Demeter/Bioland/Naturland/EU-Bio entschieden?
Wie läuft eine Kontrolle ab?

Demeter: Haben Sie sich intensiv mit Rudolph Steiner auseinandergesetzt?
Präparate, Bodenlebewelt, Betriebsautarkie, „persönliches Verhältnis zu Naturgeschehen"
Bioland: Kreislauf, organisch-biologischer Landbau?

Was fällt Ihnen zu Rudolph Steiner ein? Anthroposophie? Bioland-Pioniere: Müller, Rusch
Probleme und Vorteile in Zusammenarbeit mit einem Verband?
Was halten Sie von
a) einem „biologischen Verständnis von Bodenfruchtbarkeit"?
b) „Arbeit mit dem Pflug"?
c) das Agrarökosystem mit Lebewesen erhalten?
d) eigenem/ökologischem Saatgut?

5. Entwicklung des Biobauernhofs

Probleme und Erfolge, Arbeitsalltag
Wie stand die einheimische Bevölkerung der Entwicklung gegenüber?
Wie ist Ihr Verhältnis zur konventionellen Landwirtschaft?

6. Vermarktung der Produkte

Wie vermarkten Sie Ihre Produkte?
Wie entwickelte sich der Hofladen/Verkauf ab Hof?
Wochenmarkt? Großabnehmern?
Wie wichtig ist Ihnen die Erzeugung hochwertiger Nahrungsmittel für gesunde Ernährung?

7. Nebenerwerb

Bei zusätzliche Arbeitsstelle außer Haus: wie zu vereinbaren mit Hofalltag?

Abschluss: Können Sie sich vorstellen, in der Stadt zu leben?
Können Sie sich vorstellen, einen anderen Beruf auszuüben?

Abbildung 5: Die verschiedenen Bio-Siegel

EU-Biosiegel

freiwilliges nationales EU-Biosiegel seit 2001

Bildrechte:

Demeter-Logo: Demeter-Verband
Bioland-Logo: Bioland-Verband
Naturland-Logo: Naturland-Verband
EU-Biosiegel international: EU-Kommission
EU-Biosiegel national: Bundesministerium für Ernährung und Landwirtschaft